"十四五"职业教育国家规划教材

"十三五"职业教育国家规划教材

修订版

可编程序控制器技术及应用
（欧姆龙机型）

第4版

主编　戴一平
参编　张　耀　朱玉堂
主审　胡幸鸣

机 械 工 业 出 版 社

本书为“十四五”职业教育国家规划教材（修订版），第3版曾获全国优秀教材二等奖。全书系统地介绍了可编程序控制器（PLC）的原理、特点、结构、指令系统和编程方法，介绍了PLC控制系统的设计、安装、调试和维护以及PLC网络技术。本书以OMRON公司的CP1H机型为主，兼顾CPM1A进行分析，以求通过典型事例，学会应用，举一反三，触类旁通。书中介绍了大量的单元程序和完整的控制系统实例，便于读者学习，快速入门。书后附有CX－Programmer编程软件使用说明和指令表。

本书由浅入深、层次清楚、通俗易懂，并有相应的实验指导书配套，可作为高职高专等高等学校电气自动化技术、生产过程自动化技术、机电一体化技术、应用电子技术以及相关专业的教材，也可作为相关技术培训教材或自学用书。

为方便教学，特配置了《可编程序控制器技术训练与拓展》（978－7－111－34452－0）一书，用于实训、课程设计和毕业设计，另配有免费电子课件、习题答案、模拟试卷及答案，供教师参考。凡选用本书作为授课教材的教师，均可登录机械工业出版社教育服务网（www.cmpedu.com），注册、免费下载，本书咨询电话：010－88379564。

图书在版编目（CIP）数据

可编程序控制器技术及应用：欧姆龙机型/戴一平主编. —4版. —北京：机械工业出版社，2023.12

“十四五”职业教育国家规划教材：修订版

ISBN 978-7-111-74358-3

Ⅰ.①可… Ⅱ.①戴… Ⅲ.①可编程序控制器－高等职业教育－教材 Ⅳ.①TM571.61

中国国家版本馆CIP数据核字（2023）第229710号

机械工业出版社（北京市百万庄大街22号 邮政编码100037）

策划编辑：冯睿娟　　责任编辑：冯睿娟

责任校对：王　延　　封面设计：王　旭

责任印制：邓　博

北京盛通数码印刷有限公司印刷

2024年3月第4版第1次印刷

184mm×260mm · 15印张 · 370千字

标准书号：ISBN 978-7-111-74358-3

定价：54.00元

电话服务	网络服务
客服电话：010-88361066	机　工　官　网：www.cmpbook.com
010-88379833	机　工　官　博：weibo.com/cmp1952
010-68326294	金　　书　　网：www.golden-book.com
封底无防伪标均为盗版	机工教育服务网：www.cmpedu.com

关于“十四五”职业教育
国家规划教材的出版说明

为贯彻落实《中共中央关于认真学习宣传贯彻党的二十大精神的决定》《习近平新时代中国特色社会主义思想进课程教材指南》《职业院校教材管理办法》等文件精神，机械工业出版社与教材编写团队一道，认真执行思政内容进教材、进课堂、进头脑要求，尊重教育规律，遵循学科特点，对教材内容进行了更新，着力落实以下要求：

1. 提升教材铸魂育人功能，培育、践行社会主义核心价值观，教育引导学生树立共产主义远大理想和中国特色社会主义共同理想，坚定“四个自信”，厚植爱国主义情怀，把爱国情、强国志、报国行自觉融入建设社会主义现代化强国、实现中华民族伟大复兴的奋斗之中。同时，弘扬中华优秀传统文化，深入开展宪法法治教育。

2. 注重科学思维方法训练和科学伦理教育，培养学生探索未知、追求真理、勇攀科学高峰的责任感和使命感；强化学生工程伦理教育，培养学生精益求精的大国工匠精神，激发学生科技报国的家国情怀和使命担当。加快构建中国特色哲学社会科学学科体系、学术体系、话语体系。帮助学生了解相关专业和行业领域的国家战略、法律法规和相关政策，引导学生深入社会实践、关注现实问题，培育学生经世济民、诚信服务、德法兼修的职业素养。

3. 教育引导学生深刻理解并自觉实践各行业的职业精神、职业规范，增强职业责任感，培养遵纪守法、爱岗敬业、无私奉献、诚实守信、公道办事、开拓创新的职业品格和行为习惯。

在此基础上，及时更新教材知识内容，体现产业发展的新技术、新工艺、新规范、新标准。加强教材数字化建设，丰富配套资源，形成可听、可视、可练、可互动的融媒体教材。

教材建设需要各方的共同努力，也欢迎相关教材使用院校的师生及时反馈意见和建议，我们将认真组织力量进行研究，在后续重印及再版时吸纳改进，不断推动高质量教材出版。

机械工业出版社

前 言

本书为“十四五”职业教育国家规划教材（修订版）。本书自出版以来，得到了广大读者的欢迎，第3版被评为全国优秀教材二等奖。在教材的使用中，作者和读者相互交流，收到了不少建议，为教材的再版积累了许多宝贵的素材。

为了适应PLC技术的发展和教学理念的更新，更好地为读者服务，再次修订。本次修订强调课程标准和职业标准的融合，提倡实事求是的科学精神，重视职业技能培养，以解决实际问题的能力为抓手，为培养专业技术全面、技能熟练、精益求精的高技能人才服务。

全书以CP1H机型及其指令系统作为介绍的主要对象，调整了实用性单元程序，增加了顺序控制的综合设计，改写了功能单元的介绍和使用，使核心内容更符合职业教育的需求；整理合并了PLC和外围设备的连接等扩展内容，归并到《可编程序控制器技术训练和拓展》一书，厘清了基本训练和拓展学习的界线，使教材使用更加方便。

全书修订后，第一章介绍了PLC的简史、流派、特点和发展，介绍了PLC的基本构成及工作原理、技术规格与分类；第二章以CP1H为主、兼顾CPM1A，介绍了PLC机型和硬件构成；第三章结合简单逻辑控制，介绍PLC的基本指令和编程方法，增加了单元程序；第四章结合顺序控制，介绍用步进指令和基本指令实现控制的方法，增加了顺序控制的综合设计；第五章介绍应用指令及高功能指令；第六章更新了机型，介绍小型PLC的功能及功能单元；第七章介绍PLC控制系统的设计、调试和维护；第八章简要介绍PLC网络的概念和组成。对于学时较少的专业，可挑选第一、二、三、四、七章作为主要学习内容，也能构成一个完整的学习包。

全书分为八章，由戴一平、张耀、朱玉堂编写，由戴一平对全书进行修改定稿。本次再版由胡幸鸣教授担任主审。本书编写中，得到了本校和兄弟院校老师的帮助和支持，也得到了欧姆龙自动化（中国）有限公司领导和技术人员的指点和协助，在此一并表示衷心的感谢。

由于本书内容改动较多，编者水平有限，书中难免有错误和不妥之处，恳请使用本书的师生和广大读者给予批评指正，以便修正改进。主编电子邮箱：2290163821@qq.com，欢迎来信。

编 者

目录

前言

第一章 可编程序控制器基础 …… 1

第一节 PLC 概述 …… 1
第二节 PLC 的基本构成及工作原理 …… 6
第三节 PLC 的技术规格与分类 …… 13
习题 …… 16

第二章 可编程序控制器的硬件系统 …… 17

第一节 CP 系列 PLC 简介 …… 17
第二节 输入/输出单元 …… 26
第三节 特殊扩展设备 …… 34
习题 …… 35

第三章 简单逻辑控制与基本指令 …… 36

第一节 编程基础知识 …… 36
第二节 时序输入/输出指令及应用 …… 42
第三节 微分指令及应用 …… 55
第四节 定时器/计数器指令及应用 …… 59
第五节 时序控制指令及应用 …… 69
习题 …… 73

第四章 顺序控制与步进指令 …… 75

第一节 顺序控制基础知识 …… 75
第二节 步进指令与顺序控制 …… 78
第三节 基本指令与顺序控制 …… 81
第四节 顺序控制程序的综合设计 …… 86
习题 …… 96

第五章 应用指令及高功能指令简介 …… 100

第一节 数据的写入和存放 …… 100
第二节 数据比较指令 …… 102
第三节 数据传送指令 …… 106
第四节 数据移位指令 …… 109
第五节 运算与转换指令 …… 112
第六节 子程序指令 …… 118
第七节 高功能指令系统 …… 121
习题 …… 125

第六章 小型 PLC 的功能及功能单元 …… 127

第一节 输入时间常数设定功能 …… 127
第二节 中断控制功能 …… 128
第三节 高速计数功能 …… 132
第四节 快速响应功能 …… 139
第五节 脉冲输出功能 …… 140
第六节 通信功能 …… 143
第七节 模拟量 I/O 功能 …… 148
习题 …… 153

第七章 PLC 控制系统的设计、调试和维护 …… 154

第一节 控制系统的设计步骤和 PLC 选型 …… 154
第二节 控制系统的硬件设计 …… 157
第三节 控制系统的软件设计 …… 167
第四节 信号处理及程序设计 …… 181
第五节 控制系统的安装、调试及维护 …… 186
习题 …… 192

第八章 可编程序控制器网络 …… 193

第一节 PLC 网络通信的基础知识 …… 193
第二节 OMRON PLC 网络 …… 196
第三节 PLC 网络在自动化立体仓库中的应用 …… 202
习题 …… 205
附录 …… 206
附录 A OMRON 小型 PLC 性能规格 …… 206
附录 B CX－Programmer 编程软件的使用 …… 210
附录 C OMRON CPM1A 指令汇编 …… 220
附录 D OMRON CP1H 指令功能分类 …… 223
附录 E CP1H 操作技术资料 …… 231
参考文献 …… 233

第一章　可编程序控制器基础

可编程序控制器（Programmable Logic Controller）简称为PLC，其外形如图1-1所示。PLC是一种集微电子技术、计算机技术和通信技术于一体的自动控制装置，具有功能强、可靠性高、操作灵活、编程简单等一系列优点，广泛应用于机械制造、汽车、电力、轻工、环保、电梯等工农业生产和日常生活中，受到广大用户的欢迎和重视。

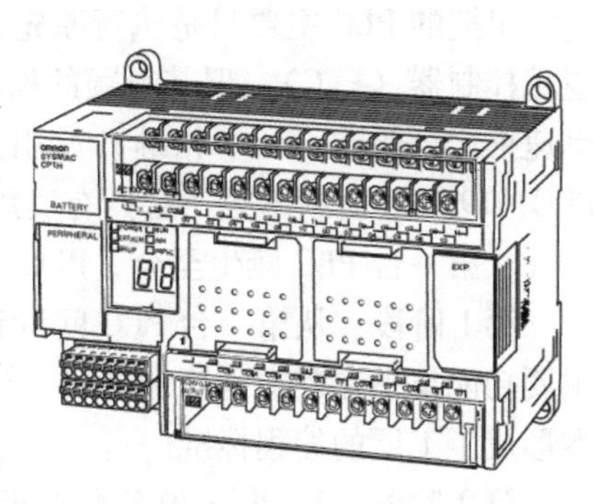

图1-1　PLC外形图

本章在介绍PLC的发展、流派、特点、基本构成等概况的同时，着重介绍PLC的等效电路、工作原理以及技术规格与类别。

第一节　PLC概述

一、PLC的发展简史

PLC的产生源于汽车制造业。20世纪60年代后期，汽车型号更新速度加快。原先的汽车制造生产线使用的继电器控制系统，尽管具有原理简单、使用方便、操作直观、价格便宜等诸多优点，但由于它的控制逻辑由元器件的布线方式来决定，缺乏变更控制过程的灵活性，因此不能满足用户快速改变控制方式的要求，无法适应汽车换代周期迅速缩短的需要。

20世纪40年代发明的电子计算机，在20世纪60年代已得到迅猛发展，虽然小型计算机已开始应用于工业生产的自动控制，但因为原理复杂，又需专门的程序设计语言，致使一般电气工作人员难以掌握和使用。

1968年，美国通用汽车（GM）公司设想将继电器控制与计算机控制两者的长处结合起来，要求制造商为其装配线提供一种新型的通用程序控制器，并提出10项招标指标：

1）编程简单，可在现场修改程序。

2）维护方便，最好是插件式。

3）可靠性高于继电器控制柜。

4）体积小于继电器控制柜。

5）可将数据直接送入管理计算机。

6）在成本上可与继电器控制竞争。

7）输入可以是交流115V（美国电网电压为110V）。

8）输出为交流115V、2A以上，能直接驱动电磁阀。

9）在扩展时，原系统只需作很小变更。

10）用户程序能扩展到4KB以上。

这就是著名的GM10项指标，其主要内容是：用计算机代替继电器控制系统，用程序代替硬接线，输入输出电平可与外部负载直接连接，结构易于扩展。如果说电气技术和计算机技术的发展是PLC出现的物质基础，那么，GM10项指标则是PLC诞生的创新思想。

1969年，美国数字设备公司（DEC）按招标要求完成了研制工作，并在美国通用汽车公司的自动生产线上试用成功，从而诞生了世界上第一台可编程序控制器。

早期的PLC主要只是执行原先由继电器完成的顺序控制、定时等功能，故称为可编程逻辑控制器（PLC）。但其新颖的构思，使其在控制领域获得了巨大成功，这项新技术得到迅速推广，西欧、日本相继开始引进和研制PLC，我国从1974年开始仿制美国的第二代PLC，1977年研制出第一台具有实用价值的PLC。

从第一台PLC诞生至今，PLC大致经历了4个发展阶段：

第1阶段：从第一台PLC问世到20世纪70年代中期，第一代PLC以取代继电器为主，主要功能集中在逻辑运算和定时、计数等功能，CPU由中小规模数字集成电路构成，已基本形成了工厂的编程标准。

第2阶段：20世纪70年代中期到末期，第二代PLC的控制功能扩展到数据的传送、比较、运算和模拟量的运算等，应用领域得到扩展。

第3阶段：20世纪70年代末期到20世纪80年代中期，第三代PLC的应用范围继续扩大，可靠性进一步提高，特别在通信方面有较大的发展，形成了分布式通信网络。但是由于各制造商自成体系，各系统的通信规范不一致，系统间的互联较为困难。

第4阶段：从20世纪80年代至今，是PLC高速发展的阶段，主要表现为通信系统的开放和标准化，使得由PLC构成的工业网络得到飞速发展。同时由于大量含有微处理器的智能模块的出现，致使这一代PLC具有逻辑控制、过程控制、运动控制、数据处理、联网通信等诸多功能，真正成为名副其实的多功能控制器，此外，PLC开始采用标准化软件系统，增加高级语言编程，并完成了编程语言的标准化工作。

从其发展可见，PLC早已不是初创时的逻辑控制器了，它确切的名称应为PC（Programmable Controller）。但鉴于缩写“PC”在我国已成为个人计算机（Personal Computer）的专用名词，为避免学术名词的混淆，在我国仍沿用PLC来表示可编程序控制器。

二、PLC的定义

国际电工委员会（IEC）分别于1982年11月、1985年1月和1987年2月发布了可编程序控制器标准草案第一、二、三稿，在第三稿中做了如下定义：可编程序控制器是一种数字运算操作的电子系统，专为工业环境下的应用而设计。它采用了可编程序的存储器，用来在其内部存储执行逻辑运算、顺序控制、定时、计数和算术运算等面向用户的指令，并通过数字式或模拟式的输入和输出，控制各种类型的机械或生产过程。可编程序控制器及其相关外部设备，都应按易于与工业控制系统联成一个整体，易于扩充其功能的原则设计。

由此可见，可编程序控制器是一台专为工业环境下的应用而设计制造的计算机，它具有丰富的输入/输出接口，并且具有较强的驱动能力。

三、PLC 的几种流派

众多的 PLC 厂家，品种繁多的 PLC 产品，给广大的 PLC 用户，在学习、选择、使用、开发等方面都带来了不少困难。为了使广大用户尽快地熟悉 PLC，不妨将其产品按地域分为三种流派。由于同一地域的 PLC 产品，相互借鉴比较多，互相影响比较大，技术渗透比较深，面临的主要市场相同，用户要求接近，因此同一流派的 PLC 产品呈现出较多的相似性，而不同流派的 PLC 产品则差异明显。

按地域分成的三大流派是美国产品、欧洲产品和日本产品。美国和欧洲的 PLC 技术是在相互隔离情况下独立研究开发的，因此美国和欧洲的 PLC 产品有明显的差异性。而日本的 PLC 技术是由美国引进的，对美国的 PLC 产品有一定的继承性，经多年的开发，已形成独立的一派。

（1）美国的 PLC 产品　美国是 PLC 的生产大国，著名的有罗克韦尔（A-B）公司、通用电气（GE）公司、德州仪器（TI）公司等。其中 A-B 公司是美国最大的 PLC 制造商，早在 1988 年就在中国厦门建立了合资公司，又于 1994 年转合资为独资公司，其产品约占美国市场的一半。A-B 公司的 PLC 产品规格齐全，产品系列按照系统规模大小以及性能高低分为小型 PLC Micro Logix 1500 系列、中性能 PLC SLC1500 系列和高性能 PLC Control Logix 系列。

（2）欧洲的 PLC 产品　欧洲已注册的 PLC 生产厂家中著名的有德国西门子（SIEMENS）公司、AEG 公司、法国施耐德（Schneider）公司。其中德国西门子公司的 PLC 生产技术，早在 20 世纪 90 年代初就被我国辽宁无线电二厂引进，且生产出 S1－101U、S5－115U 系列 PLC。西门子 PLC 的主要产品有：小型 PLC S7－200（已停产），S7－200 SMART，S7－1200 系列；大中型 S7－300/400 系列，S7－1500 系列。

（3）日本的 PLC 产品　日本的 PLC 产品以 OMRON 公司的 C 系列和三菱公司的 F 系列为代表，两者在硬、软件方面有不少相似之处。日本的 PLC 技术是从美国引进的，因此存在“继承”的痕迹，但在技术继承的同时，更多的是发展，且青出于蓝而胜于蓝。20 世纪 90 年代，日本 OMRON 公司也正式在上海浦东金桥开发区设厂生产 PLC 产品，典型产品有 CPM1A、CPM2A/AH/AE、CP1H 和 CP1L 等。

将地域作为 PLC 产品流派划分的标准，并不十分科学。但从“同一流派的 PLC 产品呈现出较多的相似性，而不同流派的 PLC 产品则差异明显”的特征出发，广大 PLC 用户完全不必在众多的 PLC 产品面前一筹莫展，而可以在每一流派中，从在我国最具影响力、最具代表性的 PLC 产品入手，就会相对比较容易地对该流派中的 PLC 产品举一反三、触类旁通。本书以欧姆龙（OMRON）公司的 CP1H 系列 PLC 为例，介绍 PLC 的原理及应用，读者可以此为入门引导，在实践中继续深化。

四、PLC 控制与继电器控制的区别

可编程序控制器既然能替代继电器控制，那么它们两者相比到底有何不同之处呢？图 1-2 为两张简单的控制电路图，其中图 1-2a 为继电器控制电路图，图 1-2b 则为 PLC 控制梯形图，两者十分相似，它们都表示了输入和输出之间的逻辑关系，如果说图 1-2a 可用 KM =

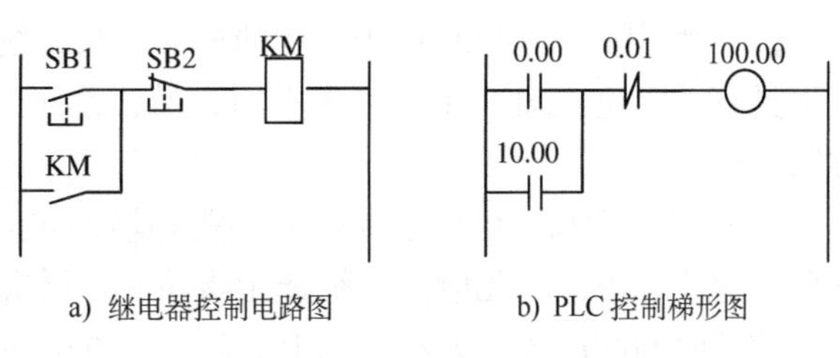

a) 继电器控制电路图　　b) PLC 控制梯形图

图 1-2　控制电路比较

$(SB1+KM)\cdot\overline{SB2}$表示，那么图1-2b则为$100.00=(0.00+10.00)\cdot\overline{0.01}$，从逻辑关系表达式上看也是非常一致的。

但是，它们之间的最大区别在于，在继电器控制方案中，输入、输出信号间的逻辑关系是由实际的布线来实现的；在PLC控制方案中，输入、输出信号间的逻辑关系则是由存储在PLC内的用户程序（梯形图）来实现的。具体讲有以下区别：

（1）组成器件不同　继电器控制电路中的继电器是真实的，是由硬件构成的；而PLC控制梯形图中的继电器则是虚拟的，是由软件构成的，每个继电器其实是PLC内部存储单元中的一位，故称为“软继电器”。

（2）触点情况不同　继电器控制电路中的常开（动合）、常闭（动断）触点由实际的结构决定，而PLC控制梯形图中常开、常闭触点则由软件决定，即由存储器中相应位的状态“1”或“0”来决定。因此，继电器控制电路中每只继电器的触点数量是有限的，而PLC中每只软继电器的触点数量则是无限的（每使用一次，只相当对该存储器中相应位读取一次）；继电器控制电路中的触点寿命是有限的，而PLC中各软继电器的触点寿命则长得多（取决于存储器的寿命）。

（3）工作电流不同　继电器控制电路中有实际电流存在，是可以用电流表直接测得的；而PLC控制梯形图中的工作电流是一种信息流，其实质是程序的运算过程，可称之为“软电流”，或称为“能流”。

（4）接线方式不同　继电器控制电路图的所有接线都必须逐根连接，缺一不可，而PLC控制中的接线，除输入、输出端需实际接线外，梯形图中的所有软接线都是通过程序的编制来完成的。由于接线方式的不同，在改变控制逻辑时，继电器控制电路必须改变其实际的接线，而PLC则仅需修改程序，通过软件加以改接，其改变的灵活性和速度是继电器控制线路无法比拟的。

（5）工作方式不同　继电器控制电路中，当电源接通时，各继电器都处于受约状态，该吸合的都吸合，不该吸合的因受某种条件限制而不吸合；PLC控制则采用扫描循环执行方式，即从第一阶梯形图开始，依次执行至最后一阶梯形图，再从第一阶梯形图开始继续往下执行，周而复始。因此从激励到响应有一个时间的滞后，但这个滞后时间远远小于继电器机械动作的时间。

通过比较可以看出，PLC的最大特点是：用软件提供了一个能随要求迅速改变的“接线网络”，使整个控制逻辑能根据需要灵活地改变，从而省去了传统继电器控制系统中拆线、接线的大量繁琐费时的工作。

五、PLC的主要优点

由上述所致，PLC有如下一些主要优点：

（1）编程简单　PLC用于编程的梯形图与传统的继电接触控制电路图有许多相似之处，对于具有一定电工知识和文化水平的人员，都可以在较短的时间内学会编制程序的步骤和方法。

（2）可靠性高　PLC是专门为工业环境而设计的，在设计与制造过程中均采用了诸如屏蔽、滤波、隔离、无触点、精选元器件等多层次有效的抗干扰措施，因此可靠性很高，其平均故障时间间隔为2万小时以上。此外，PLC还具有很强的自诊断功能，可以迅速方便地检查判断出故障，缩短检修时间。

（3）通用性好　PLC 品种多，档次也多，可由各种组件灵活组合成不同的控制系统，以满足不同的控制要求。同一台 PLC 只要改变软件即可实现控制不同的对象或不同的控制要求。在构成不同的 PLC 的控制系统时，只需在 PLC 的输入、输出端子上，接上不同的相应的输入、输出元件，PLC 就能接收输入信号和输出控制信号。

（4）功能强　PLC 能进行逻辑、定时、计数和步进等控制，能完成 A－D 与 D－A 转换、数据处理和通信联网等任务，具有很强的功能。随着 PLC 技术的迅猛发展，各种新的功能模块不断得到开发，使 PLC 的功能日益齐全，应用领域也得以进一步拓展。

（5）易于远程监控　目前已形成的成熟的 PLC 三层网络，设备层（Device Net）能实现对底层设备的控制、信息采集和传输；控制层（Controller Link）能对中间层的各控制器进行数据传输和控制；信息层（Ethernet）则对多层网络的信息进行操作与处理。

（6）设计、施工和调试周期短　PLC 以软件编程来取代硬件接线，构成的控制系统结构简单，安装使用方便。而且商品化的 PLC 模块功能齐全，程序的编制、调试和修改也很方便。因此，可大大缩短 PLC 控制系统的设计、施工和投产周期。

六、PLC 的应用

PLC 在国内外已广泛应用于冶金、采矿、水泥、石油、化工、电力、机械制造、汽车、轻工、环保及娱乐等行业。它的应用类型大致可分为如下几种控制领域：

（1）逻辑控制　主要利用 PLC 的逻辑运算、定时、计数等基本功能实现，可取代传统的继电控制，用于单机、多机群、自动生产线等的控制，例如：机床、注塑机、印刷机、装配生产线、电镀流水线及电梯的控制等。这是 PLC 最基本、最广泛的应用领域。

（2）位置控制和运动控制　用于该类控制的 PLC，具有驱动步进电动机或伺服电动机的单轴或多轴位置控制功能模块。PLC 将描述目标位置和运动参数的数据传送给功能模块，然后由功能模块以适当的速度和加速度，确保单轴或数轴的平滑运行，在设定的轨迹下移动到目标位置。

（3）过程控制　用于该类控制的 PLC，具有多路模拟量输入、输出模块，有的还具有 PID 模块，因此 PLC 可通过对模拟量的控制实现过程控制，具有 PID 模块的 PLC 还可构成闭环控制系统，从而实现单回路、多回路的调节控制。

（4）监控系统　可用 PLC 组成监控系统，进行数据采集和处理，监控生产过程。操作人员在监控系统中，可通过监控命令，监控有关设备的运行状态，根据需要及时调整定时、计数等设定值，极大地方便了调试和维护。

（5）集散控制　PLC 和 PLC 之间，PLC 和上位计算机之间可以联网，通过电缆或光缆传送信息，构成多级分布式控制系统，以实现集散控制。

可以预料，随着 PLC 性能的不断提高，PLC 的应用领域还将不断拓展。

七、PLC 的发展趋势

随着可编程序控制器的推广、应用，PLC 在现代工业中的地位已十分重要。为了占领市场，赢得尽可能大的市场份额，各大公司都在原有 PLC 产品的基础上，努力地开发新产品，推进新的发展。这些发展主要侧重于两个方面：一个是向着网络化、高可靠性、多功能方向发展；另一个则是向着小型化、低成本、简单易用方向发展。

（1）网络化　主要是向分布式控制系统（DCS）方面发展，使系统具有 DCS 方面的功能。网络化和强化通信功能是 PLC 近年来发展的一个重要方向，向下可与多个 PLC 控制站、多个I/O框架相联；向上可与工业计算机、以太网、MAP网等相联，构成整个工厂的自动化控制系统。

（2）高可靠性 由于控制系统的可靠性日益受到人们的重视，PLC已将自诊断技术、冗余技术、容错技术广泛地应用于现有产品中，许多公司已推出了高可靠性的冗余系统。

（3）多功能 为了适应各种特殊功能的需要，在原有智能模块的基础上，各公司陆续推出了新的功能模块，功能模块是否新颖和完备表征了一个生产厂家的实力强弱。

（4）小型化、低成本、简单易用 随着市场的扩大和用户投资规模的不同，许多公司开始重视小型化、低成本、简单易用的系统。世界上已有不少原来只生产中、大型PLC产品的厂家，也在逐步推出这方面的产品。

（5）控制与管理功能一体化 为了满足现代化大生产的控制与管理的需要，PLC将广泛采用计算机信息处理技术、网络通信技术和图形显示技术，使PLC系统的生产控制功能和信息管理功能融为一体。

（6）编程语言向高层次发展 PLC的编程语言在原有的梯形图语言、顺序功能块语言和指令语言的基础上，不断丰富，并向高层次发展。目前，在国际上生产PLC的知名厂家的大力支持下，共同开发与遵守PLC的标准语言。这种标准语言，希望把程序编制规范到某种标准的形式上来，有利于PLC硬件和软件的进一步开发利用。

第二节 PLC的基本构成及工作原理

一、PLC的基本构成

PLC的基本组成框图如图1-3所示。

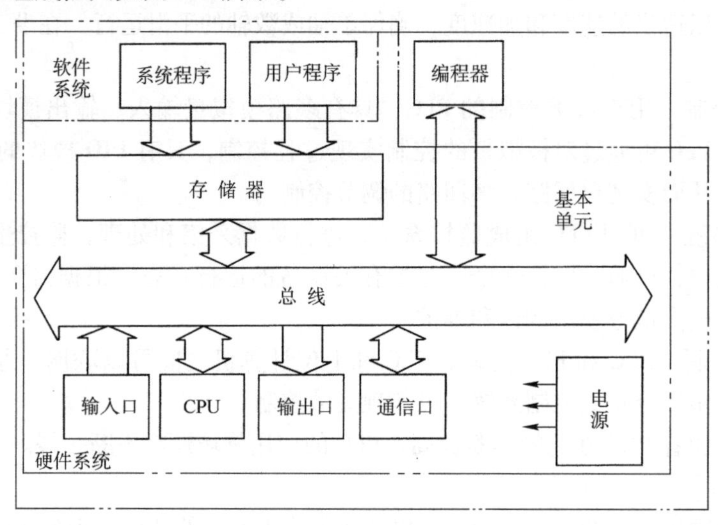

图1-3 PLC基本组成框图

PLC的基本组成可分为两大部分：硬件系统和软件系统。

（一）硬件系统

硬件系统是指组成PLC的所有具体的设备，其基本单元主要由中央处理器（CPU）、总线、存储器、输入/输出（I/O）口、通信接口和电源等部分组成，此外还有编程器、扩展设备、存储卡盒和选件板等选配的设备。为了维护、修理的方便，许多 PLC 采用模块化结构。由中央处理器、存储器组成主控模块，输入单元组成输入模块，输出单元组成输出模块，三者通过专用总线构成主机，并由电源模块对其供电。

1. 中央处理器（CPU）

CPU 是 PLC 的核心部件，控制所有其他部件的操作。CPU 一般由控制电路、运算器和寄存器组成。这些电路一般都集成在一个芯片上。CPU 通过地址总线、数据总线和控制总线与存储单元、输入/输出（I/O）单元连接。和一般的计算机一样，CPU 的主要功能是：从存储器中读取指令，执行指令，准备取下一条指令和中断处理。其主要任务是：接收、存储由编程工具输入的用户程序和数据，并通过显示器显示出程序的内容和存储地址；检查、校验用户程序；接收、调用现场信息；执行用户程序和故障诊断。

2. 总线

总线是为了简化硬件电路设计和系统结构，用一组线路，配置以适当的接口电路，使 CPU 与各部件和外围设备连接的共用连接线路。总线分为内部总线、系统总线和外部总线。内部总线是计算机内部各外围芯片与处理器之间的总线，用于芯片一级的互连；而系统总线是计算机中各插件板与系统板之间的总线，用于插件板一级的互连；外部总线则是计算机和外部设备之间的总线。从传送的信息看又可分为地址总线、控制总线和数据总线。

3. 存储器

存储器是具有记忆功能的半导体器件，用于存放系统程序、用户程序、逻辑变量和其他信息。根据存放信息的性质不同，在 PLC 中常使用以下类型的存储器：

（1）只读存储器（ROM）　只读存储器中的内容由 PLC 制造厂家写入，并永久驻留，PLC 掉电后，ROM 中内容不会丢失，用户只能读取，不能改写，因此 ROM 中存放系统程序。

（2）随机存储器（RAM）　随机存储器又称为可读写存储器。信息读出时，RAM 中的内容保持不变；写入时，新写入的信息覆盖原来的内容。它用来存放既要读出、又要经常修改的内容。因此 RAM 常用于存入用户程序、逻辑变量和其他一些信息。掉电后，RAM 中的内容不再保留，为了防止掉电后 RAM 中的内容丢失，PLC 使用锂电池作为 RAM 的备用电源，在 PLC 掉电后，RAM 由电池供电，保持存储在 RAM 中的信息。目前，很多 PLC 采用快闪存储器作为用户程序存储器，快闪存储器可随时读写，掉电时数据不会丢失，不需用后备电池保护。

（3）可擦可编程只读存储器（EPROM、EEPROM）　EPROM 是只读存储器，失电后，写入的信息不丢失，但要改写信息时，必须先用紫外线擦除原信息，才能重新改写。一些小型的 PLC 厂家也常将系统程序驻留在 EPROM 中，用户调试好的用户程序也可固化在 EPROM 中。EEPROM 也是只读存储器，不同的是写入的信息用电擦除。

4. I/O 单元

I/O 单元是 PLC 进行工业控制的输入信号与输出控制信号的转换接口。需要将控制对象的状态信号通过输入接口转换成 CPU 的标准电平，将 CPU 处理结果输出的标准电平通过输出接口转换成执行机构所需的信号形式。为确保 PLC 的正常工作，I/O 单元应具有如下功能：

1）能可靠地从现场获得有关的信号，能对输入信号进行滤波、整形，转换成控制器可接受的电平信号，输入电路应与控制器隔离。

2）把控制器的输出信号转换成有较强驱动能力的、执行机构所需的信号，输出电路也应与控制器隔离。

5. 通信口

为了实现“人—机”或“机—机”之间的对话，PLC配有通用RS－232、RS－422/485、USB通信接口和多种专用通信接口，通过这些通信接口可以与监视器、打印机、其他的PLC或计算机相联。PLC还备有扩展接口，用于将扩展单元与基本单元相联，使PLC的配置更加灵活，为了满足更加复杂的控制功能的需要，PLC配有多种智能I/O接口。

6. 电源

小型整体式PLC内部有一个开关式稳压电源，该电源一方面可为CPU板、I/O板及扩展单元提供5V的直流工作电源，另一方面也可为外部输入元件提供24V直流电源输出。电源的性能好坏直接影响到PLC的可靠性，因此对电源隔离、抗干扰、功耗、输出电压波动范围和保护功能等都提出了较高的要求。

为保持RAM中的信息不丢失，一般PLC都配有锂电池作为RAM的后备电源。

（二）软件系统

软件系统是指管理、控制、使用PLC，确保PLC正常工作的一整套程序。这些程序有的来自PLC生产厂家，也有的来自用户。一般称前者为系统程序，称后者为用户程序。

系统程序是指控制和完成PLC各种功能的程序，它侧重于管理PLC的各种资源、控制各硬件的正常动作，协调各硬件组成间的关系，以便充分发挥整个可编程序控制器的使用效率，方便广大用户的直接使用。系统程序主要由系统管理程序、用户指令解释程序和标准程序模块与系统调用程序三部分组成。

用户程序是指使用者根据生产工艺要求编写的控制程序，它侧重于使用，侧重于输入、输出之间的控制关系。用户程序的编制、编辑、调试监控和显示由编程器或安装了编程软件的计算机通过通信口完成。

二、PLC控制的等效电路

为了理解PLC的工作原理，现以一个最简单的电动机控制电路为例，说明其工作方式及原理。

一个三相异步电动机起动、停止控制电路如图1-4所示。其中图1-4a是主电路，图1-4b是控制电路。

在控制电路中，输入信号通过按钮SB1常开触点、按钮SB2常闭触点和热继电器常闭辅助触点发出，输出信号则由交流接触器的线圈KM发出。

在主电路QS闭合的前提下，一旦控制电路中线圈KM得电，则使主电路中常开主触点KM合上，电动机旋转；若控制电路中线圈KM失电，则主电路中常开主触点KM断开，电动机就停转。显然，输入、输出信号间的逻辑关系由控制电路实现，而主电路中的三相异步电动机则是被控对象。

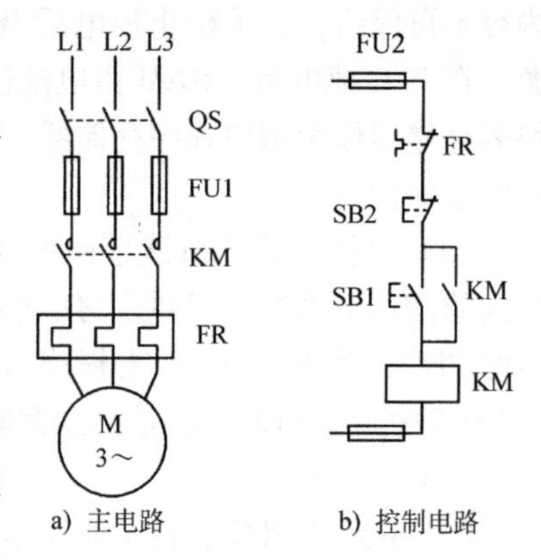

a）主电路 b）控制电路

图1-4 三相异步电动机起动、停止控制电路

当控制电路中SB1闭合，发出起动信号后，线圈KM得电，主电路中常开主触点KM闭合，电动机得电起动运转；同时控制电路中的辅助触点KM闭合，由于该触点与SB1并联，

形成“或”逻辑关系，因此即使此时 SB1 断开，线圈 KM 仍然得电，电动机也继续运转。在控制电路中，SB2 的常闭触点与线圈 KM 串联，形成“与”逻辑关系，因此当控制电路中 SB2 常闭触点断开时，线圈 KM 失电，主电路中主触点 KM 断开，电动机失电停转。若电动机过载时，主电路中的热继电器动作，控制电路中的常闭辅助触点 FR 断开，线圈 KM 失电，主电路中主触点 KM 断开，电动机失电停转，以实现对电动机的保护，这也是一种“与”逻辑关系。

上述图中的控制电路，可用 PLC 实现，如图 1-5 所示。

图 1-5 中 0.00、0.01、0.02 为 PLC 的输入端，100.00 为 PLC 的输出端，PLC 接收输入端的信号后，通过执行存储在 PLC 内的用户程序，实现输入、输出信号间的逻辑关系，并根据逻辑运算的结果，通过输出端完成控制任务。

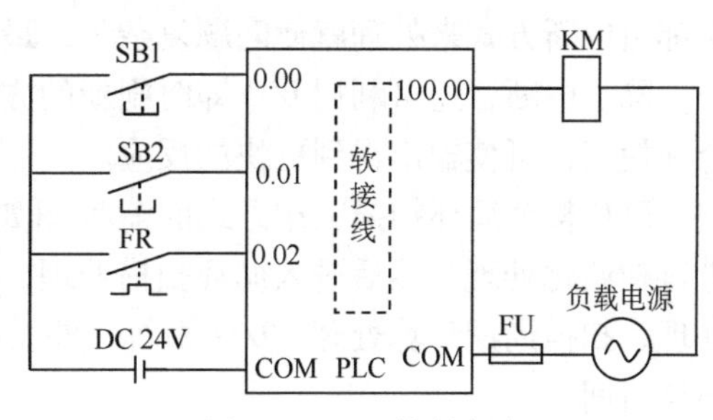

图 1-5　PLC 控制电路

从图中可以看出，PLC 控制系统中，接在输入端向 PLC 输入信号的器件与继电器系统基本相同，接在输出端接收 PLC 输出信号的器件也与继电器系统基本相同。两者所不同的是：PLC 中输入、输出信号间的逻辑关系——控制功能是由存储在 PLC 内的软接线（用户程序）决定的，而继电器控制电路中，其输入、输出信号间的逻辑关系——控制功能，则是由实际的布线来实现的。由于 PLC 采用软件建立输入、输出信号间的控制关系，因此能灵活、方便地通过改变用户程序以实现控制功能的改变。

下面把图 1-5 中 PLC 方框中的“软接线”的内容都画出来，可得到 PLC 控制系统的等效电路图，如图 1-6 所示。

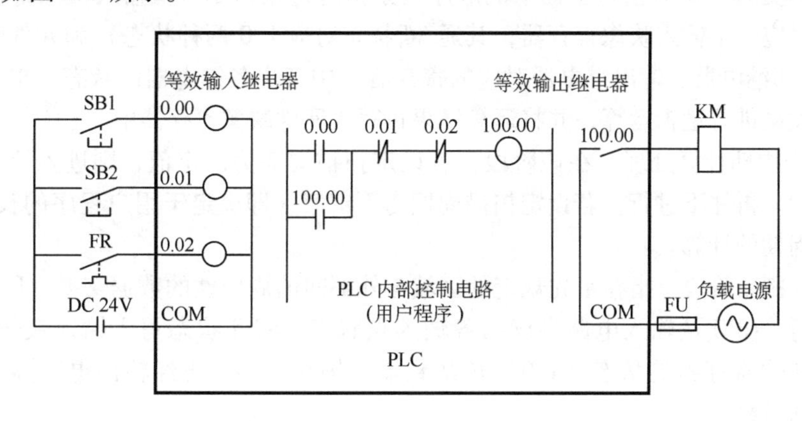

图 1-6　PLC 控制系统的等效电路图

图 1-6 中的 0.00、0.01、0.02 可以理解为“输入继电器”，100.00 则可以理解为“输出继电器”，当然它们都是“软继电器”。

说明： 等效电路图中-○-表示线圈，常开触点用┤├表示，常闭触点用┤/├表示。

三、PLC 的工作原理

（一）PLC 的工作方式

PLC 运行时，需要进行大量的操作，这迫使 PLC 中的 CPU 只能根据分时操作（串行工作）方式，按一定的顺序，每一时刻执行一个操作，按顺序逐个执行。这种分时操作的方式，称为CPU的扫描工作方式，是PLC进行实时控制的常用的一种方式。当PLC运行时，在经过初始化后，即进入扫描工作方式，且周而复始地重复进行，因此称PLC的工作方式为循环扫描工作方式。

PLC用于控制的方式还有中断方式，在中断请求被响应后，CPU停止正在运行的程序，转去执行相关的中断子程序，待处理完毕，返回运行原来的程序。显然在中断方式下工作，使PLC的资源得到了充分的利用。但处理中断时要分清各中断请求的轻重缓急，若所有工作都由中断方式来处理就使问题复杂了，最好采用循环扫描加中断的处理方式。

除了中断，还可利用I/O即时刷新的方法加快对输入信号的响应，若将中断与即时刷新合并使用，可使输出得到更快的反应。

PLC整个循环扫描工作方式的流程图如图1-7所示。当打开电源开关“ON”后，PLC进行初始化处理，然后进入循环扫描处理，每次循环扫描所进行的操作为：公共处理、运算处理、扫描周期计算处理、I/O刷新、外设端口服务。每次循环扫描所花费的时间称为循环扫描时间。

（1）初始化（打开电源“ON”后）处理 完成识别被安装的单元（I/O分配），在I/O存储器区域中，对不保持型的区域清除其I/O存储器保持标志的状态，对强制置位/复位解除其强制置位/复位保持标志的状态；在已安装存储盒，并进行了自动传送的设定的情况下，会执行自动传送、自诊断（用户内存检查）、用户程序的恢复等功能。

（2）公共处理 在公共处理阶段，复位监视定时器，进行硬件检查、用户内存检查等。检查正常后，方可进行下面的操作。如果有异常情况，则根据错误的严重程度发出报警或停止PLC运行。

（3）运算处理 CPU按自上而下的顺序逐条执行每条指令，从输入映像寄存器（每个输入继电器对应一个输入映像寄存器，其通/断状态对应1/0两种状态）和元件映像寄存器（即与各种内部继电器、输出继电器对应的寄存器）中读出各继电器的状态，根据用户程序给出的逻辑关系进行逻辑运算，并将运算结果再写入元件映像寄存器中。

（4）扫描周期计算处理 在该阶段，若设定扫描周期为固定值，则进入等待循环，直到该固定值到，再往下进行。若设定扫描周期为不定值（即决定于用户程序的长短等），则需进行扫描周期的计算。

（5）I/O刷新阶段 指在事先规定的区域与外部间的周期性的数据交换。I/O刷新在运算处理后执行，CPU从输入电路中读出各输入点状态，将此状态写入输入映像寄存器中；同时将元件映像寄存器的状态（1/0）传送到输出锁存电路，再经输出电路隔离和功率放大，驱动外部负载。

（6）外设端口服务 完成与外设端口连接的外围设备或通信适配器的通信处理。

（二）I/O信号传递的滞后现象

1. I/O信号的传递过程

根据上述PLC的工作过程，可以得出从输入端子到输出端子的信号传递过程如图1-8所示。

当输入端子外接开关状态有变化时，经过输入电路，在I/O刷新阶段，CPU从输入电路读入各路状态，并将其写入输入映像寄存器；在程序执行阶段，CPU从输入映像寄存器

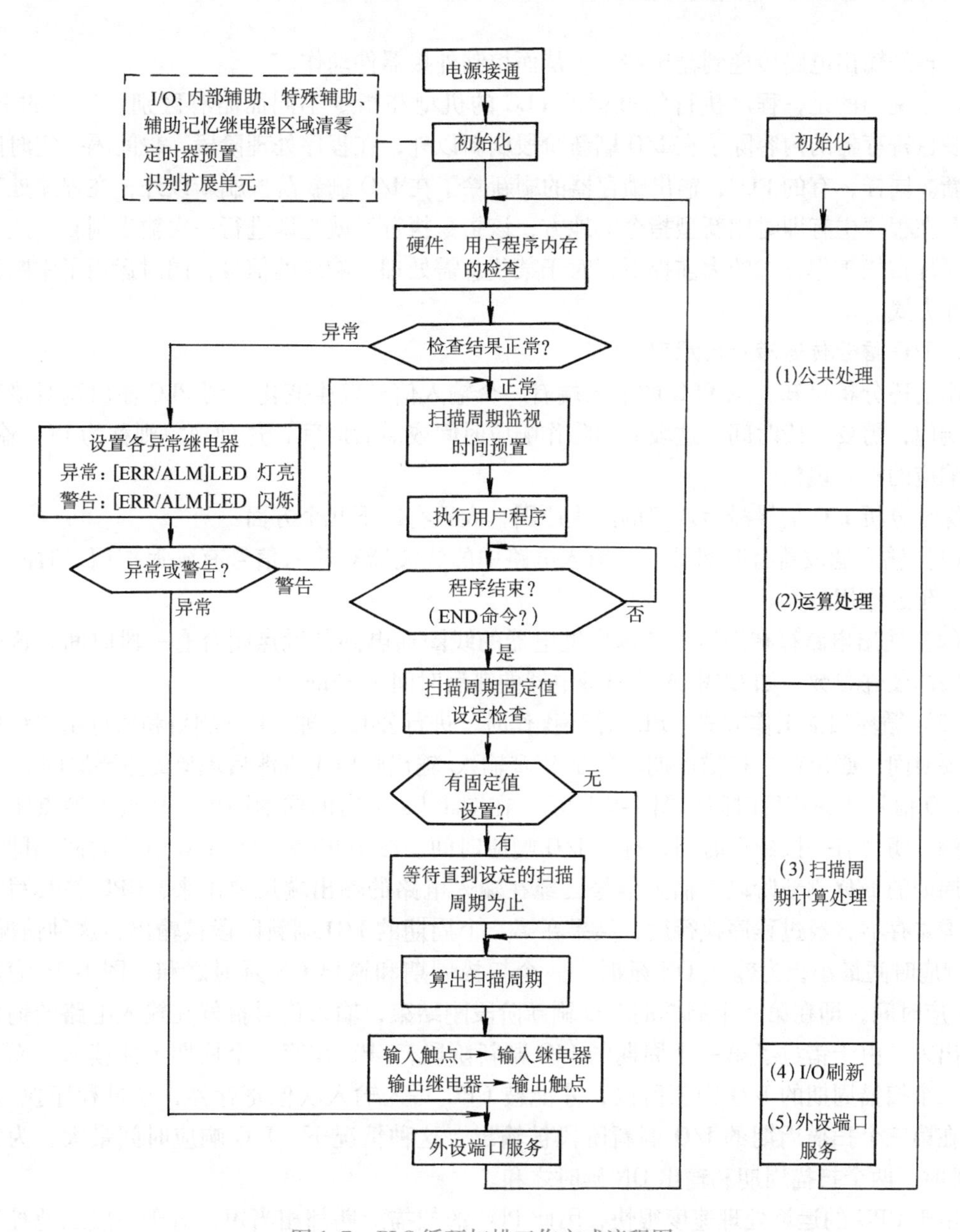

图 1-7　PLC 循环扫描工作方式流程图

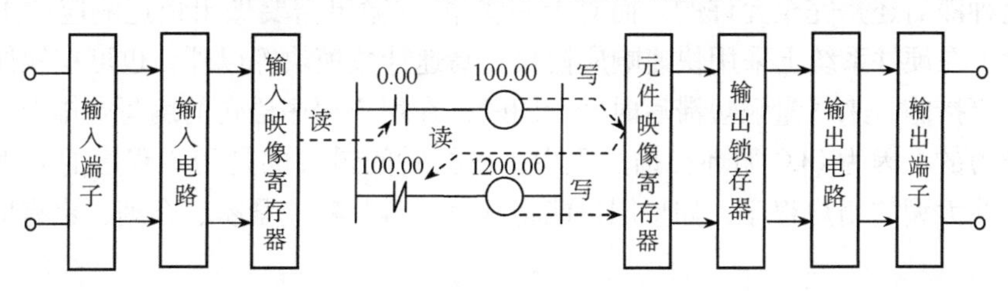

图 1-8　信号传递过程

和元件映像寄存器中读出各继电器的状态，根据此状态执行用户程序，并将执行结果再写入元件映像寄存器中；在紧接着的下一个 I/O 刷新阶段，将元件映像寄存器的状态写入输出锁存器，再经输出电路传递到输出端子，从而控制外接器件动作。

应当说明的是，程序执行的过程因PLC的机型和指令不同而略有区别。如有的PLC，输入映像寄存器的内容除了在I/O刷新阶段刷新以外，在程序处理阶段，也间隔一定时间予以刷新。同样，有的PLC，输出锁存器的刷新除了在I/O刷新阶段刷新以外，在程序处理阶段，凡在程序中有即时刷新型指令的地方，该指令执行后就立即进行一次输出刷新。这实际是在循环扫描工作方式的大前提下，对于某些急需处理、响应的信号，同时运用了中断处理的工作方式。

2. I/O信号传递滞后的原因

由上述分析可知，从PLC的输入端有一个输入信号发生变化，到PLC输出端对该变化做出响应，需要一段时间，这段时间称作响应时间或滞后时间，这种现象则称为PLC输入/输出响应的滞后现象。

综合分析I/O信号滞后现象的产生原因，大致有以下几个方面：

（1）输入滤波器有时间常数　输入电路中的滤波器对输入信号有延迟作用，时间常数越大，延迟作用越大。

（2）输出电路存在滞后　从输出继电器的线圈通电到其触点闭合有一段时间，这是输出电路的硬件参数，如CPM1A输出继电器的滞后时间为15ms。

（3）循环扫描工作方式　PLC循环操作时，进行公共处理、I/O刷新和执行用户程序等都需要时间，必定产生扫描周期。这是PLC输入/输出响应出现滞后现象的主要原因。

I/O信号传递滞后时间如图1-9所示。在图1-9a给出的梯形图中，从输入触点闭合到输出触点闭合有一段延迟时间，称为I/O响应时间。图1-9b为最小I/O响应时间，即在第一个周期的I/O刷新阶段，输入信号已经在输入电路的输出端反映出来，CPU将其写入输入映像寄存器，经过程序执行后，结果在第二个周期的I/O刷新阶段被输出，这种情况下，I/O响应时间最小，为输入ON延时、一个扫描周期和输出ON延时之和。图1-9c为最大I/O响应时间，即在第一个周期的I/O刷新阶段刚结束，输入信号恰好在输入电路的输出端反映出来，由于错过了第一个周期的I/O刷新阶段，CPU在第一个周期不能读取，而要等到第二个扫描周期的I/O刷新阶段，才能被CPU写入输入映像寄存器，经过程序执行后，结果在第三个扫描周期的I/O刷新阶段被输出，这种情况下，I/O响应时间最大，为输入ON延时、两个扫描周期和输出ON延时之和。

由于CPU的运算处理速度很快，因此PLC的扫描周期都相当短，对于一般工业控制设备来说，这种滞后还是完全允许的。而对于一些输入/输出需要做出快速响应的工业控制设备，PLC除了在硬件系统上采用快速响应模块、高速计数模块等以外，也可在软件系统上采用中断处理等措施，来尽量缩短滞后时间。同时，在用户程序语句的编写安排上，也是完全可以挖掘潜力的。因为PLC循环扫描过程中，占机时间最长的是用户程序的处理阶段，所以，对于一些大型的用户程序，如果用户能将其编写得简略、紧凑、合理，也有助于缩短滞后时间。

四、PLC的工作模式

PLC的CPU单元通常有以下3种工作模式：

（1）程序模式（PROGRAM）　程序模式是程序的停止状态，PLC的初始设定、程序传送、程序检查、强制置位/复位等程序执行前的准备，要在该模式下进行。

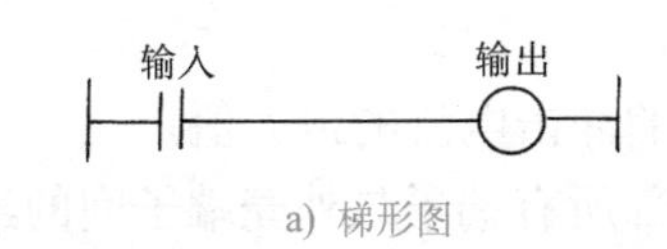

a) 梯形图

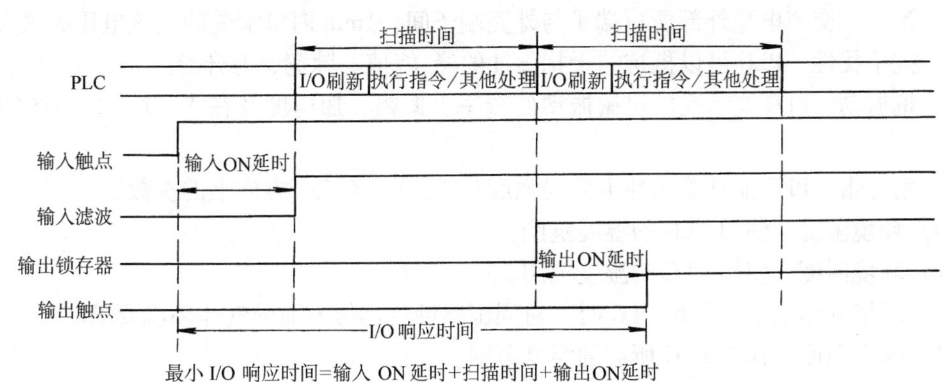

b) 最小 I/O 响应时间

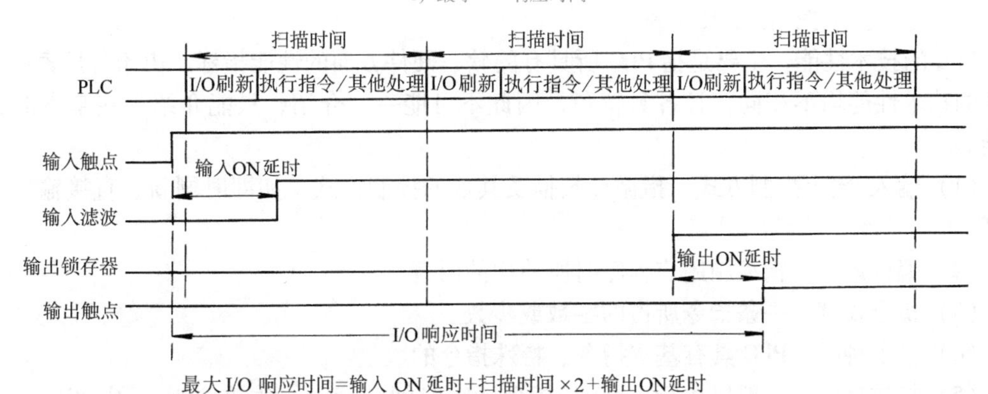

c) 最大 I/O 响应时间

图 1-9　I/O 信号传递滞后时间

（2）监视模式（MONITOR）　监视模式是程序的执行状态，可进行联机编辑、强制置位/复位、I/O 存储器的当前值变更等操作。试运行时的调整等可在该模式下进行。

（3）运行模式（RUN）　运行模式为程序的执行状态。

通过 PLC 系统设定，在电源为 ON 时，可指定上述 3 种工作模式中的任何一个。

第三节　PLC 的技术规格与分类

一、PLC 的一般技术规格

PLC 的一般技术规格，主要指的是 PLC 所具有的电气、机械、环境等方面的规格。各厂家的项目各不相同。大致有如下几种：

（1）电源电压　PLC 所需要外接的电源电压，通常分为交流、直流两种电源形式。

（2）允许电压范围　PLC 外接电源电压所允许的波动范围，也分为交流、直流电源两种形式。

（3）消耗功率　指 PLC 所消耗的电功率的最大值。与上面相对应，分为交流、直流电源两种形式。

（4）冲击电流　PLC能承受的冲击电流的最大值。

（5）绝缘电阻　交流电源外部所有端子与外壳端子间的绝缘电阻。

（6）耐压　交流电源外部所有端子与外壳端子间，1min内可承受的交流电压的最大值。

（7）抗干扰性　PLC可以抵抗的干扰脉冲的峰-峰值、脉宽、上升沿。

（8）抗振动　PLC能承受的机械振动的频率、振幅、加速度及在X、Y、Z三个方向的时间。

（9）耐冲击　PLC能承受的冲击力的强度及X、Y、Z三个方向上的次数。

（10）环境温度　使用PLC的温度范围。

（11）环境湿度　使用PLC的湿度范围。

（12）环境气体状况　使用PLC时，对周围腐蚀气体等方面的气体环境要求。

（13）保存温度　保存PLC所需的温度范围。

（14）电源保持时间　PLC要求电源保持的最短时间。

二、PLC的基本技术性能

PLC的技术性能，主要是指PLC所具有的软、硬件方面的性能指标。由于各厂家的PLC产品的技术性能均不相同，且各具特色，因此不可能一一介绍，只能介绍一些基本的技术性能。

（1）输入/输出控制方式　指循环扫描及其他的控制方式，如即时刷新、直接输出和中断等。

（2）编程语言　指编制用户程序时所使用的语言。

（3）指令长度　一条指令所占的字数或步数。

（4）指令种类　PLC具有基本指令、特殊指令的数量。

（5）扫描速度　一般以执行1000步指令所需时间来衡量，故单位为ms/k步；有时也以执行一步的时间计，如μs/步。

（6）程序容量　PLC对用户程序的最大存储容量。

（7）最大I/O点数　用本体和扩展，分别表示在不带扩展、带扩展两种情况下的最大I/O总点数。

（8）内部继电器种类及数量　PLC内部有许多软继电器，用于存放变量状态、中间结果、数据，可供用户使用，其中一些还给用户提供许多特殊功能，以简化用户程序的设计。

（9）特殊功能模块　特殊功能模块可完成某一种特殊的专门功能，其数量的多少、功能的强弱，常常是衡量PLC产品水平高低的一个重要标志。

（10）模拟量　可进行模拟量处理的点数。

（11）中断处理　可接受外部中断信号的点数及响应时间。

三、PLC的分类

PLC的种类很多，使其在实现的功能、内存容量、控制规模、外形等方面都存在较大的差异，因此，PLC的分类没有一个严格、统一的标准，而是按I/O总点数、组成结构、功能进行大致分类。

1. 按I/O总点数分类

通常可分为小型、中型、大型三种。

（1）小型 PLC　I/O 总点数为 256 点及其以下的 PLC，程序容量一般小于 4KB。

（2）中型 PLC　I/O 总点数超过 256 点、且在 2048 点以下的 PLC，程序容量一般小于 8KB。

（3）大型 PLC　I/O 总点数为 2048 点及其以上的 PLC。

当然，还有把 I/O 总点数少于 64 点的 PLC 称为微型或超小型 PLC，而把 I/O 总点数超过万点的 PLC 称为超大型 PLC。

应当指出，目前国际上对于 PLC 按 I/O 总点数分类，并无统一的划分标准，如 OMRON 公司的 CP1H 型 PLC 是小型机的结构、中型机的系统。随着 PLC 的发展，按 I/O 总点数划分类别的上述标准，也势必会出现一些变化。

2. 按组成结构分类

可分为整体式、模块式两类。

（1）整体式 PLC　整体式 PLC 是将中央处理器、存储器、I/O 单元、电源等硬件都装在一个机壳内的 PLC，整体式 PLC 也可由包含一定 I/O 点数的基本单元（称主机）和含有不同功能的扩展单元构成。这种 PLC 具有结构紧凑、体积小、价廉等优点，但维修不如模块式 PLC 方便。这种结构的 PLC，较多见于微型、小型 PLC。

（2）模块式 PLC　模块式 PLC 是将 PLC 的各部分分成若干个单独的模块，如将 CPU、存储器组成主控模块，将电源组成电源模块，将若干输入点组成输入（I）模块，若干输出点组成输出（O）模块，将某项特定功能，专门制成一定的功能模块等。模块式 PLC，由用户自行选择所需要的模块，安插在框架或底板上构成。这种 PLC 具有配置灵活、装配方便、便于扩展及维修等优点，较多用于中型、大型 PLC。由于其输入、输出模块可根据实际需要任意选择，组合灵活，维修方便，所以目前也有一些小型机采用模块式。

还有把整体式、模块式两者长处结合为一体的一种 PLC 结构，即所谓的叠装式 PLC。其 CPU 和存储器、电源、I/O 等单元依然是各自独立的模块，但它们之间通过电缆进行连接，且可一层层地叠装，既保留了模块式可灵活配置之所长，也体现了整体式体积小巧之优点。

3. 按功能分类

PLC 可大致分为低档、中档、高档机三种。

（1）低档机　具有逻辑运算、定时、计数、移位、自诊断及监控等基本功能，还可能具有少量的模拟量输入/输出、算术运算、数据传送与比较、远程 I/O 及通信等功能。

（2）中档机　除具有低档机的功能外，还具有较强的模拟量输入/输出、算术运算、数据传送与比较、数据转换、远程 I/O、子程序及通信联网等功能，还可能增设中断控制、PID 控制等功能。

（3）高档机　除具有中档机的功能外，还有符号运算（32 位双精度加、减、乘、除及比较）、矩阵运算、位逻辑运算（置位、清除、右移、左移）、二次方根运算及其他特殊功能函数的运算、表格传送及表格功能等。而且高档机具有更强的通信联网功能，可用于大规模过程控制，构成全 PLC 的集散控制系统或整个工厂的自动化网络。

习题

1. PLC可粗略分为几种流派，它们各有些什么特征？

2. 画出PLC的基本构成框图。

3. PLC基本单元由哪几部分组成？它们的作用各是什么？

4. PLC的存储器有几类？分别存放什么信息？

5. 什么是PLC的系统程序？什么是PLC的用户程序？它们各有什么作用？

6. 简述PLC的主要工作方式。

7. 简述I/O信号传递滞后的主要原因。

8. PLC处于运行状态时，输入端状态的变化，将在何时存入输入映像寄存器？

9. PLC处于运行状态时，输出锁存器中所存放的内容是否会随着用户程序的运算而立即变化？为什么？

10. PLC处于停止状态时，完成哪些工作？

11. PLC通常有几种工作模式？其功能是什么？

12. 画出PLC的等效电路，并说明它与继电器控制电路的最大区别。

13. 按结构分，PLC共有几种？它们各有什么优缺点？

第二章　可编程序控制器的硬件系统

本章以 OMRON 公司的 CPM1A、CP1H 为例讲解 PLC 的硬件结构、基本功能和型号规格，剖析基本 I/O 单元，介绍模拟量 I/O 单元和特殊扩展设备。通过对典型机型的学习，熟悉 PLC 的硬件配置，为进一步学习指令系统和设计 PLC 控制系统打好基础。

第一节　CP 系列 PLC 简介

OMRON 公司的 CP 系列 PLC 包括 CPM1A、CPM2A、CPM2AH、CPM2AH－S、CPM2C、CP1H、CP1E 和 CP1L。除 CPM2C 外，它们都是整体式小型 PLC，由电源、CPU、I/O 口和程序存储器组成，其主机称为 CPU 单元（或称基本单元），能方便地加装扩展单元。不同型号的 PLC 各有特点：CPM1A 是一种最基本的 PLC，共有 10 点、20 点、30 点、40 点 4 种 CPU 单元，加装 I/O 扩展单元后，实现了具有 10～100 点输入/输出点数的弹性构成；CPM2A 和 CPM1A 最大的不同是在 CPU 单元本体内置了 RS－232 口，能直接和计算机通信；CPM2AH 比 CPM2A 性价比更高，模拟量扩展能力扩大到 12 通道，模拟量精度提高至 1/6000；CPM2AH－S 内置 CompoBus/S 主单元，具有现场总线功能；CPM2C 拥有可扩展到 140 点的超薄设计；CP1H 虽是小型机，但却具有中型机的系统，指令丰富，程序容量高达 20KB，数据容量 32KB，使用 USB 接口和计算机通信，还能灵活地配置 RS－232/485 等通信口，内置模拟量单元，脉冲输出最高可达 1MHz；CP1E 是一款低成本、经济、易用、性价比出色的可编程序控制器；CP1L 不带模拟量，较 CP1H 扩展能力稍差、程序容量稍小、脉冲输出频率不高、高速计数点数较少，但价格更便宜，还内嵌 Ethernet 功能。

本节以 CPM1A 和 CP1H 为例对 PLC 全貌做一简单的介绍，能使读者对其有一个直观的认识。

一、CPM1A 机型简介

CPM1A 是 OMRON 公司的早期产品，现已基本停产，考虑到有不少国内的厂家和院校还在使用，所以做一简单介绍。

1. CPU 单元结构

图 2-1 所示为 CPM1A－40CDR－A 的 CPU 单元结构图，CPU 单元有 AC 电源型和 DC 电源型，电源电压分别为 AC 100～240V 或 DC 24V。

图 2-1 所示为 AC 电源型，电源输入端子连接交流电源。功能接地端子（仅 AC 电源型中存在）具有抗噪声、防电击作用，和保护接地端子可连在一起接地，但不可与其他设备

的接地线或建筑物金属结构连在一起，接地电阻应≤100Ω。

直流输出电源端子（仅AC电源型中存在）对外提供DC 24V电源，可用于向输入端子或现场传感器供电。

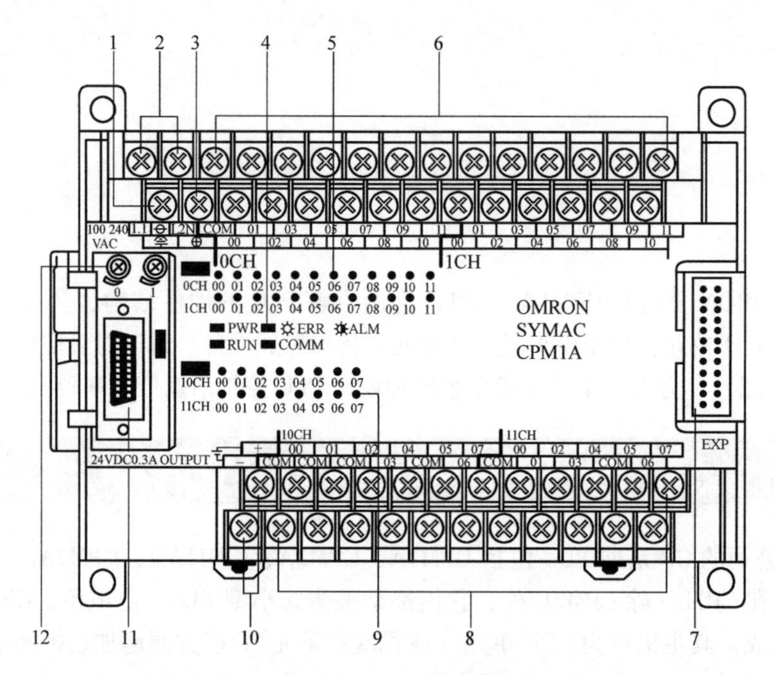

图2-1 CPM1A-40CDR-A的CPU单元结构图

1—功能接地端子 2—电源输入端子 3—保护接地端子 4—状态显示LED
5—输入LED 6—输入端子 7—扩展连接器 8—输出端子 9—输出LED
10—直流输出电源端子 11—外设端口 12—模拟设定电位器

输入端子在CPU单元面板的上半部，输出端子在下半部。例如，40点I/O型有24个输入点，16个输出点，I/O点按3∶2配置。24个输入点共用1个COM端子。16个输出点分为6组，共有6个COM端，其中10.00、10.01各占有1个，10.02、10.03合用1个，10.04、10.05、10.06、10.07和11.00、11.01、11.02、11.03和11.04、11.05、11.06、11.07分别各4点合用1个COM端。

输入、输出LED和状态显示LED位于CPU单元面板的中部。每个输入、输出点都对应一个LED。当某一点的LED亮时，表示该点的状态为ON。I/O点的LED为调试程序、检查运行结果提供了方便。

状态显示LED有4个，其中PWR（绿）为电源的接通或断开指示，电源接通时亮，电源断开时灭。RUN（绿）为PLC工作状态指示，PLC处在运行或监控状态时亮，处在编程状态或运行异常时灭。ERR/ALM（红）为错误/警告指示，正常时灭。当该指示灯亮时，表明PLC出现致命性错误并停止工作，不执行程序；当该指示灯闪烁时，表明PLC出现警告性错误，但PLC不停止工作，仍能执行程序。COMM（橙）为通信指示，PLC通过外设端口与外部设备通信时闪烁，不通信时灭。

两个模拟设定电位器位于面板中部的左侧，可预置参数，范围为0~200（BCD）。

外设端口可以连接编程器，也可以通过RS-232C或RS-422通信适配器，连接上位计算机或 PLC，构成网络。

2. 功能简介

（1）模拟设定电位器功能　CPM1A 机型有两个模拟设定电位器，位于 CPU 单元面板中部的左侧，用螺钉旋具旋转电位器，0~200（BCD）的值自动送入特殊辅助继电器区域，模拟设定电位器 0 的值送入 250CH，模拟设定电位器 1 的值送入 251CH。模拟设定电位器可用于模拟设定定时器/计数器的设定值。

（2）输入时间常数设定功能　CPM1A 机型的输入电路设有滤波器，可减少振动和外部杂波干扰造成的不可靠性。输入滤波器时间常数可根据需要进行设置，设置范围为 1ms/2ms/4ms/8ms/16ms/32ms/64ms/128ms（默认设置为 8ms）。CPM1A 机型的输入时间常数，可通过编程软件 CX－P 在"设置"→"中断/刷新"→"时间常数"中修改，或通过编程器在 PLC 系统设置区域的 DM6620~DM6625 中设置。

（3）外部中断功能　在 CPM1A 机型的 CPU 单元中，10 点 I/O 型有 0.03 和 0.04 共 2 个输入点，20 点、30 点、40 点 I/O 型有 0.03~0.06 共 4 个输入点，用于实现输入中断。输入中断有直接模式和计数器模式两种模式。直接模式是在输入中断脉冲的上升沿到来时响应中断，停止执行主程序，立即转去执行中断子程序。计数器模式是对输入脉冲进行高速计数，每达到一定次数就产生一次中断，停止执行主程序，转而执行中断子程序。其计数次数可在 0~65535（0000~FFFF）范围内设定，计数频率为 1kHz。在使用输入中断功能时，可通过编程软件 CX－P 在"设置"→"中断/刷新"→"中断允许"中修改，或通过编程器在 PLC 系统设置区域的 DM6628 中进行设置。

（4）快速响应输入功能　由于 PLC 采用循环扫描的工作方式，其输出对输入的响应速度受扫描周期的影响。为了防止一些瞬间的输入信号被遗漏，在 CPM1A 中设计了快速响应输入功能，它可以不受扫描周期的影响，随时接收瞬间脉冲，将最小脉冲宽度为 0.2ms 的瞬间脉冲记忆下来，并在规定的时间响应它。在 CPM1A 机型的 CPU 单元中，10 点 I/O 型有 2 点快速响应输入，20 点、30 点、40 点 I/O 型有 4 点快速响应输入，它们的端子号与外部中断输入端子号相同，也是 0.03 和 0.04 或 0.03~0.06。在使用快速响应输入功能时，和中断一样，可通过编程软件 CX－P 在"设置"→"中断/刷新"→"中断允许"中修改，或通过编程器在 PLC 系统设置区域的 DM6628 中进行设置。

（5）间隔定时中断功能　CPM1A 机型中的间隔定时器工作时，一到规定的时间，立即停止执行主程序，转去执行中断子程序。间隔定时中断有两种模式：一种是定时时间到，只进行一次中断，称为单次中断模式；另一种是每隔一段时间（即定时时间）就中断一次，称为重复中断模式。间隔定时时间可在 0.5~319968ms（0.1ms 为单位）范围内设定。

（6）高速计数器功能　CPM1A 机型的高速计数器有递增输入和增减输入两种模式。它与中断功能配合使用可以实现目标比较控制或带域比较控制。在递增输入模式下，计数脉冲输入端为 0.00，计数频率为 5kHz，计数范围为 0~65535；在增减输入模式下，计数脉冲输入端为 0.00（A 相）和 0.01（B 相）、复位输入端为 0.02（Z 相），计数频率为 2.5kHz，计数范围为 －32768~＋32767。在使用高速计数器功能时，要通过编程软件 CX－P 在"设置"→"高速计数"→"计数允许"中设置为"使用计数器"，或通过编程器在 PLC 系统设置区域的 DM6642 中进行设置。

（7）脉冲输出功能　CPM1A 机型的晶体管输出型能产生一个 20Hz ~ 2kHz 的单相脉冲输出，占空比为 50%，输出点为 10.00 或 10.01。输出脉冲的数目、频率分别由 PULS、SPED 指令控制，利用脉冲输出功能可以实现步进电动机的速度和位置控制。

（8）通信功能　CPM1A 机型具有较强的通信功能，它可与个人计算机进行 HOST Link 通信，也可与该公司的可编程终端 PT 进行 NT 链接通信；CPM1A 之间、CPM1A 与 CQM1、CPM1、SRM1 或 C200Hα 之间还可进行 1∶1 PLC Link 通信。CPM1A 机型在实现上述通信功能时，除了外设端口要连接适当的通信适配器外，还应通过编程软件 CX-P 在"设置"→"外围端口"→"模式"中根据需要设定为"1-to-1 PC Link（主站）"或"1-to-1 PC Link（从站）"，也可以通过编程器在 PLC 系统设定区域的 DM6650 ~ DM6653 中进行设置。此外，CPM1A 还可以通过 I/O 链接单元作为从单元加入到 ComopBus/S 或 ComopBus/D 网中。

（9）指令系统　CPM1A 机型具有较丰富的指令系统，除基本逻辑控制指令、定时/计数指令、移位寄存器指令外，还有算术运算指令、逻辑运算指令、数据传送指令、数据比较指令、数据转换指令、高速计数器控制指令、脉冲输出控制指令、中断控制指令、子程序控制指令、步进控制指令及故障诊断指令等。利用这些指令，CPM1A 可以方便地完成各种复杂的控制功能。

（10）存储器后备　CPM1A 机型采用快闪存储器存储用户程序和数据，使用方便，免除了调换备用电池的后顾之忧。

3. 编程工具

CPM1A 机型的编程工具有两种：编程器和安装了编程软件的个人计算机。编程器有两种型号：CQM1-PRO01 和 C200H-PRO27。CQM1-PRO01 编程器自带 2m 长的电缆，可与 CPU 单元直接相连。C200H-PRO27 编程器本身不带电缆，要用 C200H-CN222 电缆或 C200H-CN422 电缆与 CPU 单元连接。目前，常用个人计算机编程，但 CPM1A 不能直接和计算机相连，编程时要通过 RS-232C 通信适配器 CPM1-CIF01 或专用电缆 CQM1-CIF01/CIF02 与 PLC 连接，并配以相应的编程软件，CPM1A 机型编程工具的连接如图 2-2 所示。

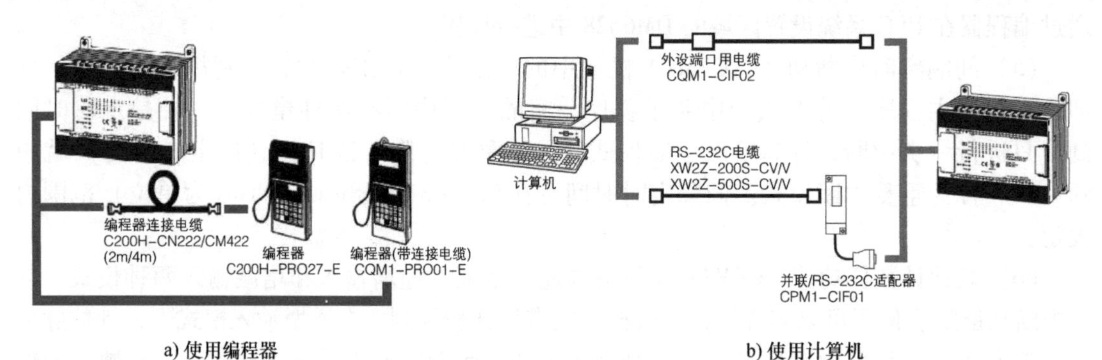

图 2-2　CPM1A 机型编程工具的连接

4. 型号规格

CPM1A 机型的 CPU 单元的性能规格见附录 A 表 A-1。对 PLC 供电电源分为 AC 电源和 DC 电源；输出形式分为继电器输出和晶体管输出；输入/输出总点数有 10 点、20 点、30 点和40点4种，输入/输出点数按3:2的比例分配，30点以上的CPU单元可加配扩展单元；型号以CPM1A开头，后缀的10表示内置输入/输出总点数（依次类推），C表示CPU单元，D表示输入类别为DC输入，R表示继电器输出，T表示晶体管输出，A表示交流电源供电，D表示直流电源供电，V1是版本号。

因篇幅有限，附录A只列出CPM1A机型的性能规格，其他如一般规格、输入性能规格、输出性能规格及通信适配器规格等可见CPM1A《操作手册》。

二、CP1H机型简介

1. CPU单元结构

CP1H机型的CPU单元包括X（基本型）/XA（带内置模拟输入/输出端子）/Y（带脉冲输入/输出专用端子）3种类型。其中XA型CPU单元的基本结构如图2-3所示。

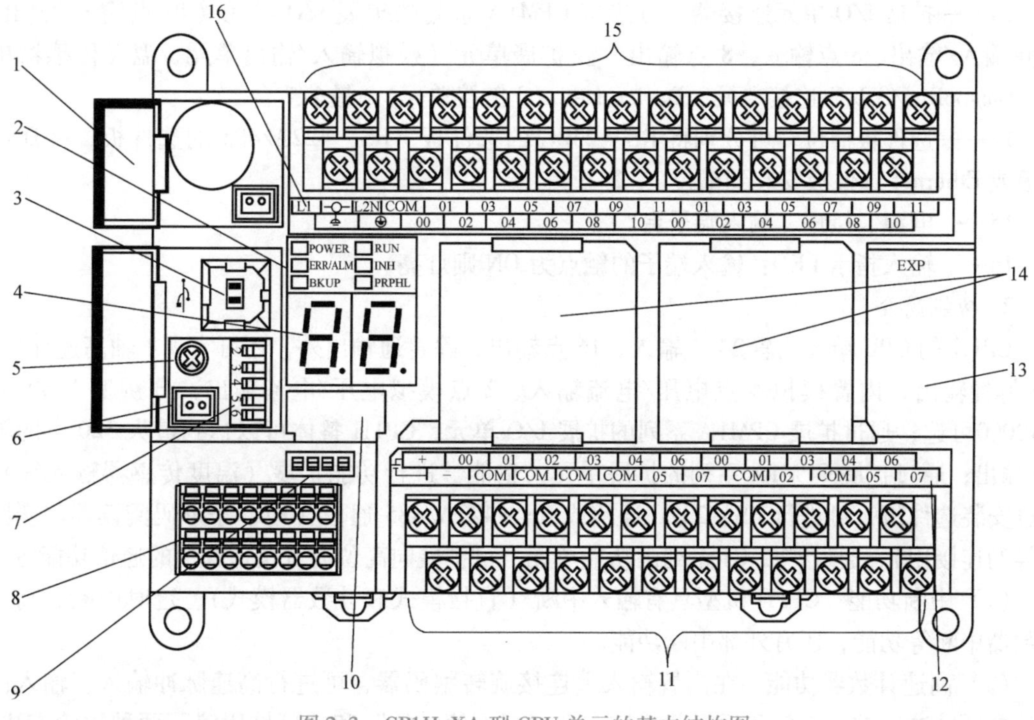

图2-3　CP1H-XA型CPU单元的基本结构图

图2-3中各部分名称和功能介绍如下：

1——电池盖：打开盖可放入电池。

2——工作指示LED：指示CP1H的工作状态的LED，其中POWER（绿）、RUN（绿）、ERR/ALM（红）的功能同CPM1A。INH（黄）在用特殊辅助继电器（A500.15）切断负载时亮；BKUP（黄）在用户程序、参数、数据内存向内置闪存（备份存储器）写入、访问和复位时亮；PRPHL（黄）在USB端口通信时闪烁，平时灭。

3——外围设备USB端口：与电脑连接，由CX－P进行编程及监视。

4——7段LED显示：在两位的7段LED上显示CPU单元的异常信息及模拟电位器操作时的当前值等CPU单元的状态。

5——模拟设定电位器：通过旋转电位器，可使特殊辅助继电器（A642 CH）的当前值在0~255范围内任意变更。

6——外部模拟设定输入连接器：通过从外部施加0~10V的电压，可将特殊辅助继电器A643 CH的值在0~255范围内任意变更，该输入为不隔离。

7——拨动开关：用于用户存储器、存储盒、工具总线等的设置。

8——内置模拟输入/输出端子台/端子台座：模拟输入4点、模拟输出2点。

9——内置模拟输入切换开关：切换开关ON时为电流输入，OFF时为电压输入。

10——存储盒槽位：安装存储盒CP1W-ME05M，可将CP1H的CPU单元的梯形图程序、参数、数据内存（DM）等传送并保存到存储盒。

11——供给电源/输出端子台：XA/X型的AC电源规格的机型中，带有DC24V、最大300mA的外部供给端子，可作为输入设备用的服务电源来使用。

12——输出指示LED：输出端子的触点为ON则灯亮。

13——扩展I/O单元连接器：可连接CPM1A系列的扩展I/O单元（40点输入/输出、20点输入/输出、8点输入、8点输出）及扩展单元（模拟输入/输出单元、温度传感器单元、CompoBus/S I/O连接单元、Device Net I/O链接单元），最多7台。

14——选件板槽位：可分别将RS-232C的选件板、RS-422A/485的选件板、LCD选件板或Ethernet选件板安装到槽位1、2上。

15——电源、接地、输入端子台。

16——输入指示LED：输入端子的触点为ON则灯亮。

2. 功能简介

CP1H的CPU单元内置24点输入、16点输出；除普通输出外，还可实现4轴高速计数、4轴脉冲输出；内置模拟4点电压/电流输入、2点模拟电压/电流输出，分辨率1/6000、1/12000可选；通过扩展CPM1A系列的扩展I/O单元，CP1H整体可以达到最大320点的输入/输出；通过扩展CPM1A系列的扩展单元，也能够进行功能扩展（温度传感器输入等）；通过安装选件板，可进行RS-232C通信或RS-422A/485通信（PT、条形码阅读器、变频器等的连接用），通过扩展CJ系列高功能单元，可扩展向高位或低位计算机的通信功能等。

（1）中断功能　CP1H机型具有输入中断（直接模式和计数器模式）、定时中断、高速计数器中断等功能，还有外部中断功能。

（2）高速计数器功能　在内置输入上连接旋转编码器，可进行高速脉冲输入。输入高速计数器脉冲数的当前值和目标值比较，有“目标值一致”和“区域比较”两种比较方法，经比较，如符合条件，则中断处理。通过PRV指令，可测定输入脉冲的频率（仅1点）。可进行高速计数器的当前值的保持/更新的切换。作为计数器模式，可选择4种输入信号（X/XA型）：相位差输入（4倍频）50kHz；脉冲+方向输入100kHz；加减法脉冲输入100kHz；加法脉冲输入100kHz。作为计数器值的复位方式，可选择Z相信号+软复位或软复位。

（3）脉冲输出功能　从CPU单元内置输出中发出固定占空比的脉冲输出信号，并通过脉冲输入的伺服电动机驱动器进行定位/速度控制。X/XA型脉冲输出分1Hz~100kHz和1Hz~30kHz两种。Y型脉冲输出分1Hz~1MHz和1Hz~30kHz两种。可进行三角控制，定位时可变更定位目标位置，可在速度控制中向定位变更，可在加速或减速中变更目标速度或加减速比率，可发出可变占空比的脉冲输出信号等。

（4）快速响应输入功能　通过将CPU单元内置输入作为脉冲接收功能，与周期时间无关，可获取到最小宽度为30μs的输入信号。X/XA型最大可使用8点，Y型最大可使用6点。

(5) 模拟输入/输出功能 XA型的CP1H CPU单元内置模拟输入4点及模拟输出2点。分辨率分为1/6000或1/12000两种。输入/输出分别可选择：0~5V、1~5V、0~10V、-10~10V、0~20mA、4~20mA共6种方式。

(6) 串行通信功能 CP1H的CPU单元支持的串行通信功能有串行网关、串行PLC链接、NT链接、上位链接及工具总线等。

(7) 模拟设定电位器/外部模拟设定输入功能 通过用螺钉旋具旋转CP1H CPU单元的模拟设定电位器，可将特殊辅助继电器（A642 CH）的当前值在0~255的范围内自由地变更。

(8) 7段LED显示功能 通过两位的7段LED，将PLC的状态显示，便于把握设备运行中的故障状态，提高维护时的人机界面性能。它能显示单元版本、CPU单元发生异常的故障代码、CPU单元与存储盒间传送的进度状态、模拟设定电位器值的变更状态，通过梯形图程序上的专用显示指令，它还可以显示用户定义的代码等。

(9) 无电池运行功能 CP1H的CPU单元中，通过保存内置闪存中用于备份的数据，可在未安装电池的状态下运行。

(10) 存储盒功能 CP1H的CPU单元有专用的存储盒，可用于进行装置的复制时，向其他的CPU单元复制数据；为防备故障等导致的CPU单元更换时进行数据备份；将已有装置版本升级时进行数据的覆盖及更新等。

(11) 程序保护功能 在编程软件中，可以设定密码进行读取保护。如果向"密码解除"对话框内连续5次输入错误密码，则其后2h内不再接受密码输入，以强化装置内PLC数据的安全性。

(12) 故障诊断功能 具有为检测用户定义异常的指令（FAL指令和FALS指令），可将特殊辅助继电器置位，将故障代码置于特殊辅助继电器，在异常记录区域中设置故障代码及发生时刻，使CPU单元的LED灯亮或闪烁。

(13) 时钟功能 CP1H机型的CPU单元有内置时钟，可通过电池进行备份。

3. 编程工具

CP1H机型不使用编程器，可通过USB端口和计算机通信，也可加装RS-232选件板、Ethernet选件板和计算机通信，用编程软件CX-P（Ver6.1以上）编程，如图2-4所示。

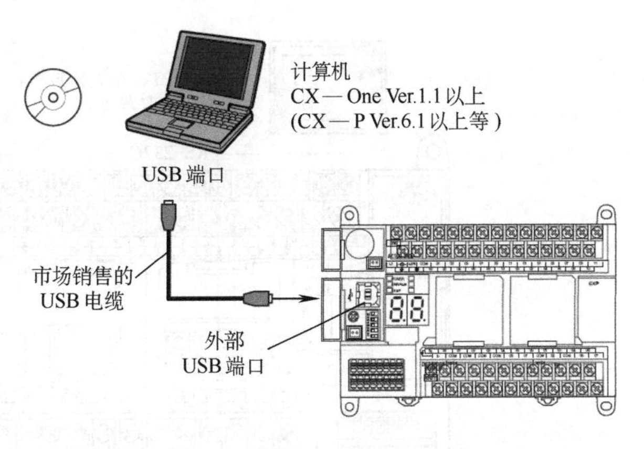

图2-4 通过USB端口的通信

4. 型号规格

CP1H机型CPU单元的型号以CP1H开头，X表示基本型，XA表示内置模拟量输入/输出端子型，Y表示带脉冲输入/输出专用端子型；40或20表示内置输入/输出点数；D表示输入类型是DC输入，R表示继电器输出，T表示晶体管输出（漏型），T1为晶体管输出（源型）；A表示电源类别是交流电源，D表示电源类别是直流电源。

CP1H机型的部分性能规格见附录A表A-2。从表中可见CP1H机型的性能比CPM1A机型强得多，如CPM1A机型的指令仅91种，CP1H机型的指令有近400种；CPM1A机型的基本指令处理速度为0.72～16.2μs，CP1H机型的基本指令处理速度仅为0.1μs，应用指令也只有0.15μs；CPM1A机型的程序容量为2048字(W)，CP1H机型的程序容量达20k步（字是物理地址，步是指令中的单位，例如基本指令LD，一步就是一个字，而应用指令MOV，一步占多个字）；CPM1A机型扩展后I/O总点数为100点，CP1H机型扩展后总点数达320点；CPM1A机型的脉冲输出为2kHz，CP1H机型的脉冲输出在内置端子输出时为100kHz，配上专用端子后脉冲输出频率达1MHz。请读者仔细对照着两张性能规格表，体会一下它们的性能差别。

三、CP1H选件板简介

选件板插槽1（左侧）或插槽2（右侧）可安装CP1W－CIF01 RS－232C选件板、CP1W－CIF11/CIF12 RS－422A/485选件板、CP1W－DAM01 LCD选件板和CP1W－CIF41 Ethernet选件板。

1. RS－232C选件板和RS－422A/485选件板

RS－232C选件板（CP1W－CIF01，9针母头）如图2-5a所示，RS－422A/485选件板（CP1W－CIF11/CIF12）如图2-5b所示，用于上位链接、NT链接（1:N模式）、无协议通信、串行PLC链接从站、串行PLC链接主站、串行网关（转换为CompoWay/F、转换为Modbus－RTU）和外设总线，如图2-6所示。

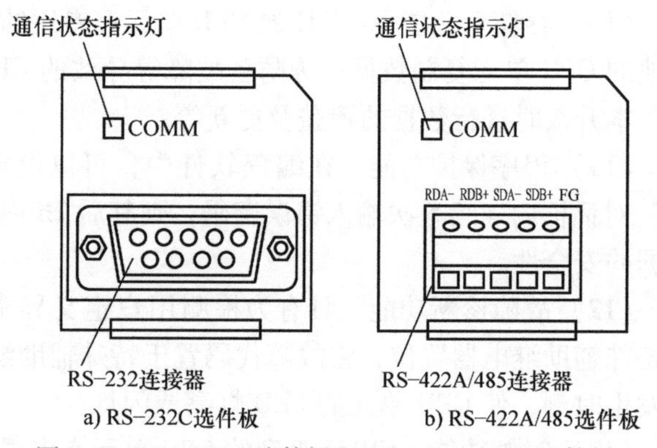

图2-5 RS－232C选件板和RS－422A/485选件板

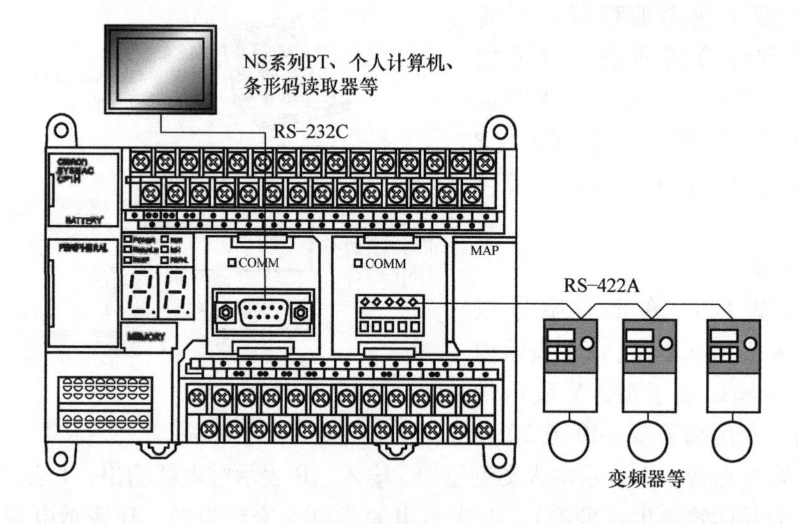

图2-6 RS－232C选件板和RS－422A/485选件板的应用

2. LCD 选件板

LCD 选件板（CP1W－DAM01）安装在 SYSMAC CP 系列 CPU 单元的选件板插槽 1 上使用。安装该选件板后，无需连接 CX－Programmer 即可监控各种数据及变更当前值、设定值，并可使用 PLC 未配备的特殊定时器，从而拓展 SYSMAC CP 系列的用途范围，如图 2-7 所示。

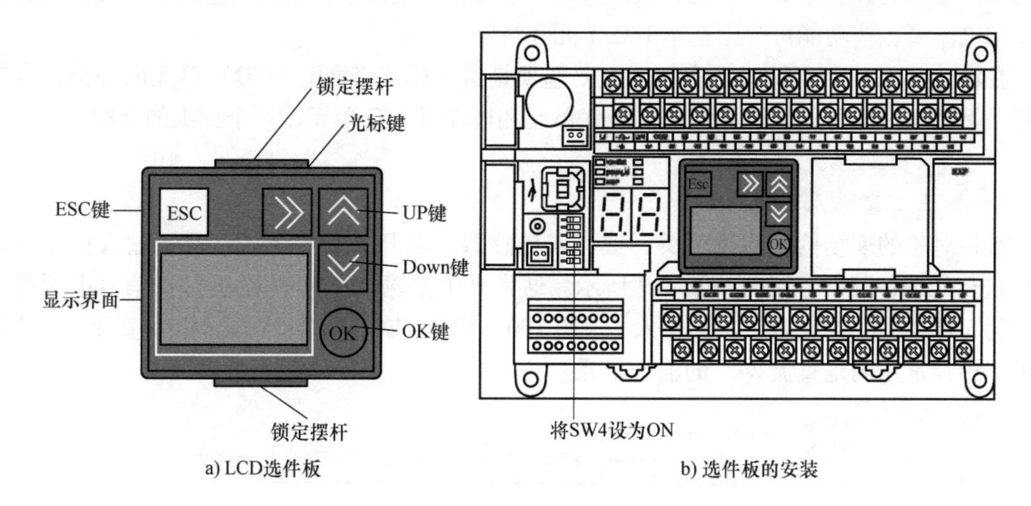

图 2-7　LCD 选件板及使用

3. Ethernet 选件板

Ethernet 选件板 CP1W－CIF41（Ver. 1. 0）如图 2-8a 所示，安装至 CP1H/CP1L CPU 单元的选件板用插槽 1（左）或 2（右）中使用。Ver. 1. 0 版本在 CP1H CPU 单元中仅可安装 1 台，Ver. 2. 0 以上版本在 CP1H CPU 单元中可安装 2 台。

Ethernet 上最多可连接 254 台 CP1H/CP1L PLC、CS/CJ 系列 PLC 或上位计算机，如图 2-8b所示。传输速度最高可达 100Mbit/s。集线器和节点之间的连接距离最长为 100m。

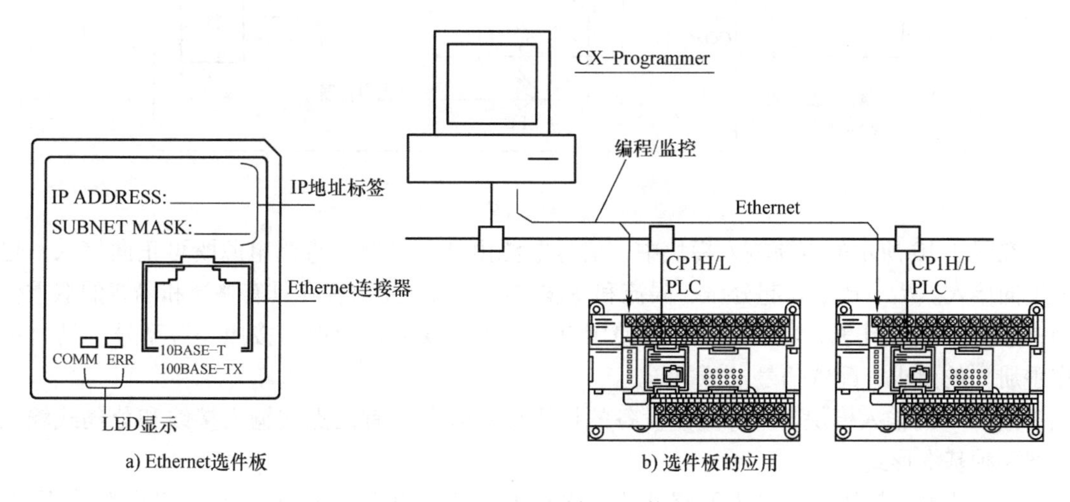

图 2-8　Ethernet 选件板及使用

第二节 输入/输出单元

输入/输出单元即I/O单元。I/O单元按信号的流向可分为输入单元和输出单元；按信号的形式可分为开关量I/O单元和模拟量I/O单元；按电源形式可分为直流型和交流型、电压型和电流型；按功能可分为基本I/O单元和特殊I/O单元。

在设计PLC控制系统时，有一个主要选项是选择输入/输出（I/O）单元的种类，本节就开关量基本I/O单元、开关量扩展I/O单元和模拟量I/O单元做一个详细的介绍。

一、开关量基本I/O单元

（一）开关量输入单元

被控对象的现场信号通过开关、按钮或传感器，以开关量的形式，通过输入单元送入CPU进行处理，其信号流向如图2-9所示。通常开关量输入单元（模块）按信号电源的不同分为3种类型：直流12~24V输入、交流100~120V或200~240V输入和交直流12~24V输入3种，常用的是直流24V的输入单元。

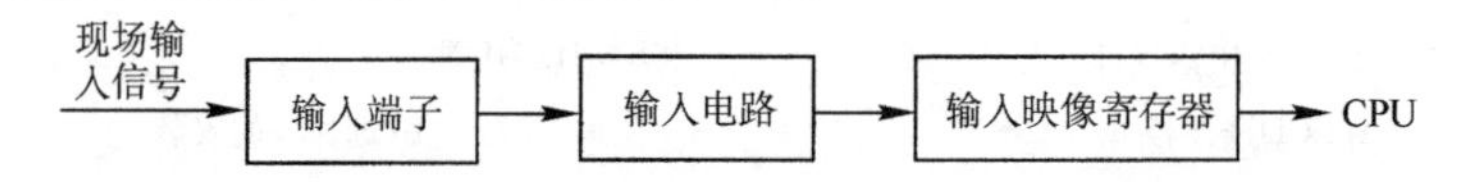

图2-9 输入模块组成框图

开关量输入模块的作用是把现场的开关信号转换成CPU所需的TTL标准信号，各PLC的输入单元的电路都大同小异，图2-10为直流输入模块原理图。由于各输入点的输入电路都相同，图中只画出了一个输入端，COM为输入端口的公共端。

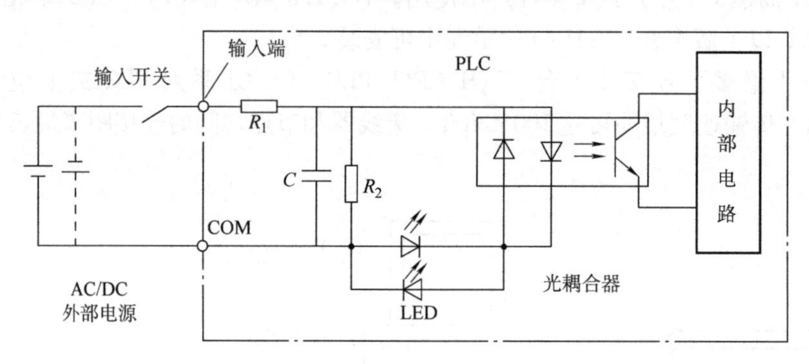

图2-10 直流输入模块原理图

在图2-10所示的直流输入模块中，信号电源由外部供给，直流电源既可正向接入，也可反向接入。R_1、R_2、C起分压、限流和滤波作用，双向光耦合器具有整流和隔离的双重作用，双向LED用作输入状态指示。在使用直流输入模块时，应严格按照相应型号产品《操作手册》的要求，配置信号电源电压。

按PLC的输入模块与外部用户设备的接线形式来分，有汇点式输入接线和分隔式输入接线两种基本形式。

汇点式输入接线是各输入回路共用一个公共端（汇集端）COM，根据PLC型号不同，输入电源可以是内部电源，也可以是外部电源，如图2-11a所示。汇点式输入也可以将全部

输入点分为 n 个组，每组有一个公共端和一个单独电源，如图 2-11b 所示。前述 OMRON CP 系列 PLC 输入单元均为汇点（1 组）电源外接直流输入，输入接线端子上都只有一个 COM 端。

分隔式输入接线如图 2-11c 所示，每一个输入回路有两个接线端，由单独的一个电源供电，控制信号通过用户输入设备（如开关、按钮、位置开关、继电器和传感器）的触点输入。

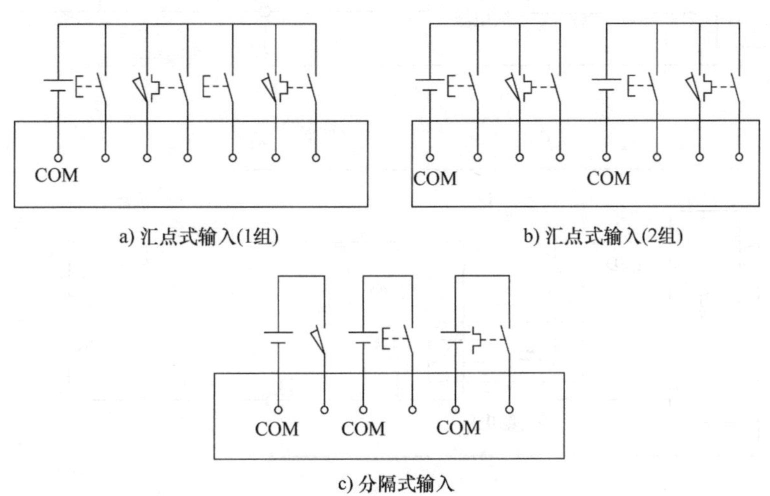

a) 汇点式输入(1组)　b) 汇点式输入(2组)

c) 分隔式输入

图 2-11　输入接线示意图

（二）开关量输出单元

PLC 所控制的现场执行元件有电磁阀、继电器、接触器、指示灯、电热器及电动机等。CPU 输出的控制信号，经输出模块驱动执行元件。输出模块的组成如图 2-12 所示，其中输出电路常由隔离电路和功率放大电路组成。

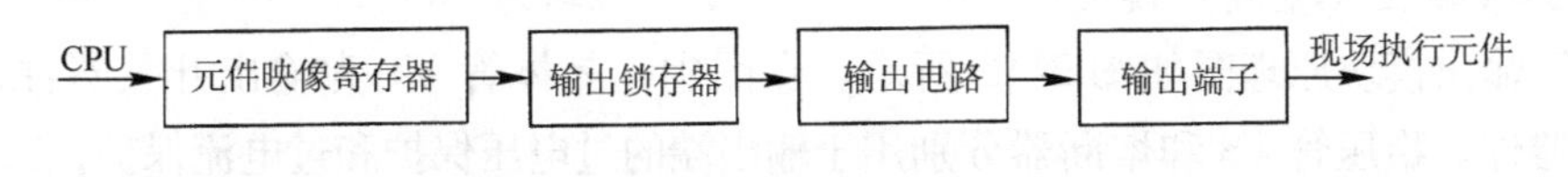

图 2-12　输出模块组成框图

开关量输出模块的输出形式有三种：继电器输出、晶闸管输出和晶体管输出。目前常用继电器输出和晶体管输出。

1. 继电器输出（交直流）模块

继电器输出模块原理图如图 2-13 所示。在图中，继电器既是输出开关器件，又是隔离器件，电阻 R_1 和指示灯 LED 组成输出状态显示器；电阻 R_2 和电容器 C 组成 RC 灭弧电路，消除继电器触点火花。当 CPU 输出一个接通信号时，指示灯 LED 亮，继电器线圈得电，其常开触点闭合，使电源、负载和触点形成回路。继电器触点动作的响应时间约为 10ms。继电器输出模块的负载回路，可选用直流电源，也可选用交流电源。外接电源及负载电源的大小，由继电器的触点决定，通常在电阻性负载时，继电器输出的最大负载电流为 2A/点。

2. 晶闸管输出（交流）模块

晶闸管输出模块原理图如图 2-14 所示。在图中，双向晶闸管为输出开关器件，由它组

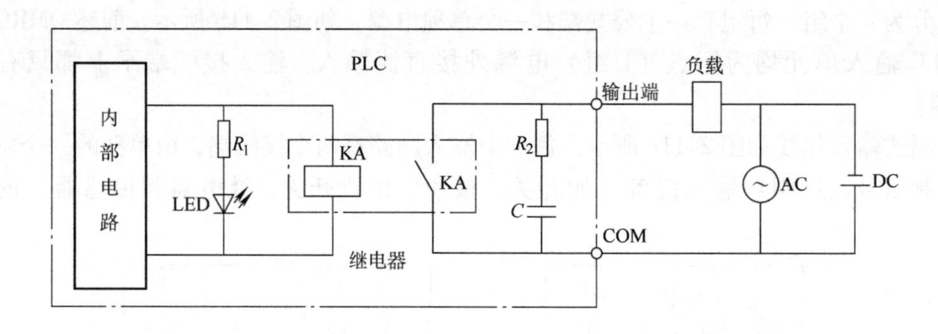

图 2-13　继电器输出模块原理图

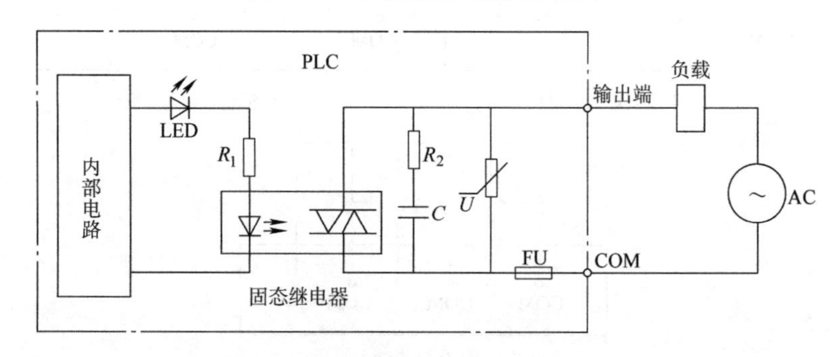

图 2-14　晶闸管输出模块原理图

成的固态继电器（AC SSR）具有光电隔离作用，作为隔离元件。电阻 R_2 与电容 C 组成高频滤波电路，减少高频信号干扰。压敏电阻作为消除尖峰电压的浪涌吸收器。当 CPU 输出一个接通信号时，指示灯 LED 亮，固态继电器中的双向晶闸管导通，负载得电。双向晶闸管开通响应时间小于 1ms，关断响应时间小于 10ms。由于双向晶闸管的特性，在输出负载回路中的电源只能选用交流电源。

3. 晶体管输出（直流）模块

晶体管输出模块原理图如图 2-15 所示。在图中，晶体管 VT 为输出开关器件，光耦合器为隔离器件。稳压管 VS 和熔断器分别用于输出端的过电压保护和过电流保护，二极管 VD

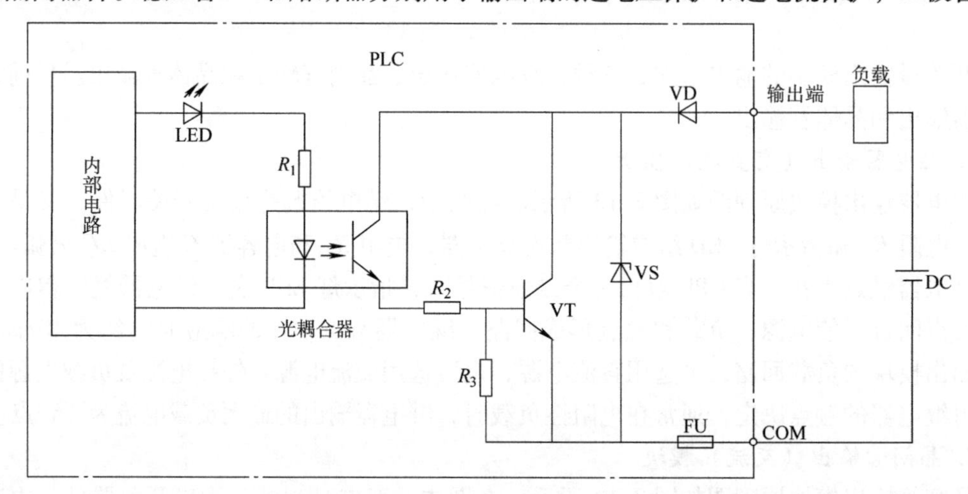

图 2-15　晶体管输出模块原理图

可禁止负载电源反向接入。当 CPU 输出一个接通信号时，指示灯 LED 亮。该信号通过光耦合器使 VT 导通，负载得电。晶体管输出模块所带负载只能使用直流电源。在电阻性负载时，晶体管输出的最大负载电流通常为 0.5A/点，通断响应时间均小于 0.1ms。

按输出模块与外部用户输出设备的接线形式分，也有汇点式输出接线和分隔式输出接线两种基本形式。汇点式输出接线形式示意图如图 2-16a、b 所示，图 2-16a 表示把全部输出点汇集成一组，共用一个公共端 COM 和一个电源。图 2-16b 表示将所有输出点分成两个组，每组有一个公共端 COM 和一个单独电源，两种形式的电源均由用户提供，根据实际情况确定选用直流或交流电源。

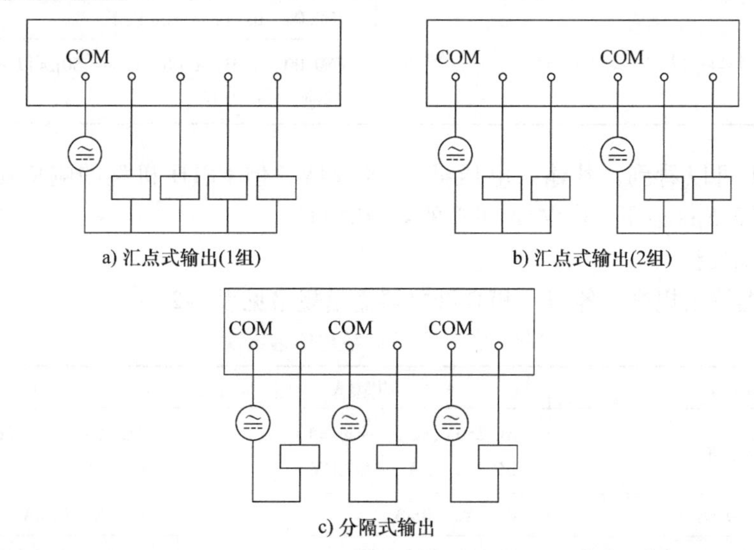

a) 汇点式输出(1组)　　b) 汇点式输出(2组)

c) 分隔式输出

图 2-16　输出接线形式示意图

分隔式输出接线形式示意图如图 2-16c 所示。每个输出点构成一个单独回路，由用户单独提供一个电源，每个输出点之间是相互隔离的，负载电源按实际情况可选用直流电源，也可选用交流电源。

读者可以看一下图 2-1、图 2-3，CPM1A、CP1H 机型既有分隔式输出，也有汇点式输出。

以上介绍了几种开关量输入/输出模块的原理图，实际上，不同生产厂家生产的输入/输出模块电路各有不同，使用中应详细阅读相应型号产品的《操作手册》，按规格要求接线和配置电源。

(三) I/O 单元的规格

1. 输入单元规格

CPM1A、CP1H 机型的 CPU 单元输入规格分别见表 2-1。

表 2-1　CPU 单元输入规格

项　目	CPM1A	CP1H
输入电压	DC 24V +10%、-15%	DC 24V +10%、-15%
输入电阻	IN0.00 ~ 0.02：2kΩ 其他：4.7kΩ	IN0.04 ~ 0.11：3.3kΩ IN0.00 ~ 0.03：1.00 ~ 1.03：3.0kΩ 其他：4.7kΩ

（续）

项　目	CPM1A	CP1H
输入电流	IN0.00～0.02：12mA TYP 其他：5mA TYP	IN0.04～0.11：7.5mA TYP IN0.00～0.03，1.00～1.03：8.5mA TYP 其他：5mA TYP
ON电压	最小DC 14.4V	IN0.00～1.03：最小DC 17.0V 其他：最小DC 14.4V
OFF电压	最大DC 5.0V	最大DC 5.0V
ON响应时间	1～128ms以下（默认8ms）	IN0.04～0.11：2.5μs以下
OFF响应时间		IN0.00～0.03，1.00～1.03：50μs以下 其他：1ms以下

对照表2-1可以看到，其输入电压都是DC 24V，但CP1H机型的响应延迟短，小于1ms，最短的在2.5μs以下，CPM1A机型的响应时间长。

2. 输出单元规格

（1）继电器输出规格　各型号PLC继电器输出规格见表2-2。

表2-2　各型号PLC继电器输出规格

项　目			CPM1A	CP1H
最大开关能力			AC 250V、2A（$\cos\phi=1$） DC 24V、2A（4A/COM）	AC 250V、2A（$\cos\phi=1$） DC 24V、2A（4A/COM）
最小开关能力			DC 5V、10mA	DC 5V、10mA
继电器寿命	电气	电阻性负载	15万次（DC 24V）	10万次（DC 24V）
		电感性负载	10万次（AC 200V、$\cos\phi=1$）	4.8万次（AC 250V、$\cos\phi=0.4$）
	机械		2000万次	2000万次
ON响应时间			15ms以下	15ms以下
OFF响应时间			15ms以下	15ms以下

（2）晶体管输出规格　各型号PLC晶体管输出规格见表2-3。

表2-3　各型号PLC晶体管输出规格

项　目	CPM1A	CP1H
最大开关能力	DC 24V、0.3A	DC 4.5～30V、0.3A
漏电流	0.1mA以下	0.1mA以下
剩余电压	1.5V以下	0.6V以下（100.00～100.07） 1.5V以下（其他）
ON响应时间	0.1ms以下	0.1ms以下
OFF响应时间	1ms以下	1ms以下（101.02～101.07） 0.1ms以下（其他）

二、开关量扩展 I/O 单元

在 CPU 单元的右侧带有 I/O 扩展连接口，用于连接扩展单元，如 I/O 扩展单元、特殊功能单元和 I/O 链接单元。当 CPU 单元自带的输入或输出点数不够时，可考虑加装扩展 I/O 单元，也可以同时连接不同类型的扩展单元，但扩展的总点数因型号不同而不同。

（一）扩展 I/O 单元简介

CPM1A 机型的 I/O 扩展单元有 40 点 I/O、20 点 I/O、8 点 I、8 点 O 等几种，型号在 CPM1A 后分别后缀 40EDR、40EDT、20EDR、20EDT、8ED、8ER、8ED，其中 E 表示为扩展单元。虽然扩展单元的前缀是 CPM1A，但也可用于 CPM2A、CP1H 的 CPU 单元的扩展。扩展单元 CPM1A－20EDR 外形如图 2-17 所示。

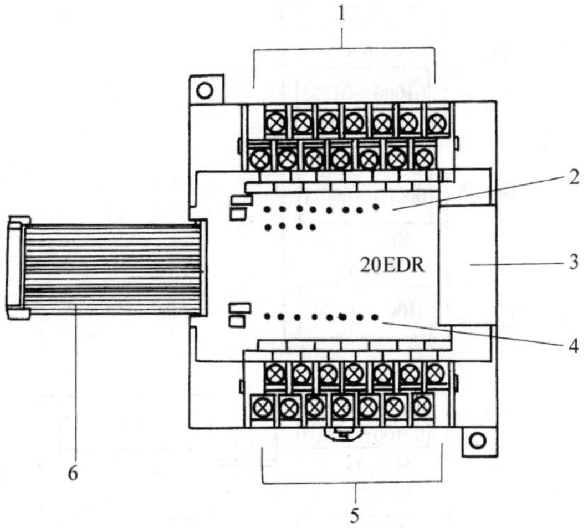

20 点 I/O 扩展单元有输入点 12 个、输出点 8 个，分别位于面板的上半部、下半部，中间的输入/输出 LED 指示 I/O 点的状态。左侧的扩展 I/O 连接电缆用于连接 CPU 单元或 I/O 扩展单元的扩展连接器，右侧的扩展连接器用于连接下一个扩展单元。

图 2-17　扩展单元 CPM1A－20EDR 外形

1—输入端子　2—输入 LED　3—扩展连接器　4—输出 LED
5—输出端子　6—扩展 I/O 连接电缆

（二）扩展 I/O 单元的使用

虽然扩展 I/O 单元能增加 PLC 的输入/输出点数，但不是无限制的，它受到系统软件和供电电源的限制。CPM1A 10 点、20 点的 CPU 单元不能连接扩展 I/O 单元，30 点、40 点的 CPU 单元可以连接扩展 I/O 单元。40 点 CPU 单元最多可连接 3 台 20 点扩展 I/O 单元，组合成 100 个 I/O 点。CPM1A 扩展 I/O 单元后的地址分配如图 2-18 所示。CPM2A 因有 60 点 CPU 单元，最多能扩展到 120 个 I/O 点。

CP1H 机型的 CPU 单元上最大可连接 7 个 CPM1A 系列的扩展 I/O 单元或扩展单元。CP1H 的扩展及地址分配如图 2-19 所示。在扩展 I/O 单元或扩展单元中，按 CP1H 的 CPU 单元的连接顺序分配输入输出 CH 编号。输入 CH 编号从 2CH 开始，输出 CH 编号从 102CH 开始，分配各自单元占有的输入输出 CH 数。但可连接到 CP1H CPU 单元的 CPM1A 系列的扩展 I/O 单元、扩展单元及 CJ 系列单元有以下限制：

1）连接台数限制：最多可连接 7 个单元。

2）占用通道数的限制：所连接的扩展 I/O 单元、扩展单元的占用通道(CH)数的合计，输入、输出都必须在 15CH 以下。对于输入单元，CPU 单元占用 00～01CH，扩展单元占用 02～16CH。同理输出扩展单元占用 102～116CH。

3）消耗电流的限制：CP1H CPU 单元及扩展 I/O 单元、扩展单元、CJ 系列单元的消耗电流的合计不可以在 5V/2A、24V/1A 以上，合计消耗功率不可以在 30W 以上。

4）CJ 系列单元的连接限制：以 CJ 单元适配器为媒介，可在 CP1H 中扩展的 CJ 系列单

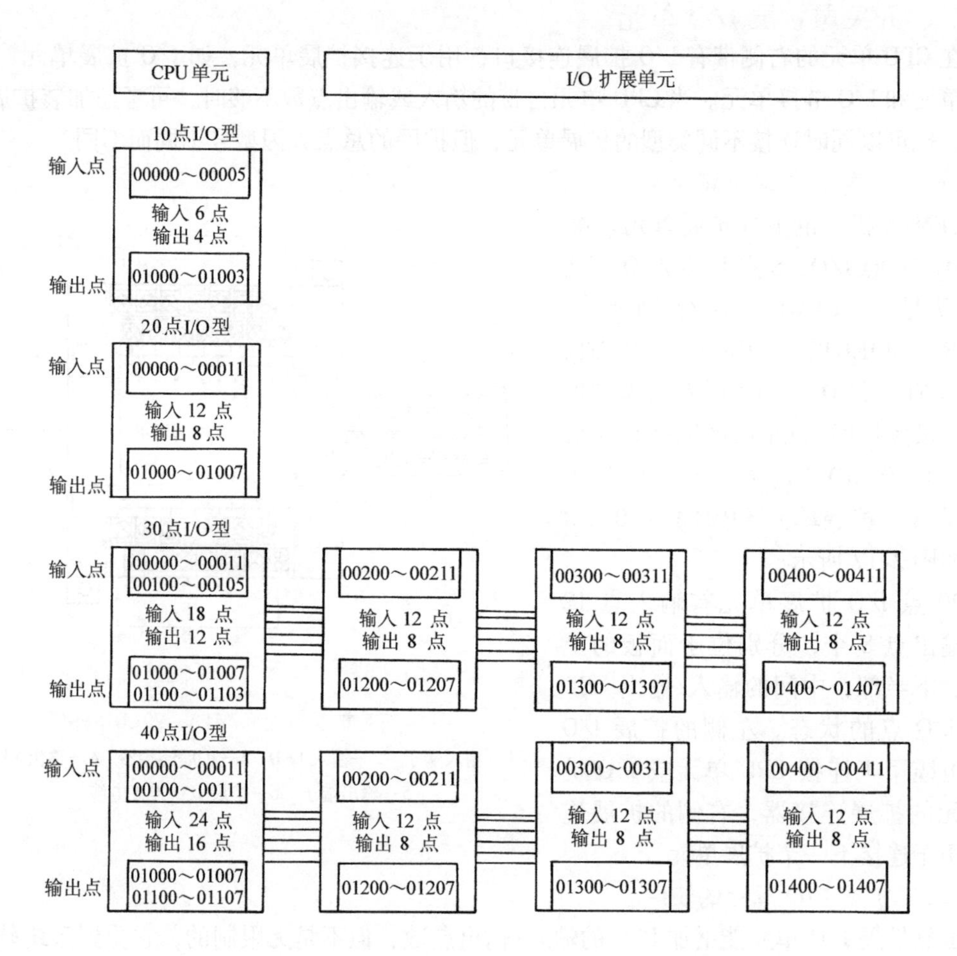

图2-18 CPM1A扩展I/O单元后的地址分配

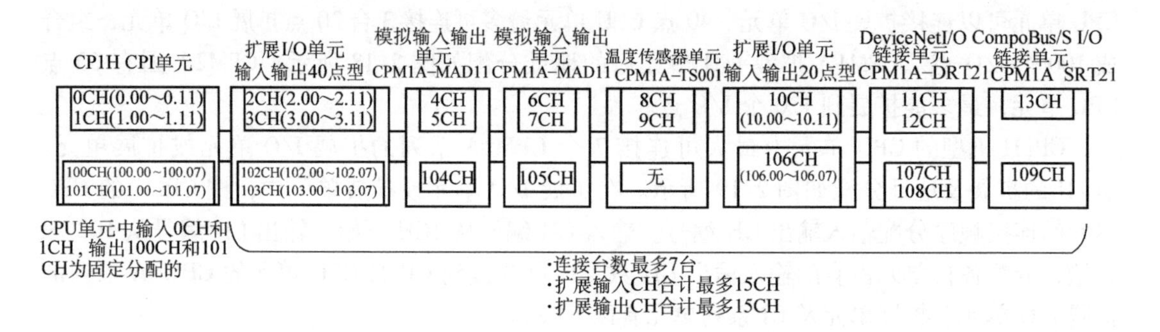

图2-19 CP1H的扩展及地址分配

元、高功能I/O单元或CPU高功能单元合计不超过两台，不可以连接基本I/O单元。

5）环境温度的限制：CP1H－XA40DT1－D、CP1H－Y20DT－D上连接继电器输出型的CPM1A系列扩展I/O单元时，在扩展I/O单元的连接台数超过3台以及使用环境温度超过45℃的情况下，应保证供应的电源电压为DC 24(1±10%)V。

三、模拟量 I/O 单元

1. 模拟量输入单元

生产现场中连续变化的模拟量信号（如温度、流量、压力）通过变送器转换成 DC 0 ~ 5V、DC 1 ~ 5V、DC 0 ~ 10V、DC －10 ~ 10V、DC 0 ~ 20mA 和 DC 4 ~ 20mA 的标准电压、电流信号。模拟量输入单元的作用是把此连续变化的电压、电流信号转换成 CPU 能处理的若干位数字信号。模拟量输入电路一般由变送器、模数转换（A－D）、光电隔离等部分组成，其组成框图如图 2-20 所示。

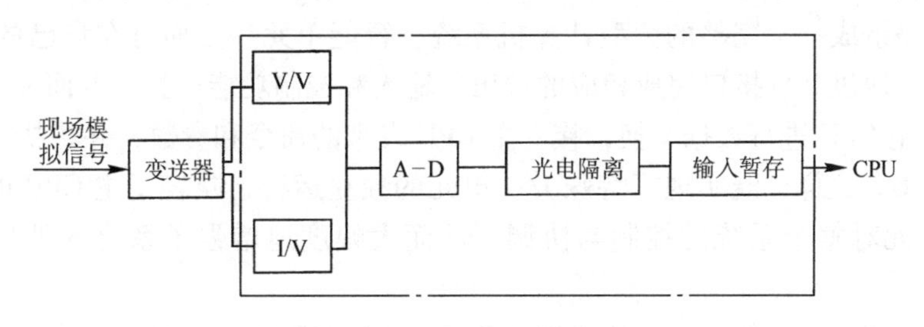

图 2-20　模拟量输入电路组成框图

2. 模拟量输出单元

模拟量输出单元的作用是把 CPU 处理后的若干位数字信号，转换成相应的模拟量信号输出，以满足生产控制过程中需要连续信号的要求。模拟量输出单元组成框图如图 2-21 所示。CPU 的控制信号由输出锁存器经光电隔离、数模转换（D－A）和运放变换器，变换成标准模拟量信号输出。模拟量输出为 DC 0 ~ 5V、DC 1 ~ 5V、DC 0 ~ 10V、DC －10 ~ 10V、DC 0 ~ 20mA 和 DC 4 ~ 20mA。

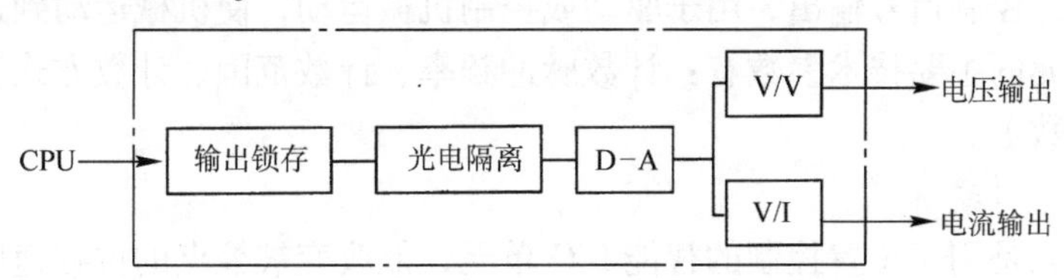

图 2-21　模拟量输出单元组成框图

A－D、D－A 模块的主要参数有：分辨率、精度、转换速度、输入阻抗、输出阻抗、最大允许输入范围、模拟通道数及内部电流消耗等。

3. 外置模拟量 I/O 扩展单元

为 CPM1A 机型配套的外置模拟量 I/O 扩展单元有 CPM1A－MAD01 和 CPM1A－MAD02 等，前者的面板如图 2-22 所示。CPM1A－MAD01 有 2 路模拟量输入和 1 路模拟量输出；CPM1A－MAD02 有 4 路模拟量输入和 1 路模拟量输出。

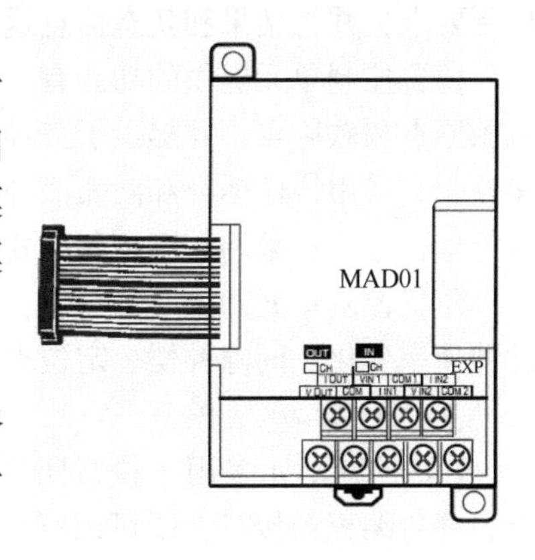

图 2-22　CPM1A－MAD01 的面板

4. 内置模拟量 I/O 单元

XA 型 CP1H 的 CPU 单元已内置具有 4 路输入、2 路输出的模拟量 I/O 单元。在 CPU 单元左下角的接线端子即为模拟量接线端子。

内置模拟量输入范围可设置成 DC －10V ~ 10V、0 ~

10V、1～5V、0～5V、0～20mA 和 4～20mA6 种，分辨率有 1/6000 和 1/12000 两种。内置模拟量输出范围也可设置成 DC －10～10V、0～10V、1～5V、0～5V、0～20mA 和 4～20mA 6 种，分辨率也有 1/6000 和 1/12000 两种。

第三节 特殊扩展设备

特殊 I/O 功能单元作为智能单元，有自己的 CPU、存储器和控制逻辑，与 I/O 接口电路及总线接口电路组成一个完整的微型计算机系统。智能单元一方面可在自己的 CPU 和控制程序的控制下，通过 I/O 接口完成相应的输出、输入和控制功能；另一方面又通过总线接口与 PLC 单元的主 CPU 进行数据交换，接受主 CPU 发来的命令和参数，并将执行结果和运行状态返回主 CPU。这样，既实现了特殊 I/O 单元的独立运行，减轻了主 CPU 的负担，又实现了主 CPU 单元对整个系统的控制与协调，从而大幅度地增强了系统的处理能力和运行速度。

本节简单介绍高速计数单元、位置控制单元、PID 控制单元、温度传感器单元和通信单元等特殊的扩展设备。

一、高速计数单元

高速计数单元用于脉冲或方波计数器、实时时钟、脉冲发生器、数字码盘等输出信号的检测和处理，用于快速变化过程中的测量或精确定位控制。高速计数单元常设计为智能型模板，在与主令起动信号的联锁下，与 PLC 的 CPU 之间是互相独立的。它自行配置计数、控制、检测功能，占用独立的 I/O 地址，与 CPU 之间以 I/O 扫描方式进行信息交换。有的计数单元还具有脉冲控制信号输出，用于驱动或控制机械运动，使机械运动到达要求的位置。

高速计数单元的主要技术参数有：计数脉冲频率、计数范围、计数方式、输入信号规格及独立计数器个数等。

二、位置控制单元

位置控制单元是用于位置控制的智能 I/O 单元，能改变被控点的位移速度和位置，适用于步进电动机或脉冲输入的伺服电动机驱动器。位置控制单元一般自身带有 CPU、存储器、I/O 接口和总线接口。它一方面可以独立地进行脉冲输出，控制步进电动机或伺服电动机，带动被控对象运动；另一方面可以接受主机 CPU 发来的控制命令和控制参数，完成相应的控制要求，并将结果和状态信息返回主机 CPU。

位置控制单元提供的功能有：可以每个轴独立控制，也可以多轴同时控制；原点可分为机械原点和软原点，并提供了三种原点复位和停止方法；通过设定运动速度，方便地实现变速控制；采用线性插补和圆弧插补的方法，实现平滑控制；可实现试运行、单步、点动和连续等运行方式；采用数字控制方式，输出脉冲，达到精密控制的要求。

位置控制单元的主要参数有：占用 I/O 点数、控制轴数、输出控制脉冲数、脉冲速率、脉冲速率变化、间隙补偿、定位点数、位置控制范围、最大速度及加/减速时间等。

三、PID 控制单元

PID 控制单元多用于执行闭环控制的系统中。该单元自带 CPU、存储器、模拟量 I/O 点，并有编程器接口，既可以联机使用，也可以脱机使用。在不同的硬件结构和软件程序中，可实现多种控制功能：PID 回路独立控制、两种操作方式（数据设定、程序控制）、参数自整定、先行 PID 控制和开关控制、数字滤波、定标、提供 PID 参数供用户选择等。

PID 控制单元的技术指标有：PID 算法和参数、操作方式、PID 回路数及控制速度等。

四、温度传感器单元

温度传感器单元实际为变送器和模拟量输入单元的组合，它的输入为温度传感器的输出信号，通过单元内的变送器和 A－D 转换器，将温度值转换为 BCD 码传送给 PLC。

温度传感器单元配置的传感器有：热电偶和热电阻。

温度传感器单元的主要技术参数有：输入点数、温度检测元件、测温范围、数据转换范围及误差、数据转换时间、温度控制模式、显示精度及控制周期等。

五、通信单元

通信单元根据 PLC 连接对象的不同可分为以下几点：

1）上位链接单元　用于 PLC 与计算机的互联和通信。

2）PLC 链接单元　用于 PLC 和 PLC 之间的互联和通信。

3）远程 I/O 单元　远程 I/O 单元有主站单元和从站单元两类，分别装在主站 PLC 机架和从站 PLC 机架上，实现主站 PLC 与从站 PLC 远程互联和通信。

通信单元的主要技术参数有：数据通信的协议格式、通信接口传输距离、数据传输长度、数据传输速率和传输数据校验等。

以上简单介绍了一些特殊的扩展设备，具体使用本书不再赘述。

习题

1. CP 系列 PLC 包括哪几个型号？
2. 说明 CPM1A－40CDR－A 型号的含义。
3. 简述 CPM1A 型 PLC 状态指示灯状态显示的含义。
4. 简述 CP1H 型 PLC 状态指示灯状态显示的含义。
5. 简述 CPM1A 型 PLC 的功能。
6. 简述 CP1H 型 PLC 的功能。
7. CP1H 型 PLC 与外围设备有几个通信口？各有什么特点？
8. CP1H 基本指令的处理速度约为 CPM1A 的几倍？
9. 举例说明可编程序控制器的现场输入元件和执行元件的种类。
10. 何谓汇点输入？CP1H 型 PLC 是汇点输入吗？
11. 继电器输出和晶体管输出各具有什么特点？
12. PLC 有几种输出类型？各有什么特点？各适用于什么场合？
13. 在 I/O 电路中，光电隔离器的主要功能是什么？
14. 一台 CPM1A 基本单元可编程序控制器最多可接多少个输入信号？最多可带多少个负载？
15. 一台 CPM1A－40CDR－A 加一台 CPM1A－20EDR 最多可接多少个输入信号？最多可带多少个负载？
16. CP1H 最多能加几个扩展单元？最多能扩展到多少个输入点？多少个输出点？
17. A－D 单元功能是什么？其信号输入范围可分成几种？
18. 特殊 I/O 单元的结构特点及主要作用是什么？

第三章　简单逻辑控制与基本指令

PLC各种指令的集合称为PLC的指令系统。PLC的指令可概括分为基本指令、应用指令和高功能指令等几大类。其中，CPM1A机型的基本指令有时序输入、时序输出、时序控制、定时/计数器等几类指令；CP1H机型除包含CPM1A机型的所有基本指令外，各种类型都有所增加和扩展。

本章以CP1H可编程序控制器为例，兼顾CPM1A，介绍PLC的基本指令及其相关的简单逻辑控制实例，在基本指令的基础上介绍一些常用的单元程序，以解决实际问题为出发点，坚持问题导向，引领学生进入理论与实践有机结合的学习情境，培养学生善于观察、勤于思考的学习习惯，提升学生解决问题的实战经验和能力。

第一节　编程基础知识

一、PLC的编程语言

IEC（国际电工委员会）于1993年，在制定的IEC1131 PLC国际标准中规定了5种编程语言。这5种语言是梯形图（LD）、指令表（IL）、结构化文本（ST）、功能块图（FBD）和顺序功能图（SFC）。由于不是强制性标准，所以不是所有公司的PLC都支持这些语言，常用的是梯形图和指令表。

CP系列可编程序控制器的编程语言有两种：梯形图和指令表。

1. 梯形图编程

梯形图是一种图形语言，与继电器控制电路的形式十分相似。它形象、直观，为广大电气人员所喜爱。梯形图编程如图3-1a所示。

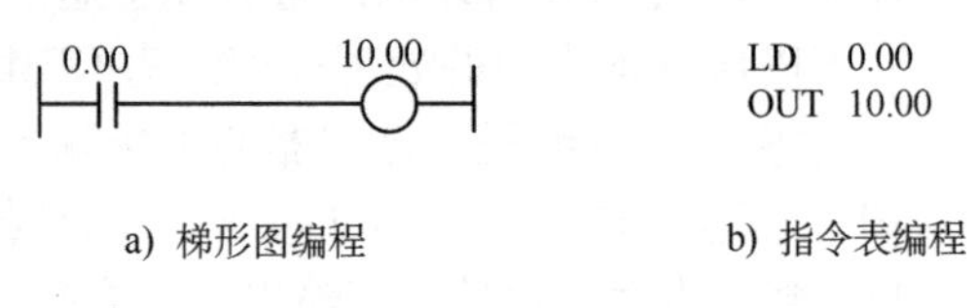

a) 梯形图编程　　b) 指令表编程

图3-1　编程方式

梯形图由触点符号、继电器线圈符号组成，在这些符号上标注有操作数。梯形图以独立的触点和线圈的组合作为一阶，左边以母线开始，以继电器线圈作为一阶的结尾，右边以地线（或称为右母线）终止。

2. 指令表编程

指令表是一种助记符编程语言，又称语句表、命令语句、梯形图助记符等。它比汇编语言通俗易懂，更为灵活，适应性广。指令语言中的助记符与梯形图符号存在一一对应的关系。与图3-1a梯形图对应的指令表编程如图3-1b所示，由两条指令组成。

用指令表编写的程序中，语句是最小的程序组成部分，由语句步、操作码（指令代码）

和操作数组成。

1）语句步是用户程序中语句的序号，一般由编程器自动依次给出。只有当用户需要改变语句时，才通过插入键或删除键进行增删调整。由于用户程序总是依次存放在用户程序存储器内，所以也可以把语句步看作语句在用户程序存储器内的地址代码。

2）操作码就是 PLC 指令系统中的指令代码，或称指令助记符，它表示需要进行的工作。

3）操作数则是操作对象，主要是继电器、通道，每一个继电器都用一个字母或特殊的数字开头，表示属于哪类继电器；后缀数字则表示属于该类继电器中的第几号继电器。本书中如无特别说明，都以 OMRON CP 系列中的继电器编号和功能为例。操作数也可表示用户对时间和计数常数的设置、跳转地址的编号等，也有个别指令不含有操作数。

一句语句就是给 CPU 的一条指令，规定其对谁（操作数）做什么工作（操作码）。一个控制动作由一句或多句语句组成的应用程序来实现。

二、PLC 软元件的地址分配及功能概要

1. 软元件地址编号规则

PLC 内部有大量由软件组成的软元件，这些软元件要按一定的规则进行地址编号。在描述 PLC 的软元件时，经常用到以下术语：位（bit）、数字（digit）、字节（byte）、字（word）。

1）位：二进制数的一位，仅 1、0 两个取值，分别对应继电器线圈得电（ON）或失电（OFF）及继电器触点的通（ON）或断（OFF）。

2）数字：4 位二进制数构成一个数字，这个数字可以是 0 ~ 9（BCD 码，用于十进制数的表示），也可是 0 ~ F（表示十六进制的数）。

3）字节：2 个数字或 8 位二进制数构成一个字节。

4）字：2 个字节构成一个字，字也称为通道（CH），一个通道含有 16 位，或者说含有 16 个继电器。

上述位、数字、字节、字（通道）的关系如图 3-2 所示。

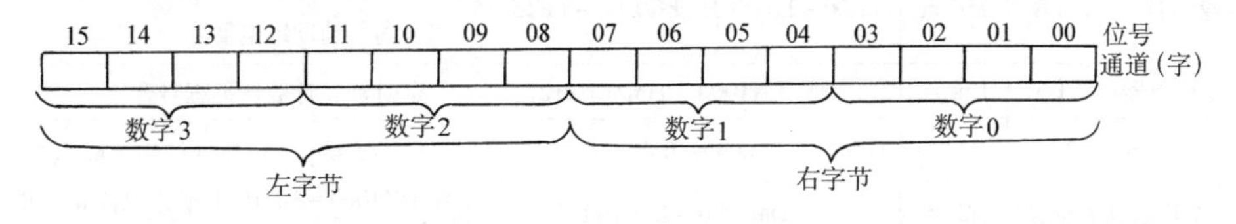

图 3-2　位、数字、字节、字（通道）的关系

存储器是字元件，按字使用，每个字 16 位。继电器是位元件，按位使用，它们的地址按通道进行管理。

位地址的指定方法如图 3-3a 所示，它由通道号和通道内的位号组成。例如，0001 通道的 03 位的表示为 1.03，H010 通道的 08 位表示为 H10.08，其中不满最大位数的通道地址高位的 0 可省略。

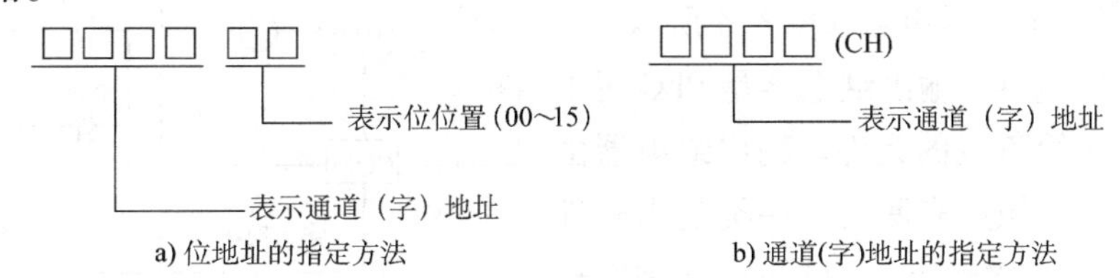

图 3-3　地址的指定方法

通道（字）地址的指定方法如图3-3b所示。如输入通道0010CH的表示为10，内部辅助继电器（WR）W005 CH的表示为W5，数据存储器（DM）D00200的表示为D200。

2. CPM1A机型中的软元件

在CPM1A机型中，由数字000~009开始的地址表示输入继电器；由数字010~019开始的地址表示输出继电器；由数字200~255开始的地址表示辅助继电器（其中输入继电器、输出继电器、内部辅助继电器用字母IR表示，特殊辅助继电器用字母SR表示）；由字母TR开始的地址表示暂存继电器；由字母HR开始的地址表示保持继电器；由字母AR开始的地址表示辅助记忆继电器；由字母LR开始的地址表示链接继电器；由字母T开始的地址表示定时器；由字母C开始的地址表示计数器；由字母DM开始的地址表示数据存储器。详细的软元件地址分配见表3-1。

表3-1 CPM1A机型软元件地址分配表

名　　称		点数	通道号	继电器地址	功　　能
输入继电器	IR	160点	000~009CH	0.00~9.15	继电器号与外部的输入输出端子相对应，没有使用的输入输出通道可作为内部辅助继电器号使用
输出继电器	IR	160点	010~019CH	10.00~19.15	
内部辅助继电器	IR	512点	200~231CH	200.00~231.15	在程序内可以自由使用的继电器
特殊辅助继电器	SR	384点	232~255CH	232.00~255.15	分配有特定功能的继电器
暂存继电器	TR	8点	TR0~TR7		在回路的分支点上，暂时记忆ON/OFF状态的继电器
保持继电器	HR	320点	HR00~HR19CH	HR0.00~HR19.15	在程序内可以自由使用，且断电时也能保持断电前的ON/OFF状态的继电器
辅助记忆继电器	AR	256点	AR00~AR15CH	AR0.00~AR15.15	分配有特定功能的辅助继电器
链接继电器	LR	256点	LR00~LR15CH	LR0.00~LR15.15	1:1链接的数据输入输出用的继电器（也能用作内部辅助继电器）
定时器/计数器	T/C	128点	TIM/CNT000~TIM/CNT127		定时器、计数器编程号合用
数据存储器（DM）	可读写区	1002字	DM0000~DM0999	DM1022、DM1023	以字为单位（16位）使用，断电保持数据。在DM1000~DM1021不作故障记忆的场合可作为常规的DM使用。DM6144~DM6599、DM6600~DM6655不能用于程序写入，只能用外围设备设定
	故障履历存储器	22字	DM1000~DM1021		
	只读区	456字	DM6144~DM6599		
	PLC系统设定区	56字	DM6600~DM6655		

（1）输入继电器　输入继电器是PLC用来接收用户输入设备发出的输入信号。输入继电器只能由外部信号所驱动，不能用程序内部的指令来驱动，因此，在梯形图中输入继电器只有触点。第二章中所述输入模块则可等效成输入继电器的线圈，其等效电路如图3-4所示。

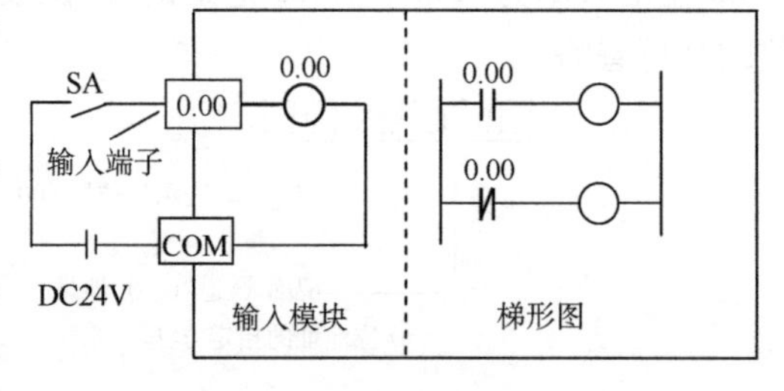

图3-4 输入继电器等效电路图

（2）输出继电器　输出继电器是PLC用来将输出信号传送给负载的元件。输出继电器由内部程序驱动，其触点有两类：一类是由软件构成的内部触点（软触点）；另一类则是由输出模块构成的外部触点（硬触点），它具有一定的带负载能力，其等效电路如图 3-5 所示。

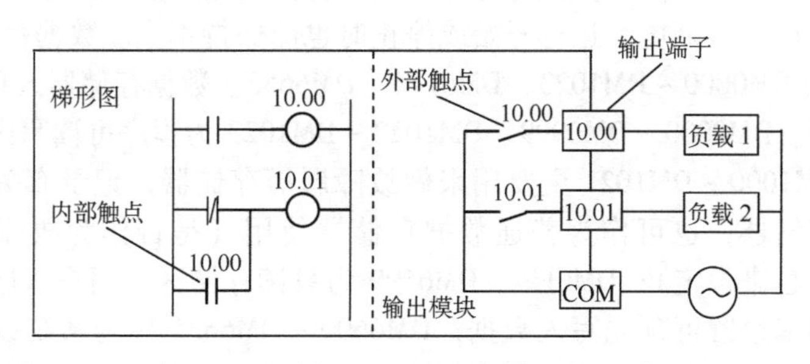

图 3-5　输出继电器等效电路图

从图 3-4 和图 3-5 中可以看出，输入继电器或输出继电器是由硬件（I/O 模块）和软件共同构成的。因此，由软件构成的内部触点可任意取用，不限数量，而由硬件构成的外部触点只能单一使用。

（3）内部辅助继电器　辅助继电器中的 200 ~ 231CH 为内部辅助继电器，共 32 个通道。内部辅助继电器与输入/输出继电器一样，都属于 IR 区，所不同的是，它仅供内部程序使用，不能读取外部输入，也不能直接驱动外部负载，只起到中间继电器的作用。输入/输出继电器号与外部的输入输出端子号相对应，没有使用的输入/输出通道也可作为内部辅助继电器使用。

（4）特殊辅助继电器　辅助继电器中的 232 ~ 255CH 为特殊辅助继电器，共 24 个通道。SR 区和 IR 区实际上属于 PLC 的同一数据区，其主要区别在于 IR 区供用户使用，而 SR 区供系统使用。特殊辅助继电器主要用于动作状态标志、动作起动标志、时钟脉冲输出、模拟电位器、高速计数器、计数模式及中断等各种功能的设定值/现在值的存储单元。常用的特殊辅助继电器见表 3-4，其余可详见《编程手册》。

（5）暂存继电器（TR）　暂存继电器是在复杂的梯形图中，用来对回路的分支点的 ON/OFF 作状态暂存的继电器，有 TR0 ~ TR7 共 8 点。在用指令表编程时，暂存继电器的作用明显。但在用梯形图编程时，由于系统内部能自动处理，暂存继电器的作用可能会被忽视，请读者注意。

（6）保持继电器（HR）　保持继电器具有断电保持功能，当断电时也能保持断电前的 ON/OFF 状态，在程序内可以自由使用，有 HR00 ~ HR19CH 共 20 个通道。

（7）辅助记忆继电器（AR）　辅助记忆继电器是具有 PLC 各种动作标志功能的继电器。用于存放 PLC 的动作异常标志、高速计数、脉冲输出动作状态标志、扫描周期最大值和当前值、扩展单元连接台数、断电发生次数及通信出错码等。辅助记忆继电器有 AR00 ~ AR15CH 共 16 个通道。

（8）链接继电器（LR）　链接继电器是用于 CPM1A 同系列、CPM1A 和 CQM1、CPM1、SRM1 或者 C200HX/HE/HG 的 1∶1 链接通信时，与对方 PLC 交换数据的继电器，共有 LR00 ~ LR15CH 共 16 个通道。

（9）定时器（T）和计数器（C）　CPM1A 中的定时器相当于继电器控制系统中的通电延时时间继电器。常用的定时器有两种，普通定时器和高速定时器，定时范围分别为 0 ~ 999.9s 和 0 ~ 99.99s。计数器也有两种，减法计数器和可逆计数器，计数范围均为 0 ~ 9999。

在 CPM1A 中，定时器和计数器的编号 000 ~ 127 是共用的。如使用了 T000，就不能使用 C000，请读者在编程时注意。

（10）数据存储器（DM） 数据存储器是用来存储数值、数据的软元件，以字为单位。数据存储器的内容在 PLC 断电、运行开始或停止时也能保持不变。数据存储区共 1536 个字（通道），其范围为 DM0000～DM1023、DM6144～DM6655。数据存储器区只能以字为单位使用，不能以位使用。DM0000～DM0999、DM1022～DM1023 为程序可读写区，用户程序可自由读写其内容；DM1000～DM1021 主要用来做故障履历存储器，记录有关故障信息，如果不用作故障履历存储器，也可作为普通数据存储器使用（是否作为故障履历存储器，由 DM6655 的 00～03 位来设定）；DM6l44～DM6599 为只读存储区，用户程序可以读出但不能改写其内容，利用编程器可预先写入数据；DM6600～DM6655 称为系统设定区，用来设定各种系统参数，通道中的数据不能用程序写入，只能用编程器写入，DM6600～DM6614 仅在编程模式的时候设定，DM6615～DM6655 可在编程模式的时候设定，也可在监控模式的时候设定。

3. CP1H 机型中的软元件

在 CP1H 机型中，由数字 0000～0016 开始的地址表示输入继电器；由数字 0100～0116 开始的地址表示输出继电器；由数字 1200～1499、3800～6143 或字母 W 开始的地址表示内部辅助继电器；由字母 TR 开始的地址表示暂存继电器；由字母 H 开始的地址表示保持继电器；由字母 A 开始的地址表示特殊辅助继电器；由字母 T 开始的地址表示定时器；由字母 C 开始的地址表示计数器；由字母 D 开始的地址表示数据存储器等。详细的 CP1H 软元件的地址分配表见表 3-2。

表 3-2 CP1H 软元件的地址分配表

型号 / 类型		X 型	XA 型	Y 型
		CP1H－X40DR－A CP1H－X40DT－D CP1H－X40DT1－D	CP1H－XA40DR－A CP1H－XA40DT－D CP1H－XA40DT1－D	CP1H－Y20DT－D
I/O 区域	输入继电器	272 点（17CH） 0.00～16.15		
	输出继电器	272 点（17 CH） 100.00～116.15		
	内置模拟输入继电器		200～203 CH	
	内置模拟输出继电器		210～211 CH	
	数据链接继电器	3200 点（200 CH） 1000.00～1119.15（1000～1119 CH）		
	CJ 系列 CPU 高功能单元继电器	6400 点（400 CH） 1500.00～1899.15（1500～1899 CH）		
	CJ 系列 CPU 高功能 I/O 单元继电器	15360 点（960 CH） 2000.00～2959.15（2000～2959 CH）		
	串行 PLC 链接继电器	1440 点（90 CH） 3100.00～3199.15（3100～3199 CH）		
	DeviceNet 继电器	9600 点（600CH） 3200.00～3799.15（3200～3799 CH）		
	内部辅助继电器	4800 点（300 CH） 1200.00～1499.15（1200～1499 CH） 37504 点（2344 CH） 3800.00～6143.15（3800～6143 CH）		
内部辅助继电器		8192 点（512 CH） W000.00～W511.15(W0～W511 CH)		
暂时存储继电器		16 点 TR0～TR15		
保持继电器		8192 点（512 CH） H0.00～H511.15(H0～H511 CH)		
特殊辅助继电器		只读 7168 点（448CH） A0.00～A447.15(A0～A447CH) 可读/写 8192 点（512CH） A448.00～A959.15(A448～A959 CH)		
定时器		4096 点 T0～T4095		

（续）

型号 类型	X 型	XA 型	Y 型
	CP1H－X40DR－A CP1H－X40DT－D CP1H－X40DT1－D	CP1H－XA40DR－A CP1H－XA40DT－D CP1H－XA40DT1－D	CP1H－Y20DT－D
计数器	4096 点 C0 ~ C4095		
数据内存	32K 字 D0 ~ D32767 CJ 高功能 I/O 单元用 DM 区：D200.00 ~ D29599(100 字 ×96 号机) CJ CPU 高功能单元用 DM 区：D30000 ~ D31599(100 字 ×16 号机) Modbus-RTU 用 DM 区：D32200 ~ D32249(1)、D32300 ~ D32349(2)		
数据寄存器	16 点（16 位）DR0 ~ DR15		
变址寄存器	16 点（32 位）IR0 ~ IR15		
任务标志	32 点 TK0000 ~ TK0031		
跟踪存储器	4000 字[跟踪对象数据最大(31 触点、6CH)时,500 采样值]		

从表 3-1 和表 3-2 的对比看出，CP1H 机型的软元件要比 CPM1A 机型丰富得多，CP1H 机型的通道号有 4 位，CPM1A 机型的通道号只有 3 位；CP1H 机型的定时器、计数器各有 4096 个，地址是分开的，CPM1A 机型定时器、计数器共有 128 个，地址是重合的；CP1H 机型还增加了 CJ 系列 CPU 高功能单元继电器、DeviceNet 继电器、变址寄存器等属于中型机系统的地址。

CPM1A、CP1H 机型常用的地址和特殊辅助继电器对照表见表 3-3 和表 3-4。

表 3-3　CPM1A、CP1H 机型常用地址分配对照表

	CPM1A	CP1H
输入继电器	0.00 ~ 9.15	0.00 ~ 16.15
输出继电器	10.00 ~ 19.15	100.00 ~ 116.15
内置模拟输入继电器		200CH ~ 203CH
内置模拟输出继电器		210CH ~ 211CH
内部辅助继电器	200.00 ~ 231.15	1200.00 ~ 1499.15 3800.00 ~ 6143.15 W0.00 ~ W511.15
暂存继电器	TR0 ~ TR7	TR0 ~ TR15
保持继电器	HR0.00 ~ HR19.15	H0.00 ~ H511.15
定时器	T/C0 ~ T/C127	T0 ~ T4095
计数器		C0 ~ C4095
数据内存	DM0 ~ DM1023	D0 ~ D32767

表3-4 CPM1A、CP1H机型常用特殊辅助继电器对照表

符号名称	地址		注释
	CPM1A	CP1H	
P_On	253.13	CF113	常通标志（常ON位）
P_First_Cycle	253.15	A200.11	首次循环标志（第一次循环为ON）
P_1min	254.00	CF104	周期为1min的时钟脉冲位
P_0_1s	255.00	CF100	周期为0.1s的脉冲位
P_0_2s	255.01	CF101	周期为0.2s的脉冲位
P_1s	255.02	CF102	周期为1s的脉冲
P_CY	255.04	CF004	进位标志（执行结果有进位时为ON）
P_GT	255.05	CF005	GT(>)标志（比较结果大于时为ON）
P_EQ	255.06	CF006	EQ(=)标志（比较结果等于时为ON）
P_LT	255.07	CF007	LE(<)标志（比较结果小于时为ON）

应该说明的是，以上所有内容都是以CPM1A和CP1H机型为例而讲的。各种类型的PLC，其元件地址编号分配都不相同，其功能也各有特点，读者在使用时应仔细阅读相应的《使用手册》，搞清地址分配，这是程序编写的基础。

第二节 时序输入/输出指令及应用

CPM1A和CP1H的时序输入/输出指令除软继电器的地址有所不同外，其他都一致。本节以CP1H为主，兼顾CPM1A，介绍基本指令，展开讨论，并通过实际案例加深对指令的了解。

一、时序输入/输出指令介绍

常用的时序输入指令有LD（读）/LDNOT（读非）、AND（与）/ANDNOT（与非）、OR（或）/ORNOT（或非）、ANDLD（块与）/ORLD（块或）、OUT（输出）、SET（置位）、RSET（复位）和KEEP（保持）等。

1. 读指令和输出指令

读指令、输出指令的助记符、名称、功能、梯形图和操作数见表3-5。

表3-5 读指令和输出指令

助记符	名称	功能	梯形图	操作数（可用软元件）
LD	读	输入母线和常开触点连接		0.00~6143.15，W0.00~511.15 H0.00~511.15，A0.00~959.15 T0~T4095，C0~C4095 TK0~0031，TR0~15 状态标志，时钟脉冲
LDNOT	读非	输入母线和常闭触点连接		

（续）

助记符	名称	功　能	梯　形　图	操作数（可用软元件）
OUT	输出	将逻辑运算结果输出，驱动线圈		0.00～6143.15，W0.00～511.15 H0.00～511.15，A0.00～959.15 T0～T4095，C0～C4095 TK0～0031
OUTNOT	反相输出	将逻辑运算结果反相后输出，驱动线圈		

说明：

1）LD（Load）指令用于将常开触点接到母线上；LDNOT 指令用于将常闭触点接到母线上。请注意，LD 和 NOT 是两个单词，但在指令输入时必须连在一起，OUTNOT 也同样。

2）OUT、OUTNOT 指令是对输出继电器、辅助继电器、暂存继电器（TR）、保持继电器（HR）、辅助记忆继电器（AR）、链接继电器（LR）线圈的驱动指令，但对输入继电器不能使用。

3）OUT、OUTNOT 指令可多次并联使用。

4）操作数（可用软元件）是该指令可以使用的软继电器。

5）LD、LDNOT、OUT、OUTNOT 指令的操作不影响标志位。

注意　在表中的软元件地址是在 CP1H 中的地址，若为 CPM1A，其可见地址分配对照表3-3。

LD、LDNOT、OUT、OUTNOT 指令的应用如图 3-6 所示。

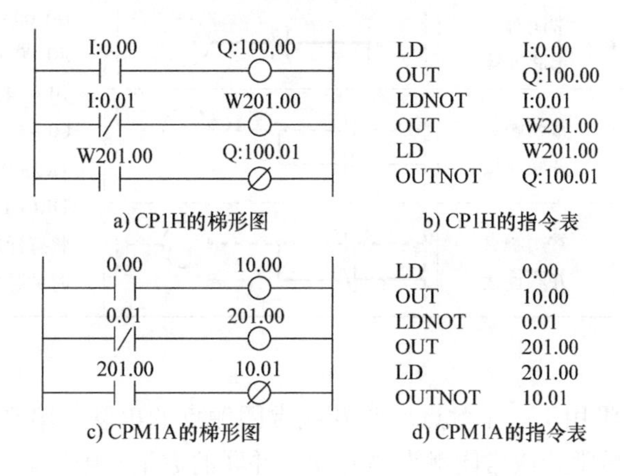

图 3-6　LD、LDNOT、OUT、OUTNOT 指令的应用

在图 3-6a 中，当输入端子 0.00 有信号输入时，输入继电器 0.00 的常开触点闭合，输出继电器 100.00 的线圈得电，输出继电器 100.00 的外部常开触点闭合；当输入端子 0.01 有信号输入时，输入继电器 0.01 的常闭触点断开，辅助继电器 W201.00 的线圈不得电，其常开触点 W201.00 断开，经反相后，使输出继电器 100.01 的线圈得电，其外部常开触点闭合；若输入端子 0.01 无信号输入，则输入继电器 0.01 的常闭触点闭合，辅助继电器

W201.00 的线圈得电，此时常开触点 W201.00 闭合，经反相后，输出继电器 100.01 的线圈不得电。

因为输入元件触点的闭合/断开，和所连接的输入端子信号的有/无相对应，进而和梯形图中相应的输入继电器常开触点的闭合/断开，或常闭触点的断开/闭合有着一一对应的关系，为叙述简洁，以后在分析梯形图时，不再讨论输入元件的动作，读者可按照上述的对应关系，操作输入元件。输出继电器线圈的得电/失电也和外接负载的得电/失电一一对应，以后分析时，也只分析到输出继电器线圈的状态为止。

用 CPM1A 编写的梯形图如图 3-6c 所示，从两张梯形图看出有以下几点明显不同。

1）CP1H 的梯形图和指令表在输入地址前会自动生成一个“I”，表示输入元件，在输出地址前会自动生成一个“Q”，表示输出元件；CPM1A 则没有。

2）CP1H 的输出地址通道号为 4 位，高位的“0”不写有 3 位；CPM1A 输出地址的通道号为 3 位，高位的“0”不写只有 2 位。

3）CP1H 的 200~203 通道被模拟量占用了，不能同 CPM1A 一样能作为内部辅助继电器使用，所以在使用 CP1H 时本书都选用了 W 开头的内部辅助继电器通道。

根据以上三点，读者在读梯形图时可以方便地判别 PLC 的型号。

2. 串联和并联指令

串联和并联指令的助记符、名称、功能、梯形图和操作数见表 3-6。

表 3-6 串联和并联指令

助 记 符	名称	功 能	梯 形 图	操作数（可用软元件）
AND	与	常开触点 串联连接		0.00~6143.15 W0.00~511.15 H0.00~511.15 A0.00~959.15 T0~T4095 C0~C4095 TK0~0031 TR0~15 状态标志 时钟脉冲
ANDNOT	与非	常闭触点 串联连接		
OR	或	常开触点 并联连接		
ORNOT	或非	常闭触点 并联连接		

说明：

1）AND、ANDNOT 用于一个触点后常开或常闭触点的串联，串联的数量不限制；OR、ORNOT 用于一个触点后常开或常闭触点的并联，并联的数量不限制。

2）当串联的是两个或两个以上的并联触点，或并联的是两个或两个以上的串联触点时，要用到下面讲述的块与（ANDLD）、块或（ORLD）指令。

3）AND、ANDNOT、OR、ORNOT 指令的操作不影响标志位。AND、ANDNOT 指令的应用如图 3-7 所示。

在图 3-7 中，触点 0.00 与 0.01 串联，当 0.00 和 0.01 都闭合时，输出继电器线圈 100.00 得电；当触点 0.02 和 0.03 都闭合时，线圈 100.01 得电。在指令 OUT 100.01 后，对 100.02 使用 OUT 指令，称为纵接输出。即当触点 0.02、0.03 都闭合时，线圈 100.02 也得

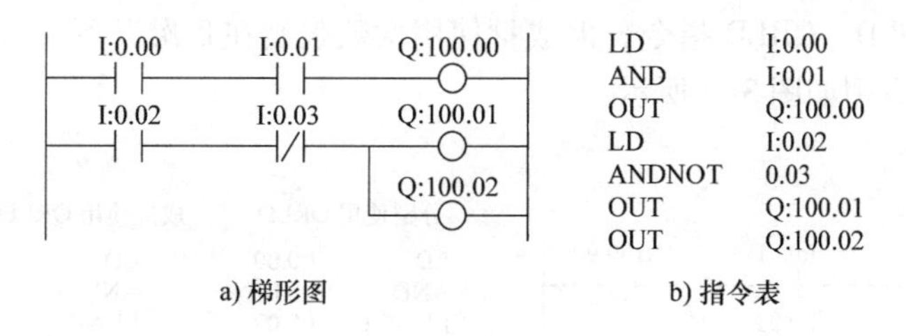

图 3-7　AND、ANDNOT 指令的应用

电。这种纵接输出可多次重复使用。

OR、ORNOT 指令的应用如图 3-8 所示。在图 3-8 中，只要触点 0.00、0.01 或 0.02 中任一触点闭合，线圈 100.00 就得电。线圈 100.01 的得电只有赖于触点 100.00、0.03 和 0.04 的组合，相当于触点的混联，当触点 100.00 和 0.03 同时闭合或 0.04 闭合时，线圈 100.01 得电。

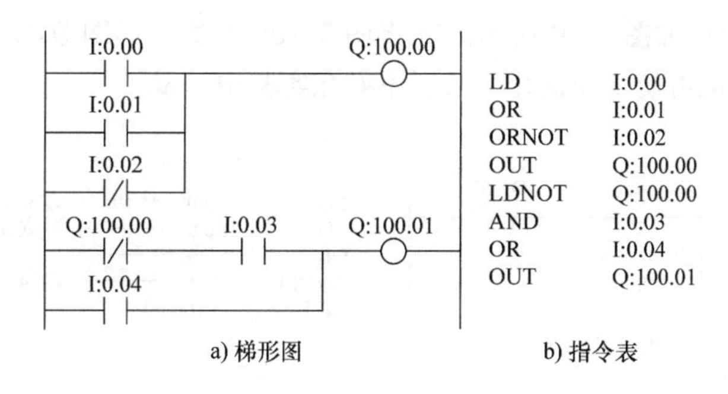

图 3-8　OR、ORNOT 指令的应用

3. 块与和块或指令

块与、块或指令的助记符、名称、功能、梯形图和操作数见表 3-7。

表 3-7　块与和块或指令

助记符	名　称	功　能	梯形图	操作数（可用软元件）
ANDLD	块与	并联电路块的串联		—
ORLD	块或	串联电路块的并联		—

说明：

1）两个或两个以上触点并联的电路称为并联电路块；两个或两个以上触点串联的电路称串联电路块。建立电路块用 LD 或 LDNOT 开始。

2）当一个并联电路块和前面的触点或电路块串联时，需要用块与 ANDLD 指令；当一个串联电路块和前面的触点或电路块并联时，需要用块或 ORLD 指令。

3）若对每个电路块分别使用 ANDLD、ORLD 指令，则串联或并联的电路块没有限制；

也可成批使用 ANDLD、ORLD 指令，但成批使用次数限制在 8 次以下。

ORLD 指令的应用如图 3-9 所示。

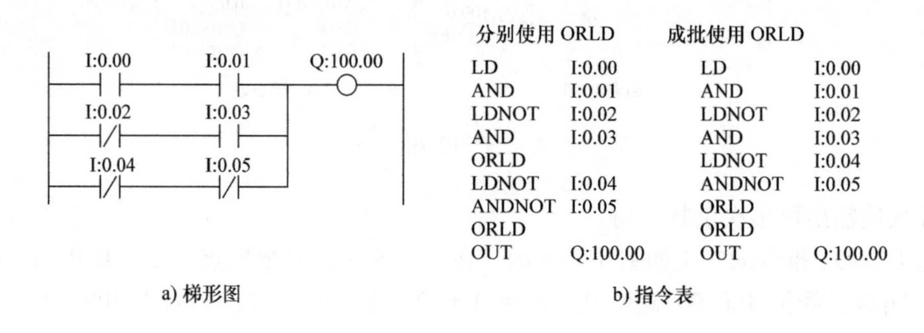

图 3-9　ORLD 指令的应用

ANDLD 指令的应用如图 3-10 所示。若将图 3-10a 中的梯形图改画成如图 3-10b 所示，梯形图的功能不变，但可使指令简化，读者不妨在实验中一试。

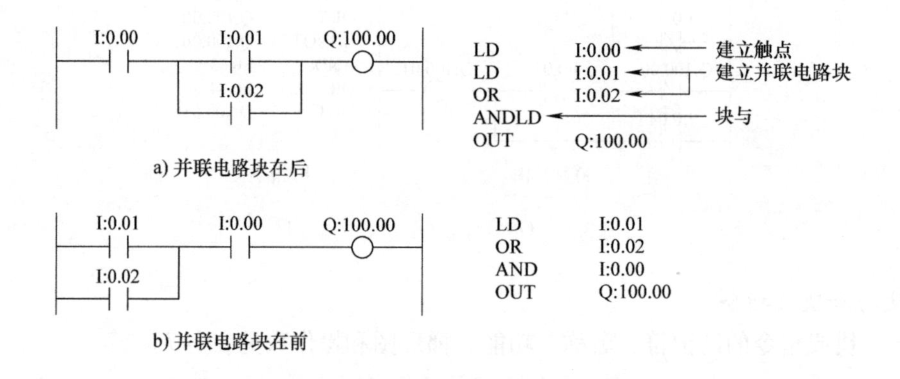

图 3-10　ANDLD 指令的应用

ANDLD、ORLD 指令的混合使用如图 3-11 所示。

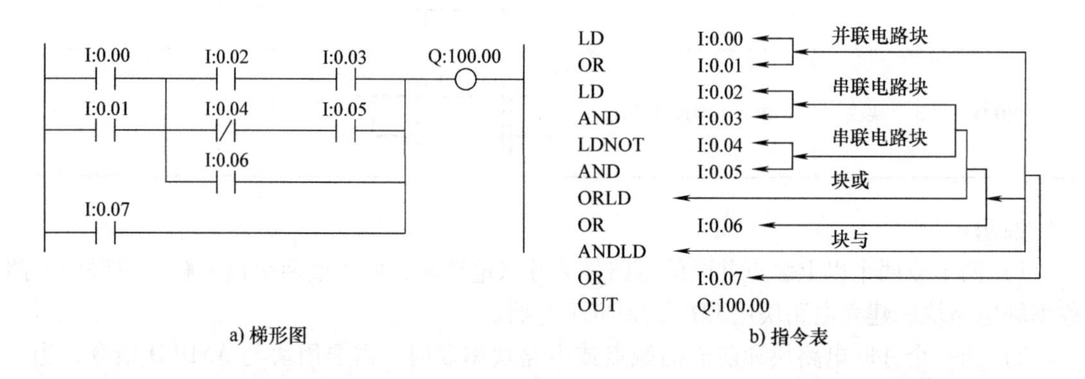

图 3-11　ANDLD、ORLD 指令的混合使用

4. 置位、复位和保持指令

置位、复位和保持指令的助记符、名称、功能、梯形图和操作数见表 3-8。

表 3-8　置位、复位和保持指令

助 记 符	名　称	功　能	梯 形 图	操作数（可用软元件）
SET	置位	使指定的继电器 ON	SET 操作数	0.00～6143.15 W0.00～511.15 H0.00～511.15 A0.00～959.15
RSET	复位	使指定的继电器 OFF	RSET 操作数	
KEEP	保持	保持继电器动作	S KEEP R 操作数	

说明：

1）置位（SET）、复位（RSET）指令能单独使用。

2）保持（KEEP）指令是置位和复位指令的组合，置位 S 在先，复位 R 在后，不能交换次序，S 和 R 也不能单独使用。

SET、RSET 和 KEEP 指令的功能可用图 3-12 形象地说明。

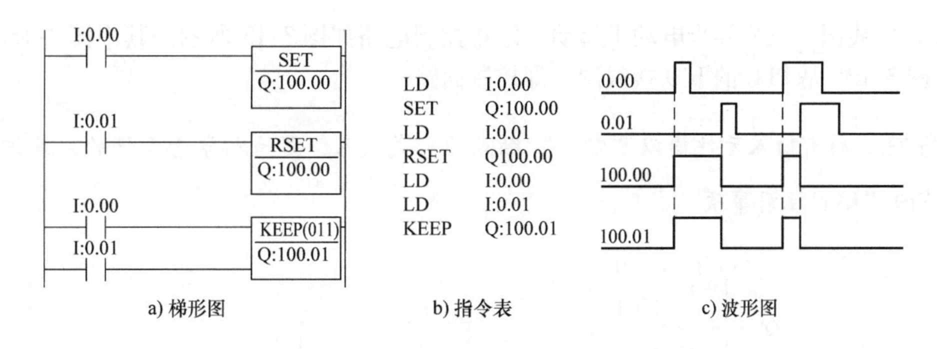

图 3-12　SET、RSET 和 KEEP 指令的功能

1）图中 KEEP 指令后面的（011）是指令的功能号。除最基本的指令外，所有指令都有一个功能号。在使用编程软件画梯形图时，只要输入 KEEP，功能号会自动出现。

2）图中触点 0.00 一旦闭合，线圈 100.00 得电；触点 0.00 断开后，线圈 100.00 仍得电。触点 0.01 一旦闭合，则无论触点 0.00 闭合还是断开，线圈 100.00 都不得电。其波形如图 3-12c 所示。

3）对同一软元件，SET、RSET 可多次使用，先后顺序也可任意，但结果有所不同，应以最后执行的一行有效。如图 3-12a 中，若将第一条与第二条梯形图对换，当 0.00、0.01 都闭合时，因为 SET 指令在 RSET 指令后面，所以线圈 100.00 一直得电。

4）对于使用 KEEP 指令的线圈 100.01，当触点 0.00 闭合时，线圈 100.01 得电；触点

0.00断开后，线圈100.01仍得电。触点0.01一旦闭合，则无论触点0.00闭合还是断开，线圈100.01都不得电。

二、时序输入/输出指令的应用

1. 单地起动、停止控制

单地起动、停止控制是控制电路中最基本的控制方法，通常采用一个起动按钮（常开）和一个停止按钮（常闭）的组合来实现，如图1-4所示。现在利用已学的输入/输出指令来实现起动、保持、停止的功能，并在此基础上逐步深入。

（1）控制要求

1）按下按钮SB1，线圈KM得电，主回路电动机M转动，并保持。

2）按下按钮SB2，线圈KM失电，主回路电动机M停止。

3）若电动机过载时，热继电器FR动作，其常开触点闭合，电动机M停止，同时报警灯HL闪烁。

（2）I/O地址分配　在设计梯形图前，必须合理地分配I/O地址，分配表见表3-9，表中地址按CP1H型PLC实际地址填写，分配结束后才能画出I/O接线图。

表3-9　I/O地址分配表

输入元件	符号	输入地址	输出元件	符号	输出地址
起动按钮	SB1	0.00	接触器线圈	KM	100.00
停止按钮	SB2	0.01	报警灯	HL	100.01
热继电器常开触点	FR	0.02			

（3）接线图　三相异步电动机起动、停止控制电路如图3-13所示。其中图3-13a是主回路，图3-13b是PLC的I/O接线图，即控制回路。

注意　所有输入元件均以“常开”触点的形式接入，是为初学者设计的，具体分析见本节的“编程注意事项”。

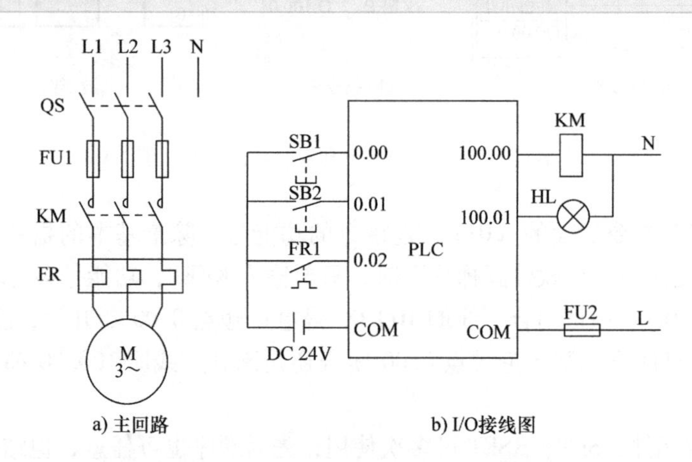

图3-13　三相异步电动机起动、停止电路

（4）利用触点组合编写的控制梯形图　利用触点组合编写的控制梯形图如图3-14所示。需说明两点：

1）图中触点上面是该触点的实际地址，触点下面是注释，用和输入/输出点相关的元件符号作为注释很实用，在程序量较大时能很快地辨别出该触点的地址分配。

2）图中的结束指令“END”表示程序结束，在编程软件中会由“段 END”自动填写。

在计算机上编写图 3-14 所示的梯形图，并传送到 PLC，然后做以下调试。按下起动按钮 SB1，输入继电器 0.00 得电，在梯形图上，其常开触点 0.00 闭合，输出继电器 100.00 得电，内部常开触点 100.00 闭合自锁，100.00 外部常开触点闭合，线圈 KM 得电，从而使主回路电动机 M 旋转。

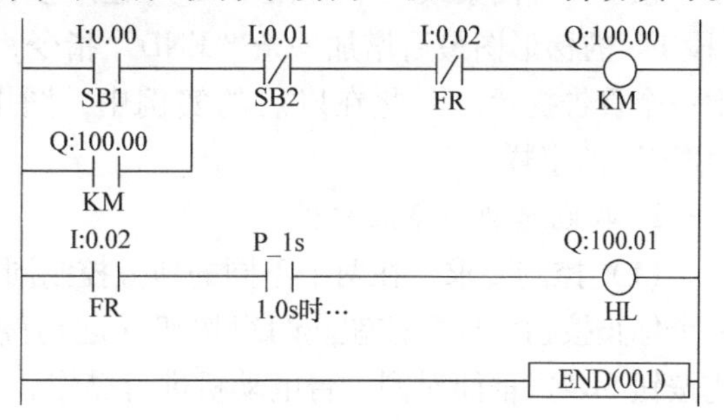

图 3-14　利用触点组合编写的控制梯形图

按下停止按钮 SB2，输入继电器 0.01 得电，在梯形图上，其常闭触点 0.01 断开，输出继电器 100.00 失电，内部常开触点 100.00 断开解锁；线圈 KM 失电，主回路中常开主触点 KM 断开，电动机 M 停止旋转，等待下一个起动信号。

若电动机过载时，FR 常开触点闭合，输入继电器 0.02 得电，其常闭触点 0.02 断开，输出继电器 100.00 失电，线圈 KM 失电，电动机失电停转，以实现对电动机的保护。

图中的 P_1s 即 1s 时钟脉冲，其实际地址是 CF102，符号名称为 P_1s。在编程操作时，可直接在地址栏中键入“CF102”，也可从“新触点”的下拉菜单中选择“P_1s”。当电动机过载时，常开触点 0.02 闭合，在秒脉冲的作用下，导致输出线圈 100.01 以 0.5s 得电、0.5s 失电的周期循环，使报警灯闪烁。

（5）利用置位、复位指令编写的控制梯形图　利用置位、复位指令编写的控制梯形图如图 3-15 所示。

在图 3-15 中，起动时，SB1（0.00）一经闭合，线圈 KM（100.00）被置位（得电），SB1 断开后，KM 得电保持；当停止或过载时，SB2（0.01）或 FR（0.02）闭合，线圈 KM（100.00）立即复位（失电），SB2 或 FR 断开后，KM 仍旧失电；当 SB1 和 SB2 均闭合时，由于 RSET 指令在后，所以 KM 失电，这就是所谓的停止优先控制。若将图 3-15 第 0、1 两条梯形图对换，就成了起动优先控制。请读者不妨一试。

（6）利用保持指令编写的控制梯形图　利用保持指令编写的控制梯形图如图 3-16 所示。图中 KEEP 指令第一个驱动端是置位端，第二个驱动端是复位端，驱动元件 0.00、0.01、0.02 的安排和在图 3-15 中是一样的，能够达到正确起动、停止的控制要求。

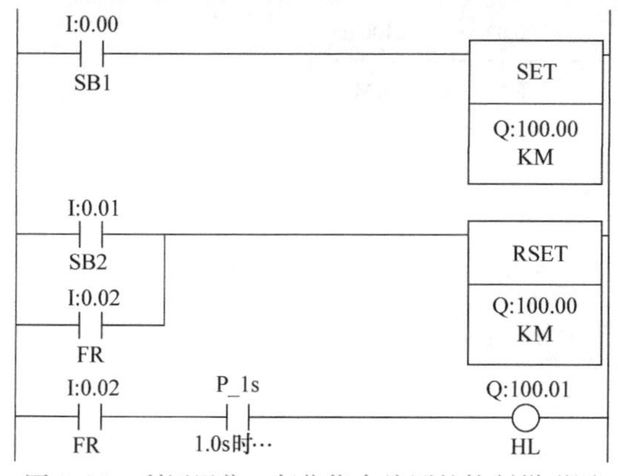

图 3-15　利用置位、复位指令编写的控制梯形图

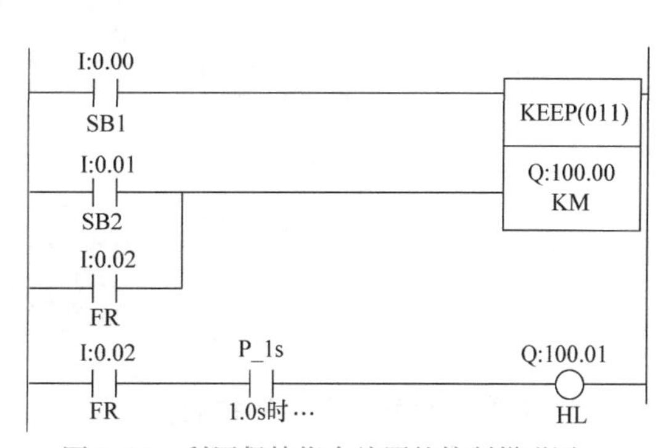

图 3-16　利用保持指令编写的控制梯形图

（7）关于程序结束指令　在图3-14中，梯形图最后有一条END（结束）指令，表示程序结束，这是必需的。要说明的是，在CX-P编程软件中，在建立了一个新程序时，都会在“段1”后面紧跟一个“段END”程序段，里面只有一条指令，就是“END”，所以在“段1”的梯形图最后增加一条“END”指令，反而是多余了，而且在“编译程序”时会出现一个警告提示。因此在以后的实例中，图中画出的都是“段1”的梯形图，不再出现“END”的字样。

2. 两地起动、停止控制

（1）控制要求　在两个不同的地方控制同一台电动机，每个地方都配置一个起动按钮，一个停止按钮，即双按钮。两组按钮（起动按钮SB1和停止按钮SB2、起动按钮SB3和停止按钮SB4）都能对同一台电动机进行操作。

（2）控制方案　可采用如下两种方法：

1）将两个起动按钮（SB1、SB3）并联后接入PLC输入端0.00，将两个停止按钮（SB2、SB4）并联后接入输入端0.01。如图3-17a所示，控制梯形图不变。

2）将按钮SB1、SB2、SB3、SB4分别接入0.00、0.01、0.03、0.04，输入端0.02仍旧分配给热继电器FR，如图3-17b所示。编写的梯形图如图3-18所示，从图中看到常开触点是并联的，常闭触点是串联的。请读者想一想，为什么这样连接？

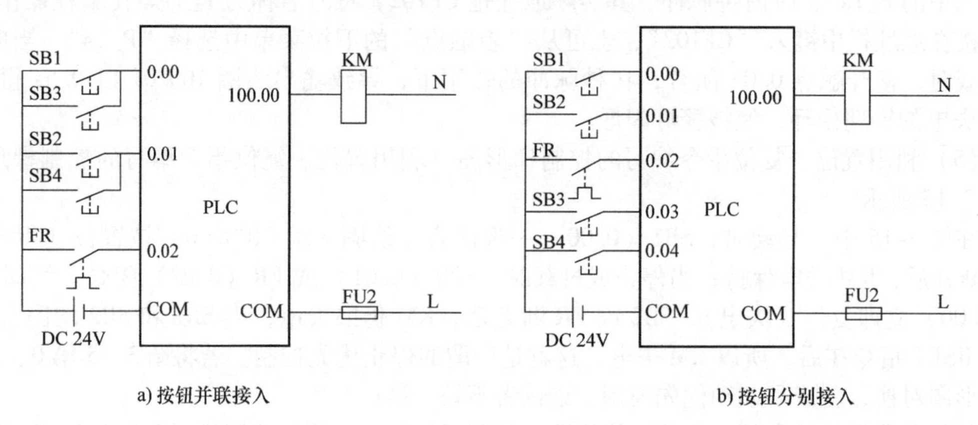

图3-17　按钮接入方式

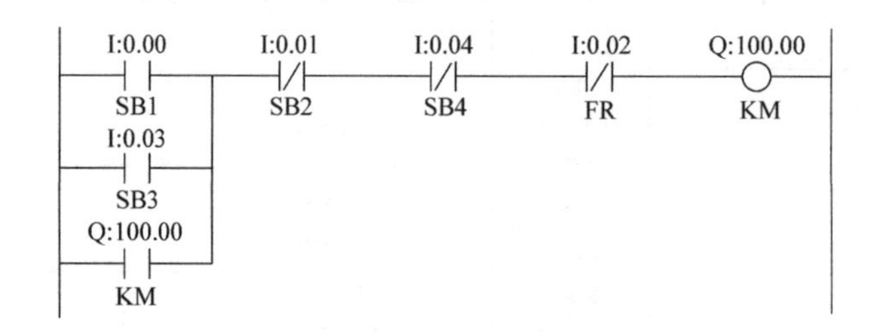

图3-18　按钮分别接入后的梯形图

3. 用单联开关实现两地控制

（1）控制要求　所谓单联开关两地控制，就是在每地只有一个单联开关SK1或SK2

(注意不是按钮)，接入到PLC的输入端0.00和0.01，两个开关中的任一开关动作（闭合或断开）一次，都能改变输出点100.00的状态，使照明灯EL亮或灭。I/O接线图如图3-19所示。

（2）控制梯形图　这种控制要求的解决办法，其实是电气控制中的一灯双控照明电路，如图3-20所示，但图中使用的是双联开关。用PLC能方便地用单联开关实现两地控制和多地控制的控制要求。两地控制的梯形图如图3-21a所示。

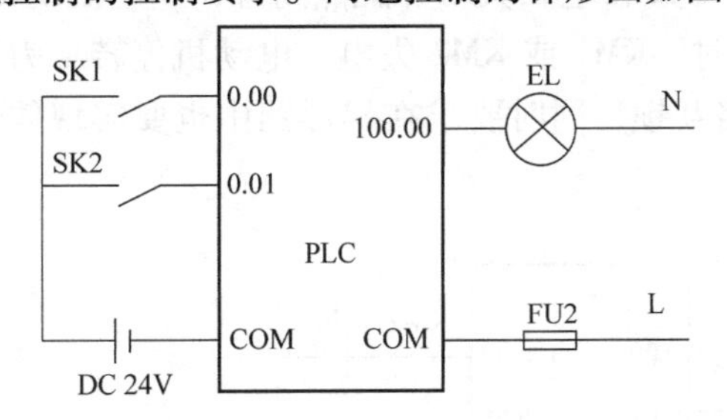

图3-19　单联开关两地起动、停止控制I/O接线图

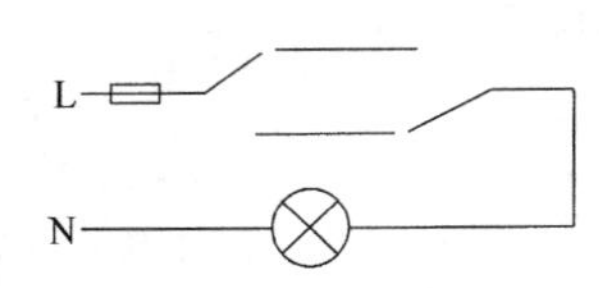

图3-20　一灯双控照明电路图

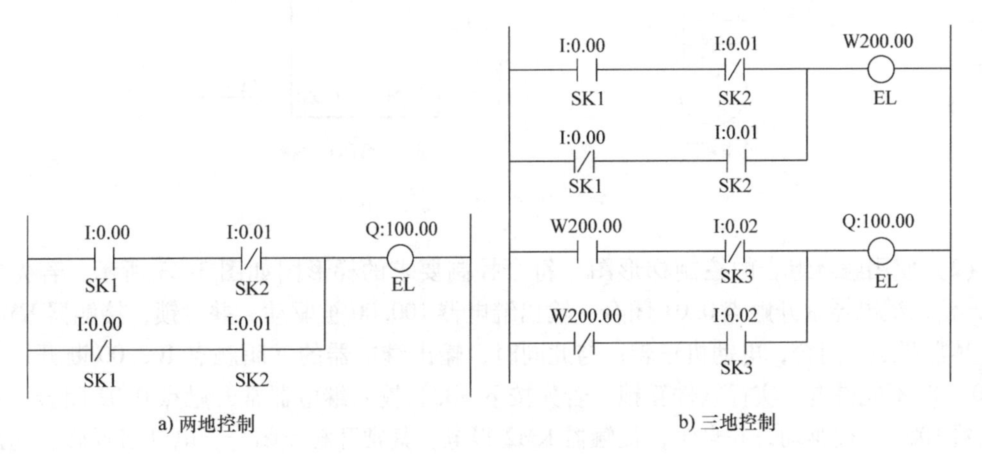

a) 两地控制　　b) 三地控制

图3-21　控制梯形图

由于开关能稳定地处于闭合、断开两个不同的位置，所以触点0.00、0.01具有两种稳定的状态。设SK1、SK2一开始都处于断开状态，线圈100.00失电。当SK1闭合时，常开触点0.00闭合，线圈100.00得电，外部触点100.00闭合，被控对象得电（灯亮）。若再闭合SK2，从图3-21a中看出，驱动线圈100.00的两条支路均不通，线圈100.00失电。若再将开关SK1断开，则常闭触点0.00闭合，常开触点0.01闭合，线圈100.00得电，被驱动。由此，改变任意一只开关的状态，都能改变负载的状态，达到两地控制的目的。这其实是一个异或的逻辑关系，用逻辑表达式可表示为$100.00 = 0.00 \times \overline{0.01} + \overline{0.00} \times 0.01$。

在此基础上三地控制的程序如图3-21b所示，图中将触点0.00、0.01状态异或的结果用W200.00表示。再将触点W200.00和触点0.02的状态再异或一次，其结果送线圈100.00。具体动作过程，请读者自行分析。

当然，这种程序的编写方法，在解决多地控制时会使程序显得很冗长，可采用后面讲到的运算指令来解决，会相当方便。

4. 电动机正反转控制

电动机正反转控制的主回路和I/O接线图如图3-22所示，输入/输出元件的地址分配可对照图3-22b分析，其中SB1是停止按钮，SB2是正向起动按钮，SB3是反向起动按钮，KM1是正转接触器，KM2是反转接触器。

（1）控制要求　在电动机停止时，按下SB2，接触器KM1得电，其常开触点闭合，电动机正转；在电动机停止时，按下SB3，接触器KM2得电，其常开触点闭合，电动机反转；按下SB1，或过载时热继电器常开触点FR闭合时，KM1或KM2失电，电动机停转；为了提高控制电路的可靠性，在输出电路中设置电路互锁，同时要求在梯形图中也要实现软件互锁。

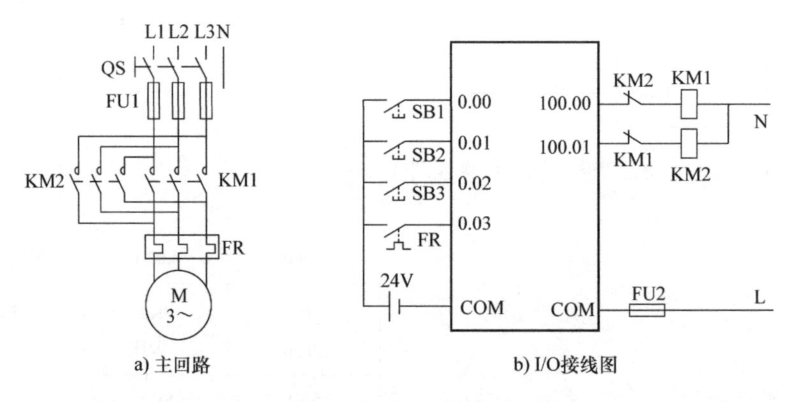

图3-22　电动机正反转控制电路

（2）使用触点组合的控制梯形图　符合控制要求的梯形图如图3-23所示。若先按下SB2，输入继电器常开触点0.01闭合，输出继电器100.00被驱动，并自锁，接触器KM1得电，其常开触点闭合，电动机正转；与此同时，输出继电器的常闭触点100.00断开，以确保100.01不能得电，实行软件互锁。若先按下SB3，输入继电器常开触点0.02闭合，输出继电器100.01被驱动，并自锁，接触器KM2得电，其常开触点闭合，电动机反转；与此同时，输出继电器的常闭触点100.01断开，以确保100.00不能得电，实行软件互锁。停机时按下SB1，常闭触点0.00断开；过载时热继电器常开触点FR闭合，常闭触点0.03断开，这两种情况都能使输出继电器100.00或100.01失电，从而导致KM1或KM2失电，电动机停转。

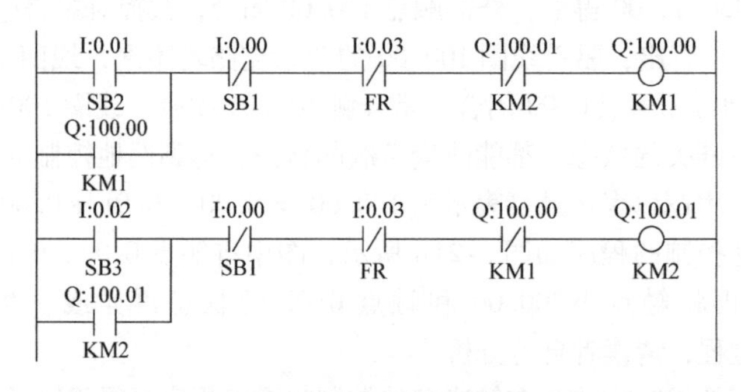

图3-23　电动机正反转控制梯形图

（3）使用置位、复位指令的控制梯形图　电动机的正反转控制梯形图也能用 SET、RSET 指令实现，如图 3-24 所示，请读者自行分析其中的道理。它能用 KEEP 指令实现吗？也请读者试一试。

5. 编程注意事项

（1）关于输入元件的常闭触点　在上述实例中，停止按钮和热继电器都采用常开触点接入，目的是使初学者方便学习，因为如图 3-14 所示的梯形图和习惯的控制回路十分一致，便于分析。但在通常的控制电路中，为了达到控制的可靠性，停止按钮和热继电器都采用常闭触点接入。若采用常闭触点接入（起动按钮 SB1 还是采用常开触点接入），可将图 3-14 的梯形图改写成图 3-25 所示的梯形图。

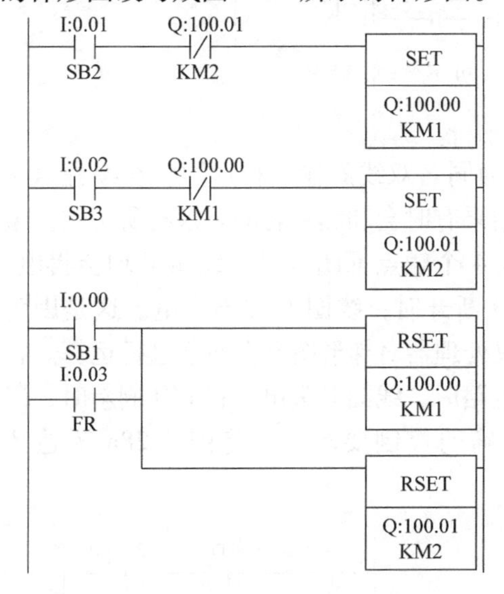

图 3-24　用 SET、RSET 指令实现的电动机正反转控制梯形图

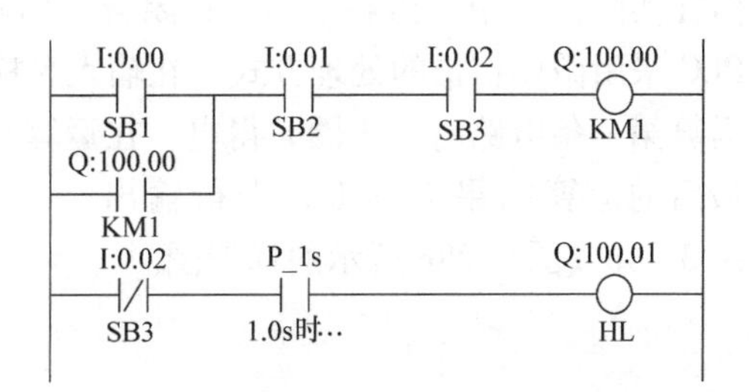

图 3-25　停止按钮、热继电器采用常闭触点的梯形图

由于停止按钮（SB2）、热继电器（FR）采用常闭触点，PLC 的输入继电器 0.01、0.02 在常态（SB2、FR 未动作）时都是得电的，因此梯形图中的常开触点 0.01、0.02 都是闭合的，所以当 SB1（0.00）闭合时，线圈（100.00）能得电，并自锁。但是由于 0.01、0.02 在梯形图中的常开触点形式，会使初学者分析时较为困难，所以在后面的介绍中，还是沿用常开触点的接入方法。

（2）线圈位置不对的梯形图及转换　线圈位置不对的梯形图如图 3-26a 所示。从图中可以看出，该梯形图的目的是在触点 A、B、C 都闭合时，线圈 F 得电。但在梯形图中线圈必须在最右边，将图 3-26a 转换成图 3-26b 即可。

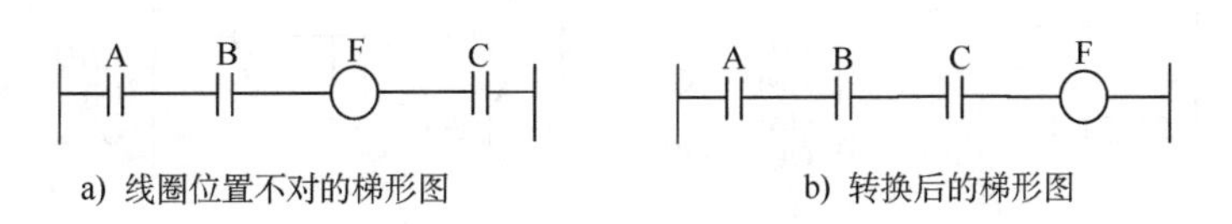

a) 线圈位置不对的梯形图　　b) 转换后的梯形图

图 3-26　线圈位置不对的梯形图及转换

（3）桥式电路 桥式电路如图3-27a所示，从图中看出该电路的目的是在触点A与B闭合、或触点C与D闭合、或触点A与E与D闭合、或触点C与E与B闭合时，线圈F得电。但梯形图没有此类表示方法，应将图3-27a转换成图3-27b，才能正确地写入PLC存储器。

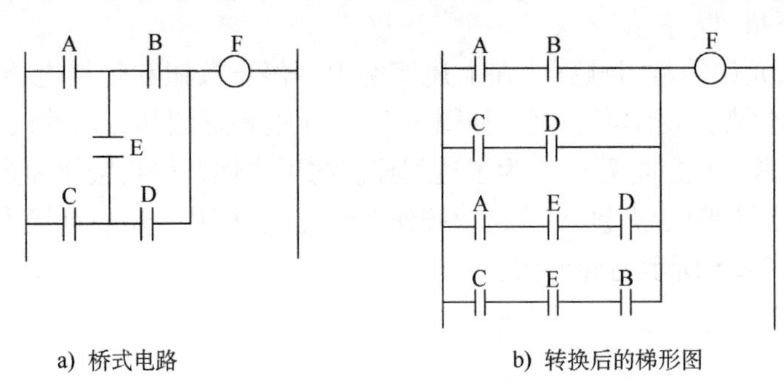

a）桥式电路　　b）转换后的梯形图

图3-27 桥式电路的转换

（4）同名双线圈输出及其对策 图3-28a所示为同名双线圈输出梯形图。在编程语法上，该梯形图并不违反规定，但在实际执行中，其结果有时会和编程者的要求有所不同。编程者希望当触点A、B闭合、或触点C、D闭合、或4个触点都闭合时，线圈F均会得电。但在实际执行中，当触点A、B闭合，而触点C、D断开时，线圈F并不得电。这是因为PLC采用循环扫描的处理方式。在输入采样后，中央处理器对梯形图自上而下进行运算。在运算第一条电路时，线圈F得电，在运算到第二条电路时，线圈F失电。在I/O刷新时，以最后的运算结果为标准，进行输出。为了达到准确的控制要求，可将图3-28a改造成图3-28b或图3-28c所示的梯形图。

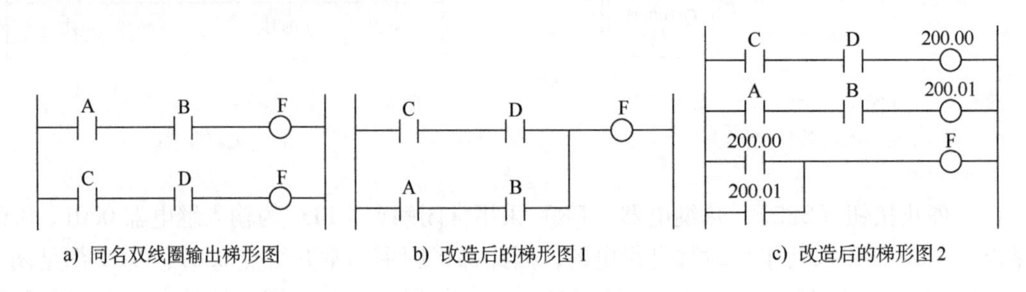

a）同名双线圈输出梯形图　　b）改造后的梯形图1　　c）改造后的梯形图2

图3-28 同名双线圈输出

（5）注意梯形图的结构

1）宜将串联电路多的部分画在梯形图上方。如图3-29a所示的梯形图可改画成图3-29b所示的梯形图。改画后，梯形图的功能不变，但可少写ORLD指令，减少指令数，使程序更趋合理。

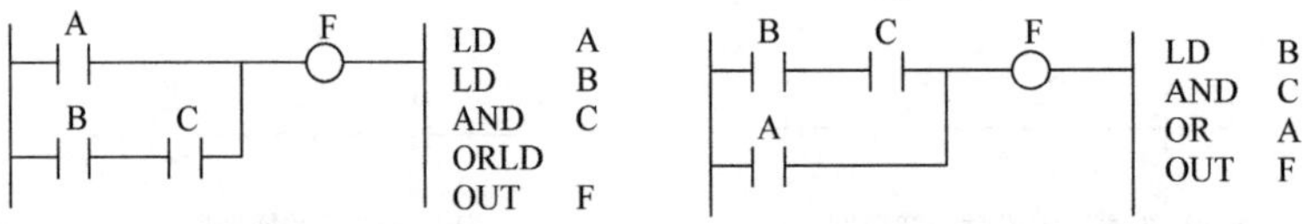

```
LD    A
LD    B
AND   C
ORLD
OUT   F
```

a）原梯形图

```
LD    B
AND   C
OR    A
OUT   F
```

b）改画后的梯形图

图3-29 合理安排串联电路

2）宜将并联电路多的部分画在梯形图左方。如图 3-30a 所示的梯形图也可改画成图 3-30b所示的梯形图，同样，改画后梯形图功能不变，但可少写 ANDLD 指令。

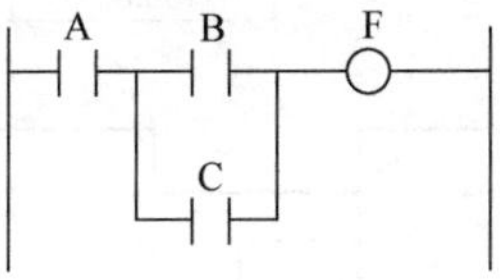

LD	A
LD	B
OR	C
ANDLD	
OUT	F

a）原梯形图

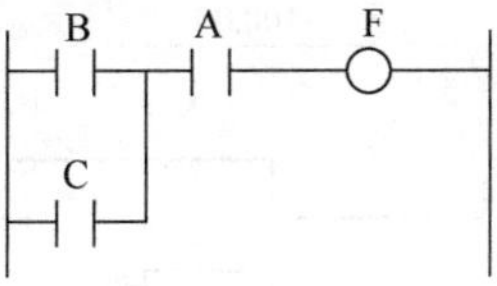

LD	B
OR	C
AND	A
OUT	F

b）改画后的梯形图

图 3-30　合理安排并联电路

第三节　微分指令及应用

所谓微分指令就是专门检测输入信号从 OFF 到 ON（上升沿）、从 ON 到 OFF（下降沿）的变化，或者根据驱动信号的变化（上升沿或下降沿）输出一个扫描周期的脉冲信号的指令。

CPM1A 机型的微分指令只有输出型微分指令 DIFU 和 DIFD，CP1H 机型的微分指令较丰富，还有连接型微分指令 UP、DOWN，指令的微分形式@、% 等，使程序编写方便，但所有微分功能都能用 DIFU 和 DIFD 来实现。本节以 CP1H 机型为例讲解微分指令。

一、微分指令介绍

1. 输出型微分指令（DIFU 和 DIFD）

DIFU 和 DIFD 指令的助记符、名称、功能、梯形图和说明见表 3-10。

表 3-10　DIFU 和 DIFD 指令功能表

助记符	名称	功能	梯形图	说明
DIFU	上升沿微分	输入信号的上升沿（OFF→ON）时，将操作数所指定的触点在1个扫描周期内为 ON	DIFU 操作数	1）操作数为除输入元件外的地址 2）输入通道的位不能作为脉冲输出指令的输出位
DIFD	下降沿微分	输入信号的下降沿（ON→OFF）时，将操作数所指定的触点在1个扫描周期内为 ON	DIFD 操作数	

脉冲输出型微分指令的应用可用图 3-31 形象地说明。波形图中的高电平表示常开触点闭合或线圈得电，“T”表示一个扫描周期。

在图 3-31a 中，0.00 从 OFF 上升到 ON 时，100.00 仅在 1 个扫描周期内为 ON；在图 3-31b中，0.00 从 ON 下降到 OFF 时，100.00 仅在 1 个扫描周期内为 ON。

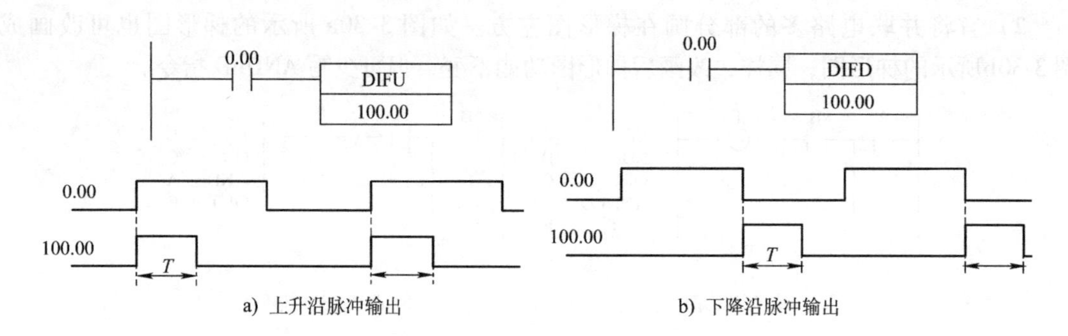

a) 上升沿脉冲输出　　b) 下降沿脉冲输出

图 3-31 脉冲输出型微分指令的应用

2. 连接型微分指令（UP和DOWN）

UP、DOWN指令的助记符、名称、功能、梯形图和说明见表3-11。

表3-11 UP、DOWN指令功能表

助记符	名 称	功 能	梯 形 图	说 明
UP	上升沿微分	输入信号的上升沿（OFF→ON）时，1个扫描周期内为ON，连接到下一段	UP	UP、DOWN是一种连接型的微分指令，它相当于一个串联触点，只有在输入信号上升沿或下降沿时，才闭合一个扫描周期
DOWN	下降沿微分	输入信号的下降沿（ON→OFF）时，1个扫描周期内为ON，连接到下一段	DOWN	

UP和DOWN指令的应用可用图3-32形象地说明。波形图中的高电平表示常开触点闭合或线圈得电。

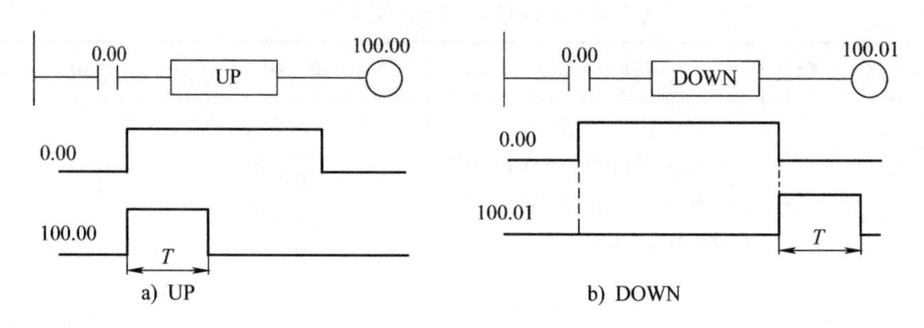

a) UP　　b) DOWN

图 3-32 UP和DOWN指令的应用

在图3-32a中，0.00从OFF到ON时，100.00仅有一个扫描周期变为ON；在图3-32b中，0.00从ON到OFF时，100.01也仅有一个扫描周期变为ON。

3. 指令的微分形式

在LD、AND、OR等指令及以后要用到的应用指令前面加符号“@”或“%”，即为指令的微分形式。其作用是在加上“@”符号后的指令，只有在上升沿时才起作用，作用时间是一个扫描周期；在加上“%”符号后的指令，只有在下降沿时才起作用，作用时间也是一个扫描周期。

在用CX－P软件画梯形图时，如选择常开触点，单击“新接点”（CX－P软件中称触点为接点）图标，移到光标位置，单击左键，出现对话框，如图 3-33a 所示，再单击“详细资料”按钮，出现图 3-33b 所示对话框，填入触点地址，在“区别”栏选择“上升”，该触点即具有上升沿微分的作用，在梯形图中显示的图形如图 3-33c 所示。

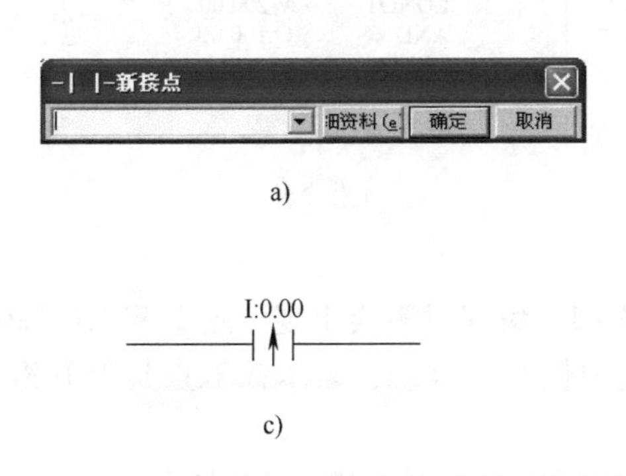

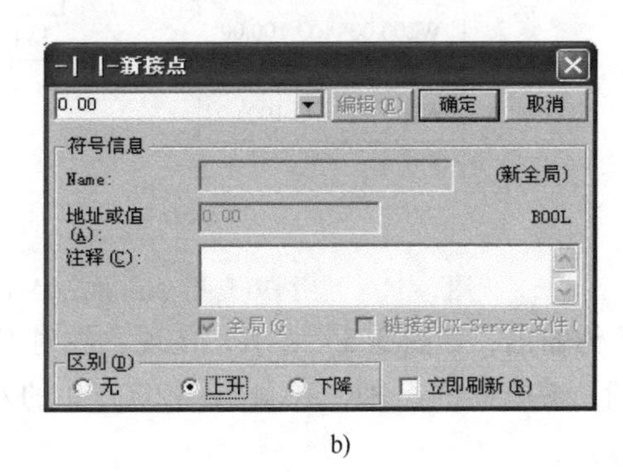

图 3-33 在梯形图中输入上升沿微分的常开触点

二、微分指令应用

1. 单按钮单地起动、停止控制

所谓单按钮控制，就是采用一只普通按钮接入 PLC 的输入点（如 0.00），编写新的用户程序，能使当按钮按一次时，相应的输出点 ON，再按一次按钮，该输出点为 OFF，如此可不断循环执行。从逻辑上讲这是一种双稳态电路，又称为分频电路，即输出信号的频率是输入信号频率的二分之一。

应用微分型指令和输入/输出指令，能方便地写出使用单按钮实现电动机起动、停止控制的梯形图程序，为简单起见，以下程序统一设定输入元件为普通按钮 SB1，接入输入端 0.01，输出元件为接触器 KM，接到输出端 100.00。

（1）利用微分指令和触点组合编写的单按钮控制梯形图 利用 DIFU 指令和触点组合编写的单按钮控制梯形图和指令表如图 3-34 所示。从图中看出，该梯形图程序分为两条，第一条是当 SB1 按钮闭合时，输入触点 0.01 同时闭合，由于 DIFU 指令的作用，内部辅助继电器 W200.00 得电一个扫描周期；第二条是一个典型的异或电路，即

$$100.00 = \text{W200.00}\uparrow \times \overline{100.00} + \overline{\text{W200.00}\uparrow} \times 100.00$$

它将 W200.00 的状态和输出继电器 100.00 的状态相异或后，在 100.00 输出。运行开始时，线圈 100.00 的状态为 OFF，其常开触点断开，常闭触点闭合；SB1 第一次闭合时，在 W200.00 上产生一个上升沿脉冲（ON），线圈 100.00 的状态（OFF）和 W200.00 的状态（ON）两者异或，在线圈 100.00 得到结果为 ON；在下一个扫描周期时，由于 W200.00 为 OFF，100.00 为 ON，两者异或仍保持输出 100.00 为 ON。SB1 第二次闭合时，在 W200.00 上又产生一个上升沿脉冲（ON），此时因为线圈 100.00 的当前状态为 ON，两者异或，在线圈 100.00 得到结果为 OFF。这样，每按一次按钮 SB1，输出线圈 100.00 的状态就改变一次，接触器 KM 得电或失电一次，实现了用单按钮控制电动机的起动和停止。整个电路其实是一个双稳态电路，即来一个脉冲，输出的状态翻转一次。

CP1H 机型的编程必须使用 CX－P6.1 以上版本。如前所述，在梯形图输入触点的地址前会自动生成“I:”，在输出线圈的地址前会自动生成“Q:”，也可以设置自动生成 X 为输

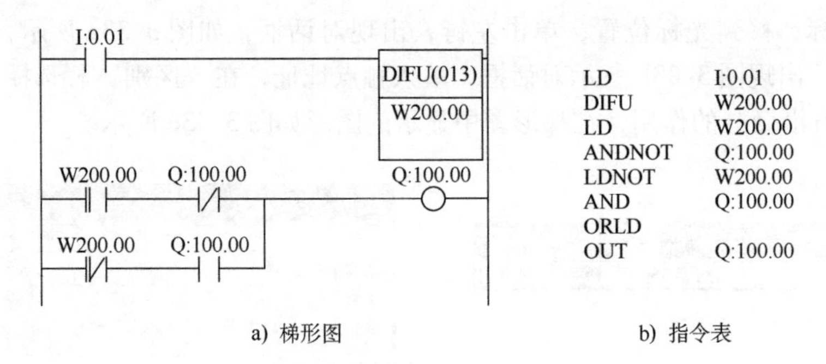

a) 梯形图

LD	I:0.01
DIFU	W200.00
LD	W200.00
ANDNOT	Q:100.00
LDNOT	W200.00
AND	Q:100.00
ORLD	
OUT	Q:100.00

b) 指令表

图3-34 利用DIFU指令和触点组合编写的单按钮控制梯形图和指令表

入，Y为输出，如图3-35所示，该现象在对CPM1A编程时不会出现。图3-34中W200是内部辅助继电器的一种，在触点W200.00的左内侧有一竖线，表示该触点是上升沿动作的触点。

图3-34的梯形图也可如图3-35所示编写。它利用了连接型微分UP指令，当触点闭合时，也能在W200.00产生一个脉冲，第二条梯形图和图3-34相似。

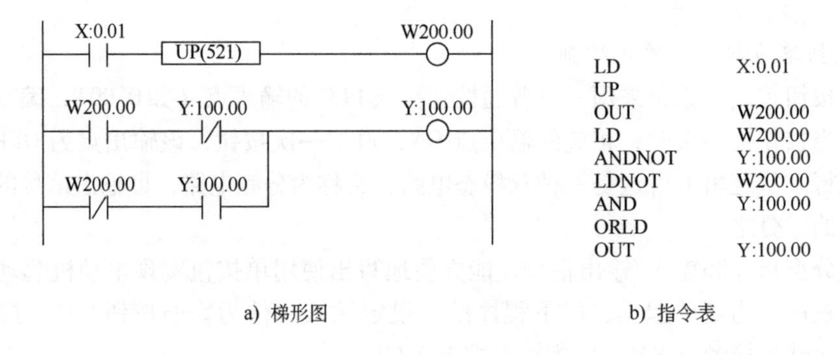

a) 梯形图

LD	X:0.01
UP	
OUT	W200.00
LD	W200.00
ANDNOT	Y:100.00
LDNOT	W200.00
AND	Y:100.00
ORLD	
OUT	Y:100.00

b) 指令表

图3-35 利用UP指令编写的单按钮控制程序

更简单的还可以如图3-36所示，它直接利用了输入指令的微分形式，使程序更加简单，这是最直观地对边沿信号的处理方法。

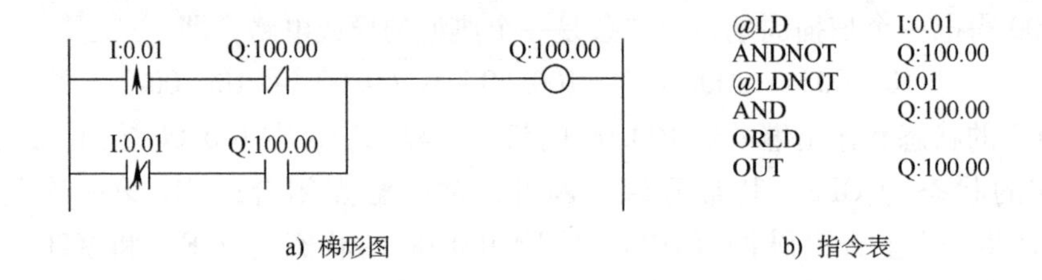

a) 梯形图

@LD	I:0.01
ANDNOT	Q:100.00
@LDNOT	0.01
AND	Q:100.00
ORLD	
OUT	Q:100.00

b) 指令表

图3-36 直接利用了输入指令微分形式的单按钮控制程序

请读者注意：使用微分形式时，千万不能将图3-36中的“↑”去掉。如去掉，当SB1闭合时，在每个扫描周期，输出线圈100.00的状态都要改变一次，这显然达不到控制目的。

（2）利用微分指令和保持指令编写的控制梯形图 单按钮控制也能用保持指令来编写，当然肯定要用到微分指令。用DIFU和KEEP指令编写的单按钮控制梯形图和指令表如图3-37所示。

图3-37的基本思想是在KEEP指令的驱动端串接了输出线圈的触点100.00，用于引导

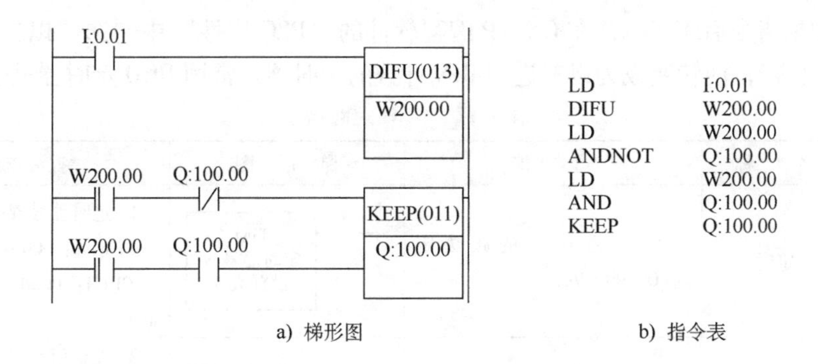

a) 梯形图　　b) 指令表

图 3-37　用 DIFU 和 KEEP 指令编写的单按钮控制梯形图和指令表

W200.00 脉冲的走向。当线圈 100.00 为 OFF 时，触点 100.00 的状态引导 W200.00 的脉冲到置位端 S，使线圈 100.00 为 ON；并且使 100.00 常开触点闭合、常闭触点断开，准备引导下一个脉冲到复位端 R。

当然还有更简单的方案，如图 3-38 所示，其原理请读者自行分析。

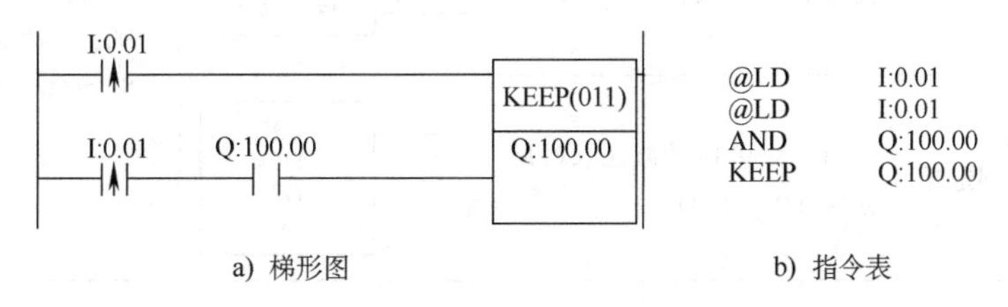

a) 梯形图　　b) 指令表

图 3-38　用指令的微分形式和 KEEP 指令编写的控制程序

（3）利用置位、复位指令编写控制梯形图　根据上述方法也能用 SET 和 RSET 指令来编写，请读者自行完成。

2. 用时序输入/输出指令生成脉冲输出

当某种 PLC 没有微分指令时，也可用已学的时序输入/输出指令来设计一个简单的梯形图，来生成一个脉冲输出，如图 3-39 所示。可以这样分析，在触点 0.00 闭合的第一个扫描周期，第一条梯形图因辅助继电器 200.01 尚未得电，常闭触点 200.01 还是闭合状态，辅助继电器 200.00 得电；在第二个扫描周期时，第一条梯形图的常闭触点 200.01 因其线圈得电已断开，所以辅助继电器 200.00 失电。可以看出同指令 DIFU 一样，在 200.00 上得到了一个扫描周期的脉冲。

图 3-39　用时序输入/输出指令生成脉冲输出

第四节　定时器/计数器指令及应用

一、定时器指令及应用

（一）定时器指令

在 CPM1A 中常用的定时器指令有 TIM（BCD 定时器）和 TIMH（BCD 高速定时器）。在 CP1H 中还有 TMHH（超高速定时器）、TTIM（BCD 累计定时器）和 TIML（BCD 长时间定时器）等，通常的定时器都是以 BCD 码作为设定值的，除了长时间定时器外，最大设定值均为9999。如果指令后缀X，并在CX－P编程软件的“PLC属性”中勾选“以二进制形式执行定时器/计数器”，便转变成为以二进制BIN计数的定时器。常用BCD定时器见表3-12。

表3-12 BCD定时器

助记符	名称	功能	梯形图	操作数
TIM	定时	精度为0.1s的减法定时(0～999.9s)	TIM 定时器号 N 设置值 S	1. 定时器号 N： CPM1A：000～127（十进制） CP1H：0000～4095（十进制） 2. 设定值 S： #0000～9999(BCD)，S值可直接设定，也可存放在数据存储器D中直接设定或间接设定 3. 在TIML中 D1：最低位作为定时结束标志 D2：存放定时器的当前值 S：#00000000～99999999
TIMH	高速定时	精度为0.01s的减法定时(0～99.99s)	TIMH 定时器号 N 设置值 S	
TTIM	累积定时	精度为0.1s的加法累计定时（0～999.9s）	I R TTIM 定时器号 N 设置值 S	
TIML	长时间定时	精度为0.1s的减法长时间定时（0～115d）	TIML D1 D2 S	

说明：

1）定时器TIM、TIMH输入为OFF时，定时器复位，其常开触点为OFF，定时器的当前值等于设置值；定时器输入为ON时，开始定时，当前值从设置值开始以1次/0.1s（TIM）或1次/0.01s（TIMH）的速率减1运算；当定时器的当前值变为0时，当前值保持，其常开触点为ON。其工作过程如图3-40所示。

2）累计定时器TTIM有两个输入端（I端和R端），R端为复位，R端为ON时，定时器复位，其当前值为0；R端为OFF，I端为ON时，当前值进行加法运算（1次/0.1s）；I端OFF时，停止累计，保持当前值；若I端再次为ON，继续累计；TTIM当前值到达设置值后，其常开触点为ON，并保持；如需重启，可通过MOV指令等将定时器当前值设置为设置值以下，或者使R端为ON进行定时器复位。其工作过程如图3-41所示。

3）在TIML中，BCD码最大设定99999999（约115.7天），精度为0.1s；BIN码设定FFFFFFFF（约49710天），精度为1s。

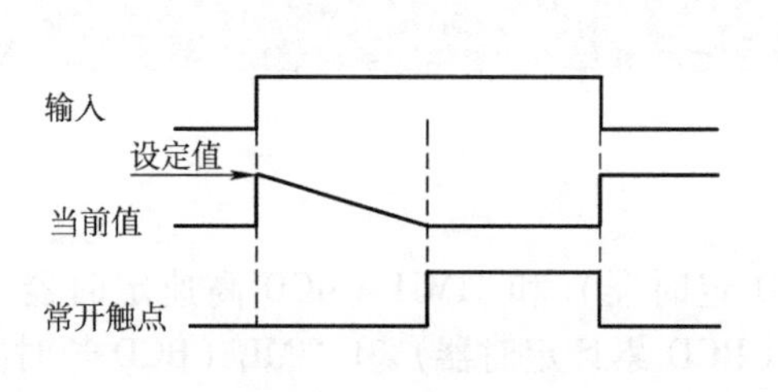

图3-40 TIM、TIMH工作过程

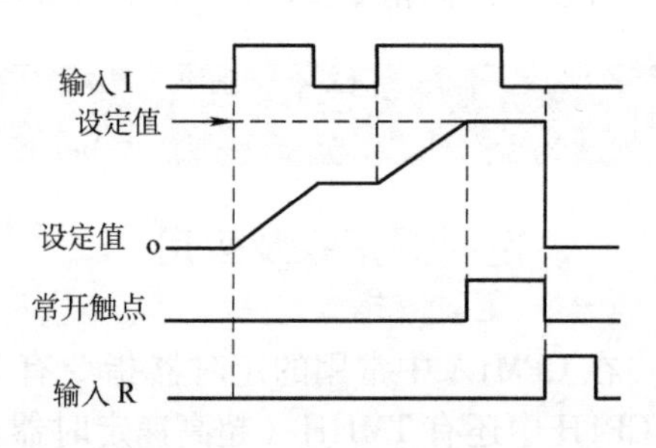

图3-41 TTIM工作过程

TIM 和 TIMH 的应用如图 3-42 所示。

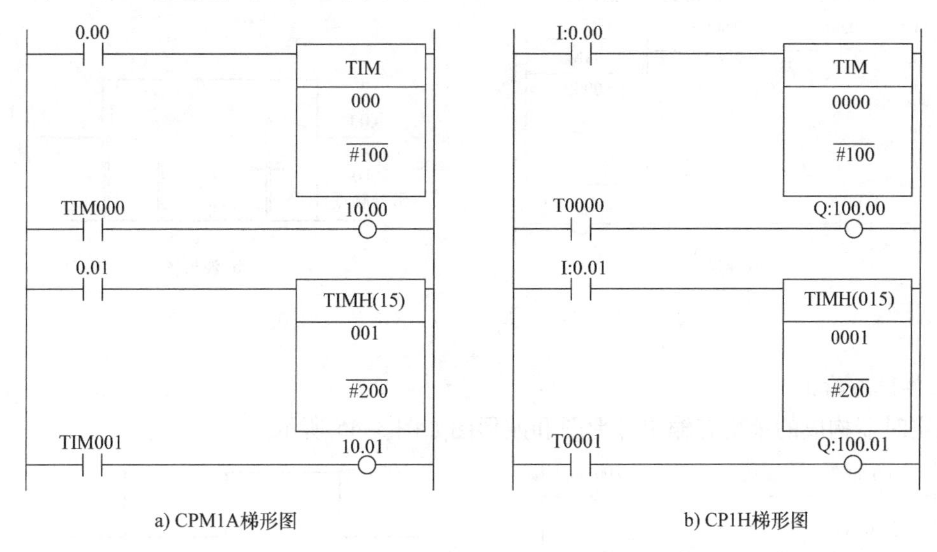

a) CPM1A梯形图　　b) CP1H梯形图

图 3-42　TIM 和 TIMH 的应用

在图 3-42 中，定时器触点在不同的机型中地址标识有所不同，CPM1A 机型为 TIM000，CP1H 机型为 T0000，下文都简称为 T0。T0 是普通定时器，当触点 0.00 闭合后，定时器 T0 开始计时，10s 后触点 T0 闭合，线圈 100.00（CPM1A 为 10.00）得电；若触点 0.00 断开，不论在定时中途，还是在定时时间到后，定时器 T0 均被复位。T1 被定义为高速定时器，当触点 0.01 闭合后，定时器 T1 开始计时，2s 后触点 T1 闭合，线圈 100.01 得电；同样，若触点 0.01 断开，不论在定时中途，还是在定时时间到后，定时器 T1 均被复位。

TIML 的应用如图 3-43 所示。长时间定时器不设定时器号，用第一个操作数 W200 的最低位作为定时结束标志，第二个操作数 D1 存放该定时器的当前值（PV），第三个操作数为设定值（SV），此处为#864000 即 86400s（1 天）。当触点 0.01 闭合时开始计时，1 天时间到，W200 的最低位 W200.00 闭合，100.07 有输出；当 0.01 断开时定时器复位。

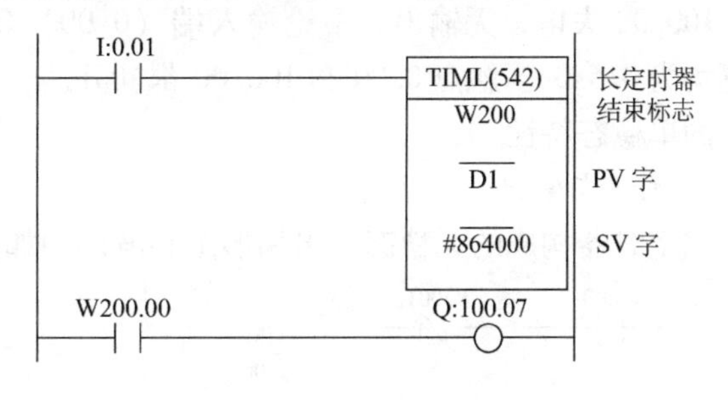

图 3-43　TIML 的应用

（二）定时器指令应用

1. 序列脉冲输出

用定时器构成的序列脉冲输出梯形图和波形图如图 3-44 所示。

在图 3-44 中，当控制触点 0.00 闭合后，定时器 T0 开始定时，5s 定时时间到，其常开触点 T0 闭合；在下一个扫描周期时，常闭触点 T0 的断开又使定时器 T0 复位，导致其常开触点断开；再下一个扫描周期，因 T0 复位，常闭触点 T0 闭合，定时器 T0 又开始第二次定时，如此循环，在其常开触点得到周期为 5s（忽略了一个扫描周期的时间）的脉冲序列，也使100.00得到一个同样的脉冲输出。

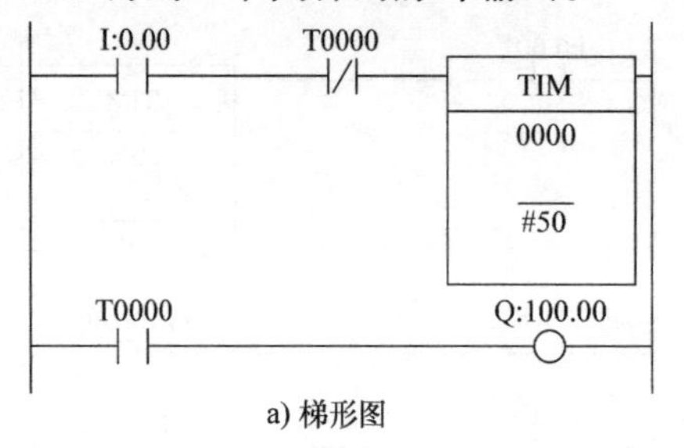

a) 梯形图

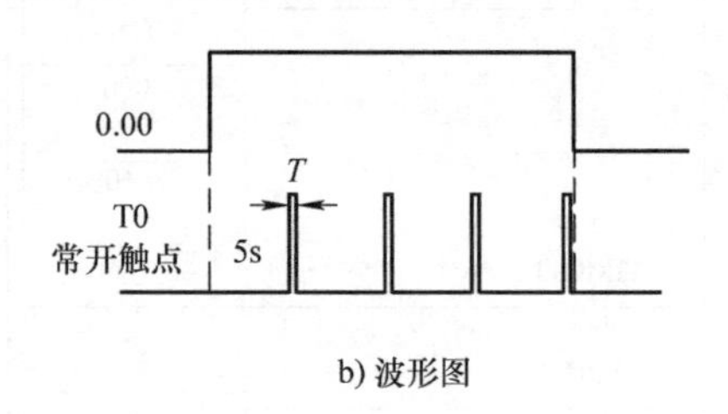

b) 波形图

图3-44 序列脉冲输出梯形图和波形图

2. 单稳态输出

用定时器构成的单稳态输出梯形图和波形图如图3-45所示。

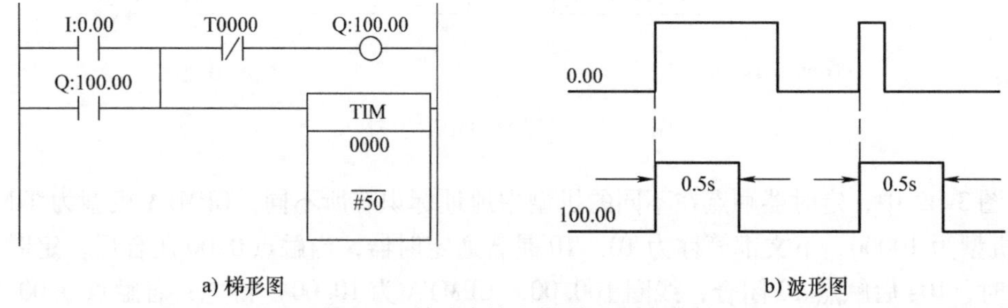

a) 梯形图 b) 波形图

图3-45 单稳态输出梯形图和波形图

在图3-45中，当常开触点0.00闭合，输出继电器100.00得电，有输出，常开触点100.00自锁；同时，定时器T0开始计时，定时时间（0.5s）到，定时器T0的常闭触点断开，100.00失电，无输出。不论输入端（0.00）ON信号的时间长短，100.00输出的信号脉宽均为0.5s，当触点0.00和100.00都断开后，定时器T0复位，恢复到初始状态，这是典型的单稳态特性。

3. 无稳态输出

用定时器构成的无稳态输出梯形图和波形图如图3-46所示。

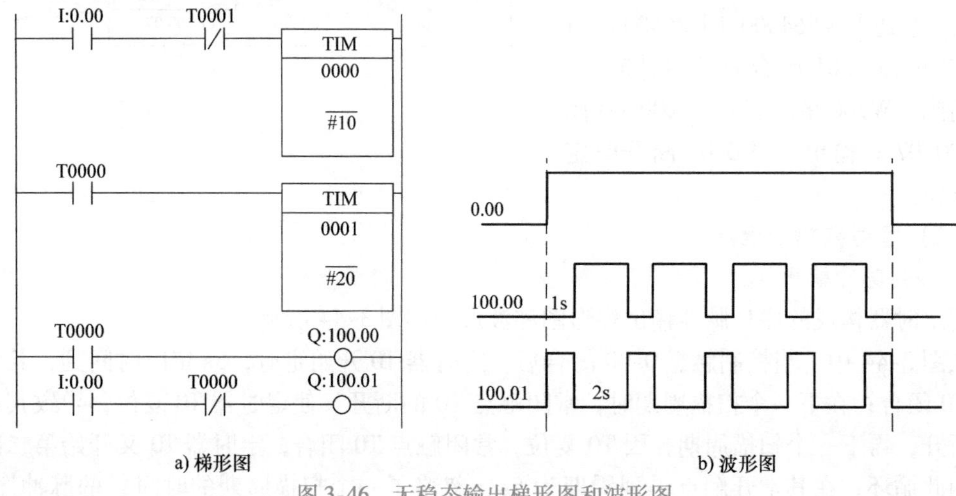

a) 梯形图 b) 波形图

图3-46 无稳态输出梯形图和波形图

无稳态输出又称为多谐振荡器。在图3-46中，当触点0.00闭合时，定时器T0开始计时；1s定时时间到，常开触点T0闭合，定时器T1开始计时；2s定时时间到，常闭触点T1断开，将定时器T0复位，定时器T0的复位使常开触点T0断开，使定时器T1复位，定时器T1的复位又导致常闭触点T1闭合，使定时器T0又重新开始计时……，于是在输出线圈100.00和100.01得到一个周期为3s的波形输出。当触点0.00断开时，振荡停止，无输出。100.00输出信号的脉宽由T1设定的时间决定，其周期由T0和T1设定的时间之和决定，100.01是100.00的互补输出。

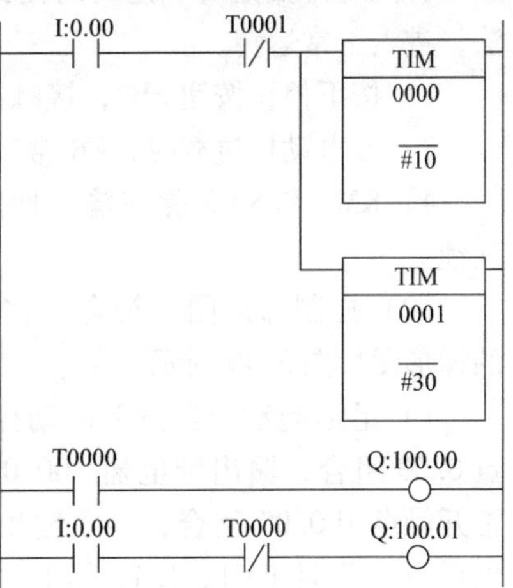

图3-47 无稳态输出的另一种设计

无稳态输出也可以设计成如图3-47所示，不同的是T1的设定时间（3s）是振荡周期，一般情况下T0设定的时间要小于T1设定的时间，请读者想一想，为什么？

4. Y/△减压起动控制

(1) 控制要求 Y/△减压起动的主回路、I/O接线图、I/O地址分配和具体控制要求如下所述。

三相异步电动机起动、停止控制电路如图3-48所示。其中图3-48a是主回路，图3-48b是I/O接线图。

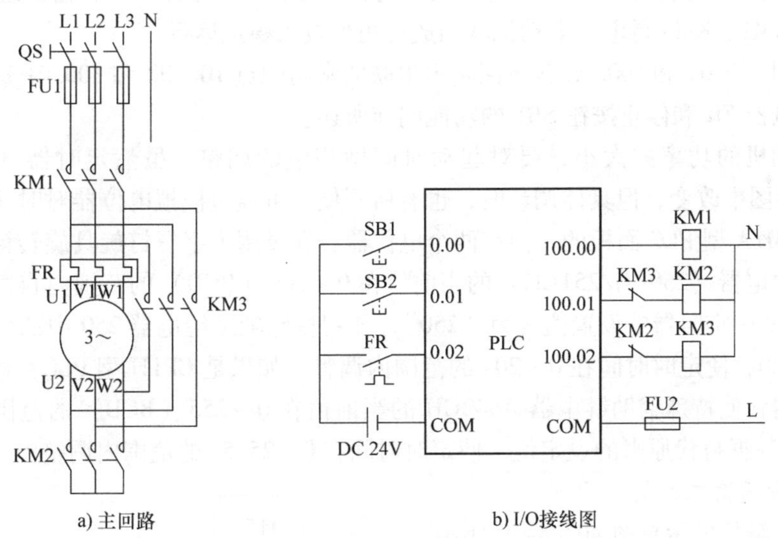

图3-48 三相异步电动机起动、停止控制电路

I/O地址分配表见表3-13，表中地址按CP1H型PLC实际地址填写。

表3-13 I/O地址分配表

输入元件	符号	输入地址	输出元件	符号	输出地址
起动按钮	SB1	0.00	接触器线圈	KM1	100.00
停止按钮	SB2	0.01	接触器线圈	KM2	100.01
热继电器常开触点	FR	0.02	接触器线圈	KM3	100.02

具体控制要求如下：

1）按下起动按钮 SB1，接触器线圈 KM1、KM2 得电，主回路电动机 M 成丫接法，开始起动，同时开始定时；定时时间到，接触器线圈 KM2 失电，KM3 得电，电动机 M 成△接法，进入正常运转。

2）按下停止按钮 SB2，接触器线圈均失电，主回路电动机 M 停止。

3）若电动机过载时，FR 常开触点闭合，接触器线圈也均失电，电动机 M 停止。

4）KM1 和 KM2 除在输出回路中有电路硬触点互锁外，在梯形图程序中也需软触点互锁。

（2）控制梯形图　符合丫/△起动控制要求的梯形图如图 3-49 所示。

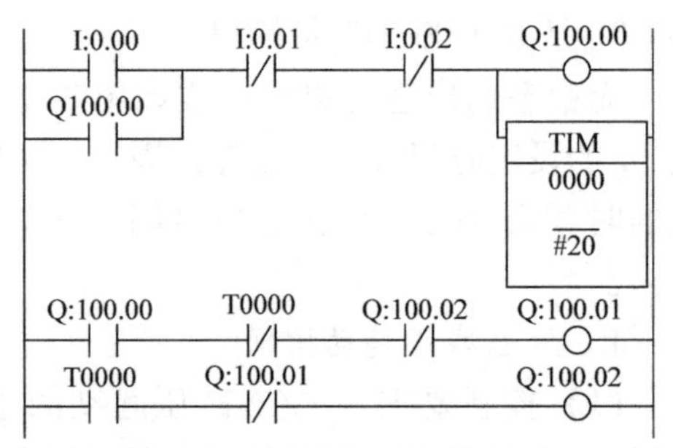

图 3-49　丫/△减压起动控制梯形图

1）星形起动。当按下起动按钮 SB1 时，触点 0. 00 闭合，输出继电器 100. 00 得电并自锁，常开触点 100. 00 闭合，导致输出继电器 100. 01 也得电，此时 KM1、KM2 得电，电动机成星形起动。

2）三角形运行。起动后，定时器 T0 开始计时；2s 时间到，常闭触点 T0 断开，输出继电器 100. 01 失电，其常闭触点 100. 01 闭合，又因为常开触点 T0 闭合，所以输出继电器 100. 02 得电，此时 KM1、KM3 得电，电动机联结成三角形投入稳定运行。

输出线圈 100. 01 和 100. 02 各自回路中串联的常闭触点 100. 02 和 100. 01 达到软互锁的目的。热继电器 FR 和停止按钮 SB1 的功能同前所述。

根据电动机的功率的大小，要对起动时间做相应的调整，虽然定时器设置值能通过 CX－P在梯形图中改变，但具体调整时，也有所不便。可通过模拟电位器对时间设置值进行调整。在 CPM1A 型 PLC 面板的左面有两个电位器，通过用十字螺钉旋具旋转该电位器，可将特殊辅助继电器（250CH/251CH）的当前值在 0～200（BCD）的范围内自由地变更。这样可将图 3-49 中定时器的设置值改为“250”，即用特殊辅助继电器 250 中的数据来替代原来的设定值#20，使定时时间在 0～20s 的范围内调整。如果是 CP1H 型 PLC，通过调整面板左面的电位器，使特殊辅助继电器 A642CH 的当前值在 0～255（BCD）的范围内变更，即用 A642 中的数据替代原来的设定值，使定时时间在 0～25. 5s 的范围内调整。

5. 传送带运输机控制

传送带运输机的示意图如图 3-50 所示。

（1）控制要求

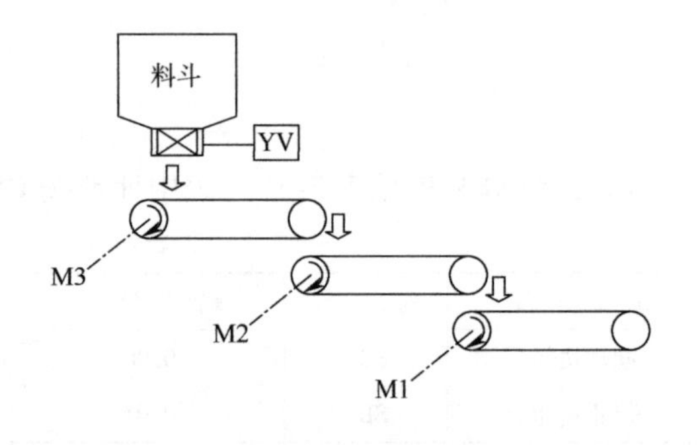

图 3-50　传送带运输机的示意图

1）正常起动：起动时为了避免在前段运输带上物料堆积，要求逆物料流动方向按一定时间间隔顺序起动，起动顺序为：M1→M2→M3→YV，时间间隔分别为 6s、5s、4s。

2）正常停止：停止顺序为 YV→M3→M2→M1，时间间隔均为 4s。

3）紧急停止：YV、M3、M2、M1 立即停止。

4）故障停止：M1 过载时，YV、M3、M2、M1 立即同时停止；M2 过载时，YV、M3、M2 立即同时停止，M1 延时 4s 后停止；M3 过载时，YV、M3 立即同时停止，M2 延时 4s 后停止，M1 在 M2 停止后再延时 4s 停止。

（2）I/O 地址分配 I/O 地址分配表见表 3-14。

表 3-14 I/O 地址分配表

输入元件	符号	输入地址	输出元件	符号	输出地址
起动按钮	SB1	0.01	电磁阀	YV	100.00
急停按钮	SB2	0.02	M1 接触器	KM1	100.01
停止按钮	SB3	0.03	M2 接触器	KM2	100.02
热继电器 1 常开触点	FR1	0.04	M3 接触器	KM3	100.03
热继电器 2 常开触点	FR2	0.05			
热继电器 3 常开触点	FR3	0.06			

为了分析问题方便，将上述要求分两步走，第一步只考虑顺序起动和紧急停止，第二步在第一步的基础上，完成所有的控制要求。

（3）顺序起动和紧急停止 顺序起动和紧急停止如图 3-51 所示。在图中，利用了 3 个定时器，由各定时器的常开触点依次控制下一个状态的实现。起动时，按下起动按钮 SB1，触点 0.01 闭合，输出继电器 100.01 得电并自锁，同时定时器 T0 开始计时，定时 6s；定时时间到，常开触点 T0 闭合，输出继电器 100.02 得电，同时定时器 T1 开始定时……，直到输出继电器 100.00 得电。若按下紧急停止按钮 SB2，则常闭触点 0.02 断开，按梯形图顺序，依次使 100.01 失电，T0 复位，100.02 失电，T1 复位，100.03 失电，T2 复位，100.00 失电，在一个扫描周期内完成所有停止动作。

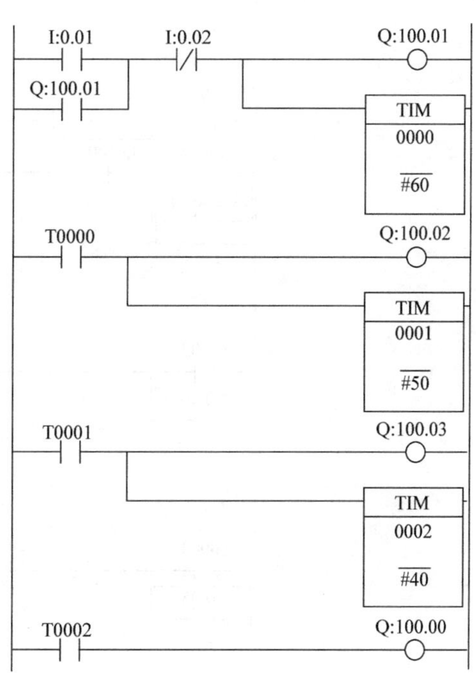

图 3-51 顺序起动和紧急停止

（4）顺序起动、紧急停止、正常停止和过载保护 功能完整的梯形图如图 3-52所示。在图中，增加了 3 条梯形图，用于正常停止控制。在新增加的梯形图第 1 条中，按下正常停止按钮 SB3 时，触点 0.03 闭合，W200.01 得电并自锁，定时器 T3 开始定时，然后依次起动 T4、T5，进入正常停止过程；定时器各自的常闭触点串联到前 4 条的梯形图中，如图中虚线框内所示，使线圈 100.00、100.03、100.02、100.01 依次失电，T2、T1、T0 依次复位；最后当 100.01 失电后，其常开触点断开，使 T3、T4、T5 复位，为下一次操作做好准备。对过载情况的处理，根据控制要求，将各热继电器的触点接入到梯形图中点画线框所示位置，其作用请读者自行分析。

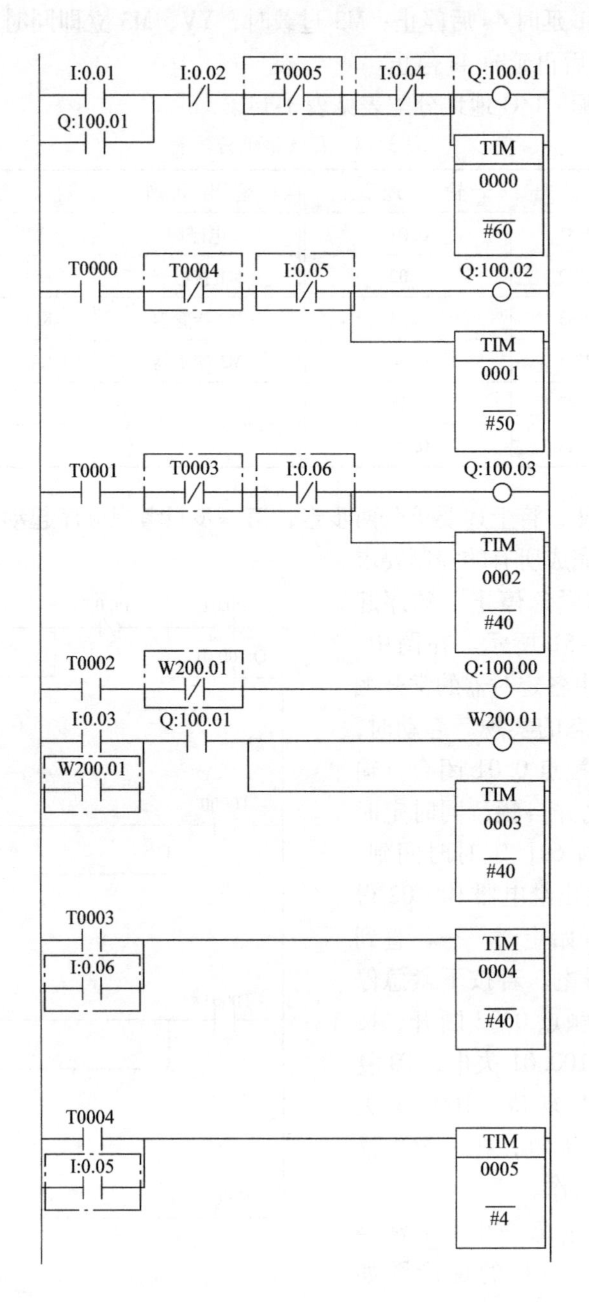

图3-52 顺序起动、紧急停止、正常停止和过载保护

二、计数器指令及应用

（一）计数器指令

常用的计数器指令有CNT（BCD计数器）、CNTR（BCD可逆计数器），在CP1H中，如果指令后缀X，并在CX-P编程软件的“PLC属性”中勾选“以二进制形式执行定时器/计数器”，即成为以二进制BIN计数的计数器。BCD计数器见表3-15。

表 3-15 BCD 计数器

助记符	名称	功能	梯形图	说明
CNT	计数	减法计数器，计数设置值 0～9999	CP R CNT 计数器号 *N* 设置值 *S*	1. 计数器号 *N* CPM1A：000～127（十进制） CP1H：0000～4095（十进制） 2. 设定值 *S* #0000～9999(BCD)，*S* 值可直接设定，也可存放在数据存储器 D 中直接设定或间接设定
CNTR	可逆计数	加、减法计数器，计数设置值 0～9999	ACP SCP R CNTR 计数器号 *N* 设置值 *S*	

说明：

1）CNT 是减法计数器，在 CP 端每来一个脉冲，计数器的当前值减 1，直到当前值为 0 结束，此时，计数器的常开触点闭合。当复位端 R 有效时，计数器被复位，返回到设置值。

2）CNTR 是可逆计数器，ACP 为加计数脉冲输入端，SCP 为减计数脉冲输入端，R 为复位端。可逆计数器在进位或借位时有输出，即在加计数过程中当加到设置值再加 1，或在减计数过程中减到 0 再减 1 时，计数器的常开触点闭合，其他时间均为断开。当复位端有效时，计数器被复位，返回到 0。

计数器的工作过程如图 3-53 所示。

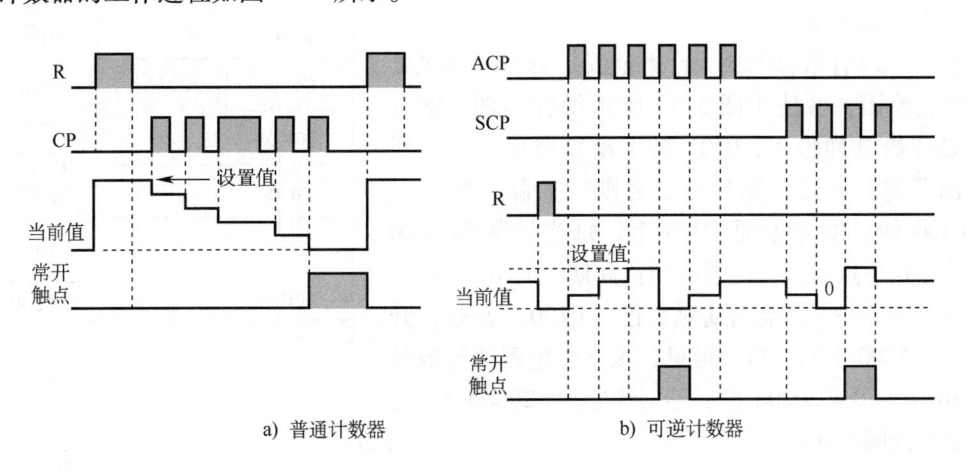

a）普通计数器　　b）可逆计数器

图 3-53 计数器的工作过程

计数器的应用如图 3-54 所示。在图 3-54 中，C100 是普通计数器，利用触点 0.00 从断开到闭合的变化，驱动计数器 C100 计数，触点 0.00 闭合一次，计数器 C100 的当前值减 1，直到其当前值为 0，常开触点 C100 闭合。以后即使继续有计数脉冲输入，计数器的当前值不变，触点 C100 仍闭合。当触点 0.01 闭合时，计数器 C100 被复位，返回到设定值，常开触点 C100 断开，输出继电器线圈 100.00 失电。

C101 被定义为可逆计数器，利用触点 0.02 从断开到闭合的变化，驱动计数器 C101 加计数；利用触点 0.03 从断开到闭合的变化，驱动计数器 C101 减计数。当计数器 C101 加到

3 后再来一个加脉冲，计数器的当前值变为 0，其常开触点 C101 闭合；当计数器 C101 减到 0 后再来一个减脉冲，计数器的当前值变为 3，其常开触点 C101 闭合。当触点 0.01 闭合时，计数器 C101 被复位，当前值为 0。

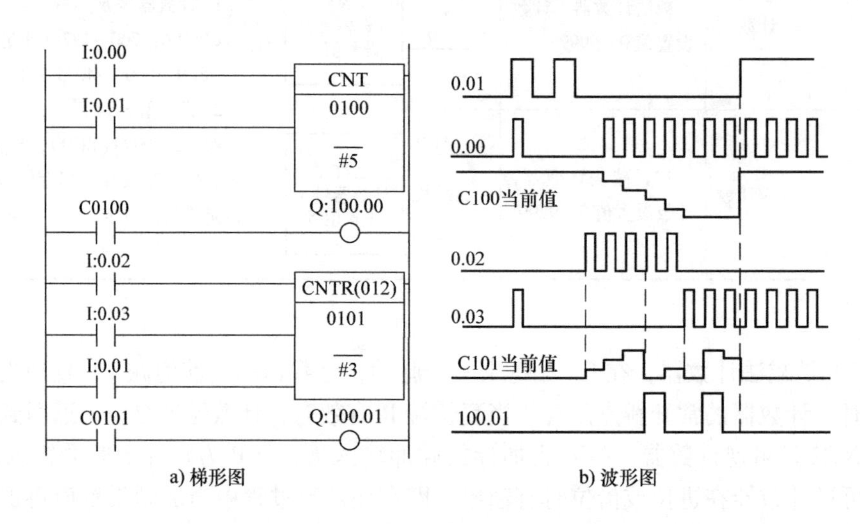

图 3-54 计数器的应用

（二）计数器指令应用

1. 长计数电路

单个 BCD 计数器的最大计数范围是 9999，如果要扩大计数范围，可使用图 3-55 所示的梯形图。触点 0.00 是计数脉冲输入，0.01 是手动复位输入点，当 0.01 断开时，可以开始计数，否则计数脉冲输入无效。C100 的计数个数是 1000 个，每当计数到 1000 时，其常开触点闭合，在当前扫描周期给 C101 一个计数脉冲，在下一个扫描周期对自己（C100）复位，开始第二个 1000 次的计数。可见，该计数电路的计数长度是 1000 × 20 = 20000 次，当计数达到 20000 次时，驱动输出线圈 100.01。

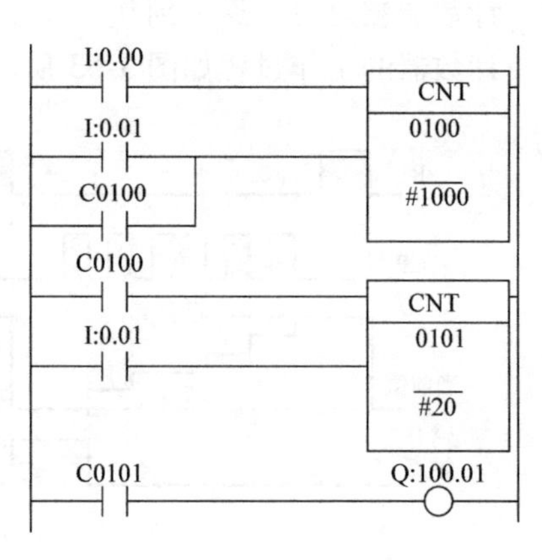

图 3-55 长计数梯形图

2. 计数器和定时器构成的长定时电路

虽然普通单个定时器的定时时间只有 999.9s，但可用计数器和定时器的组合构成长定时电路，如图 3-56 所示。在触点 0.00 闭合时，定时器 T0 产生一个周期为 600s 的序列脉冲，作为计数器 C101 的计数脉冲，当计数 100 次时，输出继电器 100.01 得电。从触点 0.00 闭合到输出继电器 100.01 得电，共用时 600s × 100 = 60000s。

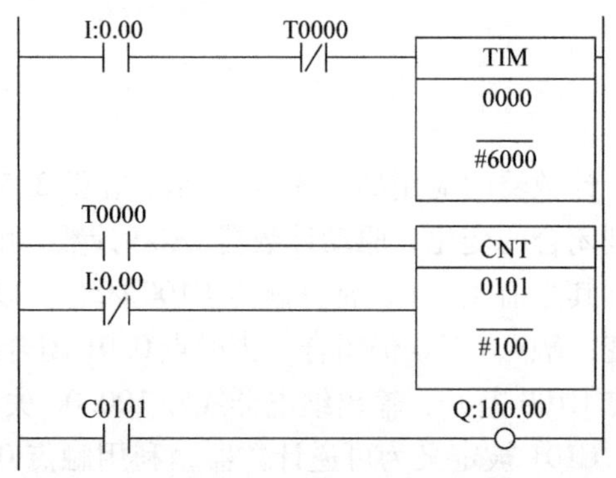

图 3-56 长定时电路

3. 限制循环次数的控制

前文图3-22的电动机正反转控制，还可以加入计数器和正反转行程开关，用于自动控制其循环次数。限制循环次数的控制梯形图如图3-57所示，为方便读者，用中文对各元件进行注释。当运行开始或正转起动时，复位计数器，用反转到位的上升沿发出计数脉冲，当循环10次后，计数器常闭触点C0断开，输出100.00和100.01失电，电动机停止转动。图中，触点“P_ First_ Cycle”的作用是在运行开始时，对计数器复位，使其当前值为10。

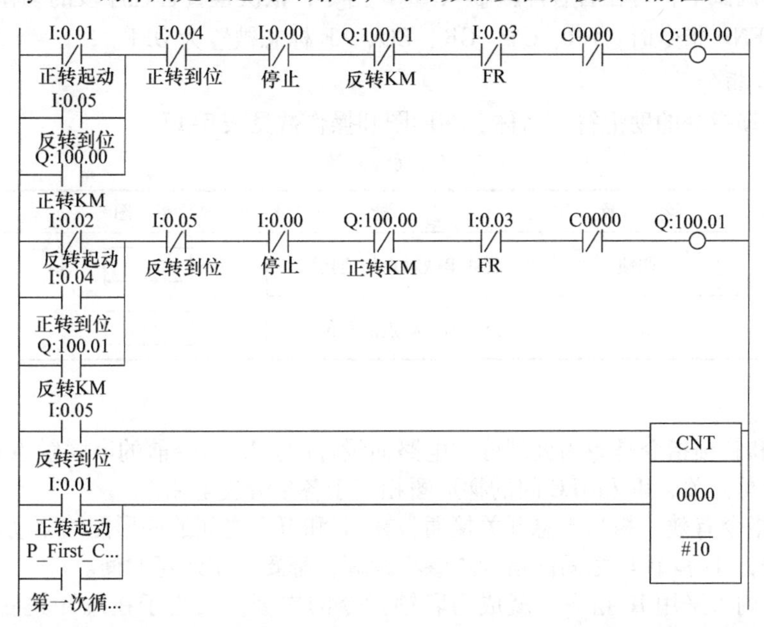

图3-57 限制循环次数的控制梯形图

第五节 时序控制指令及应用

常用的时序控制指令有END（结束）、NOP（空操作）、IL/ILC（联锁/解锁）和JMP/JME（跳转/跳转结束），CP1H还有MILH/MILC（多重联锁/多重联锁清除）、CJP/CJPN（条件转移/条件不转移）、JMP0/JME0（多重转移/多重转移结束）、FOR/NEXT（重复开始/重复结束）和BREAK（循环中断）等。本节只介绍常用的时序控制指令。

一、时序控制指令

1. END和NOP指令

空操作和程序结束指令的助记符、名称、功能、梯形图和操作数见表3-16。

表3-16 空操作和程序结束指令

助记符	名　称	功　能	梯形图	操作数
NOP	空操作	无动作	NOP	—
END	结束	输入/输出处理，返回到程序开始	END	—

说明：

1）在将全部程序清除时，全部指令成为空操作。

2）在PLC反复进行输入处理、程序执行、输出处理时，若在程序的最后写入END指令，那么，END指令以后的其余程序步不再执行，而直接进行输出处理；若在程序中没有END指令，则要处理到最后的程序步，并且编程软件在进行语法检查时，还会显示语法错误的提示。在调试中，可在各程序段插入END指令，依次检查各程序段的动作。

3）执行END指令时，ER、CY、GR、EQ、LE标志被置为OFF。

2. IL/ILC 指令

联锁和解锁指令的助记符、名称、梯形图和操作数见表3-17。

表3-17 联锁和解锁指令

助记符	名称	功能	梯形图	操作数
IL	联锁	公共串联触点的连接	IL	—
ILC	解锁	公共串联触点的复位	ILC	

说明：

1）联锁和解锁指令是专为处理分支电路而设计的。IL指令前的串联触点相当于分支电路分支点前的总开关，IL和ILC间的梯形图相当于各条分支电路。

2）联锁指令有效，相当于总开关接通，在IL和ILC之间的梯形图被驱动。**但不论联锁指令有效与否，IL和ILC之间的指令均参与运算，都要占用运算时间。**

3）在IL内再采用IL指令，就成为联锁指令的嵌套，相当于在总开关后接分路开关。但ILC指令只能用一条。

IL和ILC指令的应用如图3-58所示。

在图3-58中，当触点0.00闭合时，IL有效，若此时触点0.01、0.02闭合，则输出继电器线圈100.00得电，定时器线圈T0得电，10s后触点T0闭合，线圈100.02得电。当触点0.00断开时，IL无效，此时，即使触点0.01、0.02闭合，线圈100.00、T0也不得电，输出继电器100.00无输出，定时器T0复位。因线圈100.01在ILC指令之后，不受联锁指令的影响，当触点0.01闭合时，仍会得电。

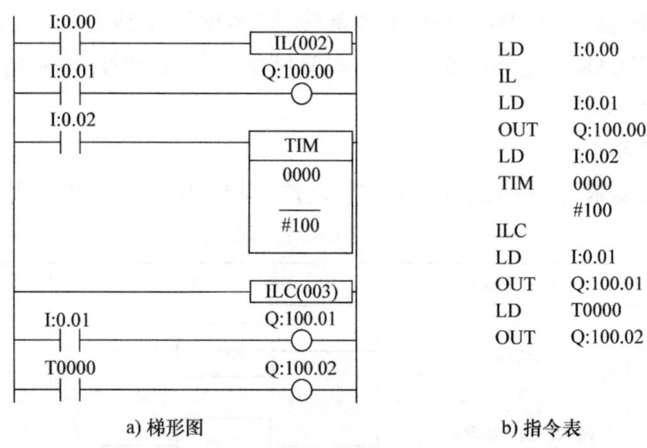

图3-58 IL和ILC指令的应用

分支电路也可以采用图 3-59 的方法来处理，其作用同图 3-58 完全一样，而且更为形象直观，但它们的指令是不一样的，在图 3-59 中使用了暂存继电器 TR0，它是将触点 0.00 的状态存放在暂存继电器 TR0 中，在需要的时候调用它。从指令表中看出，当分支较多时，使用 TR 处理，比用联锁指令处理的程序要烦琐一点。

请读者注意：*在用梯形图编程时，编程界面上看不到 TR0；但在用指令表编程时，必须要用到它，否则就会出错。*

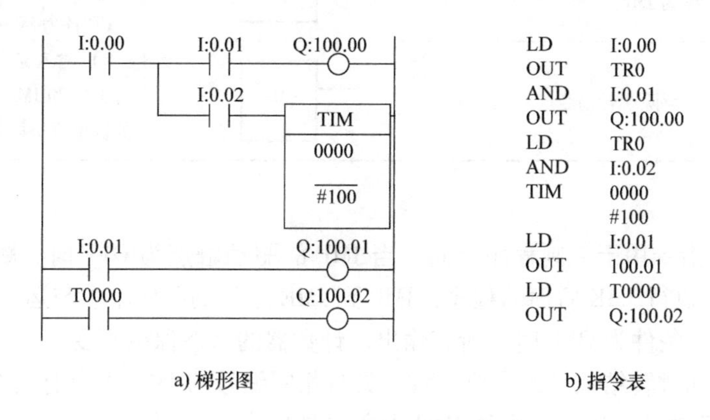

a) 梯形图　　b) 指令表

图 3-59　使用 TR0 的梯形图

含有嵌套的 IL 和 ILC 指令的应用如图 3-60 所示。

在图 3-60 中，和触点 0.03 相连的 IL 是联锁的第二层，因为多了一层联锁，所以只有当触点 0.00、0.03 和 0.02 同时闭合时，才会驱动定时器 T0。

也可以采用多重互锁指令，以处理更复杂的分支，如图 3-61 所示。在图中，当触点 a、b 闭合时，程序执行 A1、A2、A3；当触点 a 闭合、b 断开时，程序执行 A1、A3。因篇幅有限，不再赘述，详细资料可阅读《编程手册》。

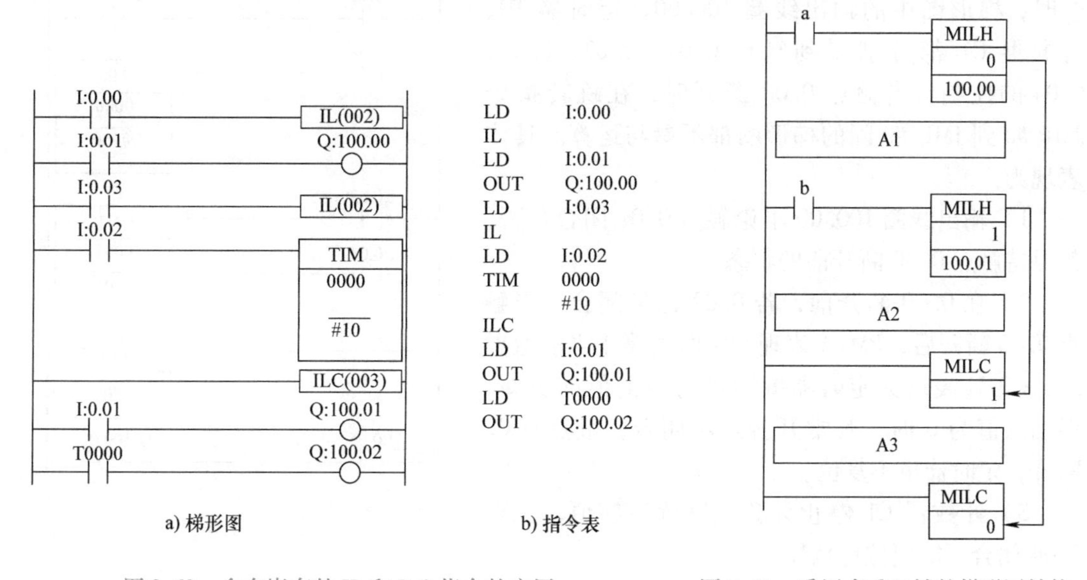

a) 梯形图　　b) 指令表

图 3-60　含有嵌套的 IL 和 ILC 指令的应用

图 3-61　采用多重互锁的梯形图结构

3. JMP/JME 指令

跳转指令和跳转结束指令的助记符、名称、功能、梯形图和说明见表3-18。

表3-18 跳转指令和跳转结束指令

助记符	名称	功能	梯形图	说明
JMP	跳转	当驱动触点断开时，跳转到JME	JMP *N*	1) *N*： CPM1A 为#00~49 CP1H 为#00~#FF 或 &000~255 2) 输入条件为 OFF 时，不执行 JMP 和 JME 间的指令，但其间的输出将保持状态
JME	跳转结束	解除跳转指令	JME *N*	

说明：

1）JMP/JME 指令用于控制程序流向，当 JMP 的驱动触点为 OFF 时，跳过 JMP 到 JME 之间的程序，转去执行 JME 后面的程序，JMP 到 JME 之间的程序不参与运算。

2）JMP 的执行条件为 OFF 时，所有输出、计数器的状态保持不变。

3）跳转开始和跳转结束的编号要一致。具有相同编号的 JME 指令有两个以上时，程序向地址较小的 JME 转移，地址较大的 JME 指令被忽略。

4）若 JME 的程序地址比 JMP 的程序地址小，当 JMP 的驱动条件为 OFF 时，在 JMP 和 JME 间重复执行。在这种情况下，就不执行 END 指令，有可能出现周期超时现象。

5）多个 JMP *N* 可以共用一个 JME *N*，这样使用后，在进行程序编译时会出现警告信息，但程序能正常执行。

跳转指令的应用如图3-62所示。

图3-62中#0为跳转编号，表示当驱动触点0.00断开时，所要跳转到的位置。当触点0.00闭合时，梯形图中的输出线圈100.00、定时器T0、计数器C1都分别受到触点0.01、0.02、0.03、0.04的控制。当触点0.00断开时，在跳转指令JMP #0到JME #0间的梯形图都不参与运算。具体表现为：

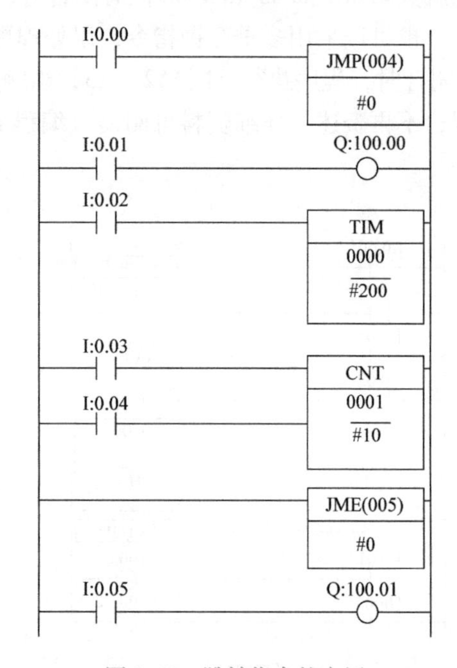

图3-62 跳转指令的应用

1）输出线圈100.00不论触点0.01闭合与否，都保持触点0.00断开前的状态。

2）在0.00断开前，若0.02已经闭合，当触点0.00断开后，PM1A表现为定时器停止当前值更新，CP1H表现为定时器继续进行当前值的更新，但当前值为0时，其常开触点不闭合，触点0.02断开，定时器也不复位。

3）计数器C1停止计数，保持当前值，触点0.04闭合不能复位计数器。

4）由于线圈100.01在JME #0后面，所以不受跳转指令的影响，只受触点0.05的控制。

当跳转指令和联锁指令一起使用时，应遵循如下规则：

1）当要求由 IL 外跳转到 IL 外时，可随意跳转。

2）当要求由 IL 外跳转到 IL 内时，跳转与 IL 的动作有关。

3）当要求由 IL 内跳转到 IL 内时，若联锁断开，则不跳转。

4）当要求由 IL 内跳转到 IL 外时，若联锁断开，不跳转；若联锁接通，则跳转，但 ILC 无效。

由于联锁指令和跳转指令一起使用较为复杂，建议初学者最好不要同时使用，以避免一些意想不到的问题出现。

此外还有条件转移（CJP）/转移结束（JME）指令、条件非转移（CJPN）/转移结束（JME）指令、多重转移（JMP0）/多重转移结束（JME0）指令，也因篇幅有限，不再介绍。

二、时序控制指令应用

时序控制指令的应用将在第四章控制系统设计时详细介绍。

1. PLC 常用的编程语言有哪几种？

2. CPM1A 中软元件的编号有何规律？

3. CPM1A 中单个定时器最大定时时间是多长？

4. CP1H 中单个定时器最大定时时间是多长？

5. 哪些软元件在电源掉电时，状态能保持？哪些被复位？

6. 为什么用 OUT 指令不允许同名输出？

7. 以 0.00、0.01 为输入点，100.00 为输出点，画出它们符合与、或、异或、同或关系的梯形图。

8. 设计一计数器，其计数次数为 50000 次。

9. 设计一个延时开和延时关的梯形图。要求：输入触点 0.01 接通 3s 后输出继电器 100.00 闭合，之后输入触点 0.01 断开 2s 后输出继电器 100.00 断开。

10. 用一个定时器设计一个定时电路：当 0.00 闭合时，100.00 立即得电；当 0.00 断开 10s 后，100.00 才失电。

11. 设计一梯形图，只用一个按钮，长按按钮后，输出为 ON，短按按钮后，输出为 OFF。

12. 设计一梯形图，只用一个按钮，按一次，灯 1 亮；按两次，灯 2 亮；按三次，灯 3 亮；长按，灯灭。

13. 设计一梯形图，要求：当 0.00 闭合时，100.00 接通并保持；当 0.01 通断三次（用 C001 计数）后，T000 开始定时，定时 5s 后使 100.00 断开，C001 复位。

14. 设计控制 3 台电动机 M1、M2、M3 的顺序起动和停止的程序，控制要求是：发出起动信号 1s 后 M1 起动，M1 运行 4s 后 M2 起动，M2 运行 2s 后 M3 起动。发出停止信号 1s 后

M3停止，M3停止2s后M2停止，M2停止4s后M1停止。

15. 水箱液位控制程序设计，要求当水箱液位达到下限（0.00）时，#1泵（100.01）起动注水；若液位继续下降，达到下下限（0.01）时，#2泵（100.02）也起动并报警（100.03）；当液位回到下限时，#2泵和报警停止；当液位达到上限（0.02）时，#1泵停止。起动、停止按钮可自行设置，写出I/O地址分配表，并画出符合控制要求的梯形图。

16. 某冷却液滤清输送系统由3台电动机M1、M2、M3驱动。在控制上应满足下列要求：

1）M1、M2同时起动。

2）M1、M2起动后，M3才能起动。

3）停止时，M3先停，隔2s后，M1和M2才同时停止。

试根据上述要求，设计一个PLC控制系统。

17. 某机床主轴电动机（100.00）需在润滑油泵电动机（100.01）起动后方能起动。主轴用按钮SB1（常开0.00）起动，按钮SB2（常闭0.01）停止。油泵用按钮SB3（常开0.02）起动，按钮SB4（常闭0.03）停止，主轴电动机、油泵电动机分别用热继电器FR1（常闭0.04）、FR2（常闭0.05）做过载保护。画出符合控制要求的梯形图。

18. 设计一四人抢答器。有六个输入按钮（全部为常开）：主持人持有开始按钮（0.00）和复位按钮（0.05）、1号选手到4号选手分别持有抢答按钮（0.01～0.04）；共有五个输出：开始指示灯（100.00）、1号选手到4号选手指示灯（100.01～100.04）。具体控制要求如下：

1）主持人控制抢答过程，当主持人按下开始按钮，开始指示灯亮时，选手才能抢答；否则被判犯规。一轮抢答结束，主持人按复位按钮，复位所有选手的抢答器。

2）每位选手听到主持人发出抢答指令后，选手首先按下抢答按钮者，其指示灯亮，其余选手按下抢答按钮，无效，指示灯不亮（提示：考虑互锁）；主持人未发出抢答指令时，按下抢答按钮者，其指示灯闪亮，被判作犯规。（提示：灯闪亮可用CF102，即振荡周期为1s的脉冲）

3）犯规情况出现时只甄别第一个犯规者。

19. 设计一个密码锁程序，密码分别由按钮（0.00、0.01、0.02）输入，确定按钮（0.03）和取消按钮（0.04）在确定输入和取消输入时应用。程序要求：

1）按正确的顺序，依次在0.00输入三个脉冲（即按三下），在0.01输入两个脉冲，在0.02输入两个脉冲，并按确定按钮，以上动作如在10s内完成，密码锁开启，指示灯（100.00）亮。（提示：采用4个计数器和一个定时器）

2）输入错误，按确认按钮后，指示灯不亮。可按取消按钮，重新输入密码，但最多输入三次，确认三次无效时，报警灯（100.01）闪亮。

20. 自动门的控制由电动机正转（100.00）、反转（100.01）带动门的开和关。门内、外侧装有人体感应器（常开，内0.00、外0.01）探测有无人的接近，开、关门行程终端分别设有行程开关（常开，开到位0.02、关到位0.03）。当任一侧感应器作用范围内有人，感应器输出ON，门自动打开至开门行程开关开到位为止。两感应器作用范围内超过10s无人时，门自动关闭至关门行程开关关到位为止。

第四章　顺序控制与步进指令

所谓顺序控制，就是在生产过程中，各执行机构按照生产工艺规定的顺序，在各输入信号的作用下，根据内部状态和时间的顺序，自动、有次序地进行操作。在工业控制系统中，顺序控制的应用最为广泛，特别在机械行业中，几乎都是利用顺序控制来实现加工的自动循环。顺序控制程序设计的方法很多，其中顺序功能图（SFC）设计法是当前顺序控制设计中最常用的设计方法之一。

本章首先介绍在顺序控制设计和分析中经常要遇到的几个基本概念，然后介绍步进指令与顺序控制、基本指令与顺序控制、顺序控制程序的综合设计，供读者在设计 PLC 控制系统时选用和参考。

第一节　顺序控制基础知识

一、顺序控制的基本概念

1. 工步及其划分

生产机械的一个工作循环可以分成若干个步骤顺序进行，在每一步中，生产机械进行着特定的机械动作，在控制系统中，把这种进行特定机械动作的步骤称为“工步”或“状态”。每一个工步可用机械动作执行的顺序编号来命名。

工步是根据被控对象工作状态的变化来划分的，而被控对象的状态变化又是由 PLC 输出状态（ON、OFF）的变化引起的，因此，PLC 输出量状态的变化可以作为工步划分的依据，如某机械的动力头在运行过程中有“快进”“工进”“快退”“停止”四个状态，即四个工步，如图 4-1a 所示。该机械的动作由 PLC 的输出点 100.00、100.01、100.02 控制，如图 4-1b 所示。从图 4-1 中可以看出，快进时，PLC 输出端的 100.00、100.01 两点有输出；工进时，PLC 输出端的 100.00 点有输出；快退时，PLC 输出端的 100.02 点有输出；而停止时，没有输出。

当系统正处于某一工步所在的阶段时，该工步处于的状态有效，称该工步为“活动工步”。

2. 状态的转换及转换条件

工步活动状态的进展是由转换条件的出现来推进的。系统从一个原来的状态进入一个新的状态，称为状态的转换。导致状态转换的原因称为转换条件。常见的转换条件有按钮、行程开关、传感器信号的输入、内部定时器和计数器触点的动作等。

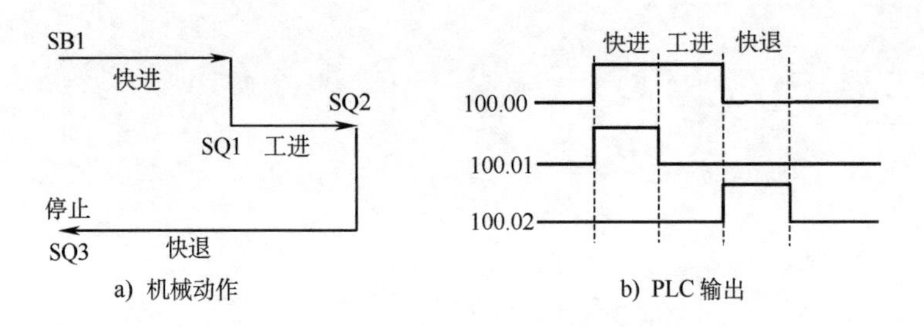

a) 机械动作　　b) PLC 输出

图 4-1 工步的划分

在图 4-1 中，动力头由停止转为快进的转换条件是动力头在原点，行程开关 SQ3 闭合，同时起动按钮 SB1 的触点闭合；由快进转为工进的转换条件是行程开关 SQ1 闭合；由工进转为快退的转换条件是行程开关 SQ2 闭合；由快退转为停止的转换条件是行程开关 SQ3 闭合。

应该说明的是，转换条件可以是单个信号，也可以是若干个信号的逻辑组合，例如 SQ3 · SB1，是将两个信号相与，表示起动按钮 SB1 的动作只有动力头在停止位（SQ3 闭合）时才有效。

3. 顺序功能图的组成

顺序功能图通常由工步（状态）、动作、有向线段、转换和转换条件组成，如图 4-2a 所示，图 4-2b 为前述动力头的具体实例。

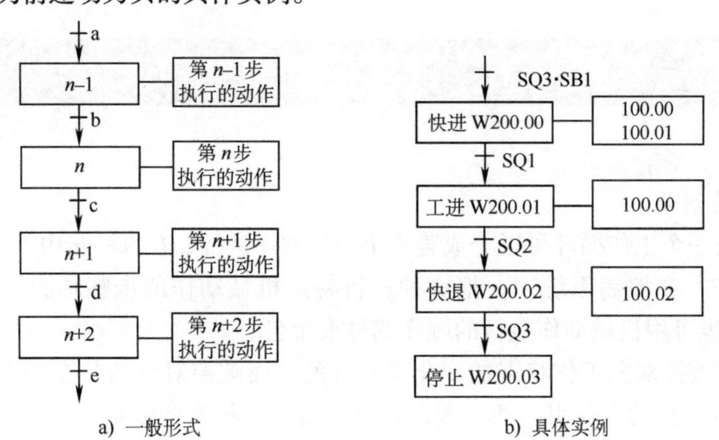

a) 一般形式　　b) 具体实例

图 4-2 顺序功能图的形式

在图 4-2a 中，顺序功能图的画法有以下要求：

1）左边一列矩形框内 $n-1$、n、$n+1$ 等表示各工步（状态）的编号，在编程时，常用 PLC 内部辅助继电器的地址来表示，为了便于识别，也可在上面用中文注释，如图 4-2b 所示。

2）右边一列矩形框，表示该状态时对应的动作，框内填写和该状态相对应的 PLC 的输出和注释。

3）有向线段表示状态进行的方向，若进展方向从上向下，可以不画箭头，用无向线段表示；若进行方向从下向上，则必须用箭头标明连线的走向。

4）有向线段中间的短划线表示两个状态间的转换，边上的字母为转换条件，如 b 为状态 n 的转入条件，c 为状态 $n+1$ 的转入条件。转换条件可书写元件名称，如 SB1、SQ1，或

PLC 的元件地址。

5）转换条件 a 和 $\bar{a}$，分别表示转换信号“ON”或“OFF”时条件成立；转换条件 a↑和 a↓分别表示转换信号从“OFF”变成“ON”和从“ON”变成“OFF”时条件成立。

二、顺序功能图的基本结构

根据状态与状态之间转换的不同情况，顺序功能图有以下几种不同的基本结构。

1. 单列结构

单列结构由一系列按顺序排列、依次有效的状态组成，每一状态的后面只有一个转换，每个转换的后面也只有一个状态，如图 4-3 所示。为了叙述的方便，在图中只画出了状态及其转换条件，每一状态的输出，不在图中表现出来。

在图 4-3 中，在状态 1 有效时，若转换条件 b 成立，立即转入状态 2，同时复位状态 1；在状态 2 有效时，若转换条件 c 成立，立即转入状态 3，同时复位状态 2……依次类推。

2. 选择结构

选择结构由选择开始和选择结束两部分组成。选择开始是指在某一状态有效后，根据转换条件的不同，可选择不同的分支流向，但只有一条分支可选，如图 4-4a 所示。选择结束是当被执行的分支结束后，它们又有一个共同的状态，如图 4-4b 所示。

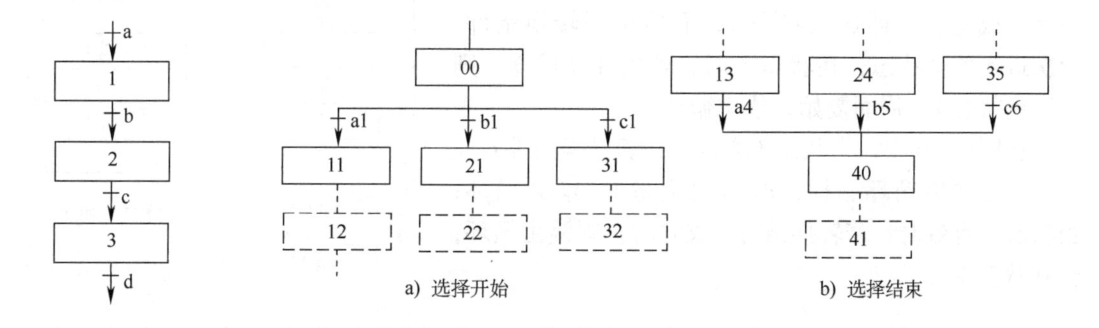

图 4-3 单列结构顺序功能图

图 4-4 选择结构顺序功能图

在图 4-4a 中，状态 00 面临着三种选择，在状态 00 有效时，若转换条件 a1 成立，转向状态 11；若转换条件 b1 成立，转向状态 21；若转换条件 c1 成立，转向状态 31。不管转向哪一个状态，均复位状态 00。当转到某一分支后，该分支工作，其他两条分支不工作。在图 4-4b 中，无论哪一条分支运行到该分支的最后一个状态，只要相应的转换条件成立，都能转到状态 40，同时将转换前的状态复位。

3. 并列结构

并列结构也由并列开始和并列结束两部分组成。并列开始是指在某一状态有效时，若转出条件成立，可使后继的每一条分支同时开始工作，如图 4-5a 所示。并列结束是当每条分支各自先后进行到各自分支的最后状态，当转换条件成立时，转入到一个共同的状态，如图 4-5b所示。

在图 4-5a 中，状态 00 后面紧跟着三条分支，在状态 00 有效，且转换条件 a 成立时，同时转向状态 11、状态 21 和状态 31，三条分支同时运行，且复位状态 00。在图 4-5b 中，三条分支都必须分别运行到最后一个状态 13、24、35，若转换条件 c 成立，则转入状态 40，同时将状态 13、24 和 35 复位。

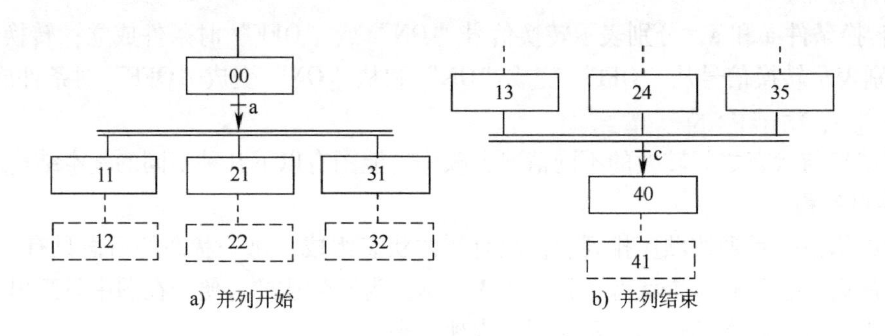

图4-5 并列结构顺序功能图

4. 循环结构

循环结构有单循环、条件循环和多重循环等几种，单循环和条件循环的顺序功能图如图4-6所示。

在图4-6a中，转换条件a相当于起动信号，只要条件a成立，立即进入状态1，而后根据转换条件，依次进入各个状态；在状态3时，若条件d成立，则返回到状态1，周而复始，依次循环。

在图4-6b中，当状态3有效时，若转换条件d成立时，则如单循环一样，返回到状态1，继续循环；当状态3有效时，若转换条件f成立时，则跳出循环，转到状态4。

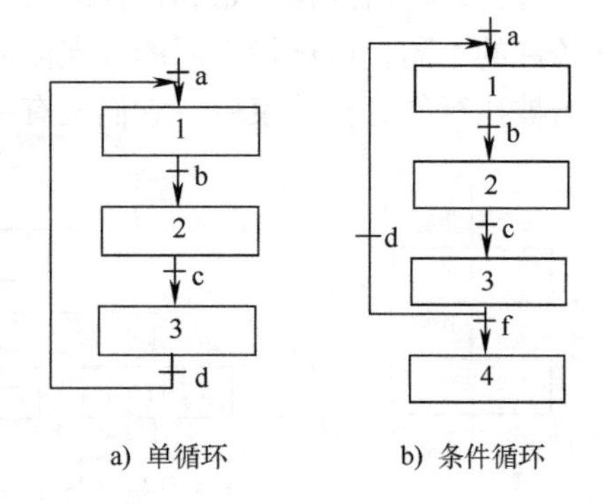

图4-6 单循环和条件循环的顺序功能图

第二节 步进指令与顺序控制

和顺序控制密切相关的指令是步进指令，它是专为顺序控制设计的。

一、步进指令

步进指令是一组功能很强的指令，包括步进控制领域定义（STEP）和步进控制（SNXT）指令。步进指令的助记符、名称、功能、梯形图和说明见表4-1。

表4-1 步进指令

助记符	名　称	功　能	梯 形 图	说　明
STEP	步进控制领域定义	步进控制的结束，指令以后执行的是常规梯形图程序控制	STEP	1）S为工步编号，可用辅助继电器号表示 2）步进区内的编号和步进区外的编号不能重复 3）在步进区内不能使用互锁、转移、结束、子程序等指令
STEP		步进控制的开始	STEP S	
SNXT	步进控制	前一步复位、后一步开始	SNXT S	

使用注意：

1）步的开始，由带名义控制位的 SNXT 引导，一直持续到没有控制位的 STEP 结束。

2）步进控制使用操作数中给出的一个带控制位 S 的 STEP 来定义一个步的起始；STEP 不需要驱动条件，它的执行通过控制位 S(1/0)来控制。

3）为了起动一个工步的执行，要使用相同控制位的 SNXT 指令，如果 SNXT 的执行条件为 ON，具有同一控制位的工步将被执行。

4）步指令 STEP 和 SNXT 一起使用，用于在大块的程序段间设立断点，从而使各程序段能作为一个单元来执行，并在执行完毕后复位。一步完成时，该步中所有的继电器都为 OFF，所有定时器都复位，计数器、移位寄存器及 KEEP 中使用的继电器都保持其状态。

5）在步进区域中，不同步之间可使用同名双线圈，不会出现同名双线圈输出引起的问题。

步进指令的应用可用图 4-7 形象地表示。

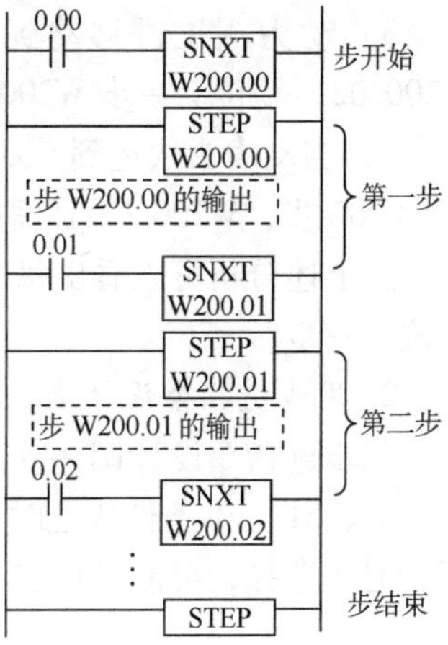

图 4-7　步进指令的应用

二、步进指令的应用

1. 用步进指令设计单列结构控制程序

图 4-1 是一个简单的顺序控制，将其对应的顺序功能图重画于图 4-8，套用图 4-7 的格式，用步进指令完成的梯形图如图 4-9 所示。在图 4-8 的顺序功能图中，各工步的标志分别为 W200.00、W200.01 和 W200.02（CPM1A 时应去掉 W，改为 200.00、200.01 和 200.02），输入起动按钮 SB1 接 0.00，行程开关 SQ1、SQ2 和 SQ3 分别接 0.01、0.02 和 0.03。输出点已标在图 4-8 上。

分析图 4-9，快进、工进、快退分为 W200.00、W200.01 和 W200.02 三步。

1）运行开始时，动力头在初始位置时，SQ3 触点闭合，梯形图中触点 0.03 为闭合，当按下起动按钮 SB1，触点 0.00 闭合时，置位 W200.00 步，触点 W200.00 闭合，于是输出继电器线圈 100.00、100.01 得电，驱动外接负载，动力头快进。

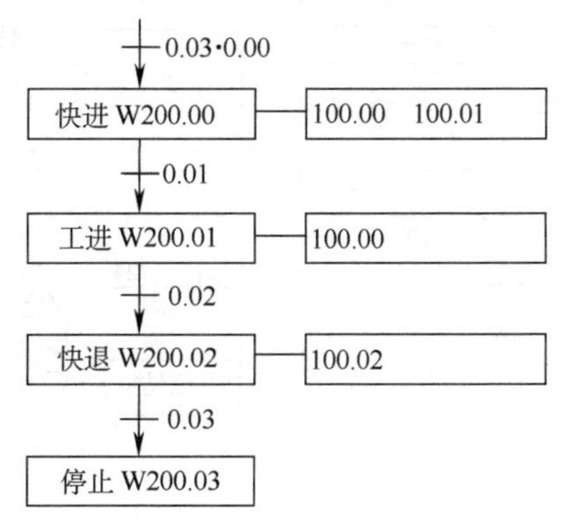

图 4-8　图 4-1 的顺序功能图

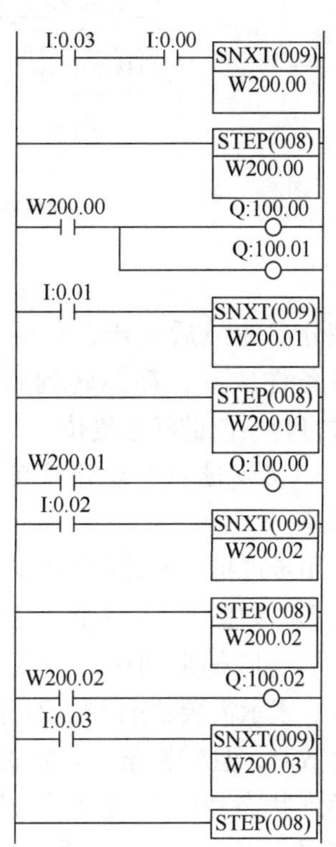

图 4-9　用步进指令编写的梯形图

2）动力头快进移动到SQ1位置时，SQ1触点闭合，梯形图中触点0.01闭合，则立即置位下一步W200.01，使触点W200.01闭合，同时复位上一步W200.00，使触点W200.00断开，在W200.01步中，只有100.00有输出，动力头工进。

3）动力头工进移动到SQ2位置时，梯形图中触点0.02闭合，则立即置位下一步W200.02，复位上一步W200.01，输出继电器100.02被驱动，动力头快退。

4）当动力头快退到SQ3位置时，梯形图中触点0.03闭合，即置位W200.03步，复位W200.02步；W200.03是虚拟步，没有任何输出，即停止状态，并为下一次起动做好准备。

从上述分析可以看出每一步下都有各自的输出，在转换条件成立时都能转到下一步，并复位上一步。

2. 用步进指令设计选择结构控制程序

用步进指令设计图4-4选择结构的梯形图如图4-10所示，在选择开始时，处在第00步，a1、b1、c1条件成立时，分别置位11、21、31步；在选择即将结束时，工步根据选择开始时的选择，可能运行在13步，或运行在24步，或运行在35步，无论哪一条分支运行

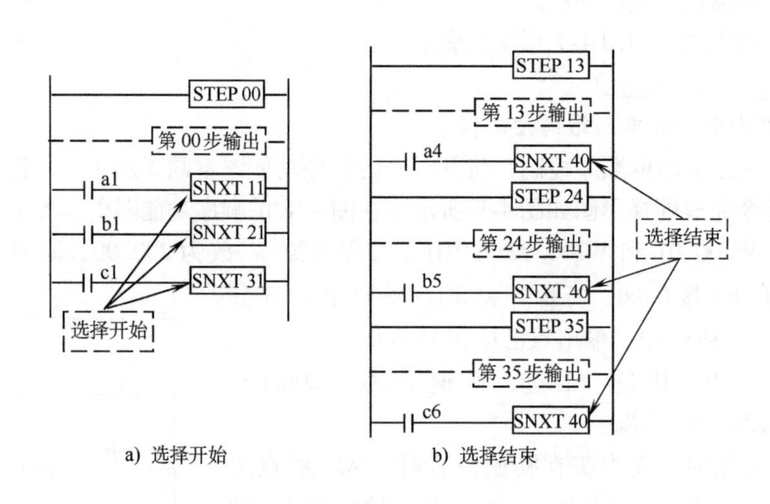

图4-10 用步进指令编写的选择结构梯形图

到该分支的最后一步，只要相应的转换条件成立，都能转到状态40，同时将转换前的状态复位。

3. 用步进指令设计并列结构控制程序

用步进指令设计图4-5并列结构的梯形图如图4-11所示。在图4-11的最后一阶梯形图中，触点13、24串联，表示需要状态13、24和35同时有效时，且转换条件c成立，才能转换到状态40。因为指令SNXT 40只能使状态35复位，所以还要用

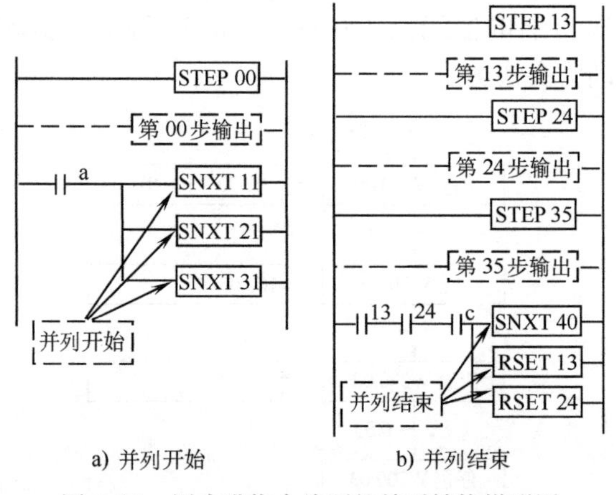

图4-11 用步进指令编写的并列结构梯形图

RSET 指令使状态 13 和 24 复位。

4. 用步进指令设计循环结构控制程序

用步进指令设计图 4-6 循环结构的梯形图如图 4-12 所示，请读者自行分析。

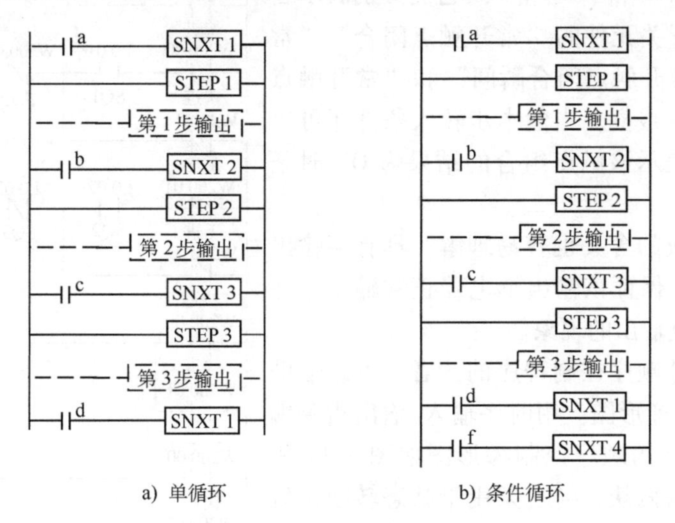

a) 单循环 b) 条件循环

图 4-12 用步进指令编写的循环结构梯形图

第三节 基本指令与顺序控制

顺序控制也能用基本指令来实现，而且较步进指令更加灵活。

一、用基本指令设计单列顺序控制程序

1. 基本指令设计模板

根据顺序控制的要求，当某一工步的转移条件满足时，代表前一工步的内部辅助继电器失电，代表后一工步的内部辅助继电器得电并自锁，各状态依次顺序出现。用时序输入/输出指令编写顺序控制梯形图，可套用图 4-13 所示的两个典型设计模板。

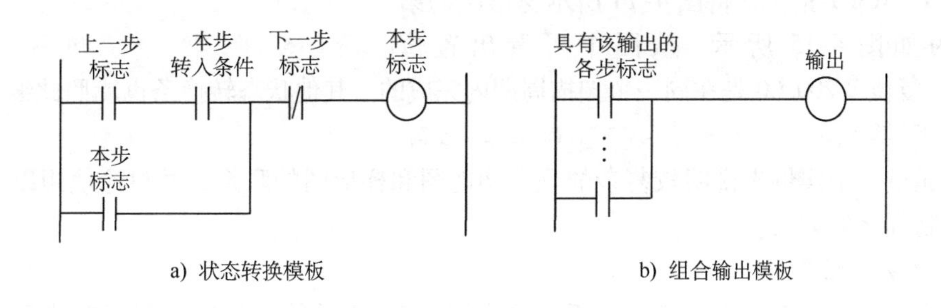

a) 状态转换模板 b) 组合输出模板

图 4-13 使用基本指令的典型设计模板

状态转换模板有三个功能：①本步的激活，必须出现在上一步正在执行，且本步转入条件已经满足，而下一步尚未出现的情况下，才能实现；②本步的自锁，本步一旦激活，必须能自锁，确保本步执行，同时为下一步的激活创造条件；③本步的复位，下一步标志的常闭触点串联用于实现互锁，其作用是在执行下一步时复位本步。

根据前面图4-2的解释，本步转入条件可以是常开触点“┤├”，可以是常闭触点“┤/├”；也可以是触点的微分，如“┤↑├”“┤↓├”。它们分别表示当和该触点相对应开关元件的“常开触点闭合”“常闭触点断开”“常开触点闭合瞬间”和“常开触点断开瞬间”时条件成立。当然本步转入条件还可以是触点的组合，表示该触点组合的结果为ON时条件成立。

组合输出模板的含义也容易理解，具有某输出的各步标志并联，保证该输出继电器正常输出，并防止同名线圈重复输出的现象。

对于初次设计顺序控制程序的读者，可以借助于“模板”，编写梯形图。用时序输入/输出指令编写图4-8单列结构的顺序控制梯形图如图4-14所示。该梯形图分为两块，前三条用于状态转换，后三条用于组合输出。

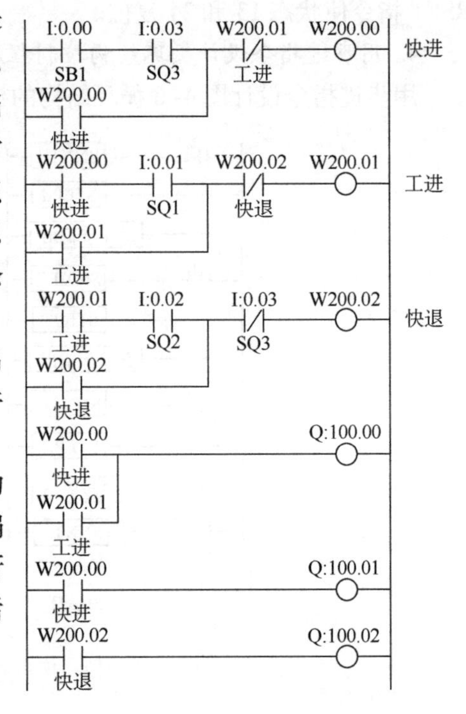

图4-14 用时序输入/输出指令编写单列结构的梯形图

2. 状态转换模板的缺点和改进

状态转换模板虽然形象直观，而且还能设计较为复杂的顺序控制程序，但它有一个缺点。从图4-14可看出，当工步进入到“快进”状态的第一个扫描周期输出时，“工进”状态还未退出，要到下一个扫描周期时才会将“工进”步复位。也就是说，有一个扫描周期，“快进”和“工进”同时有输出。一般情况下，输出负载设备响应时间达不到相应的扫描周期级（ms级），所以不会出现错误反应。但若是高速响应的负载，就会出现问题。解决的方法是使用SET、RSET指令，将图4-14所示梯形图的第二条改为如图4-15所示。从图中可看出置位W200.01、复位W200.00是在同一个扫描周期内完成的。其他状态转换条也能照此编写。

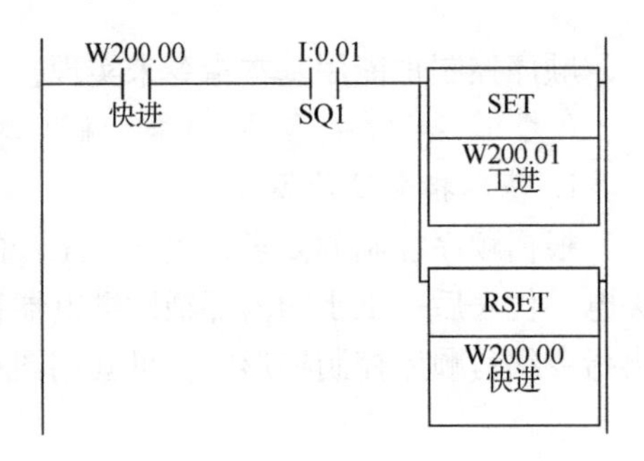

图4-15 状态转换梯形图的另一种写法

二、用基本指令设计较复杂顺序控制程序

下面通过一个实例来说明较复杂的顺序功能图和梯形图的联系，并讨论使用以上几种指令编写控制程序的方法。

1. 顺序功能图分析

某生产流水线上料工位，通过分析可画成图4-16所示的上料工位顺序功能图，先撇开该工位具体做什么，看一看怎样从顺序功能图转化到梯形图。

（1）顺序功能图的结构

1）该顺序功能图不是单循环结构，也不是单纯的选择结构，是循环和选择结构的组合。

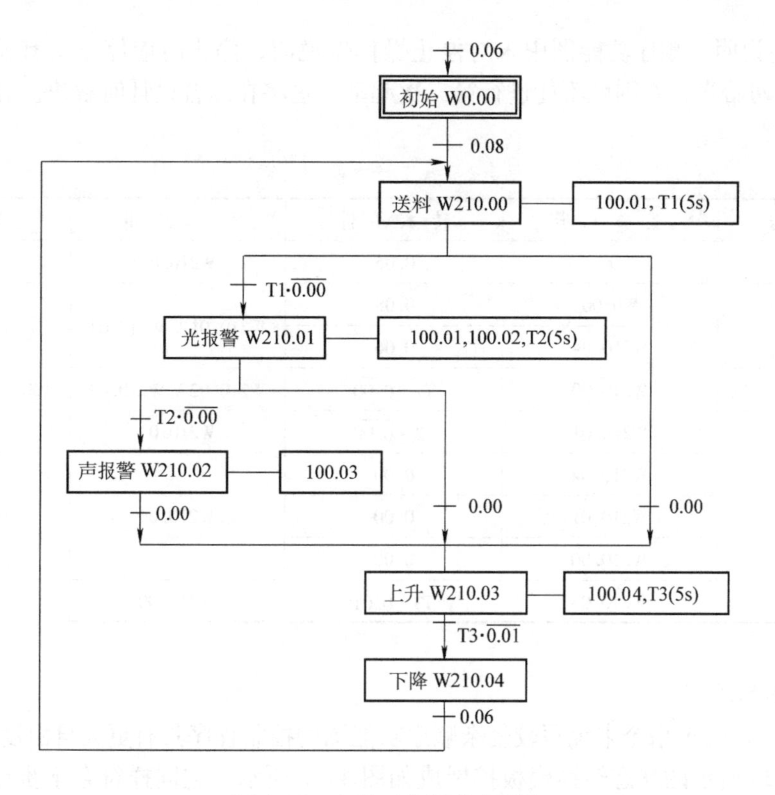

图 4-16 上料工位顺序功能图

2）顺序功能图由 6 个工步组成，分别为初始、送料、光报警、声报警、上升和下降，用 W0. 00 和 W210. 00 ~ W210. 04 作为其状态标志。系统的初始状态又称为“初始步”，用双线框表示，如W0. 00。

3）有 4 个输入点，分别为 0. 00、0. 01、0. 06 和 0. 08；有 4 个输出点，分别为 100. 01、100. 02、100. 03 和 100. 04；有 3 个定时器，分别为 T1、T2 和 T3。

（2）各工步间的关系 为叙述方便，把本工步的有向线段指入处称为入口，本工步的有向线段指出处称为出口。仔细分析各步之间的关系如下：

1）初始步（W0. 00）有 1 个入口，当输入 0. 06 得电时，进入初始步。有一个出口，到送料步（W210. 00）。

2）送料步（W210. 00）有 2 个入口，分别来自于初始步（W0. 00）和下降步（W210. 04）；有 2 个出口，分别到光报警步（W210. 01）和上升步（W210. 03）。

3）光报警步（W210. 01）有 1 个入口，来自送料步（W210. 00）；有 2 个出口，分别到声报警步（W210. 02）和上升步（W210. 03）。

4）声报警步（W210. 02）有 1 个入口，来自光报警步（W210. 01）；有 1 个出口，到上升步（W210. 03）。

5）上升步（W210. 03）有 3 个入口，分别来自声报警步（W210. 02）、光报警步（W210. 01）和送料步（W210. 00）；有 1 个出口，到下降步（W210. 04）。

6）下降步（W210. 04）有 1 个入口，来自上升步（W210. 03）；有 1 个出口，到送料步（W210. 00）。

（3）其他说明 顺序功能图中未对停止操作做说明，停止时应停止所有输出，并置位W0.00，回到初始步，否则就不能进行第二次起动，这将在综合设计时解决。各工步之间的关系见表4-2。

表4-2 各工步之间的关系

工步标志	上一工步	转入条件	下一工步	输出
W0.00	无	0.06	W210.00	
W210.00	W0.00	0.08	W210.01 \ W210.03	100.01、T1
	W210.04	0.06		
W210.01	W210.00	$T1 \cdot \overline{0.00}$	W210.02 \ W210.03	100.01、100.02、T2
W210.02	W210.01	$T2 \cdot \overline{0.00}$	W210.03	100.03
W210.03	W210.02	0.00	W210.04	100.04、T3
	W210.01	0.00		
	W210.00	0.00		
W210.04	W210.03	$T3 \cdot \overline{0.01}$	W210.00	

2. 梯形图的编写

用时序输入/输出指令来编写较复杂顺序功能图的控制程序具有更大自由度和灵活性。

将图4-13a所示的状态转换模板扩展成如图4-17所示。它同样符合本步激活、本步自锁和本步复位三个功能。图中的方框为触点，上一工步触点通常为常开，下一工步触点通常为常闭。模块的用意很清楚：

1）将本步的每个上一工步触点（常开）和相应转换条件触点串联，形成一个驱动块，有几个入口，就将几个驱动块并联，最下面是本步的常开触点自锁。

2）将本步的每个下一工步触点（常闭）串联，目的是为了进入到下一步时，下一工步触点（常闭）会断开，使本步复位。

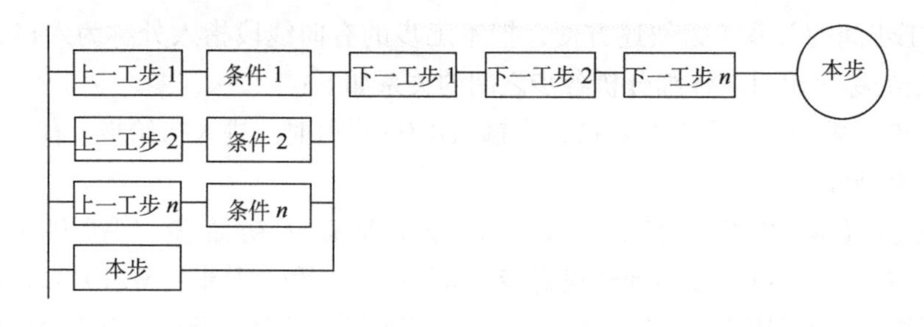

图4-17 梯形图编写模块

由步W210.00编写的梯形图如图4-18所示。

从图4-18看出，若初始步触点W0.00已经闭合，起动触点0.08闭合或从W210.04返回时触点0.06闭合，W210.00得电并自锁；当工步进入到下一步（W210.01或W210.03）时，常闭触点W210.01或W210.03断开，将本步（W210.00）复位。

依此类推，各工步的状态转换及输出梯形图如图4-19所示，各步的输出继电器在状态转换后面以组合输出的形式写出，这主要是为了防止输出同名双线圈的出现。在代表步状态

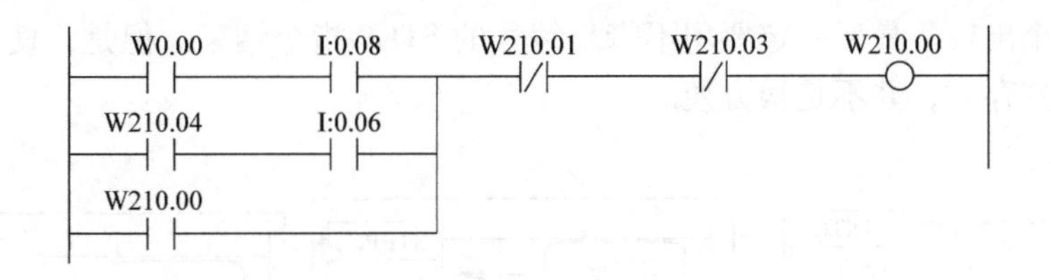

图 4-18　步 W210.00 编写的梯形图

的辅助继电器和定时器一一对应时，定时器可以安排在最后面，也可以直接挂在本步辅助继电器的下面，这样更便于查看和调试，如图 4-20 所示。

注意　输出继电器不要这样做，既是为了以后更复杂的程序中出现同名双线圈考虑，也是为了调试方便。

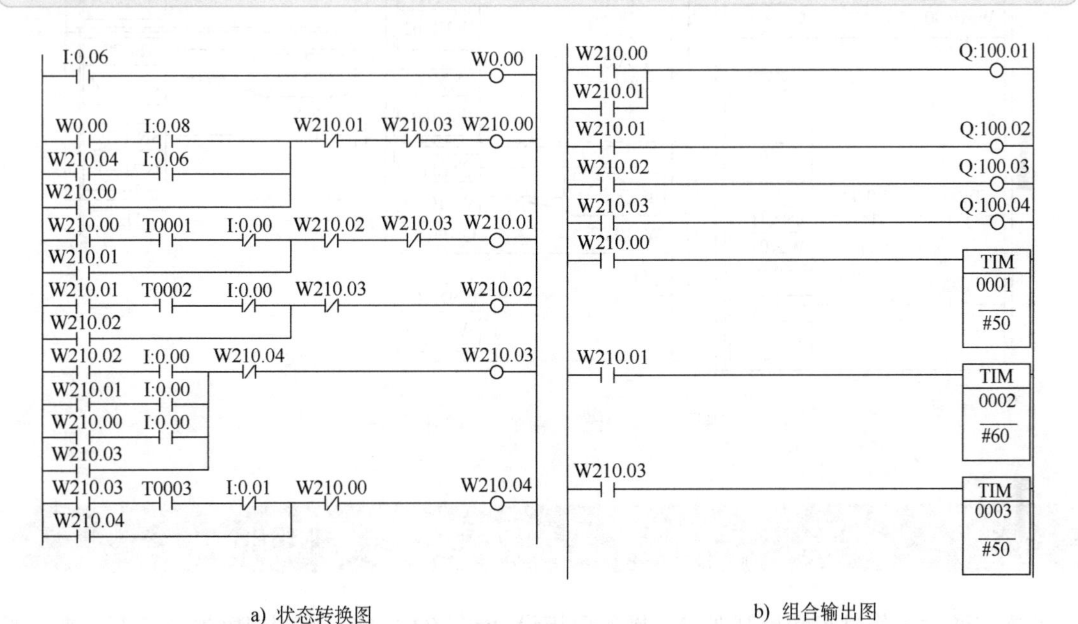

a) 状态转换图　　　　b) 组合输出图

图 4-19　用时序输入/输出指令编写的梯形图

请读者考虑，并列结构梯形图中的上一工步触点、转换条件、下一工步触点应怎样安排，其基本原则还是两条：

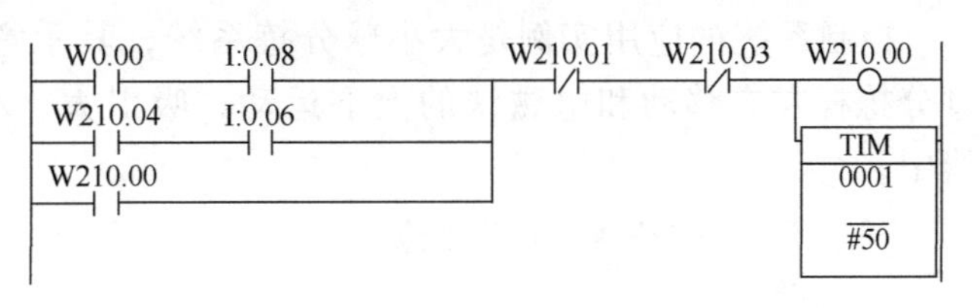

图 4-20　将定时器挂在本步辅助继电器的下面

1）在上一工步时，转换条件成立，能正常地进入本工步。

2）在进入下一工步后，能将本工步复位。

3. 用步进指令编写梯形图

用步进指令编写的梯形图如图 4-21 所示。进入初始步后，该梯形图主要由五部分组成，每一部分就是一步，在每一步中又由两部分组成，一是本步的输出，它很简单，也不用考虑同名双线圈的问题；二是对下一步的触发（SNXT），很容易看出，有两个触发的就是上面讲的该步有两个出口。最后一定要用不带步编号的STEP指令结束。但是，使用步进指令在处理多种控制并存时，并不是很方便。

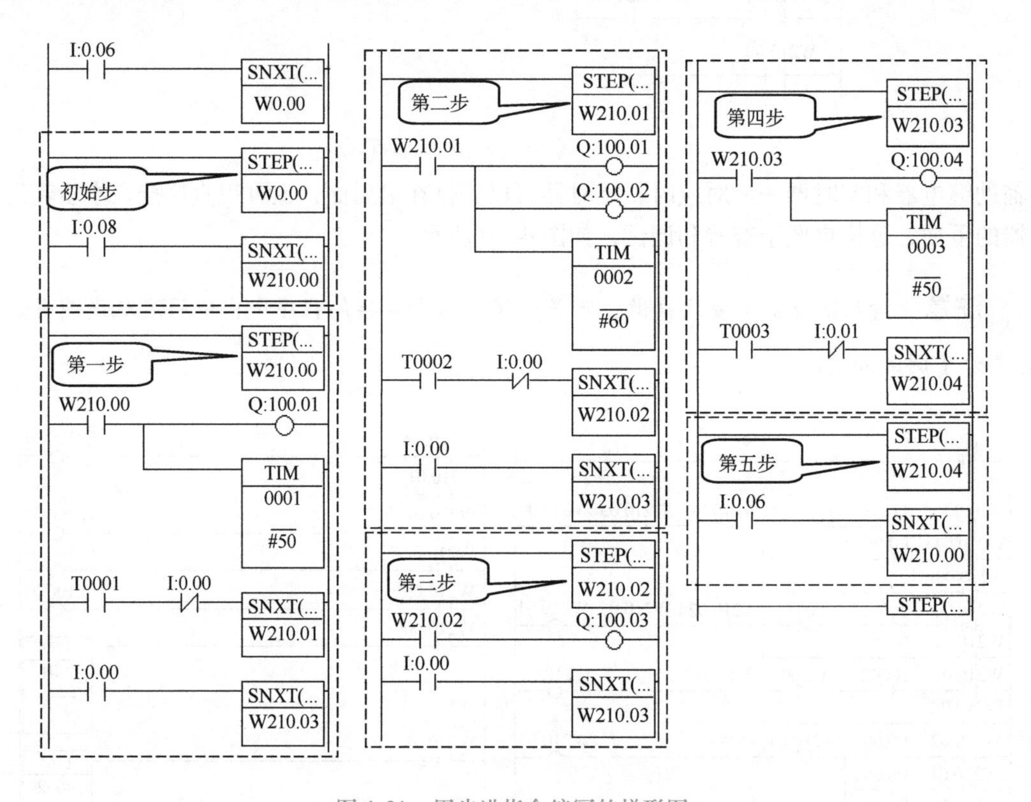

图4-21 用步进指令编写的梯形图

第四节 顺序控制程序的综合设计

本节通过工作过程和控制要求、操作面板设计和I/O分配、控制程序设计三部分来说明顺序控制程序综合设计的方法。

控制系统的应用实例是大小球分拣系统，其示意图如图4-22所示。本装置要求通过分拣杆左右移动和电磁铁的上下运动，吸引大、小铁球，并有选择地放到相应的容器中。

一、工作过程和控制要求

1. 工作过程

分拣杆从初始状态开始的分拣工作顺序如图4-23所示，画图方法已在前节介绍，几个注意点说明如下：

1）当分拣杆在左侧压合限位开关SQ1、电磁铁上升压合限位开关SQ4时，称为分拣系统的原点。当系统在原点同时电磁铁没有吸引铁球时，称为分拣系统的初始状态。

2）电磁铁下降时间为2s，2s后开始吸引或释放铁球，从吸引或释放开始1s后电磁铁上升。

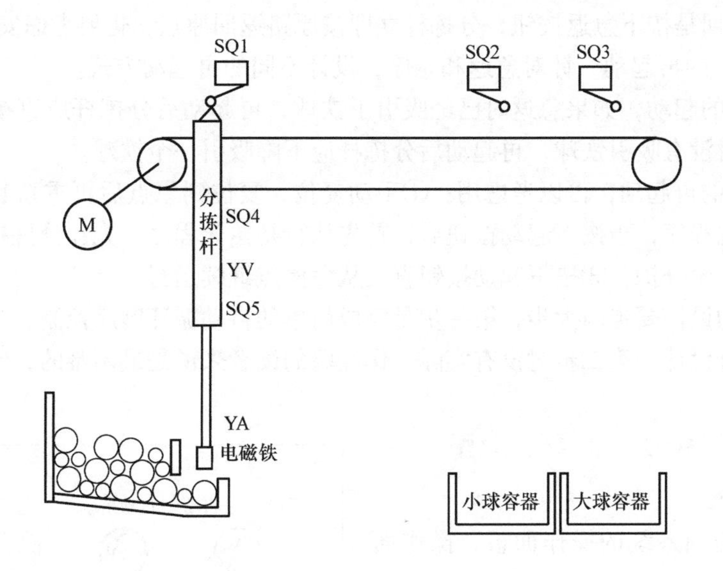

图 4-22　大小球分拣系统示意图

3）大、小球由 SQ5 判别，磁铁碰到大球时，SQ5 未压合，碰到小球时 SQ5 压合。

4）分拣杆的左右移动由电动机 M 的正反转控制，电动机正转时分拣杆右移，反之左移；电磁铁的上下移动由电磁阀 YV 控制气缸的运动来完成，当 YV 得电时电磁铁下降，当 YV 失电时电磁铁上升；电磁铁 YA 得电吸引铁球，失电释放。

2. 常见的控制要求

（1）运行方式　分拣运行分为自动和手动两种方式。

1）自动部分执行正常的分拣工作。

2）手动部分用于位置调整和手动复位。

（2）循环方式　自动分拣时有多循环和单循环两种选择。

1）单循环是在起动按钮按下后，执行一次分拣循环后，分拣杆回到原点停止。

2）多循环是执行多次循环，直到按下停止按钮才结束。

（3）停止方式　可分为循环停止、紧急停止（急停）和紧急返回（急返）三种方式。

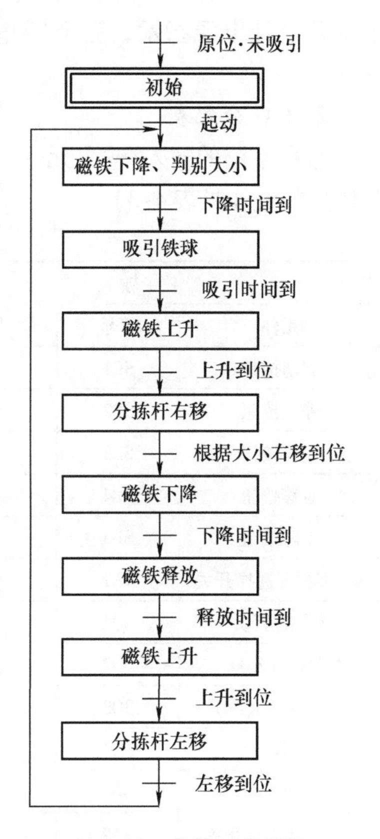

图 4-23　分拣工作顺序

1）循环停止是按下停止按钮后，分拣工作继续进行，直到本轮的分拣任务完成，分拣杆回到原点后才停止。

2）紧急停止是按下停止按钮后，分拣动作立即停止。在本项目中，为了安全起见，电磁铁在吸引状态时，要求能继续吸引铁球，不使其掉下发生事故。

3）紧急返回是按下急返按钮，分拣杆立即按原路返回原点，也要考虑安全问题。

（4）停止后的再起动 针对急返和急停，设计不同的再起动方式。

1）急返后的起动，如果急返时已经吸引了铁球，再起动后分拣杆应直接右移去容器处释放；如急返时没有吸引铁球，再起动后分拣杆应下降吸引一个铁球。

2）急停后的再起动，可以考虑用：①手动复位，复位到原点后再重新起动；②也可以设计一段初始化程序，当按下起动按钮后，首先执行初始化程序，先让分拣杆做一个返回动作，再开始下一轮分拣；③按下起动按钮直接从急停点继续运行。

控制程序的设计要走两大步，第一步是完成简单的自动循环顺序控制，第二步要结合用户要求完成综合设计。第二步对没有实际工作经验的读者来说是最困难的，希望通过实践多加练习。

二、操作面板设计和I/O分配

1. 操作面板

首先考虑控制系统的操作面板，操作面板要根据系统的控制要求来设计。系统的简易操作面板如图4-24所示，为了突出重点，暂时不设计电源指示，三个停止功能只选择一个。

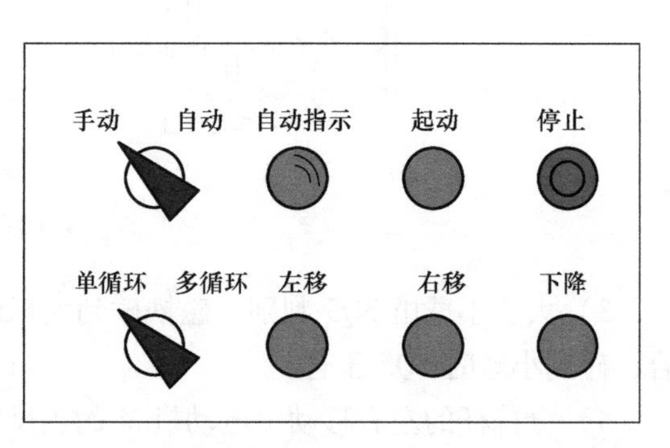

图4-24 系统的简易操作面板

2. I/O分配表

根据系统的输入/输出元件，设计系统的I/O分配表（见表4-3）。

表4-3 I/O分配表

输入			输出		
元件	符号	输入继电器	元件	符号	输出继电器
起动按钮	SB1	0.00	正转接触器	KM1	100.00
停止按钮	SB2	0.01	反转接触器	KM2	100.01
左移按钮	SB3	0.02	电磁阀	YV	100.02
右移按钮	SB4	0.03	电磁铁	YA	100.03
下降按钮	SB5	0.04	自动指示灯	HL	100.04
单/多循环选择开关	SA1	0.05			
左限位开关	SQ1	0.06			
右限位（小球）	SQ2	0.07			
右限位（大球）	SQ3	0.08			
上限位	SQ4	0.09			
下限位	SQ5	0.10			
自/手动选择开关	SA2	0.11			

3. I/O接线图

根据I/O分配表，I/O接线图如图4-25所示。图中接触器采用交流220V电压，电磁铁、电磁阀采用直流24V电压，指示灯采用交流12V电压，符合实际需求。

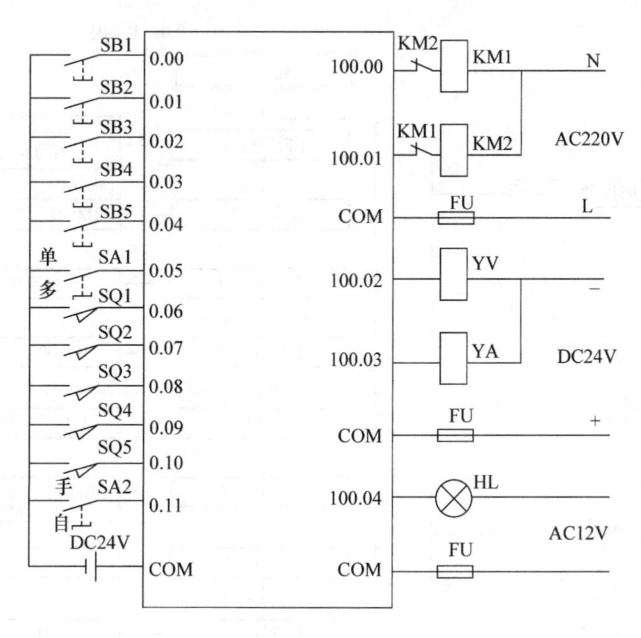

图 4-25 I/O 接线图

三、控制程序设计

1. 控制程序结构图

根据控制要求绘制的控制程序结构如图 4-26 所示。通过 IL – ILC 指令将程序分为自动程序段、手动程序段和组合输出程序段三个部分。

1）自动程序段。当开关 SA2 断开，即自/手选择常闭触点 0. 11 闭合，常开触点 0. 11 断开，进入自动程序段。在自动程序段中根据顺序功能图编写梯形图，不直接输出到输出点，而是通过辅助继电器作为状态标志过渡。

2）手动程序段。当常闭触点 0. 11 断开、常开触点 0. 11 闭合时，进入手动程序段。在手动程序段中根据实际要求编写梯形图，也不直接输出到输出点，也是通过辅助继电器作为状态标志过渡。

3）组合输出程序段。将自动程序段和手动程序段中的状态标志在这里进行组合，然后输出。

4）其他设置将在下面结合实例叙述。

2. 自动循环段程序设计

顺序控制的程序设计已在前文做了详细介绍，此处只针对本项目做补充说明。

（1）顺序功能图　根据分拣工作顺序绘制自动分拣状态时的顺序功能图，如图 4-27所示。为讲述方便，图中未画出起动时不在原点时的处理过程，自动状态指示也未在图中表示。$0.06 \cdot 0.09 \cdot \overline{100.03}$是进入初始状态的条件，也就是通常所说的起动条件。

（2）梯形图设计　自动循环段程序设计按照前文的方法，结合图 4-27，设计的梯形图如图 4-28 所示。图中第 1 条梯形图就是起动条件，第 2 条到第 9 条对应循环中的 8 步。图中每一步不直接输出到输出点，而是通过辅助继电器作为状态标志过渡。

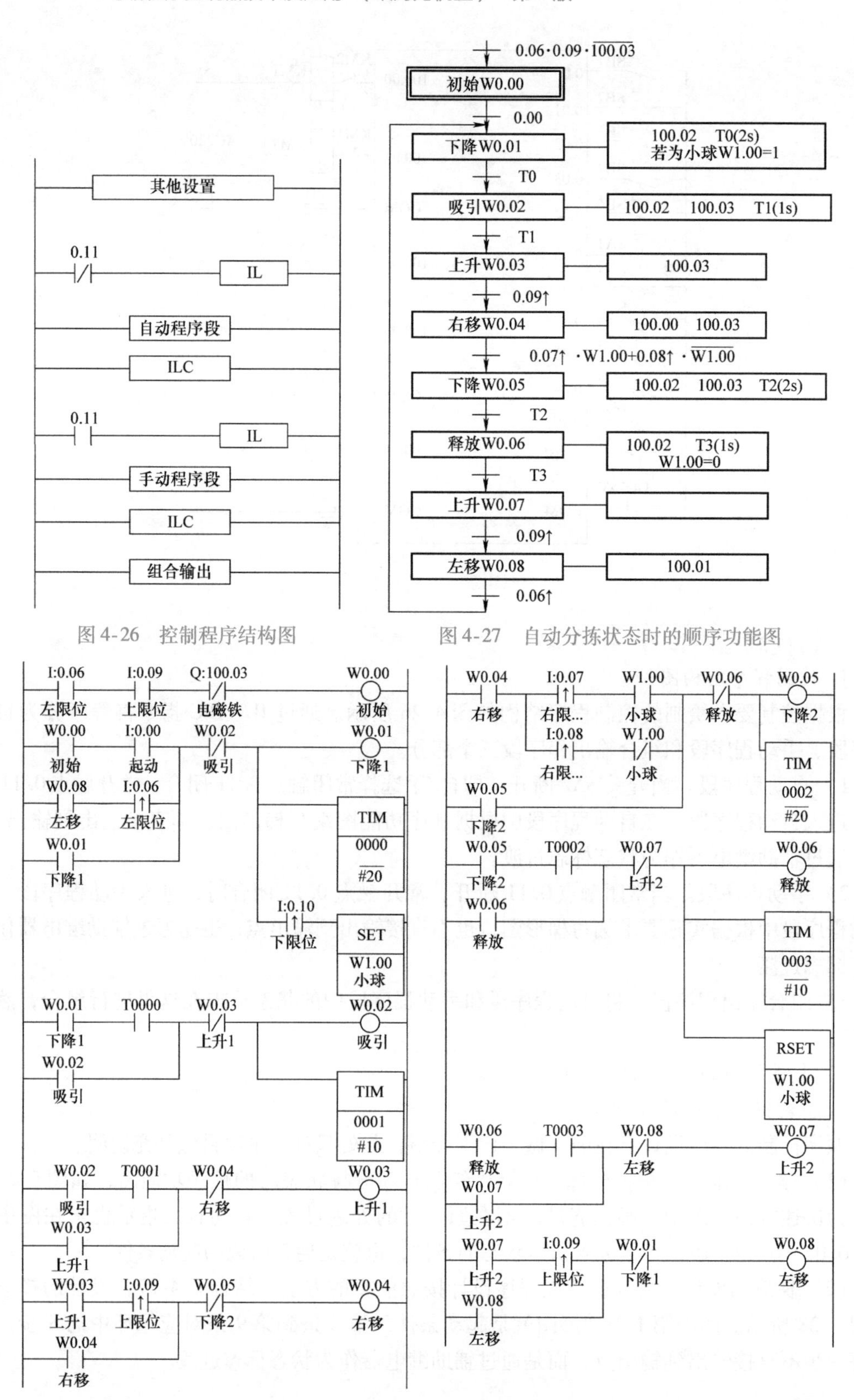

图4-26 控制程序结构图

图4-27 自动分拣状态时的顺序功能图

图4-28 自动循环段程序梯形图

在 W0.01 步，利用触点 0.10 设置了小球标志 W1.00，作为进入 W0.05 步的条件之一；各步转换用限位开关的上升沿触发，使转换更可靠。

（3）多循环和单循环设计　多循环和单循环的切换主要依靠和输入点 0.05 连接的单/多循环选择开关 SA1 来完成。当开关断开时，输入继电器 0.05 的常闭触点闭合，进入多循环方式；反之，进入单循环方式。

多循环和单循环设计只需将上述梯形图的第 2 条做简单的修改，如图 4-29a 所示。图中的触点 0.05 闭合时，就是图 4-27 顺序功能图所示的多循环方式；如果触点 0.05 断开时，则从最后一步（W0.08 左移）不能回转到第 1 步（W0.01 下降），即单循环。当然，如不能回到第 1 步，最后一步（W0.08 左移）到位后，还是要停止的，所以梯形图的第 9 条做简单的修改，如图 4-29b 所示。

a)加入触点0.05

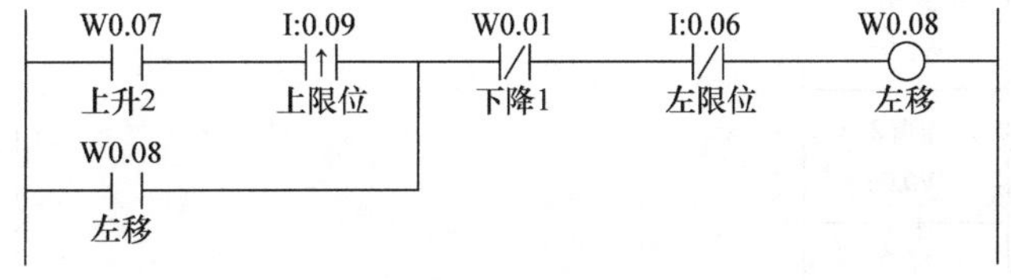

b)加入触点0.06

图 4-29　多循环和单循环设计

3. 手动操作段程序设计

手动操作程序的设计比较简单灵活，根据控制要求，手动部分用于位置调整和手动复位，设置了三个按钮 SB3、SB4、SB5 来实现手动的左移、右移和下降操作，设计的梯形图如图 4-30所示。

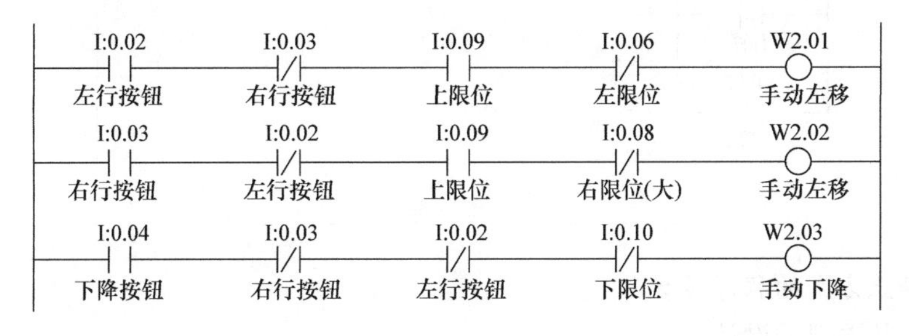

图 4-30　手动操作段程序

图中设计了手动操作的条件，互锁和限位，如图中第1条，当左移按钮按下、右移按钮未按下，且电磁铁上升到位时，才能手动左移，当左移到左侧触碰左限位开关时，左移停止。

图中每一步也不直接输出到输出点，也都是通过辅助继电器作为状态标志过渡。

4. 组合输出程序设计

结合顺序功能图，根据自动段程序、手动段程序中的状态标志，即可编写组合输出程序，如图4-31所示。

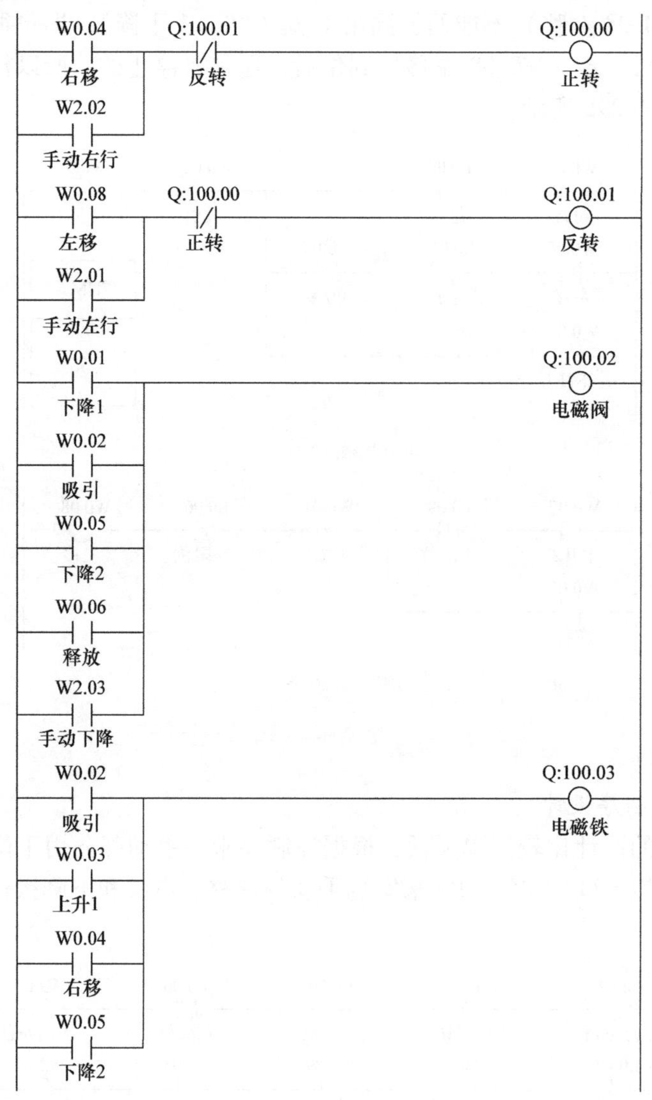

图4-31 组合输出程序

5. 不同停止方式的程序设计

（1）急停及再起动设计

1）急停程序设计1。如图4-32所示。当急停按钮按下，常闭触点0.01断开时，由于IL－ILC指令的作用，自动程序段、手动程序段断开，其中的所有状态标志都为0，定时器复位，导致组合输出中所有输出都为 0。再起动前，需用手动的方式将设备复位到初始状态。

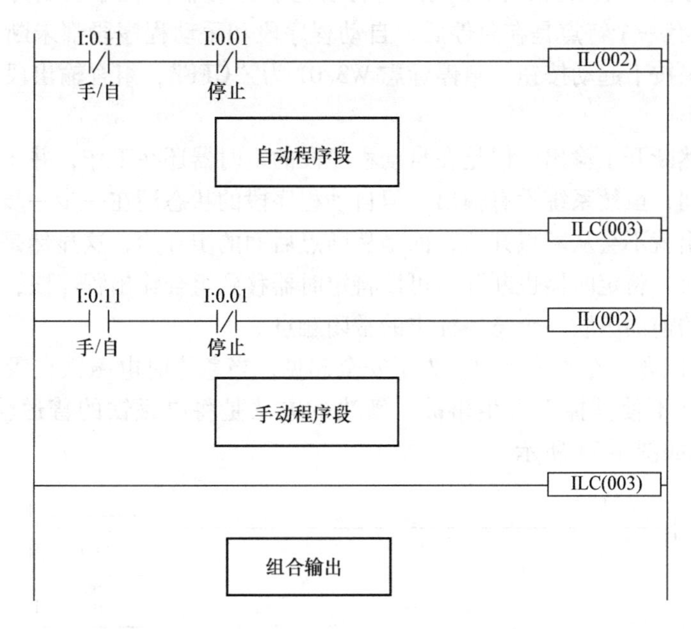

图 4-32 急停程序设计 1

2）急停程序设计 2。如图 4-33 所示，在图 4-26 控制程序结构图的“其他设置”位置

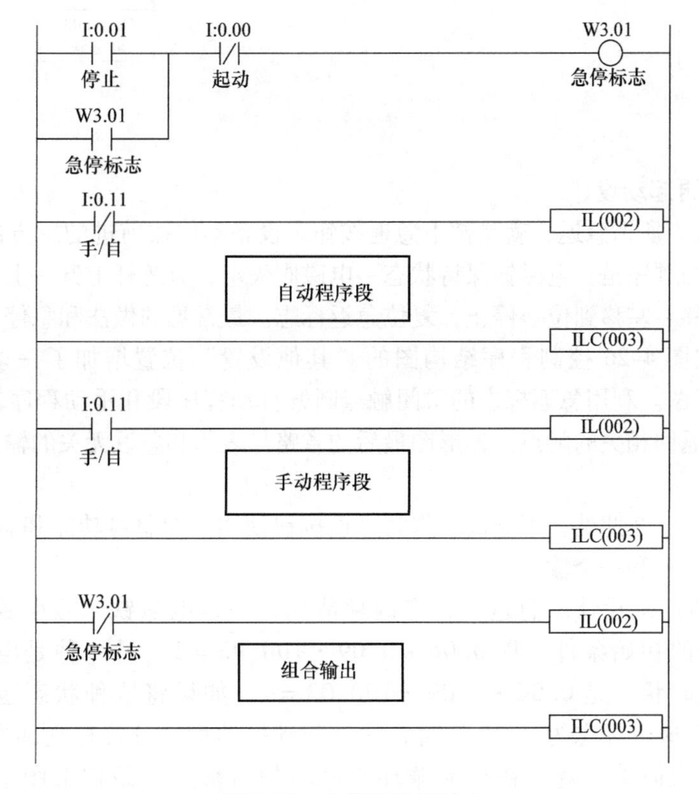

图 4-33 急停程序设计 2

增加了一条设置急停标志的梯形图。当急停按钮按下时，急停标志 W3.01 为“ON”，自动程序段和手动程序段并未断开，而是利用急停标志将组合输出程序段断开，所有输出都为0。这种处理方法有一个特点是在急停后，自动程序段和手动程序段都未断开，所有状态标志都未复位，如果按下起动按钮，急停标志 W3.01 为“OFF”，组合输出段的输出恢复，系统从断点开始输出。

这种设计虽然断开了输出，但是在自动程序段的定时器还在工作，并未复位，如果状态转换的条件是时间，虽然系统没有输出，但自动程序段的状态还在一步一步地往下走，再起动后，系统的输出就不会从断点开始，而是从断点后面的步开始，这显然是错误的。解决的方法就是在急停时，将定时器也断开，可以将定时器移到组合输出程序段，也可不移动定时器，只在定时器的前面串联一个急停标志的常闭触点。

3）关于安全问题。在本项目中，为了安全起见，当急停时电磁铁在吸引状态时，要求能继续吸引铁球，不使其掉下发生事故，解决的方法是将电磁铁的普通输出，改为 SET/RSET 指令输出，如图 4-34 所示。

图 4-34 电磁铁输出的改进

（2）急返及再起动设计

1）急返设计。所谓急返，就是按下急返按钮，设备动作按前进的反方向原路返回，在本项目中，急返的顺序是：电磁铁保持状态→电磁阀失电，分拣杆上升→上升到位后电动机反转，分拣杆左移→左移到位→停止，复位急返标志。最常见的做法和急停设计差不多，如图 4-35 所示。在图 4-26 控制程序结构图的“其他设置”位置增加了一条设置急返标志（W3.02）的梯形图。利用急返标志的常闭触点断开自动程序段和手动程序段，再在输出组合程序中加入和返回相关的触点。梯形图最后的省略号表示和急返无关的输出未在梯形图中画出。

需要说明的是，在此处，停止按钮作为急返按钮使用，如急停功能和急返功能都需要，可以再增加一个按钮和一个输入点。

2）急返后再起动设计。急返后，有两种情况，一是电磁铁未吸引铁球，返回原点后，已达到起动的初始条件，即 $0.06 \cdot 0.09 \cdot \overline{100.03} = 1$；另一种是电磁铁吸引铁球返回，回到原点时状态是 $0.06 \cdot 0.09 \cdot 100.03 = 1$。如果将这种状态也建立一个标志（如 W3.03），当这个标志为“ON”时，按下起动按钮后，分拣杆立即右移，不再下探吸引铁球。做法很简单，就是在自动循环程序段的右移这一条梯形图上再添加一个驱

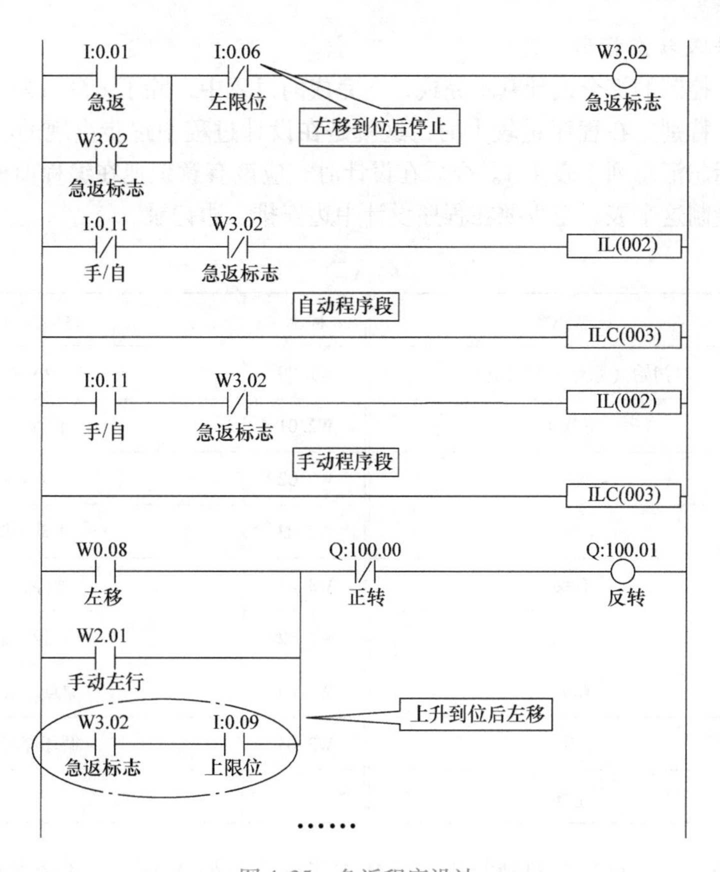

图 4-35 急返程序设计

动条件，如图 4-36 所示。

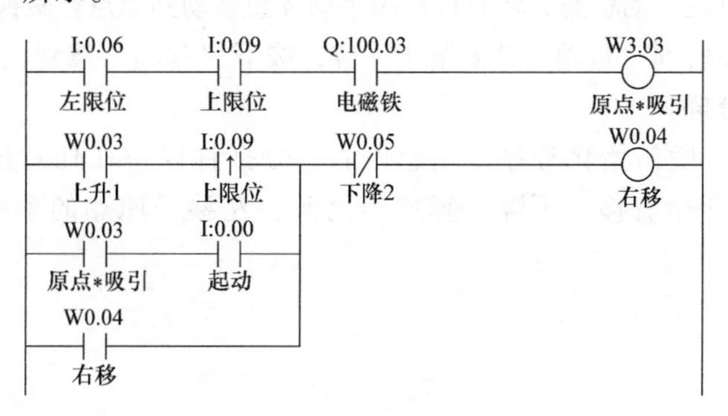

图 4-36 急返后再起动设计

（3）循环停止设计 所谓循环停止，是指在按下停止按钮后，系统不是立即停止，而是在完成一个分拣任务，分拣杆回到原点后才停止，要实现循环停止有两个方法。

1）将单/多循环选择开关 SA1 拨到单循环位置，即能实现循环停止的目的。

2）利用停止按钮，仿照急停程序设计 2，设置一个循环停止标志（如 W3.04），将这个标志的常闭触点和单/多循环选择常闭触点（0.05）串联在一起，也能实现循环停止。

6. 状态标志及状态指示

至此，顺序控制的综合设计基本完成，在完成的过程中，除了I/O分配表外，还有一个表也非常重要，特别是在程序量较大时，这就是在设计过程中逐步出现的状态标志的汇总表，现将这些标志汇总列于表4-4。今后在设计时，应该有意识地在编程前根据设备状况和控制要求预先绘制这个表，至少要在程序设计中边安排、边记录。

表4-4 状态标志（参数）表

标志	标志注释	标志	标志注释
W0.00	初始（原点·未吸引）	W1.00	小球
W0.01	下降1	W2.01	手动左移
W0.02	吸引	W2.02	手动右移
W0.03	上升1	W2.03	手动下降
W0.04	右移	W3.01	急停标志
W0.05	下降2	W3.02	急返标志
W0.06	释放	W3.03	原点·吸引
W0.07	上升2	W3.04	循环停标志
W0.08	左移		

根据以上的标志，可以简单地写出自动状态下指示灯的梯形图，请读者自行完成。

7. 操作说明

上电开机后，可在手动状态，将分拣杆用手动按钮移动到原点，磁铁失电，电磁阀此时已在原点。转换开关转到“自动”“多循环”位，按下“起动”按钮，即进入自动分拣工作状态，开始自动分拣。

读者也可编写一段初始化程序，使急停后，分拣杆停留在任意位置，在按下“起动”按钮时，先做一个右移→下降→释放→上升→左移回原点的系列动作，再开始自动分拣。

1. 说明顺序功能图的构成及各部分的功能。
2. 根据图4-37所示顺序功能图编制梯形图。
3. 根据图4-38所示顺序功能图编制梯形图。

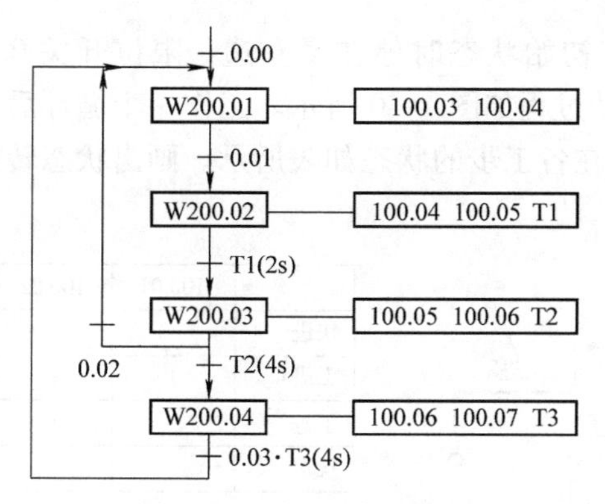

图 4-37　循环顺序功能图

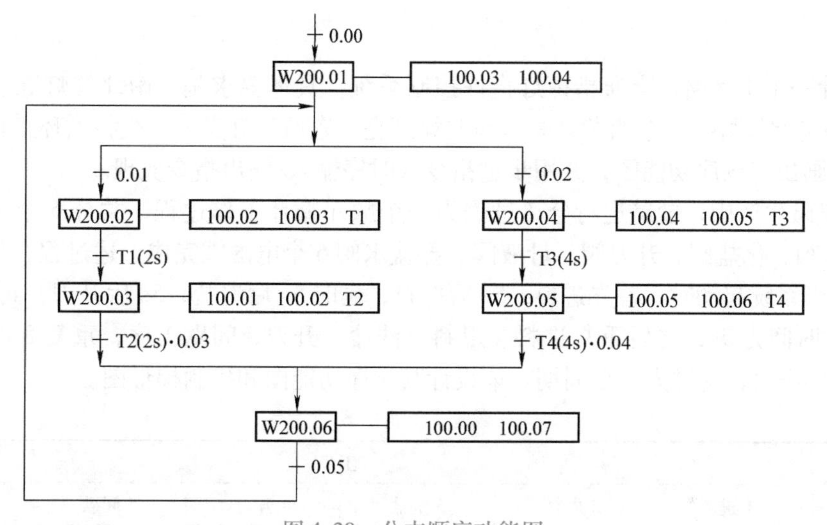

图 4-38　分支顺序功能图

4. 根据图 4-39 所示顺序功能图编制梯形图。

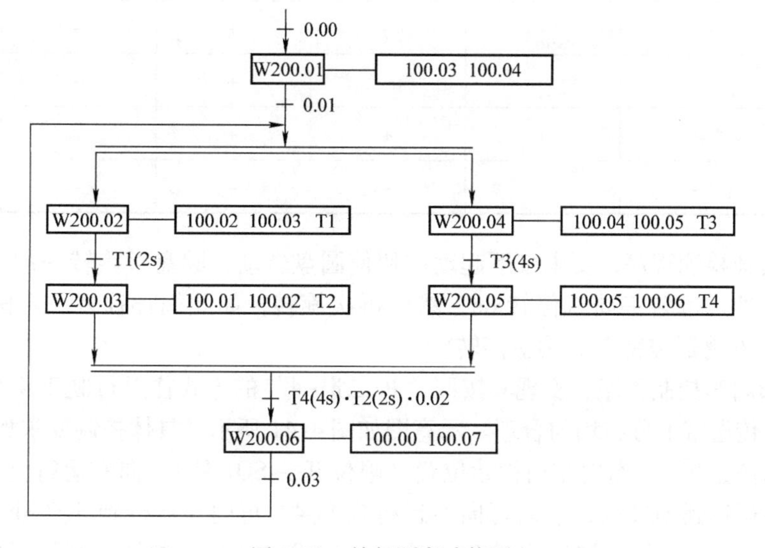

图 4-39　并行顺序功能图

5. 某液压动力滑台在初始状态时停在最左边，限位开关0.00接通。按下起动按钮0.05，动力滑台的进给运动过程如图4-40所示。工作一个循环后，返回初始位置。控制各电磁阀的100.01～100.04在各工步的状态如表所示。画出状态转换图，并用基本指令、步进指令分别编写梯形图。

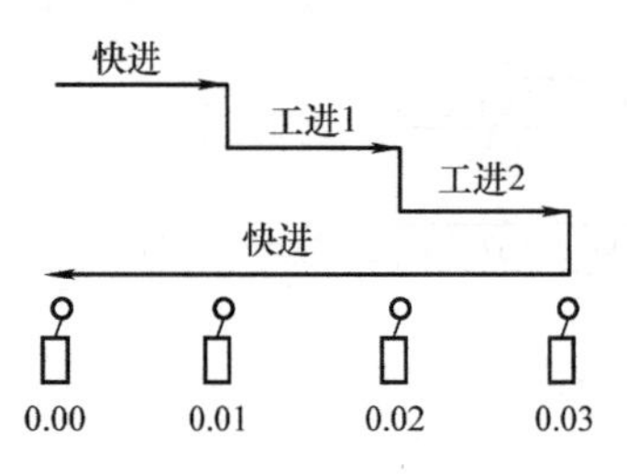

	100.01	100.02	100.03	100.04
快进		+		
工进1	+	+		
工进2		+	+	
快退			+	+

图4-40 动力滑台运动过程

6. 设计一个十字路口交通指挥灯指挥控制系统，具体要求是：南北红灯亮、东西绿灯亮→延时→南北红灯亮、东西黄灯亮→南北绿灯亮、东西红灯亮……交替循环工作。请分配I/O地址，画出其顺序功能图，并用步进指令或时序输入/输出指令实现。

7. 在氯碱生产中，盐碱进行分离过程为一个顺序循环工作过程，共分6个工步，靠进料阀、洗盐阀、化盐阀、升刀阀、母液阀、熟盐水阀6个电磁阀完成上述过程，各阀的动作见表4-5。当系统起动时，首先进料，5s后甩料，延时5s后洗盐，5s后升刀，再延时5s后间歇，间歇时间为5s，之后重复进料、甩料、洗盐、升刀、间歇工序，重复8次后进行清洗，20s后再进料，这样为一个周期。请设计其顺序功能图和控制梯形图。

表4-5 动作表

电磁阀	工步					
	1 进料	2 甩料	3 洗盐	4 升刀	5 间歇	6 清洗
进料阀	+	−	−	−	−	−
洗盐阀	−	−	+	−	−	+
化盐阀	−	−	−	+	−	−
升刀阀	−	−	−	+	−	−
母液阀	+	+	+	+	+	−
熟盐水阀	−	−	−	−	−	+

8. 设计转速检测程序，要求按下起动按钮使圆盘转动，圆盘每旋转一周由光敏开关产生6个输入脉冲，每转三周就停转8s，然后再次旋转，如此循环往复。若圆盘转速超过60°/s，则产生蜂鸣器报警2s，圆盘停转。

9. 设计布料车控制程序，实现其按照“进二退一”的方式往返行驶于4个限位开关之间，使物料在传送带上分布均匀合理。示意图如图4-41所示。具体控制要求如下：

按下起动按钮SB1，布料车由初始位置（限位开关SQ1处），向右运行至限位开关SQ3处，然后向左运行到SQ2处，然后再向右运行到SQ4，再向左运行到SQ2处，然后向右运行到SQ3，最后向左运行回初始位置SQ1停止，完成一个控制周期。当按下停止按钮SB2

时，无论布料车处于何处，将返回至 SQ1 处。

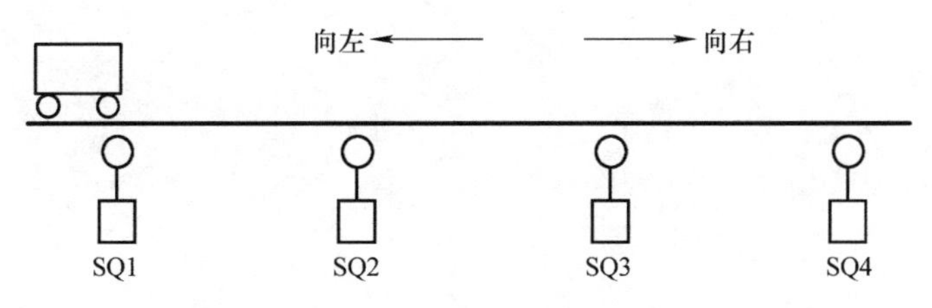

图 4-41 布料车系统示意图

10. 图 4-42 为液体混合示意图。S_H、S_I、S_L 是传感器，检测液位，M 是搅拌电动机，由接触器 KM1 控制，R 是加热器，由接触器 KM2 控制，YV1～YV3 是电磁阀，控制液体的流入或流出。

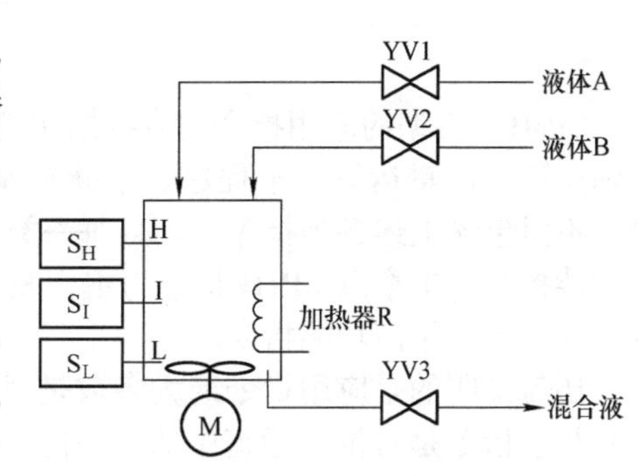

图 4-42 液体混合示意图

（1）控制要求：

1）初始状态：容器是空的，各个阀门 YV1、YV2、YV3 关闭（均为 OFF），传感器$S_H = S_I = S_L = OFF$，电动机 M 停止，加热器 R 不加热。

2）运行操作：在初始条件下，按一下“起动”按钮，装置就开始按下列给定规律操作：

① 阀门 YV1 = ON，液体 A 流入容器；当液面到达 I 时，$S_I = ON$，阀门 YV1 关闭。

② 阀门 YV1 关闭后，阀门 YV2 开启，液体 B 流入容器，当液面到达 H 时，$S_H = ON$，阀门 YV2 关闭。

③ 阀门 YV2 关闭后，电动机 M 转动，开始搅拌，加热器 R 开始加热，5s 后，搅动停止，10s 后加热停止。

④ 加热停止后，阀门 YV3 开启，放出混合液体，当液体降到 L 时，$S_L = OFF$，YV3 关闭，开始下一周期操作。

3）停止操作：按一下“停止”按钮后，在完成当前的操作后停止。

4）手动操作：在手动操作状态下，设置 5 个按钮，分别用于阀门 YV1、YV2、YV3 和搅拌电动机 M、加热器 R 控制。除加热器加热必须在液体上升到 I 的状况下进行外，其他各阀和搅拌电动机 M 之间无须联锁保护，仅用于调试。

（2）试按上述控制要求完成：

1）确定输入/输出元件，写出 I/O 地址分配表，画出 I/O 接线图。

2）确定自动操作时的循环状态，画出顺序功能图。

3）完成综合设计。

4）编写梯形图并调试。

第五章　应用指令及高功能指令简介

CPM1A 机型的应用指令类有数据比较、数据传送、数据移位、数据变换、增减及进位、四则运算、逻辑运算、子程序、中断控制、高速计数/脉冲输出、工程步进控制等。CP1H 机型不但包含上述各类指令，而且每一类中的指令也更加丰富，同时还有很多中型机才有的高功能指令。本章以 CP1H 机型为主，兼顾 CPM1A 机型，有选择地介绍部分常用的应用指令，并简单介绍高功能指令。

还需说明的是应用指令绝大多数是对字（通道）操作的指令，而前两章介绍的基本指令和步进指令是对位（通道中的某一位）操作的指令，请读者在学习时注意。

第一节　数据的写入和存放

基本指令、步进指令都是以位（二进制中的 1 位）为操作对象的指令，所以每条指令所操作的对象都是 1 个继电器（每个继电器就是存储单元中的 1 位）。如 LD 0.00、OUT 100.00。

应用指令绝大多数是以字（二进制中的 16 位）为操作对象的指令，每条指令所操作的对象是 1 个字，从继电器的角度讲，1 个字含有 16 个继电器。如 MOV D1 W200，它是将数据储存器 D1 中的数据传送到 W200 通道，如果 D1 中的数据是#1234（即二进制的 0001、0010、0011、0100），那么在数据传送后，W200 通道的继电器从高位到低位 W200.12、W200.09、W200.05、W200.04、W200.02 分别为“ON”。

1. 数据的写入

（1）工程工作区　在编程界面中，单击“切换工程工作区”图标，出现“工程工作区”界面，如图 5-1 所示。图中的梯形图表示将 D1 存放的数据传送到 W200 通道。

（2）PLC 内存　在“工程工作区”中双击“内存”图标，出现“PLC 内存”操作界面，如图 5-2 所示。在界面的左侧，显示可操作的内存有 CIO、A、T、C、IR、DR、D、TK、H、W 等。在界面的上侧，是工具菜单和操作图标，操作图标解释如图 5-3 所示。

其中“文件”图标（如图 5-3a 所示）从左往右依次为：打开、打开文件、保存在工程中、打印、打印预览、剪切、复制、粘贴。

“网格”图标（如图 5-3b 所示）依次为：填充数据区、清除数据区、传送到 PLC、从 PLC 传送、和 PLC 比较、监视。

“符号监视”图标（如图 5-3c 所示）依次为：设置值、强制 ON、强制 OFF、清除强制状态。

“显示格式”图标（如图 5-3d 所示）依次为：二进制、BCD、十进制、有符号十进制、

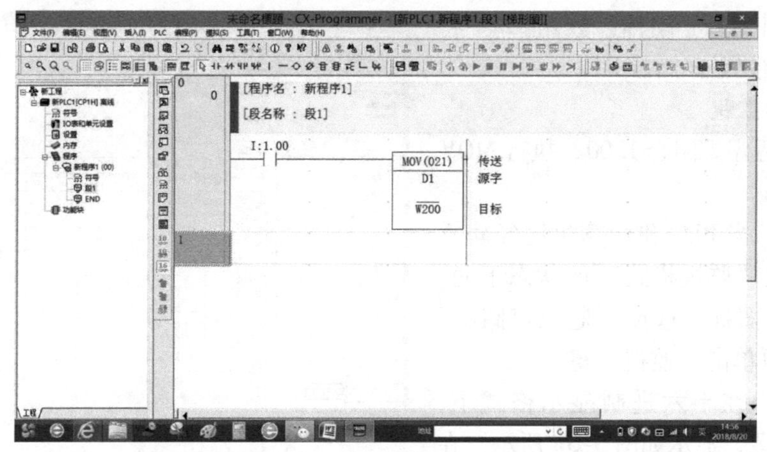

图 5-1　“工程工作区”界面

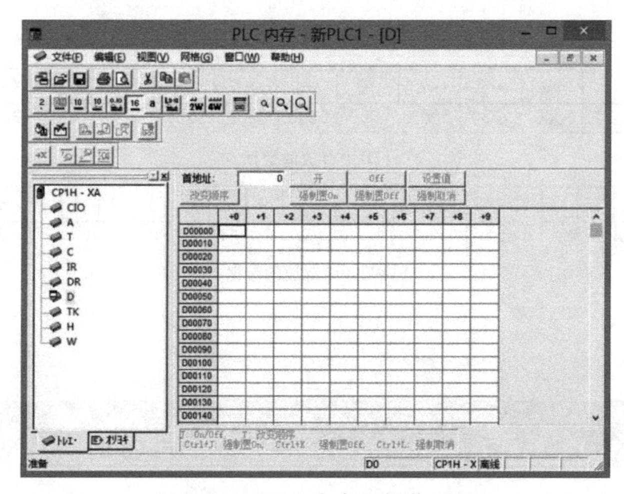

图 5-2　“PLC 内存”操作界面

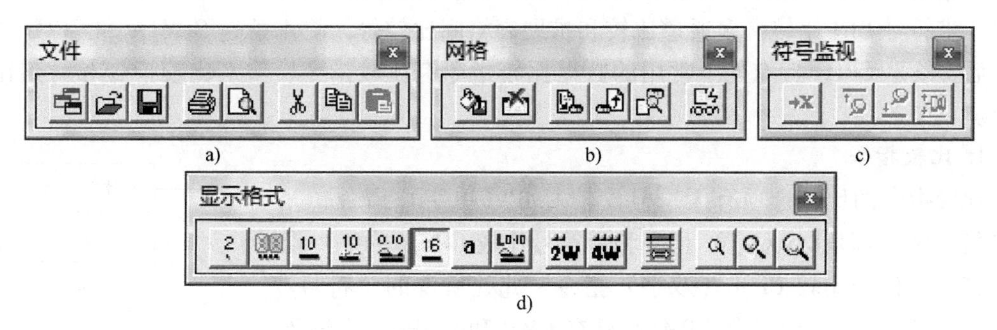

图 5-3　操作图标解释

浮点、十六进制、文本、双浮点、双字、双倍长字、调整列、缩小、恢复缩放、放大。

（3）写入数据

1）在数据存储器 D 单元找到 D1 的位置，在该位置用键盘输入 1234，并回车，如图 5-4所示。

2）当 PLC 和计算机已经建立通信，并且在“编程模式”或“监视模式”的状态下时，单击“传送到PLC”图标，数据1234将传送到PLC的数据存储器D1。

2. 数据的监视

1）执行程序。闭合1.00，执行MOV D1 W200指令。

2）监视。当PLC和计算机已经建立通信，并且在“监视模式”的状态下时，单击“监视”图标，选择“监视存储区”为D和W，再单击“监视”键。

3）显示。在十六进制显示格式下，找到D1的位置，显示如图5-5a所示。在二进制显示格式下，找到W200的位置，显示如图5-5b所示。

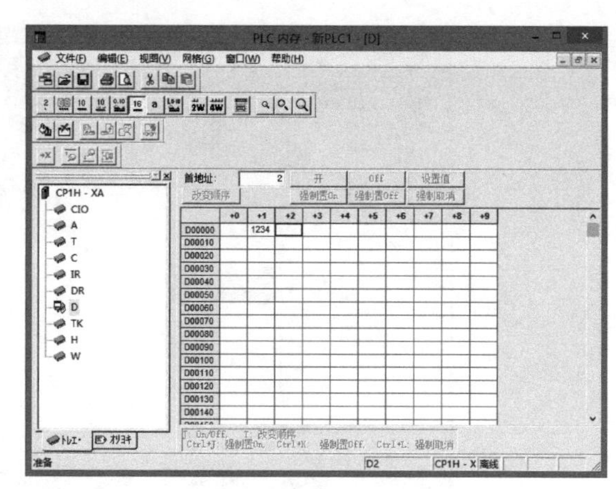

图5-4 在D1位置用键盘输入1234

	+0	+1	+2	+3	+4	+5	+6	+7	+8	+9
D00000	0000	1234	0000	0000	0000	0000	0000	0000	0000	0000

a) D1中存放的数据

	15	14	13	12	11	10	9	8	7	6	5	4	3	2	1	0	Hex
W200	0	0	0	1	0	0	1	0	0	0	1	1	0	1	0	0	1234

b) W200中存放的数据

图5-5 D1和W200中的数据

第二节 数据比较指令

数据比较指令有无符号比较、表格一致、无符号表格比较、区域比较、输入比较、时刻比较、带符号BIN比较、多通道比较和扩展表格间比较等，前4条是CPM1A和CP1H共有的，后5条是CP1H特有的。常用的数据比较指令有比较指令、输入比较指令和时刻比较指令。

1. 比较指令

比较指令的比较选项有无符号比较CMP（单字）指令、无符号倍长比较CMPL（双字）指令和带符号比较CPS（单字）指令、带符号倍长比较CPSL（双字）指令，此处所说的“符号”是指“正负号”。类似指令CPM1A只有CMP和CMPL。比较指令的梯形图符号如图5-6所示。

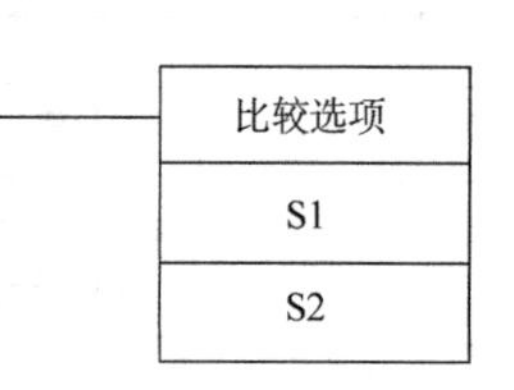

图5-6 比较指令的梯形图符号

图中S1、S2是两个比较数据，其作用都是对两组数据或常数进行比较，将比较结果反映到状态标志中。所不同的是对数字的选择有单字（十六进制4位）或双字（十六进制8位）之分、无符号和有符号之分。状态标志有 =、< >、<、< =、>、> =，比较结果标志见表5-1。从表中看出CPM1A的比较结果较简单，但可用结果标志的组合来实现，如“> =”可用触点255.05和255.06的并联来替代。

表 5-1　比较结果标志

结果标志	>	=	<	> =	< >	< =	备注
符号地址	P_ GT	P_ EQ	P_ LT	P_ GE	P_ NE	P_ LE	
实际地址	CF005	CF006	CF007	CF000	CF001	CF002	CP1H
实际地址	255.05	255.06	255.07				CPM1A

例 5.1　比较数据存储器 D1 的数据，当数据大于 20 或小于 5 时，线圈 100.00 得电。

解：按照比较要求，用比较指令编写梯形图（图 5-7）。在图中，当触点 0.01 闭合时，开始数据比较；首先将 D1 和 20 比较，当 D1 大于 20 时，W0.00 得电；然后将 D1 和 5 比较，当 D1 小于 5 时，W0.01 得电；最后将 W0.00 和 W0.01 的常开触点并联（或），驱动线圈 100.00。即当 D1 大于 20 或小于 5 时，线圈 100.00 得电；当触点 0.01 断开时，不执行 CMP，所有结果标志触点均断开。

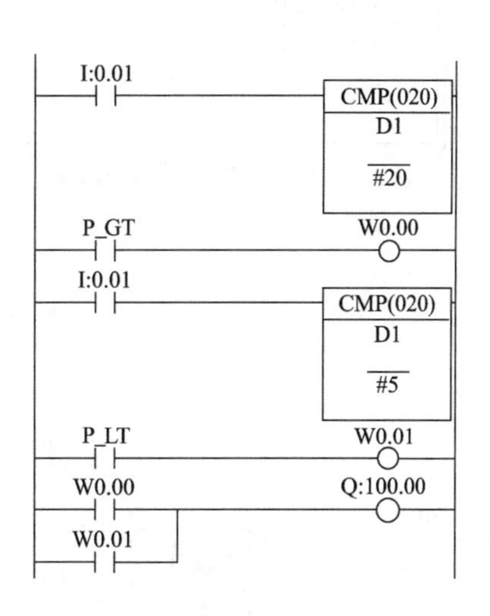

图 5-7　符合例 5.1 控制要求的梯形图

使用时应注意结果标志一定要紧跟 CMP 指令，否则容易出现错误。

请读者想一想，若要求 D1 的数据大于 5 且小于 20 时，100.00 有输出，应该怎么办?

2. 输入比较指令

输入比较指令的符号选项有 =、< >、<、< =、>、> =，其含义是对 S1 和 S2 两个 CH 数据或常数进行无符号或带符号（符号选项后缀 S）的比较，比较结果为真时，信号能连接到下一段之后，相当于常开触点的闭合。CPM1A 未设置这类指令，指令的梯形图符号如图 5-8 所示。

说明：《编程手册》（中文版）将此类指令称为“符号比较指令”，极易和前面介绍的无符号比较指令 CMP 和带符号比较指令 CPS 混淆，所以本书选用《编程手册》（英文版）的称呼“Input Comparison Instruction”，即“输入比较指令”。

例 5.2　用输入比较指令完成例 5.1 的控制要求。

解：用输入比较指令实现例 5.1 控制要求的梯形图如图 5-9a 所示，从图中看出，两个输入比较触点，一个设计为 D1 >20，另一个设计为 D1 <5，然后将两个触点并联（或），即当 D1 的数据大于 20 或小于 5 时，输出线圈 100.00 得电。图 5-9b 所示是当 D1 的数据大于等于 5 且小于等于 20 时，输出线圈 100.00 得电，其逻辑关系请读者自行分析。

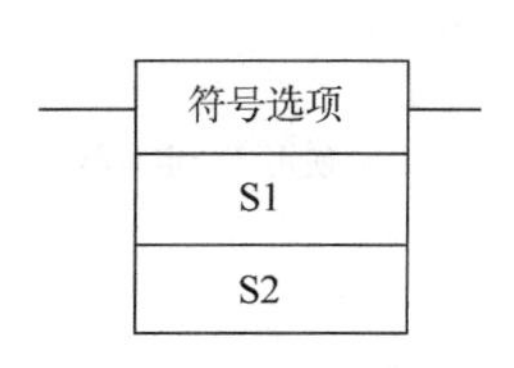

图 5-8　输入比较指令的梯形图符号

例 5.3　设计一个定时控制电路，从驱动触点闭合开始计时，6s 后，输出线圈 100.00 得电；10s 后，输出线圈 100.01 也得电；20s 后，两线圈均失电。

解：符合设计要求的梯形图如图 5-10 所示，其中图 a 是使用 3 个定时器来完成设计要求，图 b 是使用比较指令来实现，图 c 是用输入比较指令来完成的。请读者比较这三个控制方案的优缺点。

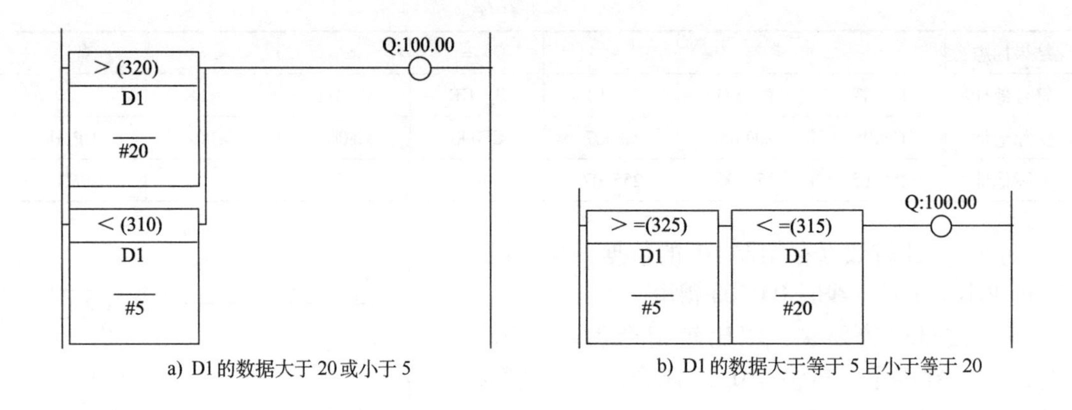

a) D1的数据大于20或小于5　　b) D1的数据大于等于5且小于等于20

图5-9　控制梯形图

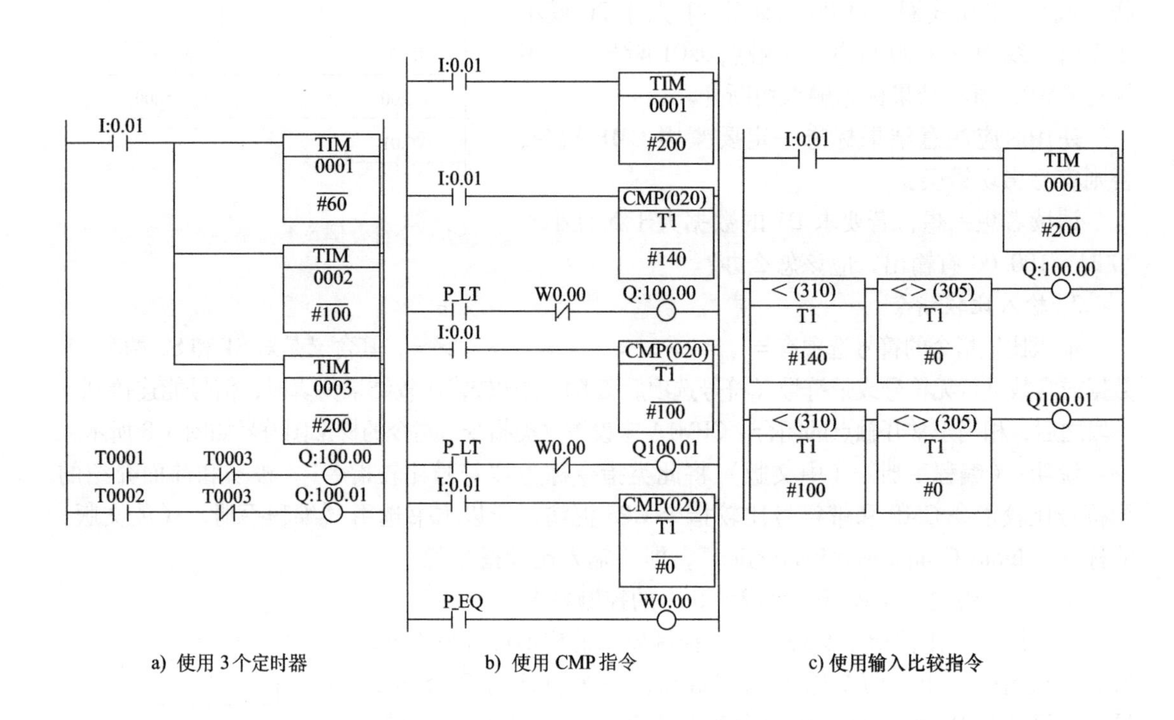

a) 使用3个定时器　　b) 使用CMP指令　　c) 使用输入比较指令

图5-10　符合例5.3设计要求的梯形图

例5.4　使用输入比较指令设计图3-50传送带运输机的顺序起动和紧急停止控制。

解：根据图3-50，使用输入比较指令设计的梯形图如图5-11所示。

3. 时刻比较指令

在CP1H PLC中用特殊辅助继电器A351 ~ A353来存放时间信息（BCD），见表5-2。时刻比较的符号选项有 = DT、< > DT、< DT、< = DT、> DT、> = DT等指令，其梯形图符号如图5-12所示。

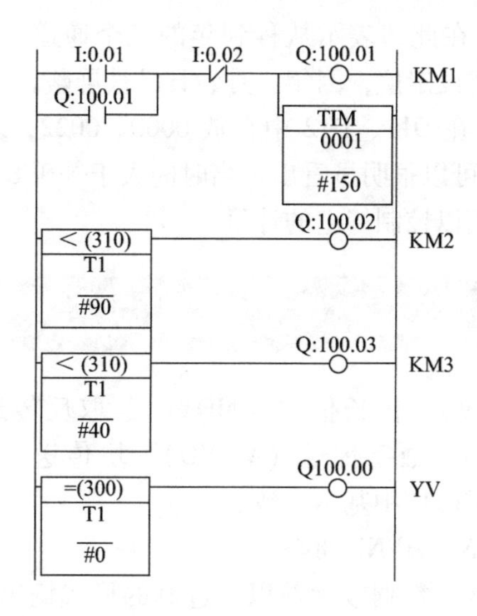

图 5-11　使用输入比较指令设计的梯形图

表 5-2　时间信息存放位置

通道	高 8 位（BCD）	低 8 位（BCD）
A351CH	分	秒
A352CH	日	时
A353CH	年	月

图 5-12 中 C 是控制数据，S1 是现在时刻数据三个通道的低位通道号，S2 是比较时刻数据三个通道的低位通道号。指令的作用是根据控制字 C 的内容比较 S1 和 S2 两个时刻数据（BCD），比较结果为真时，信号能连接到下一段之后。控制字 C 通过位 05～00 来分别指定将哪一个作为比较屏蔽，屏蔽为 1，不屏蔽为 0；05～00 分别控制的是年、月、日、时、分、秒。如要屏蔽年、月、日时，控制字 C 的设置见表 5-3，用十六进制表示为 0038（H）。

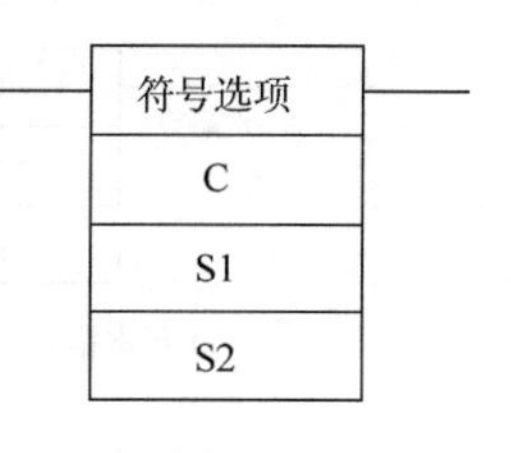

图 5-12　时刻比较指令的梯形图符号

表 5-3　控制字 C 的设置

位	15	14	13	12	11	10	9	8	7	6	5	4	3	2	1	0
C	0	0	0	0	0	0	0	0	0	0	1	1	1	0	0	0

例 5.5　如某工厂需要检测峰谷电的使用情况，即计量每天上午 8：00 到晚上22：00 的峰电量和晚上 22：00 到次日 8：00 的谷电量。用时刻比较指令能简单实现此功能，如图5-13所示。

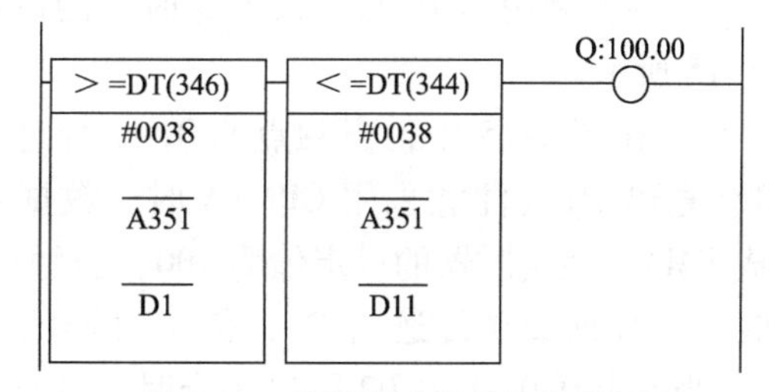

图 5-13　检测峰谷电量的梯形图

解：在图 5-13 中，A351 虽然是存放分、秒的特殊辅助继电器通道，在此却表示从秒到年的三个通道；同理用D1开始的D1、D2、D3三个数据存储器存放时间设定值，因年、月、日已被屏蔽，所以在D1、D2中存放0000、0008，表示8点0分0秒，在D11、D12中存放0000、0022，表示22点0分0秒，D3和D13不必考虑。从梯形图中可以很明显看出，当时间大于等于8:00同时小于等于22:00时，输出继电器100.00得电，用以控制峰电的计量。

第三节 数据传送指令

数据传送有传送（MOV）、倍长传送（MOVL）、取反传送（MVN）、倍长取反传送（MVNL）、位传送（MOVB）、数字传送（MOVD）、块传送（XFER）和块设定（BSET）等。上述指令在CPM1A和CP1H中基本一致。

1. MOV、MOVL和MVN、MVNL指令

MOV是将源通道（单字）数据或常数以二进制的形式输出到传送目的通道。MOVL是将源通道（双字）数据或常数以二进制形式输出到传送目的通道。MVN是将源通道（单字）的数据取反后传送到目的通道。MVNL是将源通道（双字）的数据取反后传送到目的通道。

传送指令的基本格式如图5-14a所示，其中S是源通道，D是目的通道，可选用的通道地址有输入输出通道、内部辅助通道、保持通道、特殊辅助通道、定时器、计数器、数据存储器等。在图5-14b中是当触点0.00为ON时，将1000CH的数据传送到D100。在图5-14c中是当触点0.01为ON时，将D1000、D1001的数据按位取反后传送到D2000、D2001。

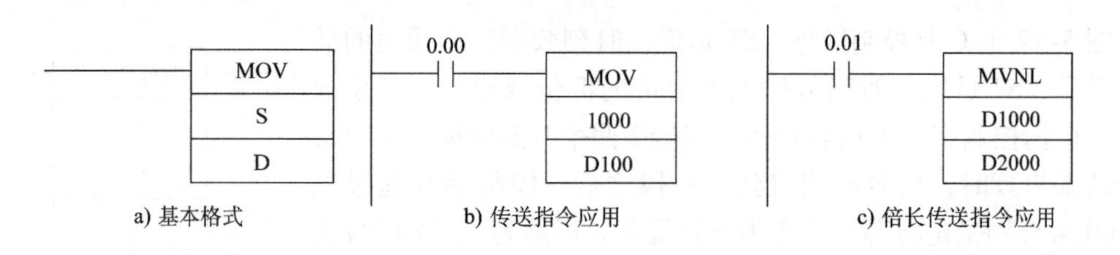

图5-14 传送指令的应用

要注意的是在倍长传送中，是对两个字进行操作，但在梯形图或指令表中通常只指出低位通道的地址，如图5-14c中源通道是D1000和D1001，但在梯形图中只需写D1000，这在以后的双字指令中都是如此。

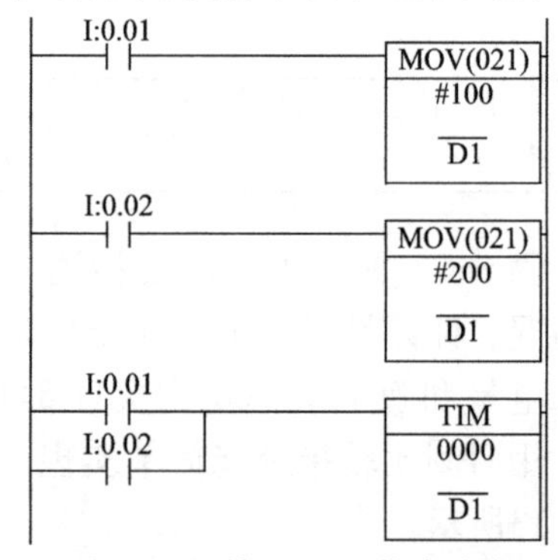

图5-15 利用MOV指令改变定时器的设定值

例5.6 利用MOV指令改变定时器的设定值，如图5-15所示。

解：在图5-15中，当触点0.01闭合时，将数据100传送给D1（注意采用CPM1A时，数据存储器要写成DM），使定时器的设定值为100；当触点0.02闭合时，将数据200传送给D1，使定时器的设定值为200。当触点0.01和0.02同时闭合时，定时器的设定

值是200，请读者想一想，为什么？

例5.7　使输出通道100（CPM1A为10）的8个输出点以2s的周期交替闪烁。

解：要使100通道的8个输出点100.07～100.00交替闪烁，即第一秒100.07～100.00的状态是01010101，在第二秒为10101010，第三秒开始重复第一秒，不断循环。考虑到输出端没有高8位，所以100.15～100.08均设为0，它们的十六进制表示为：0055H和00AAH。符合要求的梯形图如图5-16a所示。第一条梯形图的功能是在常闭触点0.00闭合，送数据0到通道100，使所有输出继电器均失电；第二条梯形图是一个由KEEP指令构成的分频电路，其功能是在触点0.00闭合时，由秒脉冲的上升沿触发，在W0.00上产生一个周期为2s，正负半周各1s的脉冲；第三条是在W0.00=0时，将数据0055H送到100通道，使100.06、100.04、100.02、100.00得电；第四条是在W0.00=1时，将数据00AAH送100通道，使100.07、100.05、100.03、100.01得电。从这个例子看出，MOV指令是字操作指令，操作的结果影响到输出通道100的所有位。本例题可用基本指令实现，请读者编写程序，并比较一下。

注意　在本例中一定要用边沿触发（也可以用下降沿），若不用，在1s脉冲前半个周期触点P_1s有0.5s是闭合的，那么每个扫描周期都要使W0.00的状态反转一次，就不能达到控制的要求。

本例也可用MVN指令来完成，如图5-16b所示，请读者自行分析，是不是比采用MOV指令更简单。

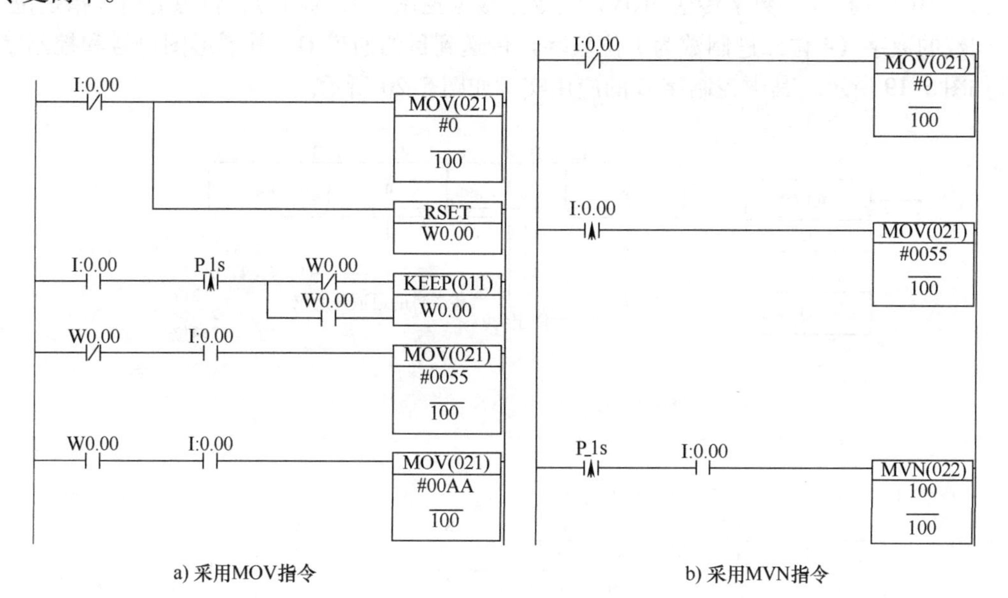

图5-16　输出点交替闪烁的梯形图

2. MOVB和MOVD指令

（1）MOVB指令　位传送MOVB指令的基本格式如图5-17所示。图中S为源通道，D为目的通道，C为控制字。C的低8位用来指定源通道的位，高8位用来指定目的通道的位。

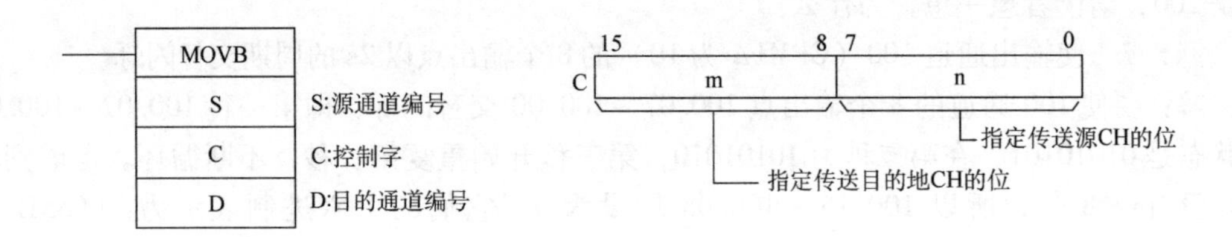

图 5-17 MOVB 的基本格式

位传送指令的应用如图 5-18 所示。在图中，控制字的内容存放在数据存储器 D200 中，控制字为 0C05H，即将源通道 D0 第 5 位的值传送到目的通道 D1000 的第 C（即十进制的 12）位。

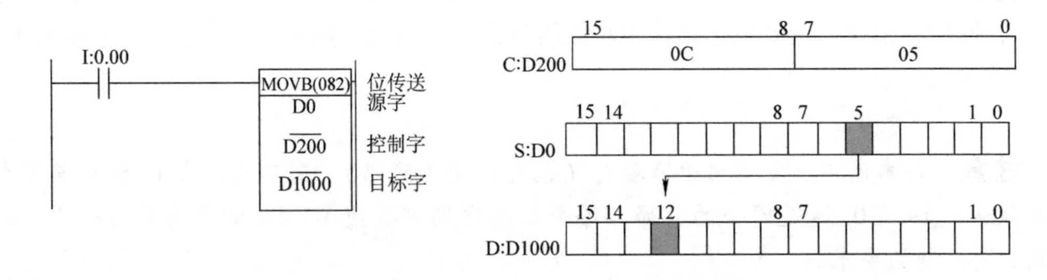

图 5-18 位传送指令的应用

（2）MOVD 指令 数字传送 MOVD 指令是根据控制字 C 的内容，将源通道 S 指定位置、指定位数的数字（4 位二进制数为 1 位数字）传送到目的通道 D。其梯形图符号和控制字的内容如图 5-19 所示，其中控制字 C 的应用实例如图 5-20 所示。

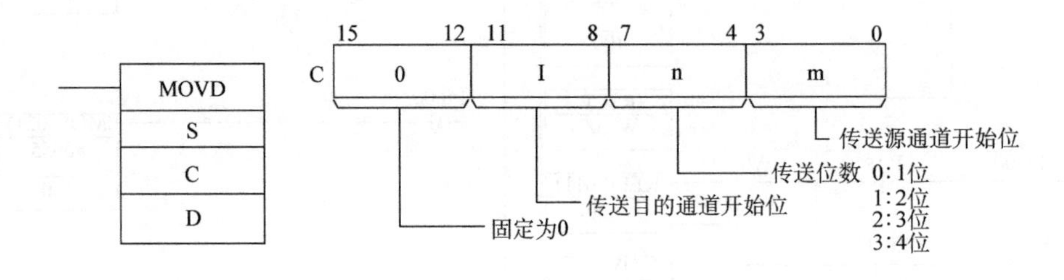

图 5-19 数字传送 MOVD 指令基本格式

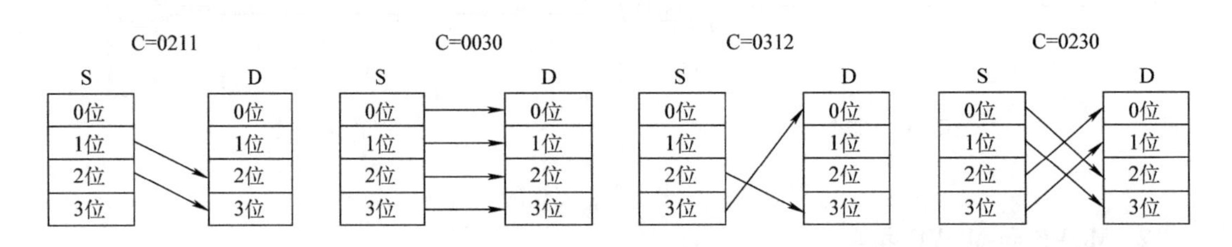

图 5-20 控制字 C 的应用实例

例 5.8 D100 中数据是 1234，交换数据 12 和 34，使存放在 D101 的数据为 3412。

解：根据指令的使用格式和控制字应用实例，符合要求的梯形图如图 5-21 所示。在运行开始的第一个扫描周期，将数据 1234 传送到 D100，根据控制字的格式设定为 0230，从 D100 的第 0 位开始，传送 4 个数字到 D101 第 2 位开始的 4 个位置，即图 5-20 最后一个例子的状态。这在数据处理时经常遇到，当然如果没有这一条指令，也可以用后面讲到的运算指令，但较复杂。

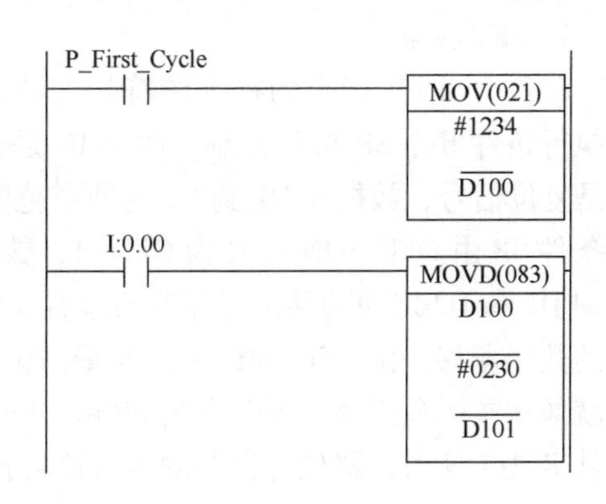

图 5-21　数据交换

3. XFER 和 BSET 指令

（1）XFER 指令　块传送 XFER 指令能整体传送连续的多个通道数据，例如在图 5-22 中，当 0.00 为 ON 时，将 D100 ~ D109 的 10 个 CH 传送到 D200 ~ D209。可以看出指令的第一个操作数是传送的通道数，第二个操作数是多个源通道中最低位地址，第三个操作数是多个目的通道中最低位地址。

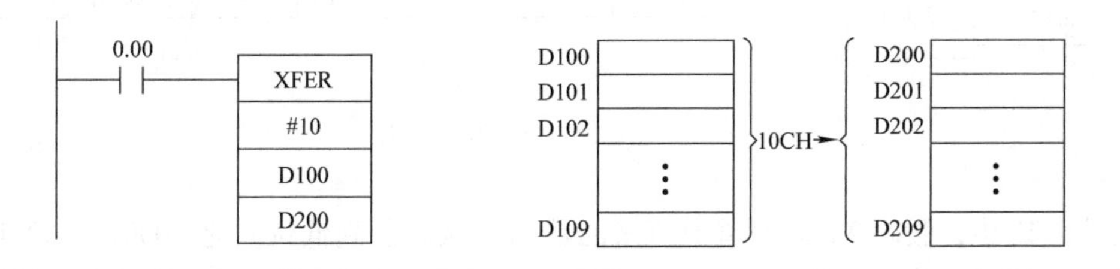

图 5-22　块传送指令的应用

（2）BSET 指令　块设定 BSET 指令是在连续的通道中设定相同的数。例如在图 5-23 中，当 0.00 为 ON 时，将 D100 中的数据传送到 D200 ~ D209。可以看出指令的第一个操作数是传送的源通道，第二个操作数是目的通道的开始字，第三个操作数是目的通道的结束字。该指令常用于区域清零。

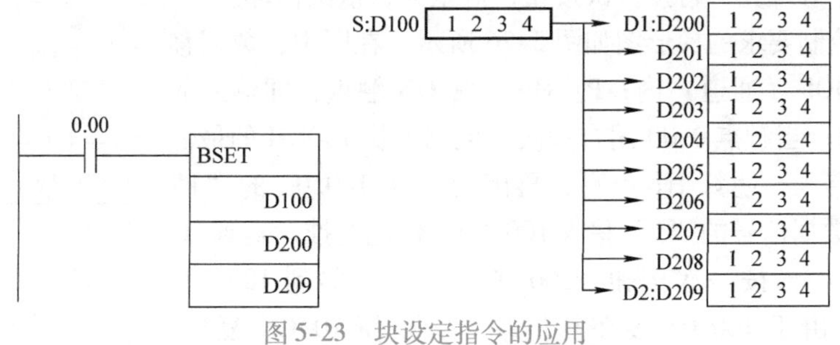

图 5-23　块设定指令的应用

第四节　数据移位指令

数据移位指令较多，常用的数据移位指令有移位（SFT）、左右移位（SFTR）和字移位（WSFT）。这三条指令在 CPM1A 和 CP1H 中使用方法一致。

1. SFT 指令

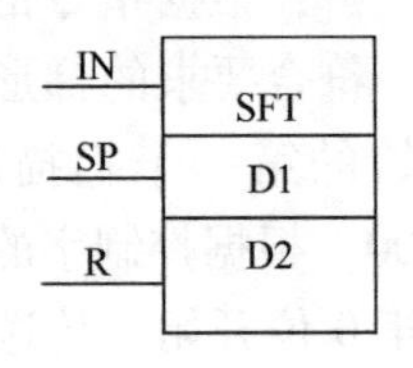

图 5-24 移位指令的梯形图符号

移位（SFT）指令的梯形图符号如图 5-24 所示。图中 SFT 由三个执行条件 IN、SP 和 R 控制，图中 IN 是数据信号，SP 是移位信号，R 是复位信号，数据在 D1 到 D2 的通道范围内移位。其功能是，当执行条件 SP 由 OFF→ON 且 R 为 OFF 时，数据信号 IN 的状态（1 或 0）移到 D1 和 D2 之间的移位寄存器的最右面位（最低位），D1 和 D2 之间的数据左移一位，D2 的最左位（最高位）丢失。执行条件 SP 的功能就像一条微分指令，即只有当 SP 由 OFF→ON 时，才移位。当执行条件 R 为 ON 时，移位寄存器的所有位将置为 OFF（即置为 0），移位寄存器将不动作。SFT 不影响标志。

移位指令的基本应用如图 5-25 所示。

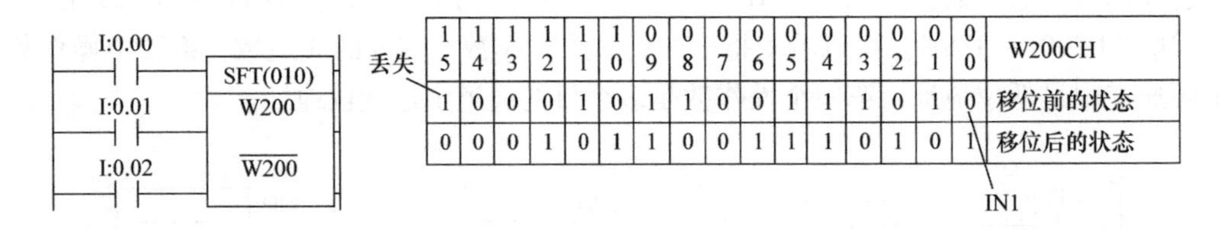

图 5-25 移位指令的基本应用

在图 5-25 中，假设 W200 通道中原来的数据（从高位到低位）是 1000101100111010，在触点 0.01 未闭合前，触点 0.00 闭合（设为 1），当触点 0.01 闭合时，该指令执行的过程是：首先将存放在 W200.15 中的 1 移出，并将低位的数据依次向高位移一位，最后将触点 0.00 的状态“1”移入。移位后的数据是 0001011001110101。当触点 0.02 闭合时，W200 通道中的数据均复位，全为 0。

例 5.9 使用一个按钮，接入 0.00 端，灯 H1、H2、H3 分别接入输出端 100.00、100.01、100.02。要求第一次按按钮，灯 H1 亮，再按一次按钮，灯 H1、H2 同时亮，第三次按按钮，三个灯都亮，再按一次按钮，灯全灭，依次循环。

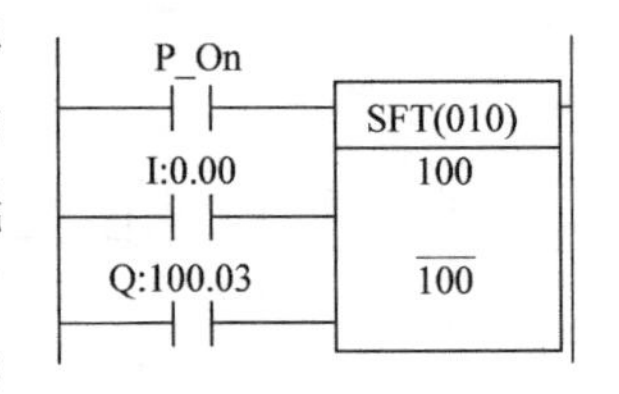

图 5-26 用 SFT 指令控制三个灯

解：符合控制要求的梯形图如图 5-26 所示。在图中，数据移位的通道在 100CH（通道）内；P_ On 是常 ON 触点，即输入的数据信号恒为 1；当触点 0.00 闭合一次，数据 1 从 100CH 的最低位（100.00）移入，使灯 H1 点亮，再闭合一次 100.00 的“1”移到 100.01，数据信号的“1”移入 100.00，依此类推，直到 H3（100.02）亮；如再按一次按钮，100.02 的“1”移到 100.03，使 100.03 = 1，由于 100.03 接在复位端，所以使 100CH 复位，100CH 的各点全为“0”，即灯全灭。

该方法可以很方便地控制多盏灯，请读者试一试。该控制要求也能用计数器完成，但复杂多了，读者也可以试一试。

例 5.10 用移位指令编写图 4-8 单列结构的顺序控制梯形图。

解：用移位指令也能编写顺序控制的梯形图，如图 5-27 所示。在图 5-27 中，第一条梯形图中由常闭触点 W200.00、W200.01 和 W200.02 串联在线圈 W0.00 前，产生一个向 W200 通道低位准备送入的数据，即在步 W200.00、W200.01 和 W200.02 均为 0 时，W0.00 为 1，否则为 0，产生一个 1 在 W200.00、W200.01、W200.02 之间移动；第二条梯形图是根据图 4-8 顺序功能图的要求依次产生移位脉冲；第三条梯形图是移位，其中触点 I：0.04 作为复位（停止）信号。最后是组合输出，根据输出的要求，将有相同输出的工步触点并联后接到该输出点，避免同名双线圈的产生。

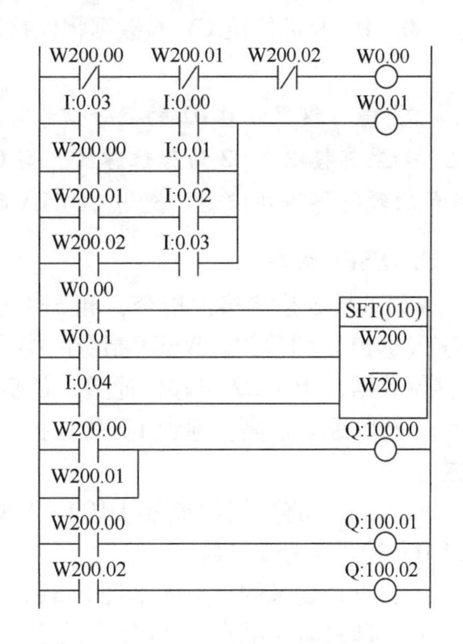

图 5-27　用移位指令编写的顺序控制梯形图

2. SFTR 指令

左右移位（SFTR）指令的梯形图符号和控制格式如图 5-28 所示。它能够根据控制数据 C 的内容，把 D1 ~ D2 通道的数据进行左右移位。

SFTR 指令的应用如图 5-29 所示。

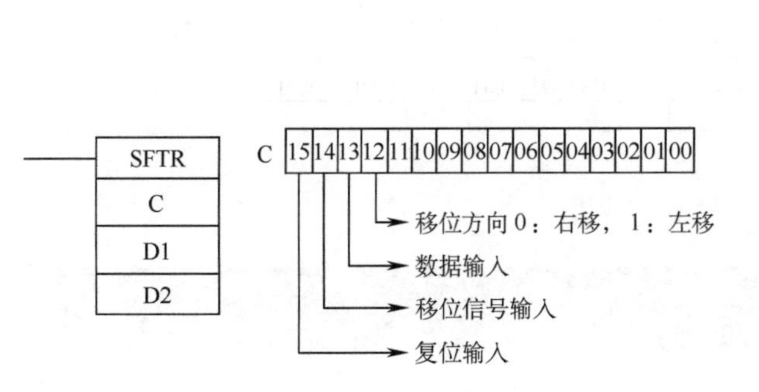

图 5-28　左右移位 SFTR 指令基本格式

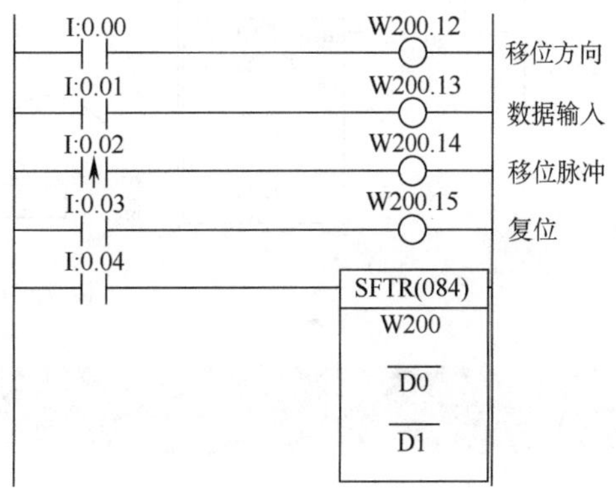

图 5-29　SFTR 指令的应用

在图 5-29 中，0.04 为 SFTR 指令的执行条件，W200CH 为控制通道，可逆移位寄存器由 D0、D1 构成。0.00 控制移位方向，当 0.00 为 ON 时，W200.12 = 1，数据左移（向高位移），当 0.00 为 OFF 时，W200.12 = 0，数据右移（向低位移）；0.01 是移位寄存器的数据输入端，当 0.01 为 ON 时，W200.13 = 1，输入 1，当 0.01 为 OFF 时，W200.13 = 0，输入 0；0.02 的微分信号作为移位脉冲；0.03 为复位输入。当 0.04 为 ON 时，SFTR 指令开始工作。若 0.04 为 ON 且 0.03 为 ON 时，D0、D1 及进位位 CY 的数据清零。若 0.04 为 ON 且 0.03 为 OFF，0.02 由 OFF→ON 时，D0 ~ D1 的数据进行一次移位，移位方向取决于 0.00。0.00 为 ON 则左移一位，0.00 为 OFF 则右移一位。左移时，0.01 的状态移入 D0 的位 00，D1 的位 15 移入进位位 CY；右移时，0.01 的状态移入 D1 的位 15，D0 的位 00 移入进位位 CY。

当 SFTR 指令的执行条件为 OFF 时，停止工作，此时控制通道 W200 的各个控制位失效，D0、D1及进位位CY的数据将保持不变。

注意 这里以0.02的微分信号作为移位脉冲，只有当0.02由OFF→ON时才移位一次。如果直接以0.02为移位脉冲，当0.02为ON时，每扫描一次，都要执行一次移位，移位次数将得不到控制。使用CPM1A时可使用DIFU指令。

3. WSFT指令

WSFT指令是字移位指令，和SFT指令类似，不同是，WSFT指令是字（通道）的移位。WSFT指令的梯形图符号如图5-30所示，图中S是移位数据，D1～D2是移位通道，从低位通道D1逐字向高位通道D2移位，清除原来最高位通道D2的数据，在最低位通道输入S所指定的数据。

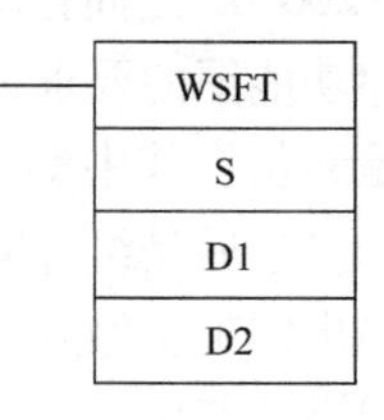

图5-30 WSFT指令的梯形图符号

例5.11 将数据存储器D100～D102的数据逐字移位到高位，并在D100输入数据1234。

解：符合要求的梯形图如图5-31a所示。请注意，在WSFT前有一个@，这是指令的微分形式，即只有在触点0.00闭合的第一个扫描周期才会字移位一次，否则在三个扫描周期后，D100～D102中已都是数据1234了，达不到控制要求。

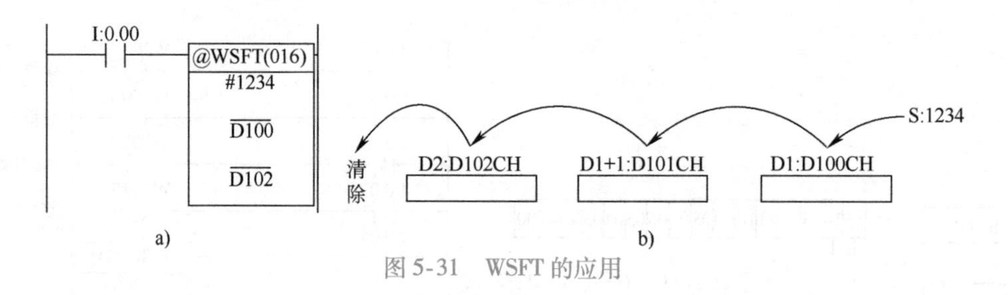

图5-31 WSFT的应用

第五节 运算与转换指令

1. 四则运算指令

四则运算指令即加减乘除指令，细分又有BIN（二进制）、BCD（十进制）、倍长（双字）、带符号、带进位等运算指令。

但不论哪种运算指令，都有图5-32所示的基本格式，S1、S2是参与运算的数，D是结果，加减运算时，S1、S2、D所占的字数相同，乘除运算时，结果D所占的字数是S1或S2的两倍。BIN四则运算如图5-33所示，它们分别表示在0.00为ON时：

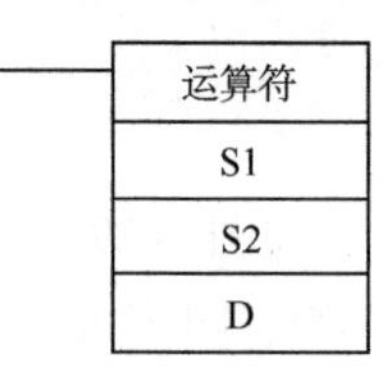

图5-32 四则运算指令的基本格式

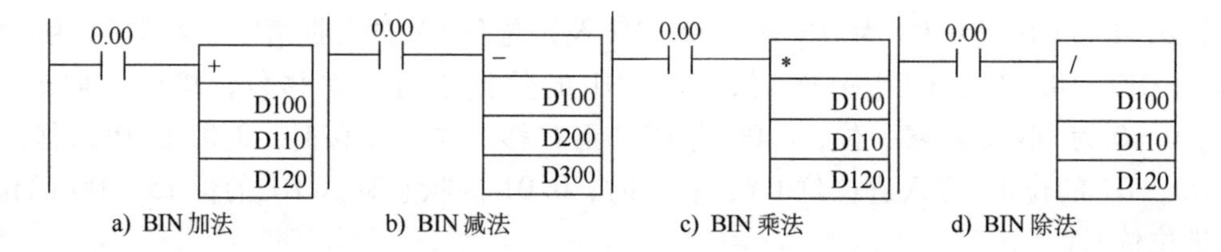

图5-33 BIN四则运算

a）BIN 加法，D100 和 D110 进行带符号 BIN 单字相加，和输出到 D120。

b）BIN 减法，D100 和 D200 进行带符号 BIN 单字相减，差输出到 D300。

c）BIN 乘法，D100 和 D110 进行带符号 BIN 单字乘法运算，积输出到 D121、D120。

d）BIN 除法，D100 和 D110 进行带符号 BIN 单字除法运算，商输出到 D120，余数输出到 D121。

在 CP1H 机型中，若在运算符号后有后缀字母，则表示不同性质的运算，见表 5-4。CPM1A 机型表示的方法则不一样，对照表见表 5-5，请使用时注意。

表 5-4　CP1H 机型中运算符号后缀字母的含义

后　缀	含　义	后　缀	含　义
B	BCD	U	无符号
BL	倍长 BCD	UL	无符号倍长
L	有符号倍长	C	带进位有符号

表 5-5　CP1H 和 CPM1A 机型四则运算符号对照表

运　算	CPM1A	CP1H	运　算	CPM1A	CP1H
BCD 加法	ADD	+B	二进制除法	DVB	/
BCD 减法	SUB	-B	BCD 倍长加法	ADDL	+BL
BCD 乘法	MUL	*B	BCD 倍长减法	SUBL	-BL
BCD 除法	DIV	/B	BCD 倍长乘法	MULL	*BL
二进制加法	ADB	+	BCD 倍长除法	DIVL	/BL
二进制减法	SBB	-	BCD 递增	INC	++B
二进制乘法	MLB	*	BCD 递减	DEC	--B

四则运算不但能进行简单的运算，还能实现数据移位等功能。

例 5.12　设 D100 通道中的数为 A6E2H，D101 通道中的数为 80C5H，数字后的 H 表示十六进制，两数相加的结果存放于 H10 通道。因相加结果为 127A7H，是一个 5 位数，所以进位位 CY=1，运算过程如图 5-34 所示。图中@ CLC 是清进位标志指令的微分形式，即在触点 0.00 闭合的第一个扫描周期使 P_CY=0；可以看到在下面的二进制加法过程中，H10=27A7H，P_CY=1，从而使 H11=0001H。当然该运算最好采用二进制倍长加法，这里只为展示运算过程所用。

例 5.13　数据移位。利用乘法和除法进行数据移位是在编程中常用的方法。如存储器 D8、D7 中存有数据“0258H，0001H”，移位要求如图 5-35a 所示。这可用一条乘法指令来完成，因为一个二进制数乘以 2，就是将该二进制数向高位移一位，十六进制数 02580001H 向高位移 2 位，就是二进制数向高位移 8 位，即乘以 2^8（十六进制 100H），如图 5-35b 所示。

例 5.14　数量统计。用 PLC 来统计进出某会场的人数，在该会场的各出入口分别设置两个光电检测器，两光电检测器间的距离小于人的宽度，如图 5-36 所示。以 1 号出入口为例，将光电检测器 A、B 检测到的两路信号送入 PLC 的输入端 0.00 和 0.01，当有人进出时

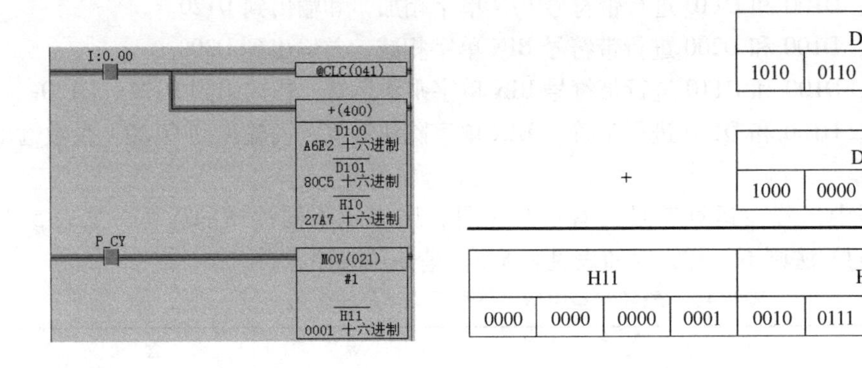

图 5-34 二进制加法的运算过程

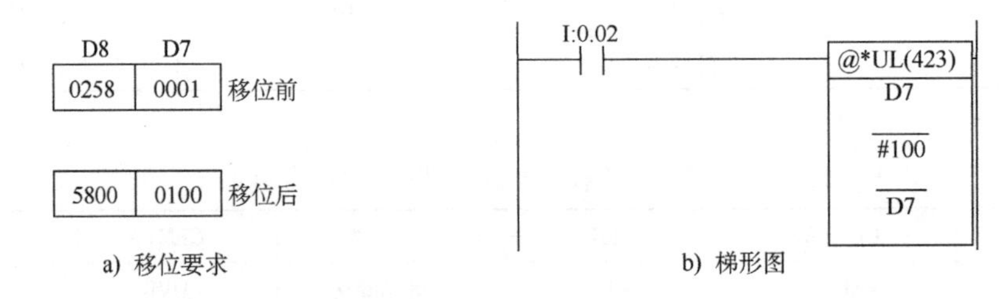

图 5-35 利用乘除法进行数据移位

就会遮住光信号，设光信号被遮挡时，PLC 输入为“1”，否则为“0”。根据该信号设计一段程序，统计出该会场内现有人员数量。

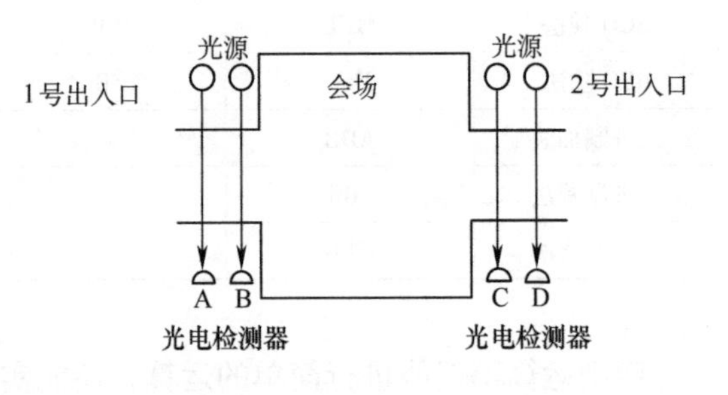

图 5-36 光电检测器的安装

解：在这个问题中，关键是判断人走动的方向，即人是走进还是走出，还是在中途停顿后又返回。经分析，有图 5-37 所示的 8 种情况。

从图 5-37 可以看出，准确判断 A、B 信号的变化，就能确定人移动的方向。当 A、B 变化的顺序为 A↑→B↑→A↓→B↓时，为走入状态，计数器加 1；当 A、B 变化的顺序为 B↑→A↑→B↓→A↓时，为走出状态，计数器减 1；而其他的变化顺序，计数器都不能计数。相应的梯形图如图 5-38 所示。

2. *数据转换指令*

数据变换指令有 BCD→BIN 变换 BIN 指令、BIN→BCD 变换 BCD 指令、4→16 解码 MLPX 指令、16→4 编码 DMPX 指令、ASCII 码变换 ASC 等指令。下面介绍 BIN、BCD、MLPX、DMPX 等指令，其余指令可详见附录或《编程手册》。

（1）BIN、BCD 指令　BIN、BCD 指令的梯形图符号如图 5-39 所示。图中 S 是源通道，D 是目的通道，其功能是将源通道的数据转换后存放在目的通道。其运算过程如图 5-40 所示。图 5-40a 是将十进制数 10 转换成十六进制数为 AH；图 5-40b 是将十六进制数 FFH 转换成十进制数为 255。

需要说明的是，在梯形图中的“十六进制”是指以十六进制的形式监视，而不是这个

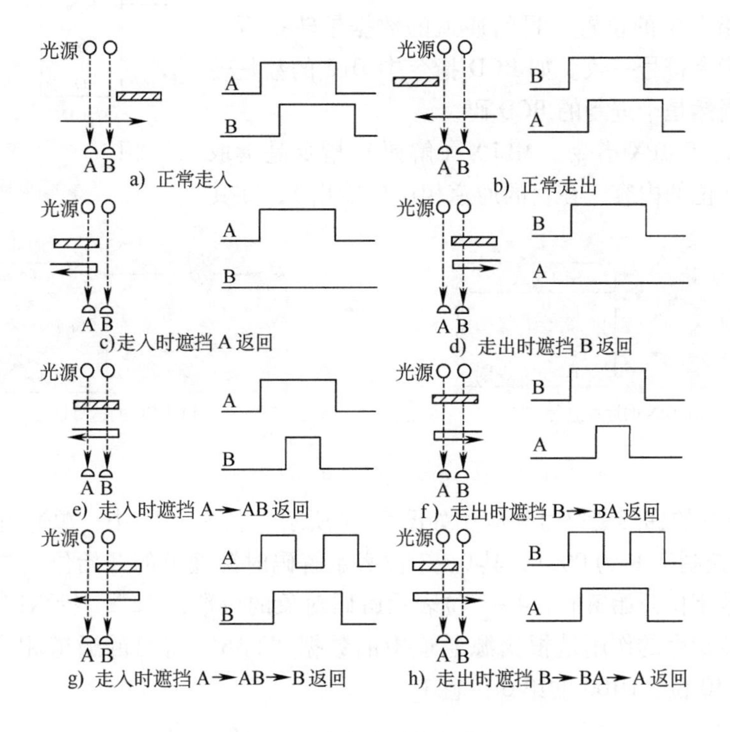

图 5-37　光电检测信号分析

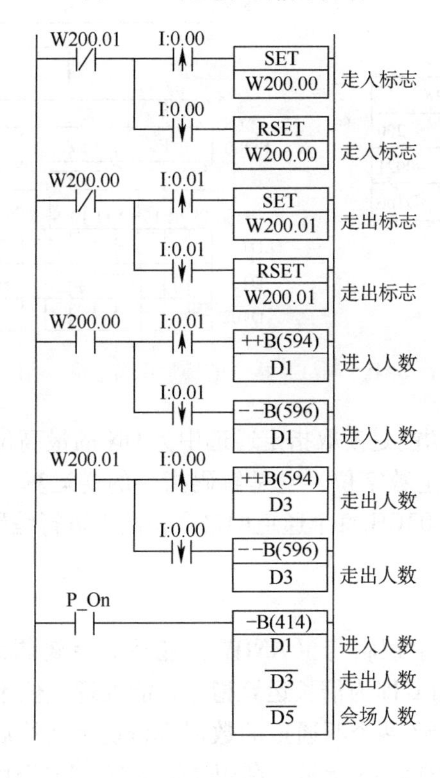

图 5-38　人数统计梯形图

数是十六进制，到底哪个是十六进制，哪个是十进制，要看这个数据在指令中的位置，目的通道的数据是转换后的结果，应该和指令符号一致。如BCD指令中D12的数是转换后的结果，当然是十进制的BCD码。

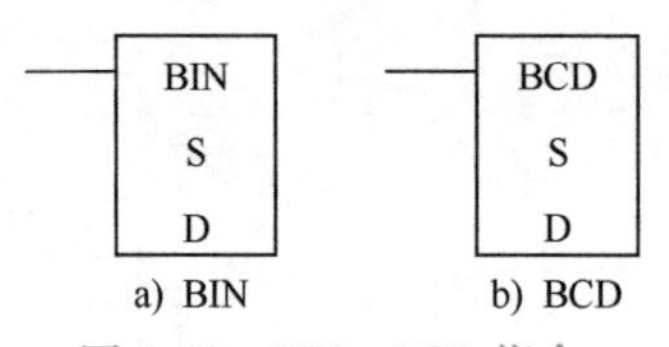

a) BIN　b) BCD

图5-39 BIN、BCD指令的梯形图符号

（2）MLPX、DMPX指令 MLPX（解码）指令是读取源通道指定数字位的内容，在目的通道相应位输出1，在其

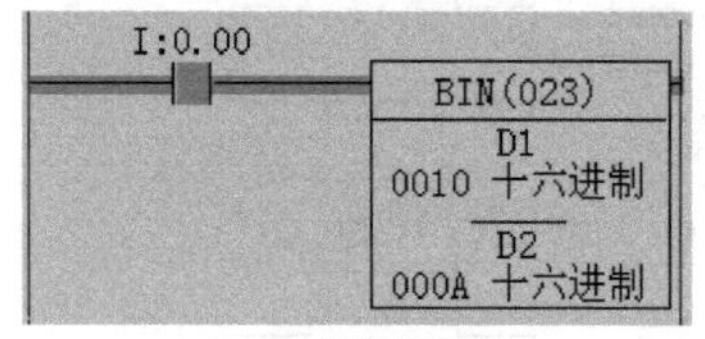

a) BIN的运算过程

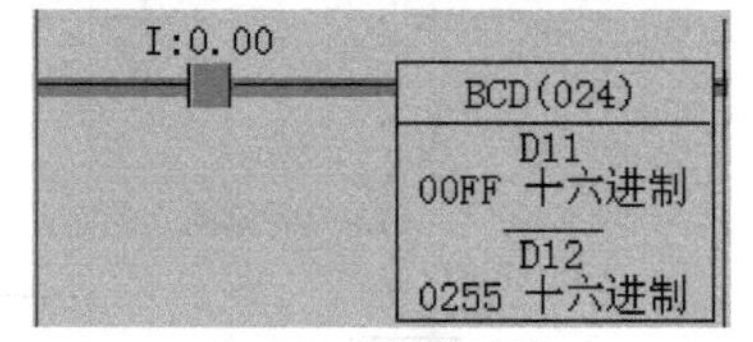

b) BCD的运算过程

图5-40 BIN、BCD指令的运算过程

他位输出0。指令的梯形图符号和应用如图5-41所示。在图5-41中，源通道S（200）中的数据是FA60。控制字K为0021，其0~3位表示解码时源通道的开始位，“1”表示从200通道的第1个数字位开始解码；4~7位表示解码对象的位数，“2”表示对200通道的3个数据位解码。该指令的作用是根据源通道中的数据“FA6”将目的通道相应D102的第15位、D101的第10位、D100的第6位置1。

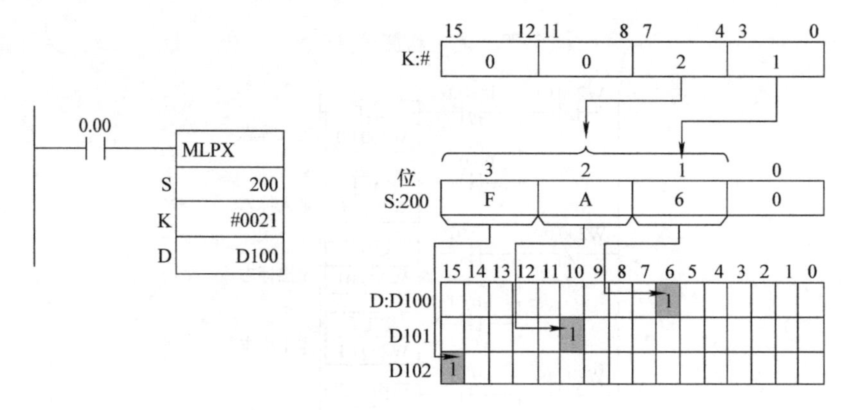

图5-41 MLPX指令的梯形图符号和应用

DMPX（编码）指令的功能是读取指定通道中为ON的最高位或最低位，转换成十六进制数，输出到指定通道的指定数字位，它是解码指令的逆运算，具体应用如图5-42所示。当0.00为ON时，将200~202CH每个通道中最高位的1进行编码，编码结果以十六进制数保存到D1000的1~3位中。

3. 逻辑运算指令

常用的逻辑运算指令有字逻辑与（ANDW）指令、字逻辑或（ORW）指令和字异或（XORW）指令，在指令后加L即为倍长运算指令，能处理8位十六进制数。逻辑运算指令的应用较简单，都是将S1、S2两个源通道的数据进行逻辑运算后，结果送目的通道D。逻辑运算指令的梯形图符号如图5-43所示。利用逻辑运算，还能使原本复杂的问题简单化。

ANDW指令的执行过程如图5-44所示。

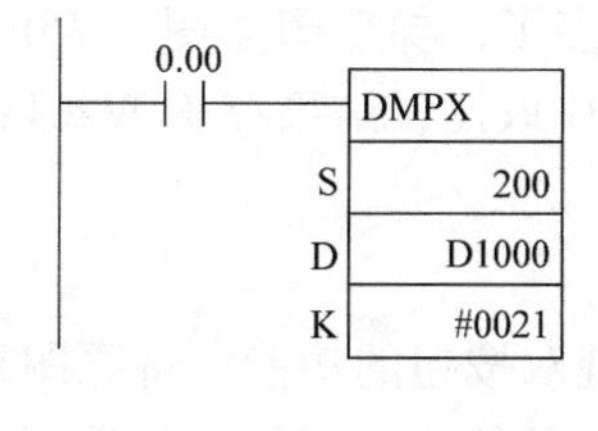

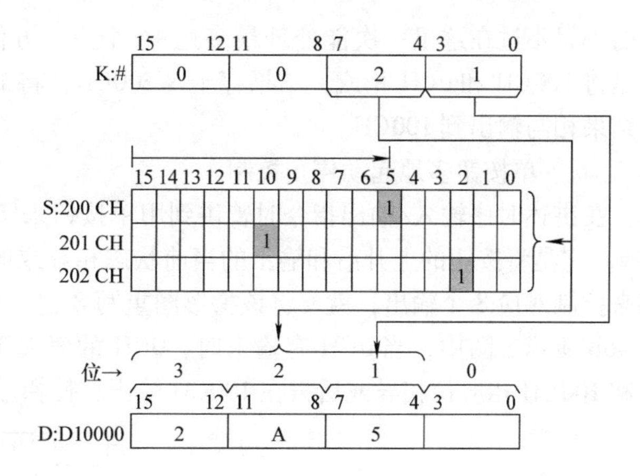

图 5-42　编码指令的应用

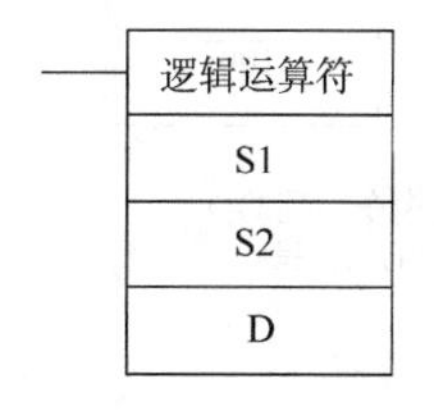

图 5-43　逻辑运算指令的梯形图符号

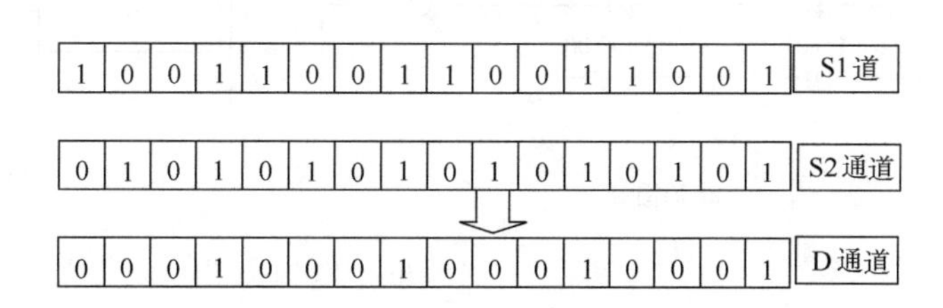

图 5-44　ANDW 指令的执行过程

例 5.15　双按钮多地起动停止控制。

解：双按钮多地起动、停止控制是用两个按钮来控制输出线圈的得电/失电，将该控制梯形图重写如图 5-45a 所示。但若有 8 个起动按钮（0.00 ~ 0.07）、8 个停止按钮（1.00 ~ 1.07）来分别控制 8 个输出线圈（100.00 ~ 100.07），就要将这个简单的梯形图重复写上 8 遍，使程序显得繁琐。利用逻辑运算指令能很简单地完成上述任务，分析图 5-45a，其表达式为 $100.00 = (0.00 + 100.00)\overline{1.00}$，于是联想到可用通道的逻辑运算来完成它，将位运算改为字运算，其逻辑表达式为 $100\mathrm{CH} = (0\mathrm{CH} + 100\mathrm{CH})\overline{1\mathrm{CH}}$，和图 5-45a 的逻辑表达式

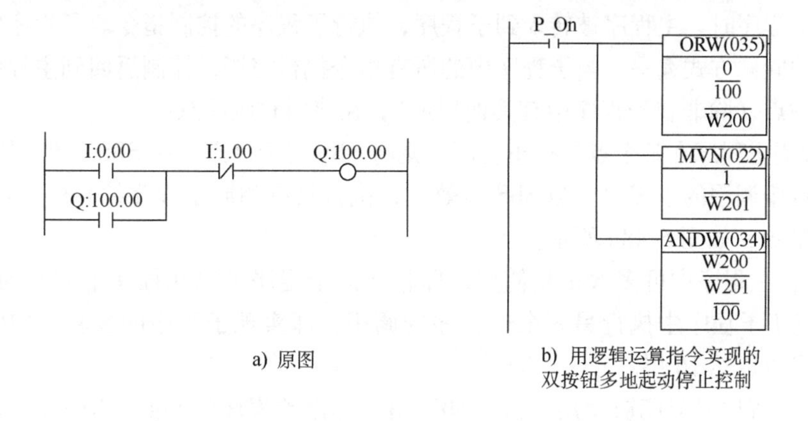

a) 原图

b) 用逻辑运算指令实现的双按钮多地起动停止控制

图 5-45　逻辑运算指令应用一

是一致的，只不过在这里一次能处理最多达16个点，方便多了，梯形图如图5-45b所示。其运算是将100CH和0CH相或，结果存于W200CH；将1CH取反，结果存于W201；最后将两个结果相与输出到100CH。

例5.16 单按钮多地起动停止控制。

解：在讲述时序输入/输出指令时曾讲到用单按钮来实现双按钮的功能，将原图重画于图5-46a，它是将按钮的上升沿和输出的当前状态相异或的结果输出。同样，如果用8个输入按钮来控制对应8个输出，就要将该梯形图重写8遍。它也能利用逻辑运算指令来完成，如图5-46b所示。图中，当0CH有输入时，0CH的值大于0，产生一个驱动信号，使0CH的各位和100CH相应位相异或后再在100CH输出，使梯形图简单多了。

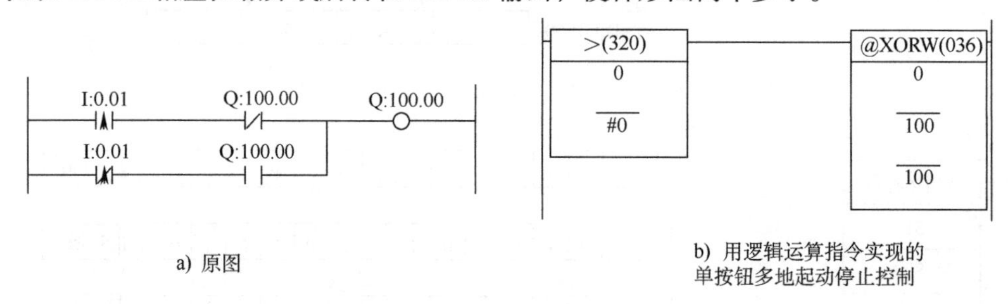

a) 原图

b) 用逻辑运算指令实现的单按钮多地起动停止控制

图5-46 逻辑运算指令应用二

第六节 子程序指令

子程序指令有子程序调用（SBS）、子程序进入（SBN）、子程序返回（RET）、宏（MCRO）等指令。

1. SBS、SBN、RET指令

SBS、SBN、RET指令的梯形图符号如图5-47所示。图中NO.是调用的子程序号，在CPM1A中是000～049，在CP1H中是000～255。

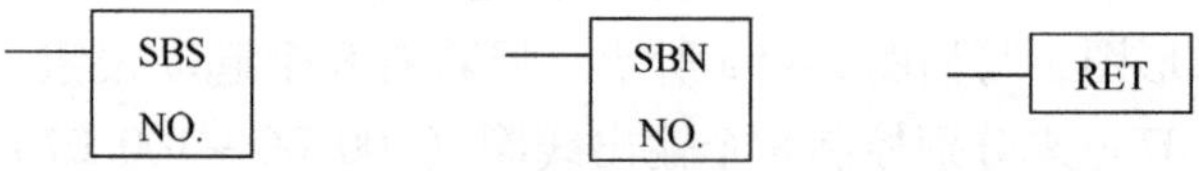

SBS NO.

a) SBS符号

SBN NO.

b) SBN符号

RET

c) RET符号

图5-47 SBS、SBN、RET指令的梯形图符号

子程序将大的控制任务分成较小的控制任务，使用户能重复使用一个给定的指令组。当主程序调用子程序时，主程序被转入到子程序，执行子程序的控制指令。子程序中的指令按主程序代码的同样方式编写。当子程序中的所有指令执行完毕，控制返回到主程序刚才进入子程序的后一点（除非在子程序中有其他规定）。在使用时应注意：

1）若希望主程序在某个点执行子程序，则将SBS置于该点，在SBS中使用的子程序编号，表示所希望调用的子程序。当SBS有效时，执行具有相同子程序编号的SBN与第一个RET之间的指令，如图5-48a所示。

2）SBS在主程序中可多次重复使用，即相同的子程序可以在程序中的不同地方使用，SBS还可以置于子程序中执行另一个子程序的调用，即实现子程序的嵌套，如图5-48b所示。嵌套最多可以达16层。

3）每个子程序号只能被使用一次，SBN用来标记子程序的起始，RET用来标记结束。对于同一编号的子程序，可由任何调用该子程序的SBS调用。

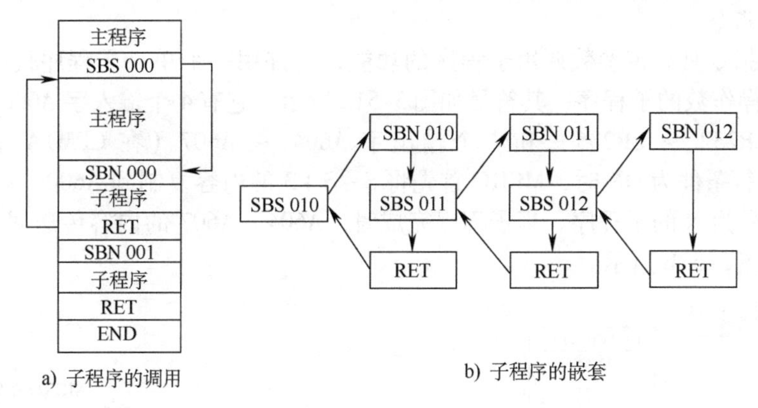

a) 子程序的调用　　　　b) 子程序的嵌套

图 5-48　子程序

4）所有子程序必须在主程序的结束处编程，END 必须置于最后一个子程序后面。当有一个或更多的子程序被编程时，主程序将执行到第一个 SBN 处，然后返回到下一个循环的起始地址，子程序只有在调用时才执行。

子程序的应用如图 5-49 所示，可以从触点 0.01 和 0.02 的状态组合来分析子程序的工作过程。

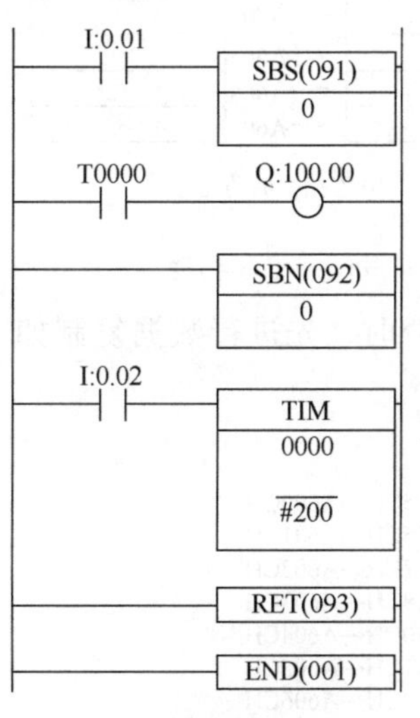

a) 梯形图

0.01	0.02	工作状态
闭合	闭合	调用子程序，定时到，100.00=1
闭合	断开	调用子程序，但定时器不工作
闭合	闭合 3s后断开	调用子程序，定时器工作，3s后被复位
闭合 3s后断开	闭合	开始调用子程序，定时器工作，3s后定时器继续工作，但定时到，100.00=0
断开	闭合	不调用子程序

b) 工作状态分析

图 5-49　子程序的应用

例 5.17　用子程序完成例 5.7 使输出通道 100（CPM1A 机型为 10）的 8 个输出点以 2s 的周期交替闪烁的功能。

解：在图 5-50 中，第一条梯形图是在运行开始的第一个扫描周期，将数据 5555（即二进制的 0101010101010101）传送到通道 100；第二条梯形图用 1s 脉冲的上升沿调用子程序 0，即每秒调用一次；在子程序 0 中，将数据 FFFF（即二进制 1111111111111111）和 100 通道的状态异或，每秒钟改变一次输出点的状态。要注意的是 100 通道的高 8 位的状态也在改变，只不过它没有输出端子。

请读者思考，怎样能有效地控制输出的起动和停止？怎样使 100 通道高 8 位的状态不变化？

2. MCRO 指令

宏 MCRO 指令具有带参数调用子程序的功能，允许用一个单一子程序代替数个具有相同结构但不同操作数的子程序，其符号如图5-51a 所示。它有4个输入字 A600 ~ A603（在 CPM1A 中为 SR232 ~ SR235）和 4 个输出字 A604 ~ A607（在 CPM1A 中为 SR236 ~ SR239）。当执行条件为 ON 时，MCRO 首先将 S ~ S + 3 的内容复制到 A600 ~ A603 中，然后调用并执行编号为 N 的子程序，当子程序完成时，A604 ~ A607 的内容传送回 D ~ D + 3 中，然后结束，如图5-51b 所示。

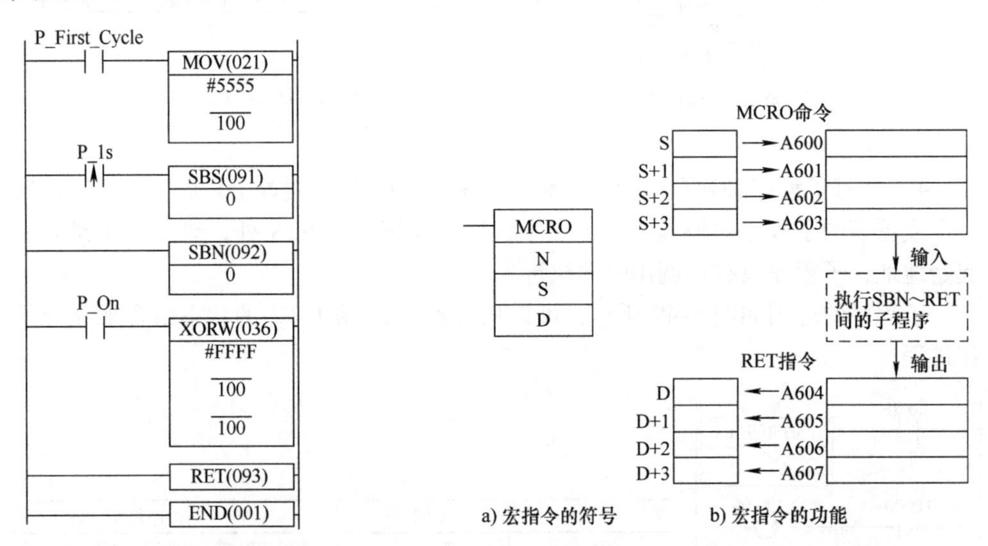

图5-50 用子程序控制输出点交替闪烁的梯形图

图5-51 宏指令的符号和功能

MCRO 指令的应用如图5-52a 所示。在执行第一个 MCRO 指令时，先进行数据复制如

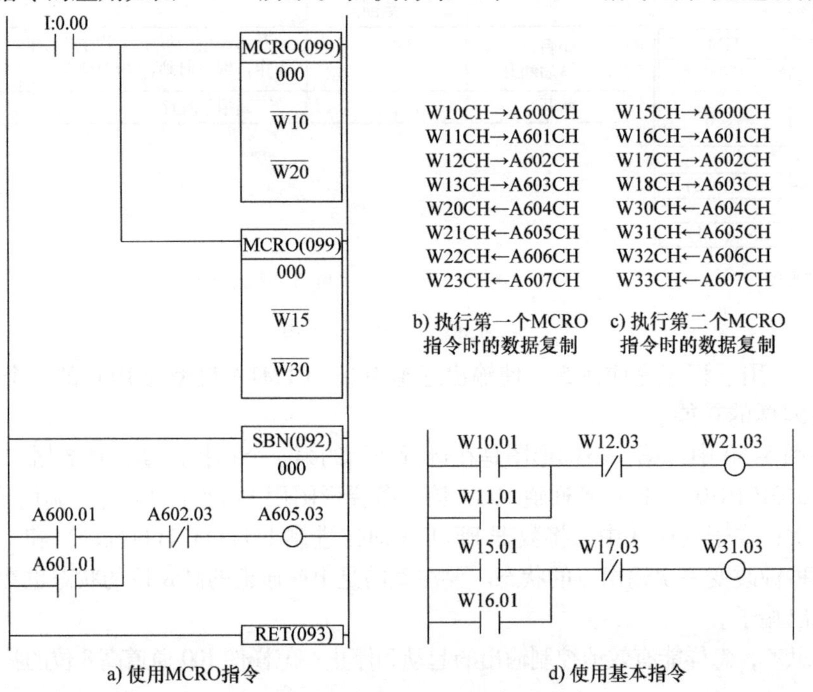

图5-52 MCRO 指令的应用

图 5-52b 中前 4 条所示，然后调用子程序 000，再复制数据，如图 5-52b 中后 4 条所示，子程序的执行情况如图 5-52d 的第一阶梯形图所示。在执行第二个 MCRO 指令时，也先进行数据复制，如图 5-52c 所示，子程序的执行情况如图 5-52d 的第二阶梯形图所示。可见，图 5-52d 所示的使用基本指令的梯形图和图 5-52a 所示的使用宏指令的梯形图功能相同。

第七节　高功能指令系统

CP1H 机型还有中型机才有的特殊运算、单精度浮点转换/运算、双精度浮点转换/运算、表格数据处理、数据控制、中断控制、高速计数/脉冲输出、I/O 单元、串行通信、网络通信、显示功能、时钟功能、调试处理、故障诊断、特殊、块程序、字符串处理、任务控制、机种转换、功能块等高功能指令。因篇幅有限，本节只做简单介绍，具体应用不再展开。

1. 特殊运算指令

特殊运算指令包括：BIN 平方根运算（ROTB）、BCD 平方根运算（ROOT）、数值转换（APR）、BCD 浮点除法运算（FDIV）和位计数器（BCNT）等指令。

ROTB、ROOT 指令的运算好理解。APR 指令是进行 SIN、COS 及折线的近似运算；FDIV 指令是进行尾数 7 位和指数 1 位的 2CH（BCD 8 位）的浮点除法运算；BCNT 指令是对一个通道或多个通道数据内的“1”的位的总数进行计数，即通道内有几个“1”。

2. 浮点转换/运算指令

浮点数据是指用符号、尾数、指数来表示实数的数据。浮点数据的格式以 IEEE754 标准的单精度为基准，单精度数据表示为 32 位，格式如图 5-53 所示。

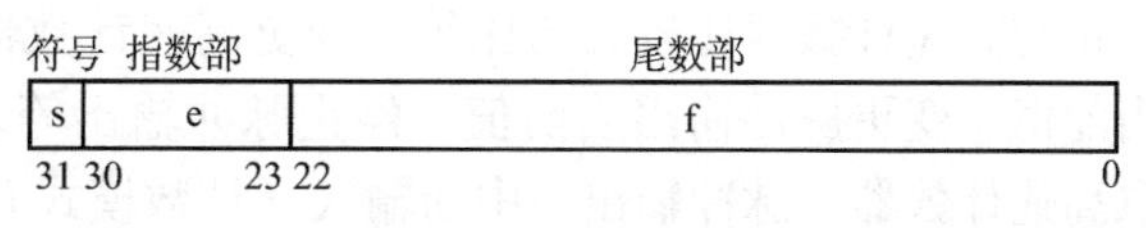

图 5-53　单精度浮点数的表示方法

浮点转换/运算指令有单精度和双精度之分，单精度浮点转换/运算指令包括：浮点→16 位 BIN 转换（FIX）、浮点→32 位 BIN 转换（FIXL）、16 位 BIN→浮点转换（FLT）、32 位 BIN→浮点转换（FLTL）、浮点加法运算（+F）、浮点减法运算（-F）、浮点乘法运算（*F）、浮点除法运算（/F）、角度→弧度转换（RAD）、弧度→角度转换（DEG）、SIN 运算（SIN）、COS 运算（COS）、TAN 运算（TAN）、SIN^{-1} 运算（ASIN）、COS^{-1} 运算（ACOS）、TAN^{-1} 运算（ATAN）、平方根运算（SQRT）、指数运算（EXP）、对数运算（LOG）、乘方运算（PWR）、单精度浮点数据比较（=F、<>F、<F、<=F、>F、>=F）（LD/AND/OR 型）、浮点<单>→字符串转换（FSTR）、字符串→浮点<单>转换（FVAL）等指令。

3. 表格数据处理指令

表格数据处理大致可以分为栈处理和表格处理。

（1）栈处理指令　主要完成栈的先入先出、后入先出、读取、更新、插入、删除、计数等处理。栈处理指令包括栈区域设定（SSET）、栈数据存储（PUSH）、先入先出（FIFO）、后入先出（LIFO）、栈数据读取（SREAD）、栈数据更新（SWRIT）、栈数据插入（SINS）、栈数据删除（SDEL）、栈数据数输出（SNUM）等指令。

（2）表格处理指令　表格处理分为 1 记录为 1 字的表格处理和 1 记录为多字的表格处

理，其用途主要有：最大值检索、最小值检索、求和、比较、重新排列计算等处理。完成处理功能的指令有最小值检索（MIN）、最大值检索（MAX）、数据检索（SRCH）、求和（SUM）、定义记录表（DIM）、记录位置设定（SETR）、记录位置读取（GETR）和帧检验序列（FCS）等指令。

4. 数据控制指令

数据控制指令主要用于过程控制，有PID运算（PID）、带自整定的PID运算（PIDAT）、上下限限位控制（LMT）、死区控制（BAND）、静区控制（ZONE）、时分割比例输出（TPO）、缩放（SCL）、缩放2（SCL2）、缩放3（SCL3）、数据平均化（AVG）等指令。

5. 中断控制指令

所谓中断，就是在中断请求被响应后，CPU停止正在运算的程序，转去执行相关的中断处理程序，待处理完毕，返回原来的程序继续执行的过程。PLC具有外部输入中断、间隔定时器中断以及高速计数器中断等功能。中断控制指令主要有：中断屏蔽设置（MSKS）指令，对是否能执行输入中断任务及定时中断任务进行控制；中断屏蔽前导（MSKR）指令，读取指令指定的中断控制的状态；中断解除（CLI）指令，进行输入中断要求的记忆解除/保持、定时中断的初次中断开始时间的设定或高速计数中断要求的记忆的解除/保持；中断任务执行禁止（DI）指令，禁止执行所有的中断任务；解除中断任务执行禁止（EI）指令，解除通过DI指令设定的所有中断任务的执行禁止。

6. 高速计数/脉冲输出指令

高速计数/脉冲输出指令有：动作模式控制（INI）指令，对内置输入输出执行开始或停止与高速计数器比较表的比较、变更高速计数器当前值、变更中断输入（计数模式）的当前值、变更脉冲输出当前值、停止脉冲输出等动作；脉冲当前值读取（PRV）指令，读取高速计数器、脉冲输出、中断输入（计数模式）的当前值和脉冲输出、高速计数器输入、PWM输出的状态；脉冲频率转换（PRV2）指令，读取输入到高速计数器中的脉冲频率，转换成旋转速度（旋转数）或将计数器当前值转换成累计旋转数；比较表登录（CTBL）指令，对高速计数器当前值进行目标值一致比较或区域比较，条件成立时执行中断任务；频率设定（SPED）指令，按输出端口指定的脉冲频率，输出无加减速脉冲；脉冲量设置（PULS）指令，设定的脉冲输出量的脉冲输出；定位（PLS2）指令，用于在指定的输出端口中，确定脉冲输出量、目标频率、加速比率、减速比率，然后输出脉冲；频率加减速控制（ACC）指令，在指定的输出端口，确定脉冲频率和加减速比率，进行有加减速的脉冲输出；原点搜索（ORG）指令，原点搜索以及原点复位；PWM输出（PWM）指令，从指定端口中输出指定占空比的脉冲。

7. I/O单元指令

该类指令执行对I/O单元的操作。指令有：I/O刷新（IORF）指令，刷新指定的I/O通道数据；7段解码器（SDEC）指令，将通道数据指定位的各4位内容（0～F）转换为8位的7段数据，输出到指定的通道；数字式开关（DSW）指令，读取与输入单元以及输出单元连接的外部数字开关的设定值，并保存在指定的通道内；10键输入（TKY）指令，从外部10键（数字键）区中顺序读取数值，以最大8位的数值（BCD）保存在指定的通道内；16键输入（HKY）指令，从与输入单元以及输出单元连接的外部16键盘中按顺序读取数值，以最大8位的数值（十六进制）保存在指定的通道内；矩阵输入（MTR）指令，从与输入单元以及输出单元相连接的外部8点×8列的触点（矩阵）中，按顺序读取64点，作为64点（4CH）数据保存在指定通道内；7段显示（7SEG）指令，将4位或8位的数值（BCD数据）转换成7段显示器用数据，输出到指定的通道；智能I/O读取（IORD）指令，读取由CJ单元适配器连接的CJ系列高功能I/O单元或CPU高功能单元的内存区域的内容；智能I/O写入（IOWR）指令，将CPU单元的I/O内存区域的内容输出到连接CJ单元适配器的CJ系列高功能I/O单元或CPU高功能单元；CPU高功能单元I/O刷新（DLNK）指令，CPU高功能单元分配继电器区域、DM区域的I/O刷新，DeviceNet遥控I/O通信等单元的刷新。

8. 串行通信指令

在串行通信指令中有通过无协议模式和通用外部设备进行数据发送或接收的TXD/RXD/TXDU/RXDU指令，以及通过用户定义的协议和通用外部设备进行数据发送或接收的PMCR指令。

串行通信指令有：协议宏（PMCR）指令，读出并执行登录在CJ系列串行通信单元中的发送接收时序（协议数据）；串行端口输出/输入（TXD/RXD）指令，通过安装选件板中的串行端口，发送/接收指定字节长度的数据；串行通信单元串行端口输出/输入（TXDU/RXDU）指令，通过CJ系列串行通信单元，发送/接收指定字节数的数据；串行端口通信设定变更（STUP）指令，变更安装在CP1H中的串行通信选件板、CJ系列串行通信单元（CPU高功能单元）的串行端口中的通信设定。

9. 网络通信指令

网络通信指令是对由串行通信选件板和CJ系列单元所构成的网络中的各种单元在条件成立时进行数据发送接收和模式变更等控制的指令。其中以网络发送（SEND）、网络接收（RECV）和指令发送（CMND）等指令最为常用。

SEND指令是把数据发送到网络中指定节点中的指定通道，RECV指令是对网络中的节点提出发送要求，接收指定通道的数据；CMND指令是发布任意的FINS指令，FINS指令是一种FA控制单元用的通信指令，FINS指令只要通过发布指定“网络、节点、机号地址（单元）”的指令，不管对方为那个网络，都能够自由地进行通信（指令发布/响应接收）。

10. 显示功能指令

显示功能指令有消息显示（MSG）、7段LED通道数据显示（SCH）、7段LED控制（SCTR）等指令。

11. 时钟功能指令

时钟功能指令有日历加法（CADD）、日历减法（CSUB）、时分秒→秒转换（SEC）、秒→时分秒转换（HMS）、时钟补正（DATE）等指令。

12. 调试处理指令

调试处理指令是跟踪存储器取样（TRSM）指令，其功能是每次执行本指令时对事先具有外围工具指定的I/O存储器的触点或通道数据的当前值进行读取，按顺序存储到跟踪存储器中。读取跟踪存储器部分容量的数据后，结束读取。读取的跟踪存储器内的数据必要时可通过外围工具进行监视。

13. 故障诊断指令

故障诊断指令有运转持续故障诊断（FAL）、运转停止故障诊断（FALS）、故障点检测

（FPD）等指令。

14. 特殊指令

特殊指令有置进位（STC）指令，将状态标志的进位（CY）标志置为1；清除进位（CLC）指令，将状态标志的进位（CY）标志置为0；周期时间的监视时间设定（WDT）指令，在执行本指令的周期中，延长循环周期的监视时间；状态标志保存（CCS）指令，将除了常ON、常OFF之外的其他所有状态标志状态保存到CPU装置内的保存区域中；状态标志加载（CCL）指令，除了常ON、常OFF状态标志之外，恢复（读出）保存在CPU装置中其他所有状态标志状态；CV→CS地址转换（FRMCV）指令，将CVM1/CV系列的I/O存储器有效地址转换成与之对应的CS/CJ/CP系列共通的I/O存储器有效地址；CS→CV地址转换（TOCV）指令，将CS/CJ/CP系列共通的I/O存储器有效地址转换成CVM1/CV的I/O存储器有效地址。

15. 块程序指令

块程序是在用户程序中创建的被称之为“块程序”的区域，最大128块。块程序只需1个输入条件就能启动，启动后，BPRG到BEND的指令被无条件执行。因此，可将由相同的输入条件所执行的动作指令归并在该块程序中。利用块程序，可以方便地制成在梯形图中难以记述的条件分支和工程步进等逻辑流程。

块程序指令有：块程序（BPRG）、块程序结束（BEND）、块程序暂时停止（BPPS）、块程序再启动（BPRS）、带条件结束（EXIT）、带条件结束（非）（EXIT NOT）、条件分支块（IF）、条件分支块（非）（IF NOT）、条件分支伪块（ELSE）、条件分支块结束（IEND）、1扫描条件等待（WAIT）、1扫描条件等待（非）（WAIT NOT）、定时等待（BCD）（TIMW）、定时等待（BIN）（TIMWX）、计数等待（BCD）（CNTW）、计数等待（BIN）（CNTWX）、高速计数等待（BCD）（TMHW）、高速定时等待（BIN）（TMHWX）、重复块（LOOP）、重复块结束（LEND）、重复块结束（非）（LEND NOT）等指令。

16. 字符串处理指令

字符串是零个或多个字符组成的有限序列，如“Hello”“Bob2”“123”等，它是编程语言中表示文本的数据类型。

字符串处理指令有传送（MOV $），连接（+$），从左读出（LEFT $），从右读出（RGHT $），从任意位置读出（MID $），搜索（FIND $），长度检测（LEN $），置换（RPLC $），删除（DEL $），交换（XCHG $），清除（CLR $），插入（INS $），字符串比较（=$、< >$、<$、<=$、>$、>=$）（LD、AND、OR型）等指令。

17. 任务控制指令

按控制功能、操作设备类型、控制过程、程序开发或其他标准把程序进行划分，每个操作可在一个被称为“任务”的独立单元内编程，称为任务编程。和任务控制相关的指令有：任务执行起动（TKON）指令，起动指定的周期执行任务或追加任务，同时将对应的任务标志转为ON；任务执行待机（TKOF）指令，将指定的周期执行任务或追加任务转为待机状态。

18. 机种转换指令

机种转换指令是将操作数的数据形式变成和C系列相同的BCD形式指令（在CP系列中为BIN形式）。机种转换指令有块传送（XFERC）、数据分配（DISTC）、数据抽出（COL-

LC)、位传送（MOVBC)、位计数（BCNTC）等指令。在将C系列的程序转换为CP系列程序时，如果使用这些指令，可以通过在操作数中设定和以前相同的数据来实现程序。

习题

1. 设计使用MOV指令完成电动机的起动、保持、停止控制的程序。

2. 设计使用MOV指令完成电动机星形－三角形起动控制的程序。

3. 试用3种方法编程实现下述控制功能，用一个按钮控制组合吊灯的三档亮度：0.00闭合一次灯1点亮；闭合两次又有灯2点亮；闭合三次又有灯3点亮；再闭合一次三个灯全部熄灭。

4. 有8盏灯，由100.00～100.07控制，试编写程序：

1）8盏灯交替点亮（交替点亮的次序可自己定义）。

2）8盏灯顺序点亮（顺序点亮的次序可自己定义）。

5. 试用运算指令重写第三章“用单联开关实现两地起动、停止控制”的程序。

6. 有一个换刀控制系统，系统共有6种刀具，按1～6编号，分别由按钮SB1～SB6选择。控制要求如下：

1）某号刀具到位后，对应位置开关压合（SQ1～SQ6)，正在换刀位置上的刀具号称为当前值，希望换上的刀具号称为设定值。

2）当设定值大于当前值时，刀盘正转；当设定值小于当前值时，刀盘反转；当设定值等于当前值时，刀盘不转。

7. 设计一个上下班打铃程序，要求每天上午8:00、中午11:30、下午1:00和5:00发出铃声，每次时长20s，双休日不打铃。

8. 设计一个简易6位密码锁控制程序，具体控制要求如下：

1）6位密码预设为“615290”(可设定十个按钮分别为0～9)。

2）住户按正确顺序输入6位密码，按确认键后，门开。

3）住户未按正确顺序输入6位密码或输入错误密码，按确认键后，门不开同时报警。

4）按复位键可以重新输入密码。

9. 设计一个八位抢答器，当某一位选手抢答成功时，在输出100CH显示出该位选手的BCD码，抢答犯规时，该位选手的BCD码闪烁（建议输入地址分配：主持人开始0.00，主持人复位0.09，#1～#8选手分别为0.01～0.08)。试画出梯形图，写出程序。

10. 物料供应车运行示意图如图5-54所示。

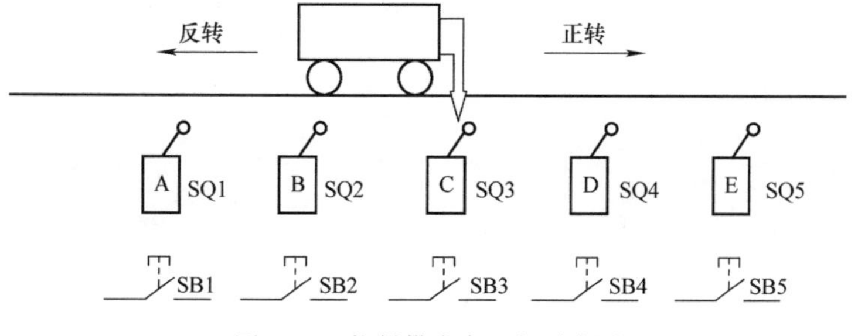

图5-54 物料供应车运行示意图

物料供应车有三个状态：向右运动（电动机正转）、向左运动（电动机反转）、停止。SQ为物料车所处各工位的限位开关，SB为各工位召唤物料车的召唤按钮。若物料车在A位，压合限位开关SQ1，当D位需要物料时，按动其所在位置的召唤按钮SB4，电动机正转，物料车向右运动，一直运动到D位，压合限位开关SQ4时停止。完成以下控制要求：

1）控制系统开始投入运行时，不管物料车在任何位置，应运行到E位，等待召唤。

2）物料车应能按照召唤按钮的信号和限位开关的位置，正常地运行和停止。

3）物料车运动到召唤位置时，能停留20s，等待取料；20s后能继续按召唤方向运动。

4）在物料车运动时，能接受其他工位的召唤信号，但必须等到本次任务完成后，才能响应下一个工位的召唤。

第六章　小型 PLC 的功能及功能单元

在第二章中，已对 PLC 的输入时间常数设定、输入中断、快速响应输入、间隔定时中断、高速计数器、脉冲输出、通信等功能和模拟量 I/O 功能做了简单叙述，本章主要介绍 CP1H 机型的功能，为配合介绍也涉及部分相关的指令，详细可参考《操作手册》和《编程手册》。

第一节　输入时间常数设定功能

PLC 的输入电路设有滤波器，调整其输入时间常数，可减少振动和外部杂波干扰造成的不可靠性，其功能如图 6-1 所示。

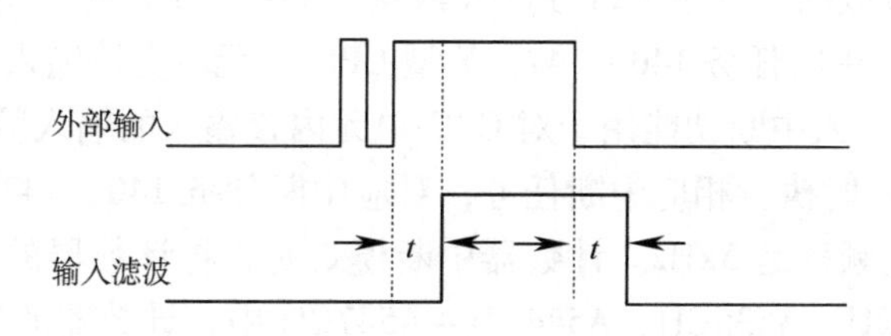

图 6-1　输入延时时间 t

输入滤波器时间常数应根据需要进行设置，CPM1A 的设置范围为 1ms/2ms/4ms/8ms/16ms/32ms/64ms/128ms（默认设置为 8ms），可用编程软件 CX－P，打开编程界面，选择 CPM1A 机型，用鼠标双击“新工程”/“新 PLC1”中的“设置”，出现图 6-2a 所示的“PLC 设定”对话框，选择其中的“中断/刷新”项，在“输入常数”的选项中选择。

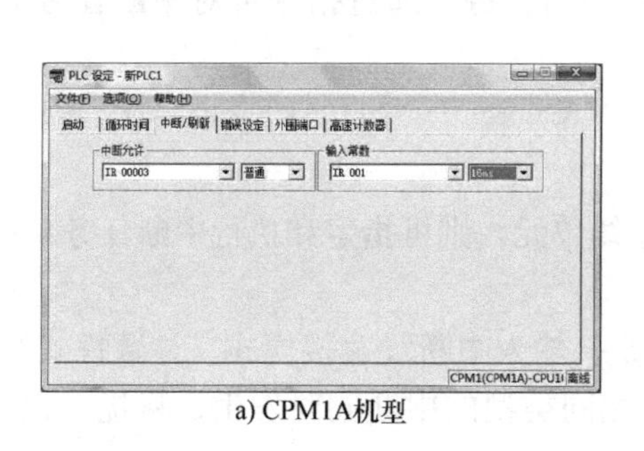

a) CPM1A机型

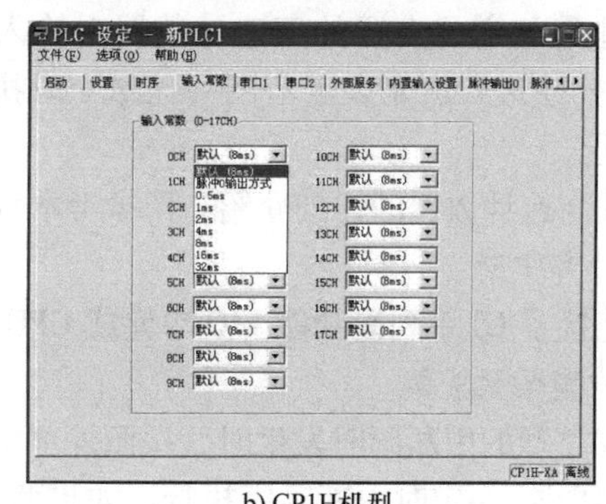

b) CP1H机型

图 6-2　时间常数的设定

如使用CP1H机型，则在“PLC设定”对话框的“输入常数”中设置，设置范围为0.5ms/1ms/2ms/4ms/8ms/16ms/32ms，最大为32ms，如图6-2b所示。

设置好后关闭设置界面，然后选择“在线工作”，将“设置”传送“到PLC”，即完成时间常数的设定。

第二节 中断控制功能

所谓中断，就是在程序运行中，遇到需要处理另外更加紧急的事件时，程序立即停止执行，并产生一个断点，转去执行中断服务程序，执行完中断服务程序后，再返回原程序断点继续执行原程序的过程。

CPM1A具有输入中断（直接模式和计数器模式）、间隔定时器中断以及高速计数器中断功能，中断服务子程序和一般的子程序一样，在主程序后面用SBN指令和RET指令定义。CP1H还具有连接CJ系列的高功能单元时的外部中断功能，中断处理采用任务编程的形式处理。本节主要介绍CP1H的中断类型、控制指令和应用。

一、中断的类型

1. 输入中断

1）直接模式。使用中断功能前，要在“PLC设定”对话框的“内置输入设置”中进行设置。CPU单元X型与XA型8个输入位（0.00~0.03、1.00~1.03）的任一输入端上外接开关器件，当开关闭合或断开（从OFF到ON或从ON到OFF）时，将执行相应的中断任务（中断服务程序），对应中断任务140~147。Y型CPU单元不支持输入中断6和7。

2）计数器模式。输入中断功能用于对CPU单元内置输入的输入脉冲计数，并在计数值达到预先设定值（SV）时执行相应中断任务，对应中断任务140~147。输入中断（计数器模式）的最大输入响应频率是5kHz。计数器中断模式时，将计数器的设定值以十六进制的形式分别存放在A532CH~A535CH、A544CH~A547CH中，计数器的当前值（PV）存放在A536CH~A539CH、A548CH~A551CH中。

2. 定时中断

定时中断以固定时间间隔执行中断。时间间隔单位可设定为10ms、1ms或0.1ms，最小定时器设定值（SV）是0.5ms。中断任务2分配给定时中断。

3. 高速计数器中断

通过CPU单元内置的高速计数器对输入脉冲进行计数，并在计数值达到预先设定值（目标值）或进入预先设定范围（区域）时执行中断任务。通过指令可对中断任务0~255进行分配。

有关高速计数器的详细介绍，请参考本章第三节。

4. 外部中断

若连接了CJ系列高功能I/O单元或CPU总线单元，则可指定和执行中断任务0~255。

5. 中断的优先级

不同类型的中断同时发生时，按照外部中断→输入中断（直接模式、计数模式）→高速计数器中断→定时中断顺序执行。如果两个相同类型的中断同时发生，将优先执行中断任务号较小的中断任务。

若用户程序同时产生多个中断，则中断任务将按照上述顺序执行，因此从中断条件出现到实际执行相应的中断任务之间可能存在延迟。特别需要注意的是，定时中断可能因此无法在预设时间执行，所以设计程序时要避免中断冲突。

二、中断控制指令

中断控制指令有中断屏蔽设置（MSKS）指令、中断屏蔽前导（MSKR）指令、中断解除（CLI）指令、中断任务执行禁止（DI）指令和解除中断任务执行禁止（EI）指令，本节主要介绍中断屏蔽设置（MSKS）指令。

（1）中断屏蔽设置（MSKS）指令的功能　在 PLC 进入 RUN 模式时，作为输入中断任务启动要素的中断输入被屏蔽（禁止接收），作为定时中断任务启动要素的内部计时器处于停止状态。通过执行 MSKS（中断屏蔽设置）指令，可使各个启动要素得到许可，进入可执行相应中断任务的状态。

（2）中断屏蔽设置（MSKS）指令的格式　MSKS 指令的格式如图 6-3 所示。

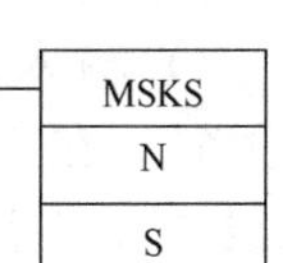

图 6-3　MSKS 指令的格式

输入中断时，用 N 来指定输入中断编号，用 S 设定动作，见表 6-1，表中的 S 有两种功能，一是指定检测中断输入的是上升沿还是下降沿；二是指定输入端允许中断还是禁止中断，这两种功能应结合使用。若正在使用上升沿微分输入中断，则首条 MSKS 指令可忽略，因为输入中断的默认值是上升沿微分。

表 6-1　输入中断时 N、S 的作用

<table>
<tr><th rowspan="3">输入中断号</th><th rowspan="3">中断任务号</th><th colspan="2">上升沿微分或下降沿微分</th><th colspan="2">允许/禁止输入中断</th></tr>
<tr><th>N</th><th>S</th><th>N</th><th>S</th></tr>
<tr><th>输入中断号</th><th>执行条件</th><th>输入中断号</th><th>允许/禁止</th></tr>
<tr><td>输入中断 0</td><td>140</td><td>110（10）</td><td rowspan="8">#0000：
上升沿微分
#0001：
下降沿微分</td><td>100</td><td rowspan="8">#0000：允许中断
#0001：禁止中断
#0002：启动递减计数，允许中断
#0003：启动递增计数，允许中断</td></tr>
<tr><td>输入中断 1</td><td>141</td><td>111（11）</td><td>101</td></tr>
<tr><td>输入中断 2</td><td>142</td><td>112（12）</td><td>102</td></tr>
<tr><td>输入中断 3</td><td>143</td><td>113（13）</td><td>103</td></tr>
<tr><td>输入中断 4</td><td>144</td><td>114</td><td>104</td></tr>
<tr><td>输入中断 5</td><td>145</td><td>115</td><td>105</td></tr>
<tr><td>输入中断 6</td><td>146</td><td>116</td><td>106</td></tr>
<tr><td>输入中断 7</td><td>147</td><td>117</td><td>107</td></tr>
</table>

定时中断时，用 N 指定定时中断编号和启动方法（是复位启动还是非复位启动）；用 S 和 PLC 系统设定的“定时中断单位时间设定”来指定定时中断时间，见表 6-2。

表 6-2　定时器中断时 N、S 的作用

<table>
<tr><th colspan="2">操作数</th><th>操作数内容</th></tr>
<tr><td rowspan="2">N</td><td>14</td><td>复位启动（将内部时间值复位后，开始计时）</td></tr>
<tr><td>4</td><td>不复位启动（另外需要用 CLI 指令来设定初次中断开始时间）</td></tr>
<tr><td rowspan="2">S</td><td>0</td><td>禁止执行定时中断（内部计时器停止）</td></tr>
<tr><td></td><td>根据 PLC 系统的定时中断单位时间设定中断时间</td></tr>
</table>

在复位启动指定中，将使内部计时器的目前值复位后再开始计时，执行本指令后，将以用S指定的时间间隔启动定时中断任务。在不复位启动指定中，要另行通过CLI指令指定初次中断开始时间，在此基础上内部计时器的目前值将不会被清除，将延续前次启动时的值进行使用。因此，在没有使用CLI指令指定初次中断开始时间的情况下，本指令执行后，初次定时中断任务到结束的时间无法确定。

三、中断的应用

1. 输入中断的设置步骤

1）选择输入中断端。确定用作输入中断的输入点0.00，指定相应的任务号：中断任务140。

2）输入接线。在输入0.00处接上一个开关，用以模拟输入信号。

3）输入设置。单击“工程工作区”中的“设置”，在“PLC设定”对话框中选择“内置输入设置”，在该选项页面底部“中断输入”8个输入中，选“IN0”为“中断”输入，如图6-4所示。

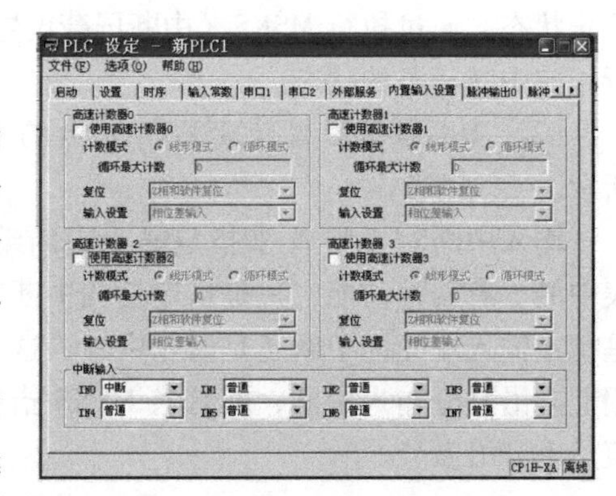

图6-4 选择中断输入

4）编写程序。在“新工程”的“程序”中插入“新程序2”，将“新程序2”的程序属性选择为“中断任务140（Int 140）”，如图6-5a所示。在“新程序1（00）”中编写的梯形图如图6-5b所示。在“新程序2（Int 140）”中编写的梯形图如图6-5c所示。

图6-5b中第1个MSKS指令指定输入中断0，上升沿微分输入；第2个MSKS指令允许输入中断0输入，启用输入中断（直接模式）。因为执行一次MSKS指令即可启用设定，所以采用微分指令的方式执行。

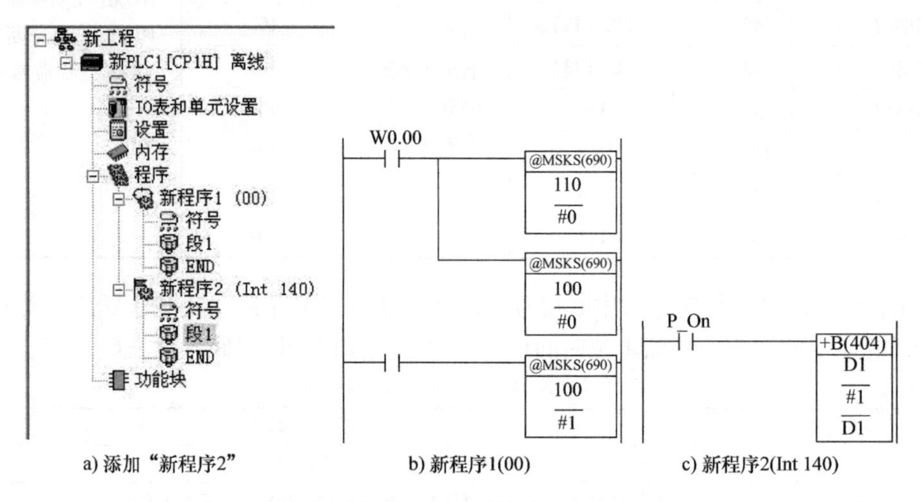

图6-5 输入中断的编程

5）传送到PLC。将“程序”和“设置”传送到PLC。

6）设置生效。关闭 PLC，再重新启动，让设置生效。

7）运行程序。在运行模式下，若 W0.00 闭合一次，即启动输入中断模式，每当输入 0.00 端有一个上升沿脉冲输入时，立即转去执行“中断任务 140”，使 D1 内容加 1；若 W0.01 闭合一次，即禁止输入中断模式，当 0.00 有输入时，D1 的值没有变化。

说明：如果将新程序 1（00）第一条梯形图中的@ MSKS 100 #0 改为@ MSKS 100 #3，同时在 A532CH 中写入#0008，则成为计数中断模式。A532CH 中写入#0008 表示计数中断模式时计数器的设定值为 8 次，@ MSKS 100 #3 对照表 6-1，表示“启动递增计数，允许中断”。请读者不妨一试。

2. 间隔定时器中断设置步骤

1）定时间隔设置。首先双击 CX－P 编程软件界面中的“设置”，选择“PLC 设定”对话框中的“时序”选项卡，如图 6-6 所示，设置“定时中断间隔”为 1.0ms。

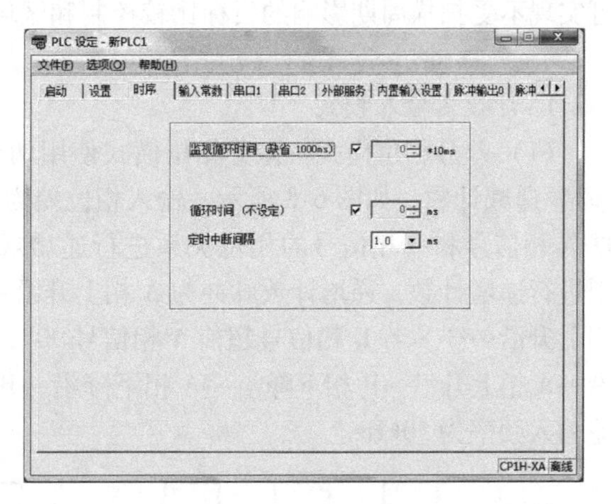

图 6-6　定时间隔设置

2）编写程序。在“新工程”的“程序”中插入“新程序 2”，将“新程序 2”的程序属性选择为“中断任务 02（间隔定时器 0）”，如图 6-7a 所示。在“新程序 1（00）”中编写的梯形图如图 6-7b 所示，在“新程序 2（Int 02）”中编写的梯形图如图 6-7c所示。

3）传送和运行。将“程序”和“设置”传送到 PLC，并运行程序，若输入 0.05 得到一个上升沿脉冲，即启动重复中断模式（间隔时间为：1000 × 1.0ms = 1000ms），每 1s 时间到，转去执行“中断任务 02”，使 D1 内容加 2，若 0.06 得到一个上升沿脉冲，间隔定时器中断停止。

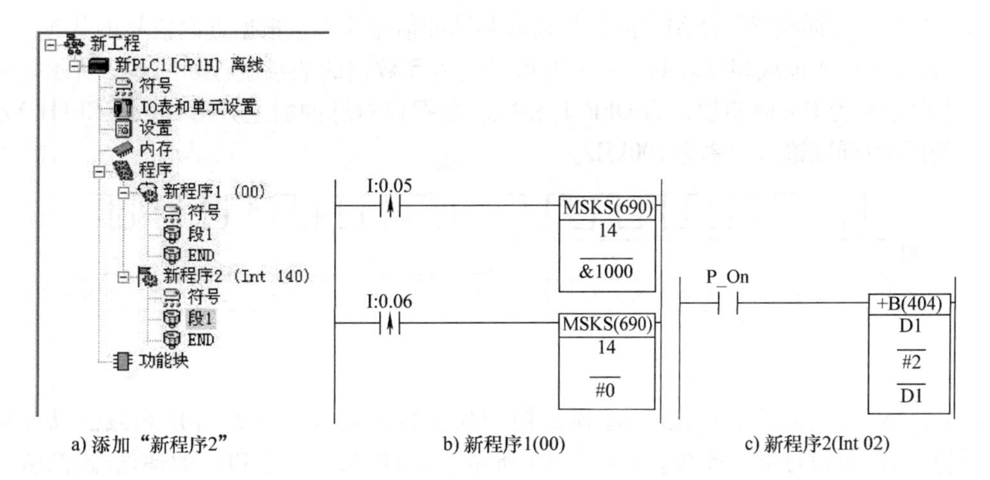

a) 添加“新程序2”　　b) 新程序1(00)　　c) 新程序2(Int 02)

图 6-7　间隔定时器中断的编程

第三节 高速计数功能

普通计数器对外部事件计数的频率受扫描周期及输入滤波器时间常数限制，其计数最高频率小于50Hz。PLC具有高速计数器功能，它的计数频率不受两者的影响，CPM1A型单相最高计数频率可达5kHz，CP1H型单相最高计数高达1MHz。

高速计数器主要有递增计数和增减计数两种计数模式；有Z相信号+软件复位和软件复位两种复位方式；有目标比较中断和区域比较中断两种中断功能，与中断功能一起使用，可实现不受扫描周期影响的目标比较控制和区域比较控制。

一、高速计数器的计数功能

1. 计数器输入模式

（1）差分相位模式　差分相位模式使用两个相位信号，并根据这两个信号的状态进行递增/递减计数，如图6-8所示。输入相位差为90°的两相计数脉冲信号（A相、B相），根据A相信号和B相信号的相位关系进行递增或递减计数。若A相信号超前B相信号90°，则进行递增计数，递增计数脉冲为A相上升沿→B相上升沿→A相下降沿→B相下降沿→A相上升沿……。若B相信号超前A相信号90°，则进行递减计数，递减计数脉冲为B相上升沿→A相上升沿→B相下降沿→A相下降沿→B相上升沿……。CP1H X/XA型PLC的相位差输入频率为50kHz。

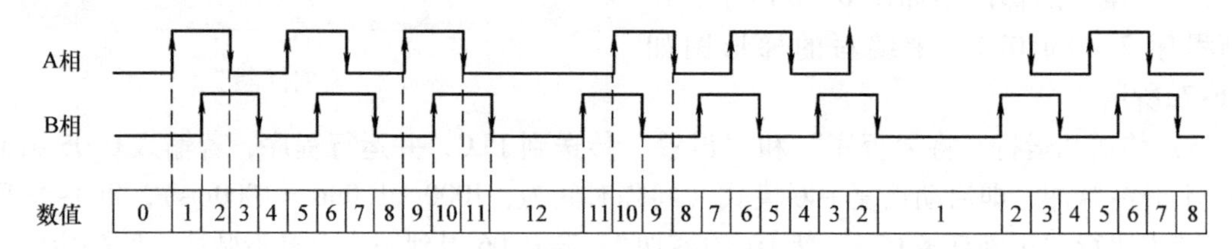

图6-8　差分相位模式

（2）脉冲+方向模式　使用方向信号输入和脉冲信号输入，根据方向信号的状态（OFF或ON）将计数值相加或相减。脉冲+方向信号输入和数据的加减过程如图6-9所示。从图中看出方向信号为ON时相加，为OFF时相减。数据仅对脉冲的上升沿计数。CP1H X/XA型PLC的递增/递减输入频率为100kHz。

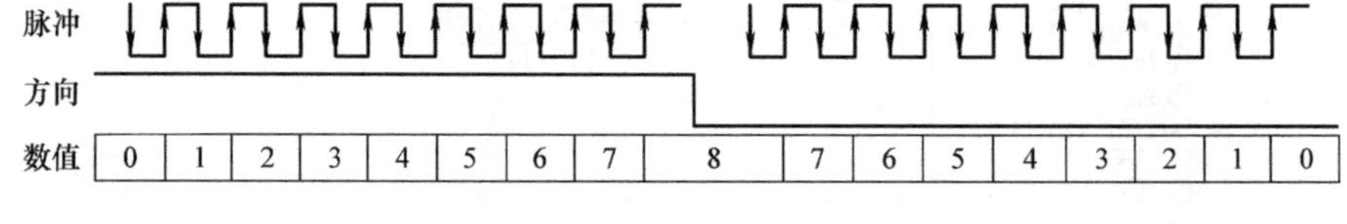

图6-9　脉冲+方向模式

（3）递增/递减模式　递增/递减模式使用加法脉冲输入（上升沿）和减法脉冲输入（上升沿）这两个信号进行计数。如图6-10所示。CP1H X/XA型PLC的递增/递减输入频率为100kHz。

（4）增量模式　增量模式对单相脉冲信号输入计数，仅进行增量计数，如图6-11所示。CP1H X/XA型PLC的输入频率为100kHz。

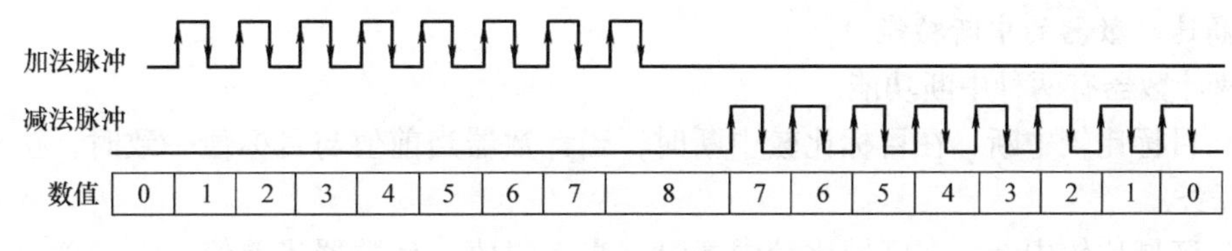

图 6-10　递增/递减模式

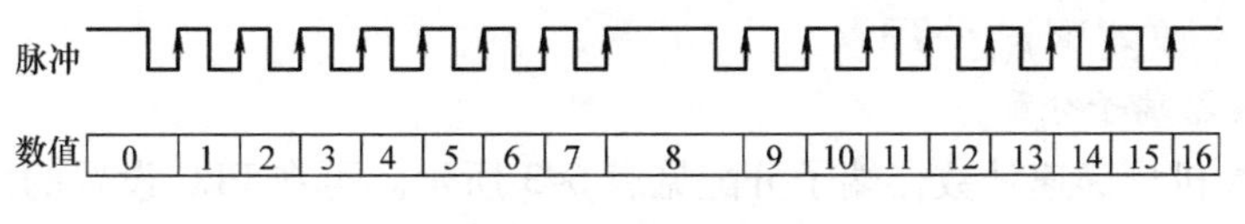

图 6-11　增量模式

2. 计数类型

（1）线性计数　可在上/下限之间的范围内对输入脉冲进行计数。如果脉冲计数超出上/下限，则将发生上溢/下溢错误并停止计数。增量模式的上限为 FFFFFFFFhex（$2^{32}-1$）；递增/递减模式的下限值为 80000000hex（－2147483648），上限值为 7FFFFFFFhex（2147483647）。

（2）循环（环形）计数　在设定范围内对输入脉冲进行循环计数。循环过程如下：如果增量计数值达到环形计数最大值，则计数值将自动复位为 0 后再继续增量计数。如果减量计数值达到 0，则计数值将自动置为环形计数最大值后再继续减量计数。因此，在环形计数下不会发生计数上溢/下溢错误。

在 PLC 设置中设定“环形计数最大值”，该值即为输入脉冲计数范围的最大值。环形计数最大值的设定范围为 00000001 ~ FFFFFFFF hex（$1 \sim 2^{32}-1$）。

3. 复位方式

（1）Z 相信号 + 软件复位　高速计数器复位位为 ON 的状态下，Z 相信号（复位输入）从 OFF→ON 时，将高速计数器当前值（PV）复位。此外，由于复位标志为 ON，每个周期仅可在公共处理中判别（即复位标志必须在一个扫描周期的公共处理阶段时为 ON），因此在梯形图程序内发生 OFF→ON 的情况下，从下一周期开始 Z 相信号转为有效，如图6-12 所示。

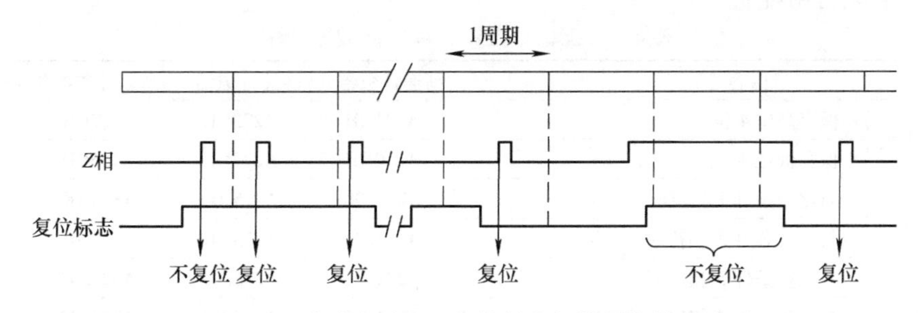

图 6-12　复位标志、Z 相信号和扫描周期的关系

（2）软件复位　当相应高速计数器的复位位从 OFF 置 ON 时，将对高速计数器的当前值（PV）复位。

4. 高速计数器的中断功能

高速计数器有两种中断功能。

（1）目标比较中断　在目标比较中断时，当计数器当前值与目标值一致时，执行指定的中断任务。

（2）区域比较中断　在区域比较中断时，当下限值 < 计数器当前值 < 上限值时，执行指定的中断任务。

二、高速计数器区域分配

1. 高速计数器端子分配

CP1H X/XA 机型高速计数器端子分配见表 6-3 所示。可在 PLC 设置的内置输入选项卡中将 CPU 单元内置输入设定为高速计数器输入。当输入被设定为高速计数器输入时，相应的字和位不可用于普通输入、输入中断或快速响应输入。

表 6-3　CP1H X/XA 机型高速计数器的端子分配

输入端子	通用输入	高速计数器输入
0.00	通用输入 0	
0.01	通用输入 1	高速计数器 2（Z 相/复位）
0.02	通用输入 2	高速计数器 1（Z 相/复位）
0.03	通用输入 3	高速计数器 0（Z 相/复位）
0.04	通用输入 4	高速计数器 2（A 相/加法/计数输入）
0.05	通用输入 5	高速计数器 2（B 相/减法/方向输入）
0.06	通用输入 6	高速计数器 1（A 相/加法/计数输入）
0.07	通用输入 7	高速计数器 1（B 相/减法/方向输入）
0.08	通用输入 8	高速计数器 0（A 相/加法/计数输入）
0.09	通用输入 9	高速计数器 0（B 相/减法/方向输入）
0.10	通用输入 10	高速计数器 3（A 相/加法/计数输入）
0.11	通用输入 11	高速计数器 3（B 相/减法/方向输入）
1.00	通用输入 12	高速计数器 3（Z 相/复位）

2. 高速计数器的辅助区数据分配

高速计数器的辅助区数据分配见表 6-4。表中对 4 个高速计数器的各标志作了分配，这是固定的，不能自由配置。

表 6-4　高速计数器的辅助区数据分配

内容		高速计数器 0	高速计数器 1	高速计数器 2	高速计数器 3
当前值保存区域	保存高位 4 位	A271CH	A273CH	A317CH	A319CH
	保存低位 4 位	A270CH	A272CH	A316CH	A318CH
区域比较一致标志	与比较条件 1 相符时为 ON	A274.00	A275.00	A320.00	A321.00
	与比较条件 2 相符时为 ON	A274.01	A275.01	A320.01	A321.01
	与比较条件 3 相符时为 ON	A274.02	A275.02	A320.02	A321.02
	与比较条件 4 相符时为 ON	A274.03	A275.03	A320.03	A321.03
	与比较条件 5 相符时为 ON	A274.04	A275.04	A320.04	A321.04
	与比较条件 6 相符时为 ON	A274.05	A275.05	A320.05	A321.05
	与比较条件 7 相符时为 ON	A274.06	A275.06	A320.06	A321.06
	与比较条件 8 相符时为 ON	A274.07	A275.07	A320.07	A321.07

（续）

内容		高速计数器 0	高速计数器 1	高速计数器 2	高速计数器 3
比较动作中标志	与比较条件实行中为 ON	A274.08	A275.08	A320.08	A321.08
溢出/下溢标志	线性计数，当前值溢出或下溢时为 ON	A274.09	A275.09	A320.09	A321.09
计数方向标志	0：减法计数时　1：加法计数时	A274.10	A275.10	A320.10	A321.10
复位标志	用于当前值的软复位	A531.00	A531.01	A531.02	A531.03
高速计数器选通	选通标志为 ON，禁止脉冲输入计数	A531.08	A531.09	A531.10	A531.11

三、高速计数器的相关指令

与高速计数器有关的指令有比较表登录（CTBL）指令、操作模式控制（INI）指令和当前值读出（PRV）指令 3 条。

1. 比较表登录指令

高速计数器进行目标比较和区域比较时，需先登录比较表，然后再进行比较。比较表登录（CTBL）指令的名称、梯形图符号、功能和操作数见表 6-5。

表 6-5　CTBL 指令

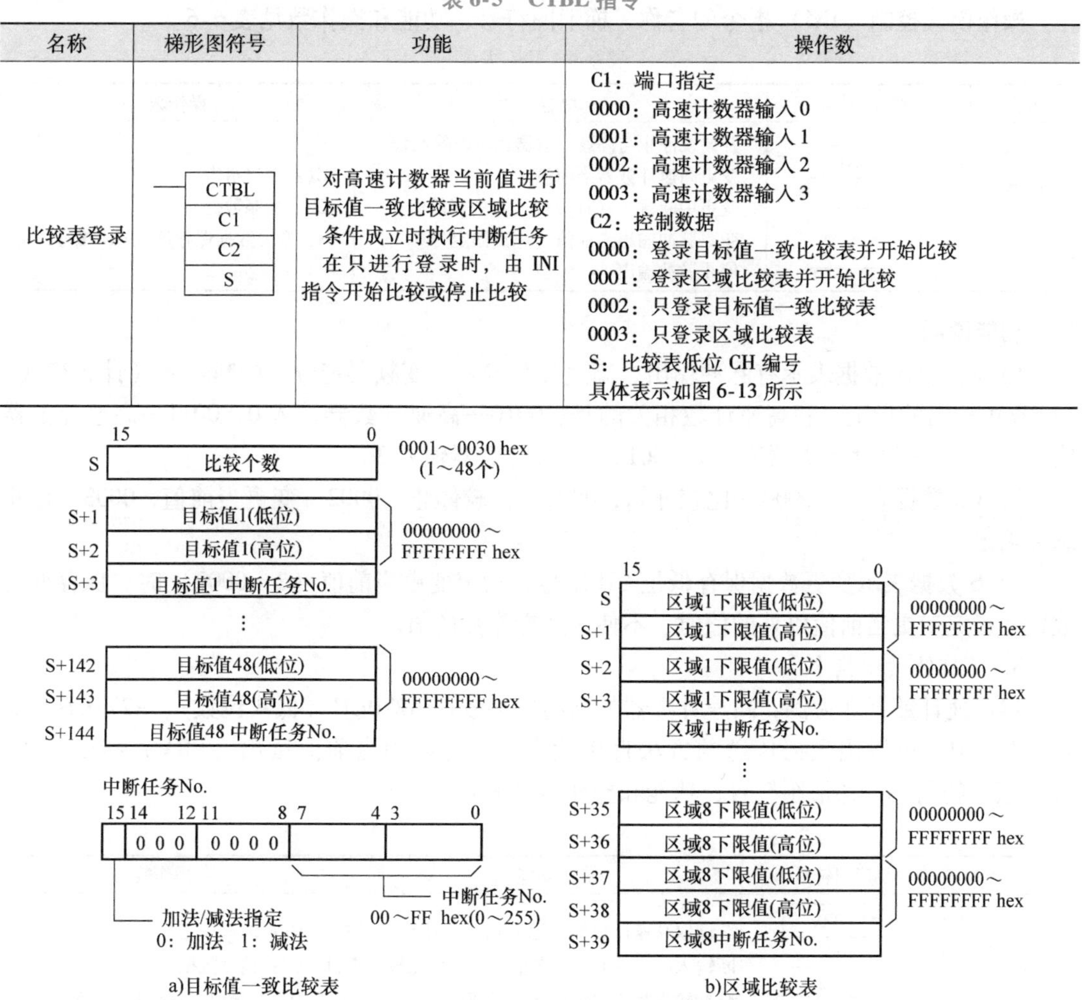

名称	梯形图符号	功能	操作数
比较表登录	CTBL / C1 / C2 / S	对高速计数器当前值进行目标值一致比较或区域比较条件成立时执行中断任务 在只进行登录时，由 INI 指令开始比较或停止比较	C1：端口指定 0000：高速计数器输入 0 0001：高速计数器输入 1 0002：高速计数器输入 2 0003：高速计数器输入 3 C2：控制数据 0000：登录目标值一致比较表并开始比较 0001：登录区域比较表并开始比较 0002：只登录目标值一致比较表 0003：只登录区域比较表 S：比较表低位 CH 编号 具体表示如图 6-13 所示

图 6-13　操作数 S 的指定

功能说明：

1）由C1指定端口，由C2指定方式，开始执行与高速计数器当前值进行比较表的登录和比较。在登录不同的表或者CPU切换“程序”模式之前，已经登录的表一直有效。

2）指定目标值一致比较表时，根据S值，有1～48个比较个数；指定区域比较表时，根据S的值，必须设置8个比较区域。

3）只要执行一次CTBL指令，就立即开始进行比较动作，所以常用输入微分型指令驱动。

4）产生中断时，若程序在比较表中指定没有登录的中断任务No.，会出现错误（运行停止异常）。

5）若要停止比较动作，不管是使用CTBL指令开始进行比较时，还是用INI指令开始进行比较时，都要使用INI指令停止比较动作。

6）中断任务No.0～No.255。加法指定时，最高位为0（0000～00FFhex）；减法指定时，最高位为1（8000～80FFhex）。

2. 操作模式控制指令

操作模式控制（INI）指令的名称、梯形图符号、功能和操作数见表6-6。

表6-6 INI指令

名称	梯形图符号	功能	操作数
操作模式控制	INI C1 C2 S	开始或停止与高速计数器比较表的比较 变更高速计数器当前值 变更中断输入（计数模式）的当前值 变更脉冲输出当前值（原点固定为0） 停止脉冲输出	C1：端口指定 C2：控制数据 S：变更数据保存低位CH编号

功能说明：

1）其中C1数据表示有脉冲输出、高速计数输入、变频器定位、中断输入（计数模式）和PWM输出的指定。和高速计数相关的是：0010—高速计数器输入0，0011—高速计数器输入1，0012—高速计数器输入2，0013—高速计数器输入3。

2）C2数据表示：0000—比较开始，0001—比较停止，0002—变更当前值，0003—停止脉冲输出。

3）S数据表示变更数据保存低位CH编号，指定变更当前值（2＝0002）时，保存变更数据，指定变更当前值以外的值时，不使用此操作数的值。

3. 当前值读出指令

以高速计数器0为例，高速计数器的当前值存放在A270CH（低4位数）、A271CH（高4位数）中，可以用数据传送的方法直接读出，也可以用当前值读出（PRV）指令读出。PRV指令的名称、梯形图符号、功能和操作数见表6-7。

表6-7 PRV指令

名称	梯形图符号	功能	操作数
当前值读出	PRV C1 C2 D	读取高速计数器、脉冲输出、计数模式中断输入的当前值，状态信息，区域比较结果，脉冲输出频率和高速计数器频率	C1：端口指定 C2：控制数据 D：当前值保存低位CH编号

功能说明：

1）C1 数据表示有脉冲输出、变频器定位、偏差计数器、中断输入（计数模式）和 PWM 输出。和高速计数相关的是：0010—高速计数器输入 0，0011—高速计数器输入 1，0012—高速计数器输入 2，0013—高速计数器输入 3。

2）C2 和高速计数相关的表示有：0000—读取当前值，0001—读取状态，0002—读取区域比较结果。

四、高速计数器使用举例

高速计数器的使用通常按：选择高速计数器 0～3→选择脉冲输入及复位方法和计数范围→选择中断类型→输入接线→PLC 设置的设定→程序编写的步骤完成，现通过一个例子来说明。

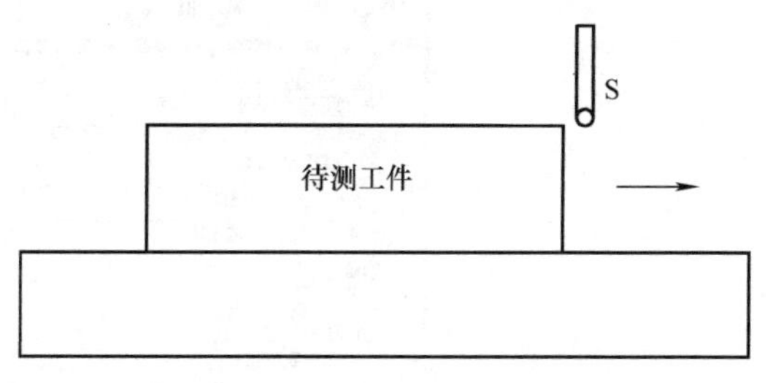

图 6-14　工件长度测量示意图

如图 6-14 所示，待测工件置于平台上，电动机的转动通过机械装置转换为平台的平行移动，由平台带动工件移动；旋转编码器和电动机同轴转动，产生和平台移动成正比的电脉冲信号输出；输出脉冲接入 PLC 高速计数器的输入端，通过计数脉冲数来间接测量待测工件的长度。传感器检测工件的两端面，当工件的前端面进入传感器检测区时，传感器 S 输出信号由 OFF→ON，可作为计数开始信号；当工件的后端面离开传感器检测区时，传感器输出信号由 ON→OFF，可作为计数结束信号。

1. 设计思路

1）根据计算，将长度折算成脉冲数（假设在 30000～30030 为正常），通过脉冲输入的计数，执行工件尺寸的检查。

2）考虑到工件在前进的过程中可能回走或抖动，为了提高测量精度，采用差分相位输入，指定高速计数器 0。

3）当工件前端面经过时，通过传感器检测触发 0.03，使高速计数器当前值复位，同时登陆比较表并开始计数。

4）采用区域比较中断，中断任务 10 处理 <30000 的情况，中断任务 11 处理在 30000～30030 的情况，中断任务 12 处理 >30030 的情况。

5）在合格品的情况下，将 100.00 置 ON，使 HL1 灯亮；在不合格品的情况下，将 100.01 置 ON，使 HL2 灯亮。

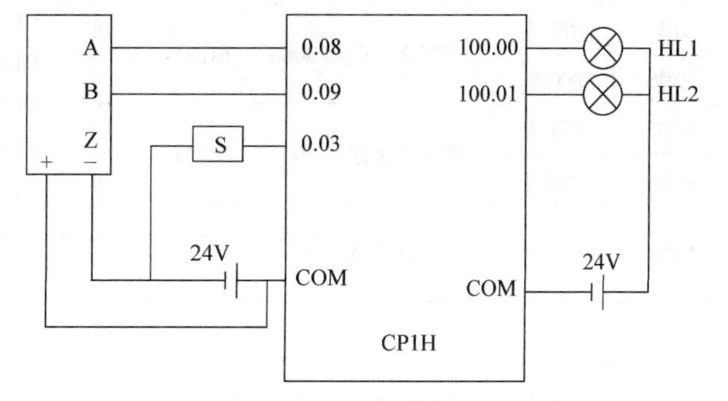

图 6-15　PLC 外围接线

2. 外围接线

外围接线如图 6-15 所示，图中 S 为工件顶端面检测传感器。

3. PLC 系统设定

在 PLC 系统设置的“内置输入设置”中将“高速计数器 0”设定为“使用”。项目设定内容为：线性计数、Z 相和软件复位、相位差输入，如图 6-16 所示。

4. 比较表设计

本控制程序采用区域比较一致，中断处理的方法编写。区域比较时的比较表设计见表6-8，指定区域比较表时必须指定8个区域，为40 CH 的固定长度，设定值不满8个时，将FFFF指定为中断任务号。

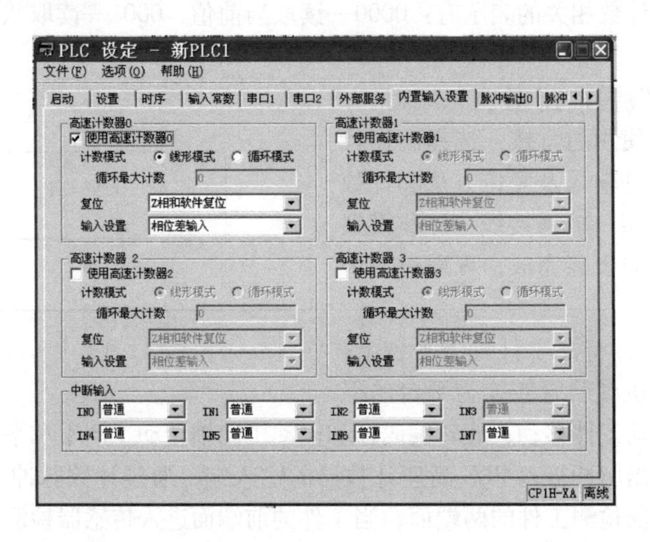

图6-16 高速计数器设置

表6-8 区域比较表

地址	数据	内容	地址	数据	内容
D100	#0001	区域1下限值1（BCD）	D110	#754F	区域3下限值30001（BCD）
D101	#0000		D111	#0000	
D102	#752F	区域1上限值29999（BCD）	D112	#754E	区域3上限值40000（BCD）
D103	#0000		D113	#9C40	
D104	#000A	中断任务No. 10	D114	#000C	中断任务No. 12
D105	#7530	区域2下限值30000（BCD）	D115～D118 D120～D123 D125～D128 D130～D133 D135～D138	全部 #0000	区域4～8的上限/下限数据（因不使用，无须设定）
D106	#0000				
D107	#754E	区域2上限值30030（BCD）			
D108	#0000				
D109	#000B	中断任务No. 11	D119、D124、D129、D134、D139	#FFFF	区域4～8第5个字的数据为FFFF

5. 程序设计

程序设计如图6-17所示，说明如下：

1）0.03是传感器输入，当有工件时为ON，无工件时为OFF。当工件端面未进入传感器检测范围时，0.03为OFF，复位标志A531.00为ON。

2）在主程序中，当工件端面进入传感器检测范围时，首先以Z相信号+软件复位的方式复位计数器0，然后登陆比较表并开始比较，比较结果由中断任务10、11、12处理。

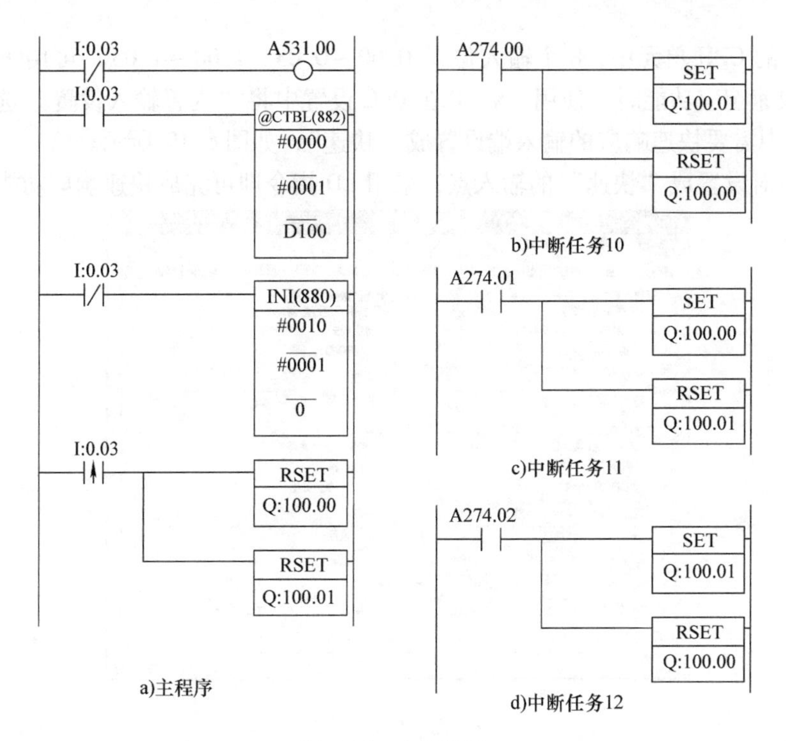

图 6-17　程序设计

3）区域 1、2、3 比较一致的标志为 A274. 00、A274. 01、A274. 02。比较结果在区域 1、3 时置位 100. 01；比较结果在区域 2 时置位 100. 00。

4）当工件端面走出传感器检测范围时，由 INI 指令停止比较。

第四节　快速响应功能

由于 PLC 采用循环扫描的工作方式，影响了输出对输入的响应速度，在特殊的情况下，一些瞬间的输入信号会被遗漏。为了防止这种现象出现，在 PLC 中设计了快速响应功能，快速响应功能可以不受扫描周期的影响，随时接收瞬间的输入脉冲。CPM1A 最小脉冲宽度为 0. 2ms，CP1H 最小脉冲宽度为 30μs。由于快速响应的内部具有缓冲，可将瞬间脉冲记忆下来，并在规定的时间响应它，所以能够读取一个扫描周期内变化的信号。下面以 CP1H 为例介绍快速响应功能，如图 6-18 所示。

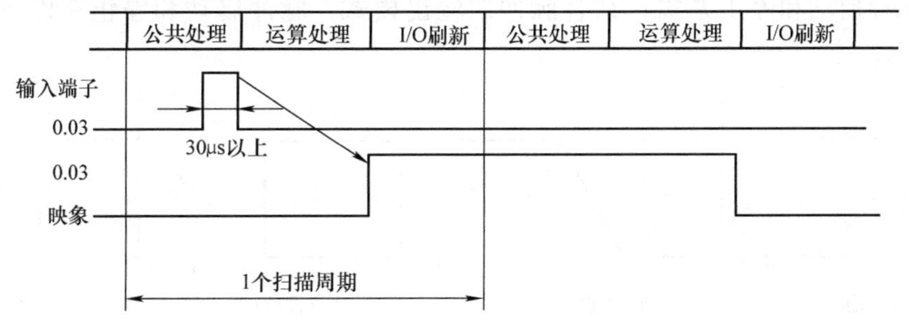

图 6-18　快速响应功能

在 CP1H 的 CPU 单元中，8 个输入位（0.00～0.03、1.00～1.03）可用于快速响应输入。在使用快速响应功能时，使用 CX－P 在 PLC 设置中将“内置输入设置”选项卡下部的“中断输入”中需要快速响应的输入端设置成“快速”，如图 6-19 所示。

在程序中对设置成“快速”的输入点，采用 LD 指令即可完成快速响应功能。

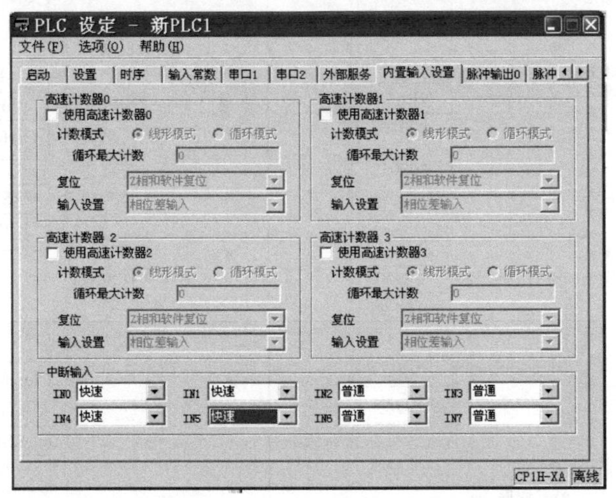

图 6-19 输入端快速响应设置

第五节 脉冲输出功能

PLC 晶体管输出型单元一般都具有脉冲输出功能，如 CPM1A 能从 10.00 或 10.01 输出一个频率为 20Hz～2kHz 的脉冲，CP1H X 型能输出 4 轴 100kHz 的脉冲（Ver. 1.1 以上），Y 型能输出 2 轴 1MHz、2 轴 100kHz 的脉冲。脉冲输出主要用于控制步进电动机或伺服电动机等需要脉冲驱动的设备。下面以 CP1H 为例介绍 PLC 的脉冲输出功能。

一、脉冲输出功能简介

（1）脉冲输出类型　脉冲输出有连续输出和独立输出两类。在连续输出时，由指令控制输出脉冲频率、开始和停止；在独立输出时，当输出的脉冲数达到指定值（1～2147483647）时，输出脉冲停止。

（2）脉冲输出模式　脉冲输出有 CW/CCW 输出和脉冲＋方向输出两种模式，通过指令操作数选定输出模式。脉冲输出 0 和 1 必须使用相同的输出模式。

（3）脉冲启动和停止方式　结合脉冲的输出模式，脉冲启动和停止有以下方式，如图 6-20 所示。

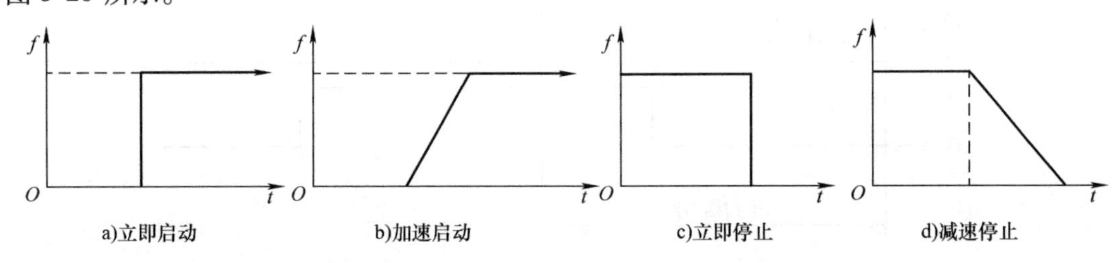

图 6-20 脉冲启动和停止方式

（4）原点搜索原点返回功能　随着电动机运转，原点搜索功能通过原点输入信号、原点接近输入信号、CW/CCW 限位输入信号三种位置输入信号来定义机器原点。

二、脉冲输出/输入端子分配

步进电动机驱动器的控制信号由 PLC 提供，CP1H 脉冲输出的分配端子见表 6-9 左侧，为了配合原点搜索和原点返回功能，对应的原点输入信号分配见表 6-9 右侧。

表 6-9　CP1H 脉冲输出/输入的分配端子

输出			输入	
端子号	脉冲输出号（脉冲＋方向）	脉冲输出号（CW/CCW）	端子号	脉冲输出号：输入信号
100.00	脉冲 0（脉冲）	脉冲 0（CW）	0.00	脉冲 0：原点信号
100.01	脉冲 1（脉冲）	脉冲 0（CCW）	0.01	脉冲 0：原点接近信号
100.02	脉冲 0（方向）	脉冲 1（CW）	0.02	脉冲 1：原点信号
100.03	脉冲 1（方向）	脉冲 1（CCW）	0.03	脉冲 1：原点接近信号
100.04	脉冲 2（脉冲）	脉冲 2（CW）	1.00	脉冲 2：原点信号
100.05	脉冲 2（方向）	脉冲 2（CCW）	1.01	脉冲 2：原点接近信号
100.06	脉冲 3（脉冲）	脉冲 3（CW）	1.02	脉冲 3：原点信号
100.07	脉冲 3（方向）	脉冲 3（CCW）	1.03	脉冲 3：原点接近信号

从表中看出，为适应单脉冲（脉冲＋方向）和双脉冲（CW/CCW）两种不同的输出模式，CP1H 提供了从脉冲输出 0 到脉冲输出 3，共 4 组不同方式的输出。如对于脉冲输出 0，在单脉冲模式时，100.00 输出脉冲信号，100.02 输出方向信号，在双脉冲模式时，100.00 输出 CW 信号，100.01 输出 CCW 信号。

三、脉冲输出的相关指令

脉冲输出功能主要由设置脉冲（PULS）指令和速度输出（SPED）指令控制，PULS、SPED 指令的名称、梯形图符号、功能和操作数见表 6-10。

表 6-10　PULS、SPED 指令

名称	梯形图符号	功能	操作数		
			端口指定 C1	控制数据 C2	S
设置脉冲	PULS C1 C2 S	由 C1 指定端口，由 C2 指定是相对脉冲还是绝对脉冲，由 S 指定脉冲输出量	0000：脉冲输出 0 0001：脉冲输出 1 0002：脉冲输出 2 0003：脉冲输出 3	0000： 相对脉冲指定 0001： 绝对脉冲指定	脉冲输出量设定低位 CH 编号
速度输出	SPED C1 C2 S	由 C1 指定端口中，由 C2 指定脉冲输出方式，由 S 指定脉冲频率	0000：脉冲输出 0 0001：脉冲输出 1 0002：脉冲输出 2 0003：脉冲输出 3	如图 6-21 所示	目标频率低位 CH 编号

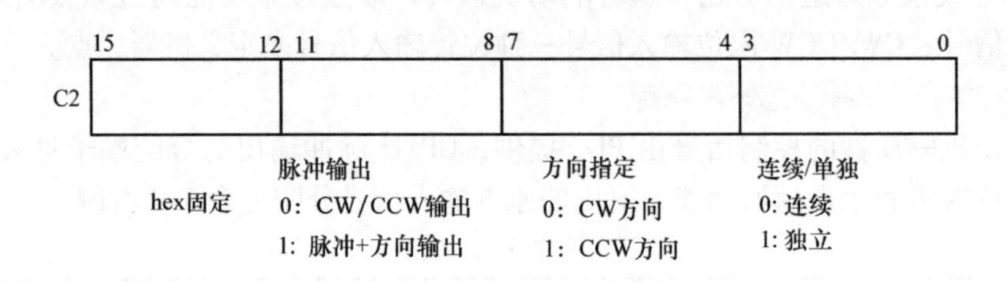

图 6-21 SPED 指令 C2 的表示

说明：

1）执行一次 SPED 指令时，通过指定的条件，立即执行脉冲输出，常采用微分指令。

2）在同时输出脉冲 0 和脉冲 1 时，要采用相同的方式。

3）当脉冲正在输出时，不能用 PULS 指令改变输出脉冲数，但可用 SPED 指令改变脉冲输出的频率。

4）在连续模式下，可使用 SPED 指令（设定目标频率 S 为 0）、或用 INI 指令两种方法来停止脉冲输出。

四、脉冲输出的应用

最简单的固定脉冲数输出控制实例如下：

（1）控制要求　按下 SB1（0.01），步进电动机以 60r/min 的速度正向转动 60 圈；正转结束后，按下 SB2（0.02），步进电动机以 60r/min 的速度反向转动 60 圈；在运行过程中按下 SB3（0.03），步进电动机停止运行；在正转过程中按下反转按钮无效，反之亦然。固定脉冲数输出控制时序图如图 6-22 所示。

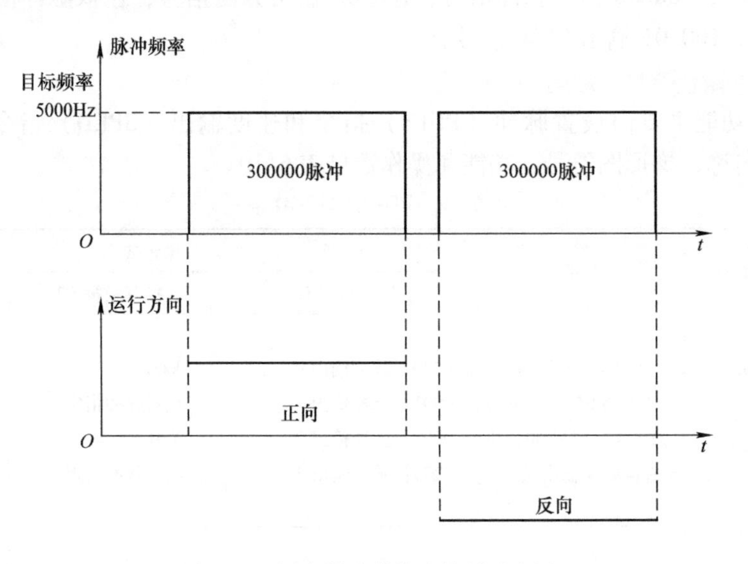

图 6-22 固定脉冲数输出控制时序图

（2）脉冲频率和脉冲数计算　假设驱动器细分设定为 $s=5000$ 步/转时，如果转速 n 是 60r/min（转/分），则要求脉冲频率为：$f=n/60\times s=60/60\times 5000\text{Hz}=5000\text{Hz}$。步进电动机转动圈 $N=60$，则所需脉冲数 S 为：$S=s\times N=5000\times 60=300000$。

(3) 控制程序 固定脉冲数输出控制程序如图 6-23 所示。

梯形图功能说明:

1) 0.01 由 OFF→ON 时，通过 PLUS 指令由相对脉冲指定将脉冲输出 0 的脉冲输出量设定为 300000，通过 SPED 指令设定为脉冲方式、正向、独立模式、目标频率 5000Hz。

2) 0.02 由 OFF→ON 时，通过 PLUS 指令由相对脉冲指定将脉冲输出 0 的脉冲输出量设定为 300000，通过 SPED 指令设定为脉冲方式、反向、独立模式、目标频率 5000Hz。

3) 0.03 由 OFF→ON 时，通过 SPED 指令设定为脉冲方式、正向、独立模式、目标频率 0Hz（步进电动机停止运行）。

4) A280.04：高速脉冲输出 0 的脉冲输出中标志位，在正向运行过程中使反转控制无效，反之亦然。

其他指令的详细说明请参看《编程手册》，控制实例可参看《可编程序控制器技术训练和拓展》(ISBN：978 - 7 - 111 - 34452 - 0)。

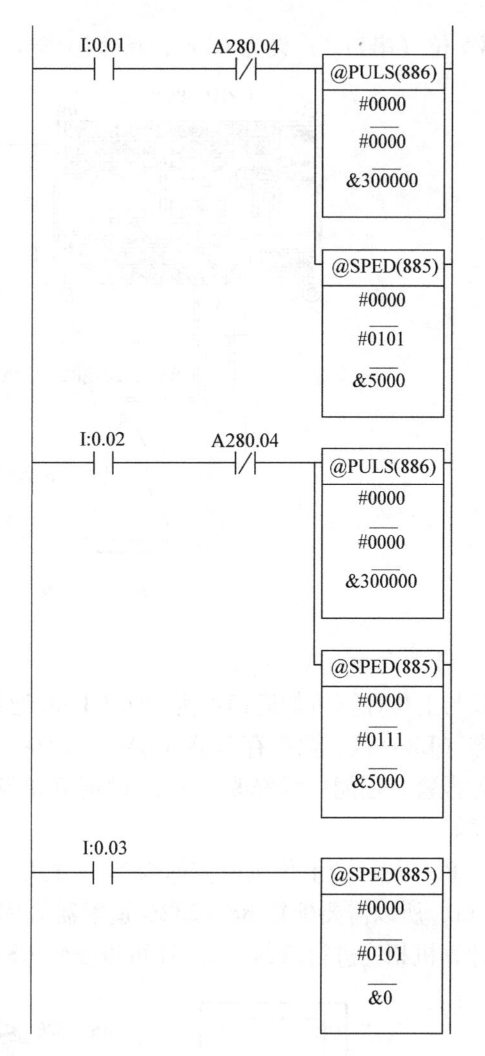

图 6-23 固定脉冲数输出控制程序

第六节 通信功能

当今的 PLC 都强调通信功能的设计，作为具有中型机系统的 CP1H 型 PLC，其通信功能更加强大，本节简略介绍各种通信功能，具体操作步骤细节参考《操作手册》。

一、无协议通信

无协议通信是指不需要通信协议和数据转换（例如无重试处理、数据类型转换处理或对应接收数据进行分支处理等）的通信，使用时必须在 PLC 设置中为无协议通信设定串行端口的通信模式，使用 TXD 或 RXD 指令与配备 RS - 232C 端口或 RS - 422A/485 端口的标准设备进行单方向数据收发，如图 6-24 所示。

为适应无协议通信，需对 CPU 单元的串口 1 或串口 2 进行通信设置，在“PLC 设定/串口 1 或串口 2/通信设置”中设为“RS - 232C”，CPU 单元前部的 DIP 开关的第 4 位（串口

1）或第5位（串口2）设为OFF，具体操作步骤细节参考《操作手册》。

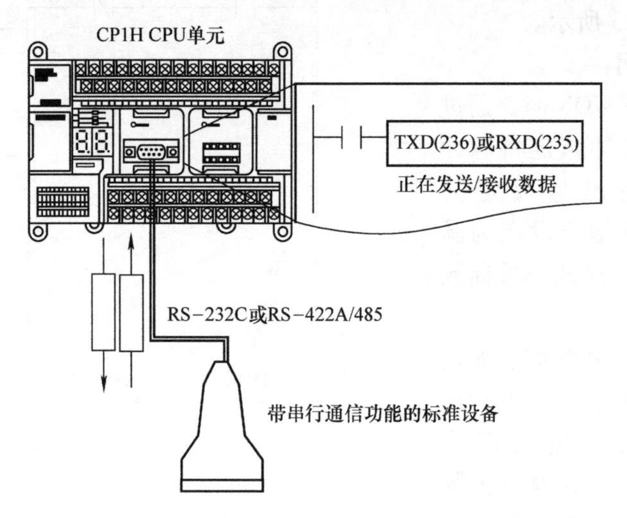

图6-24 无协议通信的连接

二、HOST Link 通信

PLC与上位计算机的通信称为HOST Link通信。HOST Link通信时上位机读取PLC的链接继电器（LR）区、数据存储器（DM）区及各种设定状态的信息，监视PLC的工作状态，进行故障报警，还能在线修改PLC的设定值和当前值，对PLC实行强迫复位、置位，读写PLC程序等。

一台PLC与一台上位机通信称为1∶1方式，其连接如图6-25所示。因为CPM1A没有RS232C口，所以需要配置RS－232C适配器CPM1－CIF01，并将模式开关设置到“HOST”，与上位计算机相连进行通信。CP1H可以安装RS－232C选件板或RS422选件板进行通信。

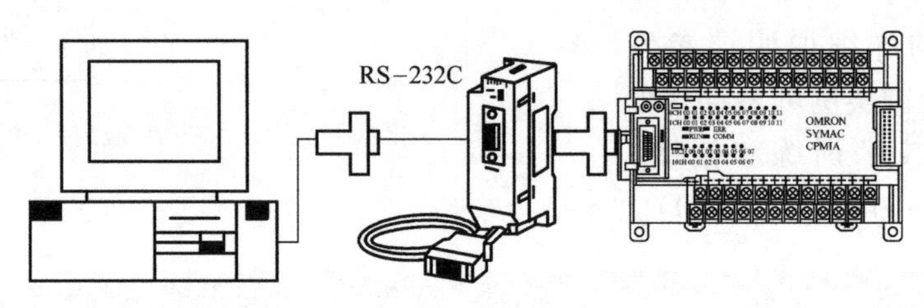

图6-25 CPM1A的HOST Link通信1∶1方式

一台上位机与多台PLC通信称为1∶N方式，其连接如图6-26所示。

为适应HOST Link通信，需对CPU单元的串口1或串口2进行通信设置，在“PLC设定/串口1或串口2/通信设置”中设为“HOST Link”，波特率数值为9600，具体操作步骤细节参考《操作手册》。

三、串行PLC链接

通过安装在CPU单元上的RS－422A/485或RS－232C选件板，可利用串行PLC链接在CP1H和CJ1M CPU单元间交换数据，而无需特殊编程。要启用该功能，需对CPU单元的串口1或串口2进行通信设置，在“PLC设定/串口1或串口2/通信设置”中设为“PC Link（主站）”或“PC Link（从站）”。

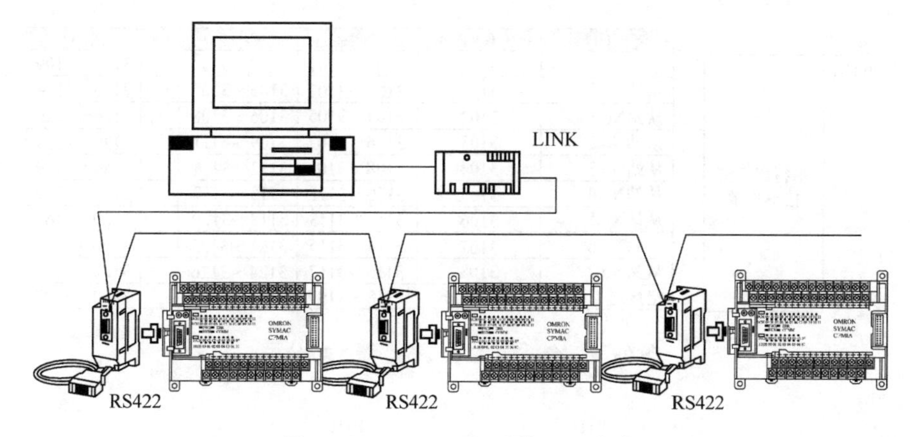

图 6-26　HOST Link 通信 1∶N 方式

1. 通信方式

PLC 与 PLC 之间的串行通信方式有两种，1∶N 和 1∶1 链接通信。1∶N 的链接通信的连接如图 6-27 所示，1∶1 进行链接通信的连接如图 6-28 所示。

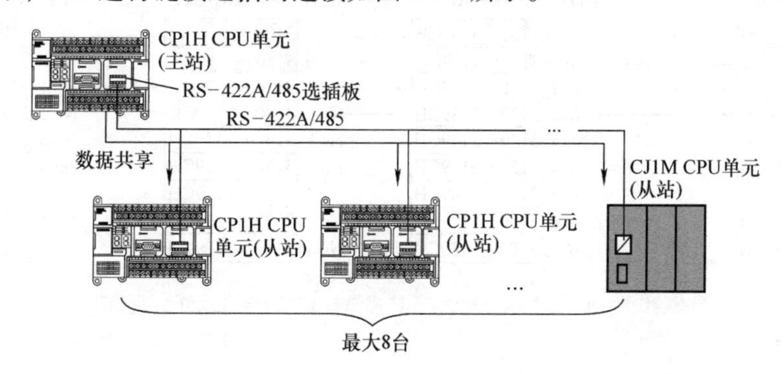

图 6-27　CP1H∶CP1H（或 CJ1M）= 1∶N（最大 8）的连接

2. 链接方式

作为数据的更新方式，有全站链接方式和主站链接方式两种。

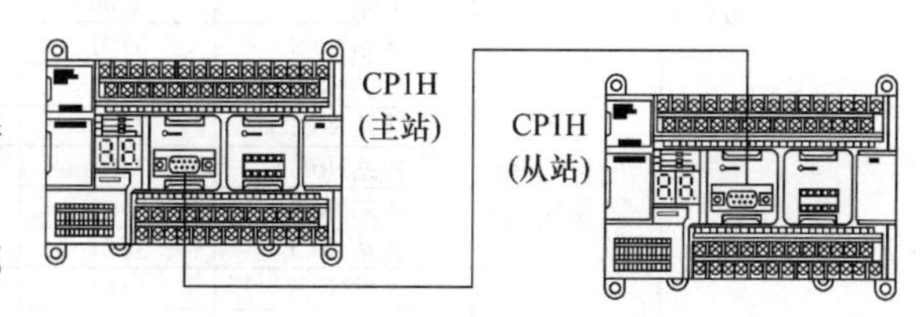

图 6-28　CP1H∶CP1H = 1∶1 的连接

（1）全站链接方式　主站、从站都反映所有的其他站的数据的方式。其串行链接继电器的地址分配如图 6-29 所示。图中反映了各站在分配了不同的继电器区域时所对应的通道地址，串行 PLC 链接继电器地址为 3100CH ~ 3199CH（每台最大 10CH）。

设定链接 CH 数 = 10CH 的情况时，全站链接方式链接继电器的地址分配实例如图 6-30 所示。

（2）主站链接方式　仅主站可反映所有的从站的数据，而从站仅反映主站的数据的方式。由于从站区域的地址都相同，因而具有参照数据的梯形图程序可以通用的优点。其串行链接继电器的地址分配如图 6-31 所示。

设定链接 CH 数等于最大，即 10CH 时，地址分配如图 6-32 所示。主站 CP1H CPU 单元

地址 3100 CH — 串行PLC链接继电器 — 3199 CH

链接CH数	1CH	2CH	3CH	…	10CH
主站	3100	3100～3101	3100～3102		3100～3109
从站No.0	3101	3102～3103	3103～3105		3110～3119
从站No.1	3102	3104～3105	3106～3108		3120～3129
从站No.2	3103	3106～3107	3109～3111		3130～3139
从站No.3	3104	3108～3109	3112～3114		3140～3149
从站No.4	3105	3110～3111	3115～3117		3150～3159
从站No.5	3106	3112～3113	3118～3120		3160～3169
从站No.6	3107	3114～3115	3121～3123		3170～3179
从站No.7	3108	3116～3117	3124～3126		3180～3189
空区域	3109～3199	3118～3199	3127～3199		3190～3199

图6-29 全站链接方式继电器区域分配

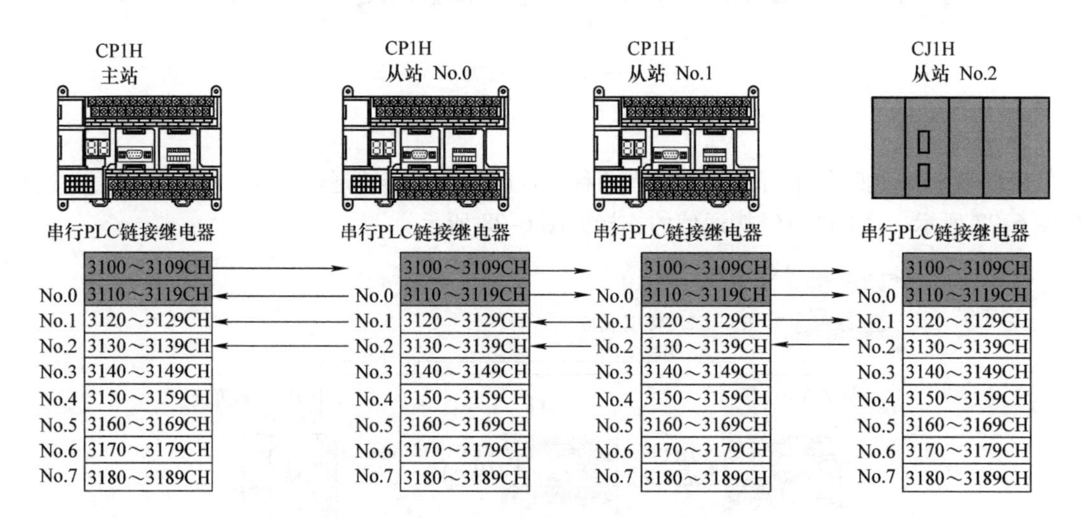

图6-30 10CH时，全站链接方式链接继电器的地址分配实例

地址 3100 CH — 串行PLC链接区 — 3199 CH

链接CH数	1CH	2CH	3CH	…	10CH
主站	3100	3100～3101	3100～3102		3100～3109
从站No.0	3101	3102～3103	3103～3105		3110～3119
从站No.1	3101	3102～3103	3103～3105		3110～3119
从站No.2	3101	3102～3103	3103～3105		3110～3119
从站No.3	3101	3102～3103	3103～3105		3110～3119
从站No.4	3101	3102～3103	3103～3105		3110～3119
从站No.5	3101	3102～3103	3103～3105		3110～3119
从站No.6	3101	3102～3103	3103～3105		3110～3119
从站No.7	3101	3102～3103	3103～3105		3110～3119
空区域	3102～3199	3104～3199	3106～3199		3120～3199

图6-31 主站链接方式串行链接继电器的地址分配

将其自身的3110CH～3119CH，以同时多址的形态，向所有从站CP1H CPU单元（或CJ1M CPU单元）的3100CH～3109CH发送数据；各从站CP1H CPU单元（或CJ1M CPU单元）将自身的3100CH～3109CH，按从站No.的顺序，每次10个CH，向主站的3110CH～3119CH、3120CH～3129CH、3130CH～3139CH发送数据。

四、1:*N* NT链接

CP系列能够使用1:*N* NT链接模式与PT（可编程终端）实现通信，如图6-33所示。

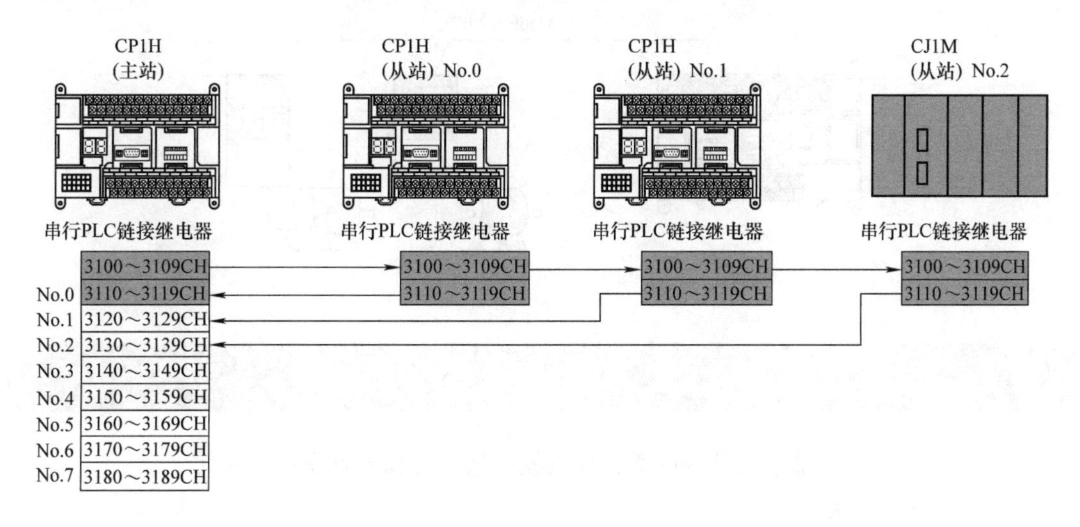

图 6-32　主站链接继电器的地址分配

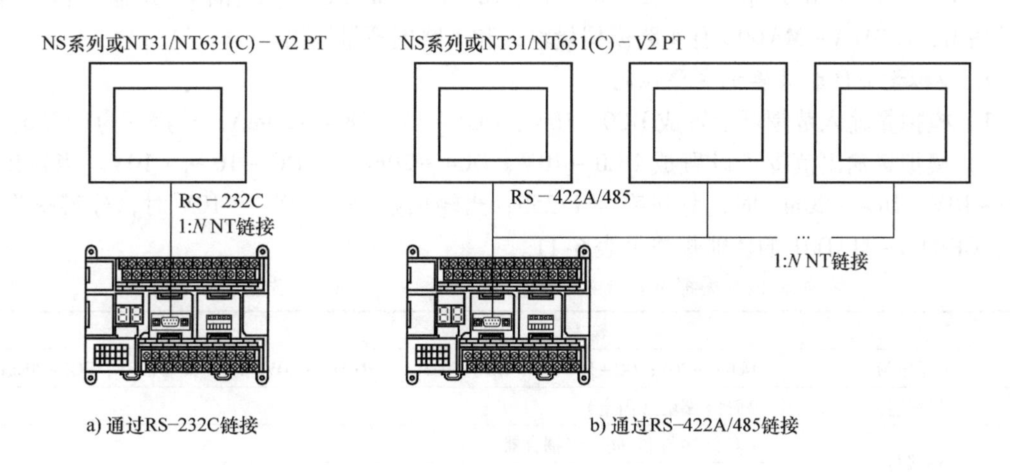

图 6-33　PT 的 1: N NT 链接

需对串口 1 或串口 2 进行通信设置，在“PLC 设定/串口 1 或串口 2/通信设置”中设为“NT Link（1: N）”，若使用串口 1，将 CPU 单元 DIP 开关第 4 位设为 ON；若使用串口 2，将 CPU 单元 DIP 开关第 5 位设为 ON，具体操作步骤细节参考《操作手册》。

五、Modbus－RTU 简易主站功能

如果使用 RS－232C 或 RS－422A/485 选件板，CP1H CPU 单元可作为 Modbus－RTU 主站工作，通过操纵软件开关来发送 Modbus－RTU 命令。这样即可通过串行通信轻松控制支持 Modbus 协议的从站（如变频器），如图 6-34 所示。如在 Modbus－RTU 简易主站的 DM 固定分配字中设定了 Modbus 从站设备的从站地址、功能和数据，则软件开关 ON 时即可发出 Modbus－RTU 指令。接收的响应也将被存储到 Modbus－RTU 简易主站的 DM 固定分配字中。DM 固定分配字详细见《操作手册》。

启用该功能时，需对串口 1 或串口 2 进行通信设置，在“PLC 设定/串口 1 或串口 2/通信设置”中设为“串口网关”，使用实例可见《可编程序控制器技术训练和拓展》。

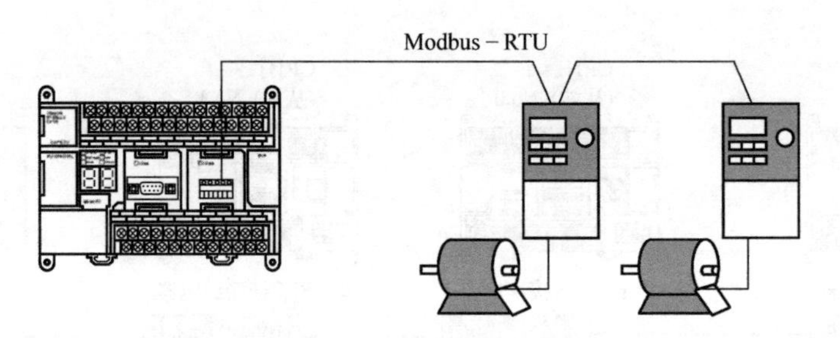

图 6-34 Modbus - RTU 简易主站

第七节 模拟量 I/O 功能

从结构上讲，模拟量单元分为两类：外置模拟量单元和内置模拟量单元。

一、外置模拟量单元

CPM1A 没有内置模拟量单元，为 CPM1A 配套的外置模拟量单元（模拟量 I/O 扩展单元）有 CPM1A - MAD01 和 CPM1A - MAD02。CPM1A - MAD01 有 2 路模拟量输入和 1 路模拟量输出；CPM1A - MAD02 有 4 路模拟量输入和 1 路模拟量输出。

1. 模拟量 I/O 扩展单元主要性能

1）模拟量输入范围可设置成 DC0 ~ 10V、DC1 ~ 5V、DC4 ~ 20mA，分辨率为 1/256。

2）模拟量输出范围可设置成 DC0 ~ 10V、DC4 ~ 20mA 或 DC - 10 ~ + 10V。当输出是 DC0 ~ 10V、DC4 ~ 20mA 时，分辨率为 1/256；当输出是 DC - 10 ~ + 10V 时，分辨率为 1/512。CPM1A - MAD01 的性能规格见表 6-11。

表 6-11 模拟量 I/O 扩展单元（CPM1A - MAD01）性能规格

		输入	输出
电压电流		DC0 ~ +10V；DC +1 ~ +5V，DC4 ~ 20mA	DC0 ~ +10V；DC - 10 ~ +10V，DC4 ~ 20mA
扩展连接		9 针终端块（固定）	
绝缘性		I/O 终端与 PC 间：光耦合器	
		输出终端间：无	
PLC 信号		电压输出：8 位二进制 + 信号位（80FF ~ 0000 ~ 00FF）	
		电流输出：8 位二进制 + 信号位（0000 ~ 00FF）	
精度	电压	1.0% max.（全刻度）	1.0% max.（全刻度）
	电流	1.0% max.（全刻度）	1.0% max.（全刻度）
分辨率	电压	1/256	1/256（DC0 ~ 10V），1/512（DC - 10V ~ 10V）
	电流	1/256	1/256

2. 模拟量 I/O 扩展单元的参数设置

（1）模拟量 I/O 扩展单元的地址

模拟量 I/O 扩展单元的地址分配如图 6-35所示。

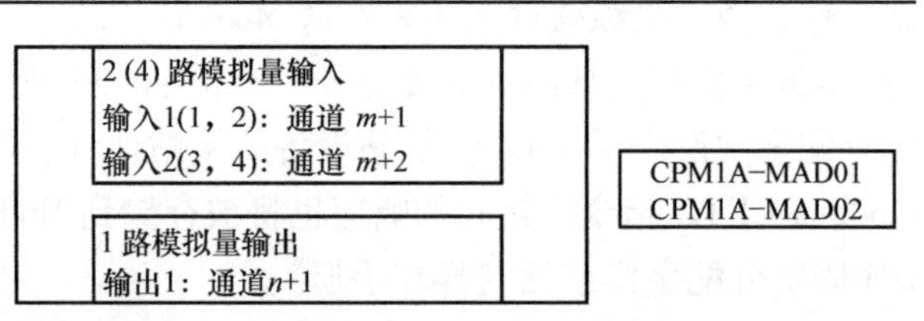

图 6-35 模拟量 I/O 扩展单元的地址分配

图中“m”表示本单元（模拟量 I/O 扩展单元）前面已连接的单元（CPU 单

元、特殊扩展单元或 I/O 扩展单元）被分配的最后一个输入的通道号；“n”表示本单元（模拟量 I/O 扩展单元）前面已连接的单元（CPU 单元、特殊扩展单元或 I/O 扩展单元）被分配的最后一个输出的通道号。

另外，模拟量 I/O 扩展单元不能连接到 10 点或 20 点的 CPM1A CPU 上。

（2）模拟量 I/O 扩展单元的设置　通道字、I/O 信号范围设置分别见表 6-12、表 6-13。

表 6-12　通道字设置

模拟量输出通道低 8 位	07	06	05	04	03	02	01	00
	输入 4		输入 3		输入 2		输入 1	
	启动	量程	启动	量程	启动	量程	启动	量程
模拟量输出通道高 8 位	15	14	13	12	11	10	09	08
	不使用		输入 4	输入 3	输入 2	输入 1	输出 1	
	1	1	平均值				启动	量程

表 6-13　I/O 信号范围设置

项目		内容	项目		内容
输入	量程	0：DC0 ~ 10V；1：DC1 ~ 5V/DC4 ~ 20mA	输出	量程	0：DC0 ~ 10V； 1：DC − 10 ~ + 10V/DC4 ~ 20mA
	启动	0：不使用；1：使用		启动	0：不使用；1：使用
	平均值	0：不使用；1：使用			

说明：

在 PLC 上电后程序运行的第一个扫描周期，在模拟量 I/O 扩展单元 CPM1A − MAD02 的输出通道设定量程范围，此时 $n+1$ 通道的第 15、14 位必须置“1”，否则 CPM1A − MAD02 不执行输入、输出的转换。

（3）模拟量通道分配　各模拟量通道分配见表 6-14。

表 6-14　各模拟量通道分配

位	15	14	13	12	11	10	09	08	07	06	05	04	03	02	01	00
$m+1$	输入 2（00 ~ FF）								输入 1（00 ~ FF）							
$m+2$	输入 4（00 ~ FF）								输入 3（00 ~ FF）							
$n+1$	S	0	0	0	0	0	0	0	输出 1（00 ~ FF）							

说明：

S 是符号位，当 $S=0$ 时，表示正电压输出；当 $S=1$ 时，表示负电压输出。S 只有在使用 DC − 10 ~ + 10V 量程时才有效。

3. 模拟量 I/O 扩展单元的应用

应用要求：CPM1A PLC 30 点的 CPU 连接一个 CPM1A − MAD02 模拟量 I/O 扩展单元，现有 4 路模拟量输入，输入范围均为 DC1 ~ 5V/4 ~ 20mA，不使用平均值；1 路输出，输出范围为 DC − 10 ~ + 10V/4 ~ 20mA。

分析：

1）30 点 CPU 为 18 点输入，12 点输出，分别占用 000、001 通道和 010、011 通道。

2）因为除 CPM1A − MAD02 外没有其他扩展单元，根据图 6-35，模拟量 I/O 扩展单元的输入1、2分配002通道，输入3、4分配003通道，输出分配012通道。

3）根据表6-12和表6-13，013通道的16位（从高到低）为1100001111111111，即C3FF。

由此得到图6-36所示的梯形图。

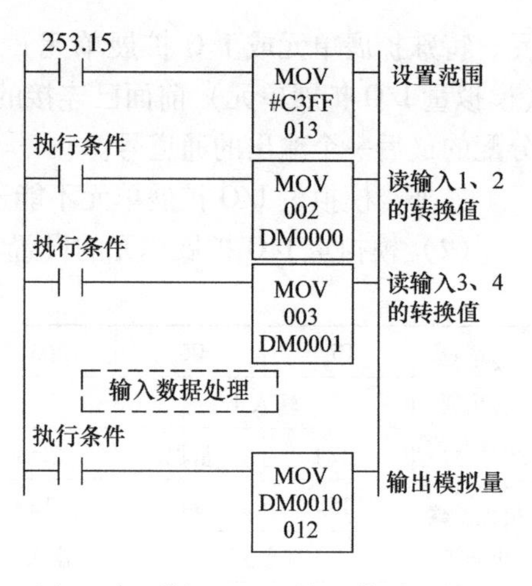

图6-36 模拟量I/O扩展单元的应用

二、内置模拟量单元

CP1H XA型CPU单元已内置4路输入、2路输出的模拟量I/O单元。在CPU单元左下角的接线端子即为模拟量接线端子。

1. 内置模拟量单元主要性能

内置模拟量输入范围可设置成DC－10～10V、DC0～10V、DC1～5V、DC0～5V、DC0～20mA和DC4～20mA 6种，分辨率有1/6000和1/12000两种。

内置模拟量输出范围也可设置成DC－10～10V、DC0～10V、DC1～5V、DC0～5V、DC0～20mA和DC4～20mA 6种，分辨率也有1/6000和1/12000两种。

对于模拟量输入，当分辨率设为1/6000时，DC－10～10V、DC0～10V、DC0～5V、DC1～5V对应十六进制值（十进制）的转换关系如图6-37a～d所示。电流模拟量的转换关系也相似，反之模拟量输出也有对应的线性关系，因篇幅有限，请详见《操作手册》。

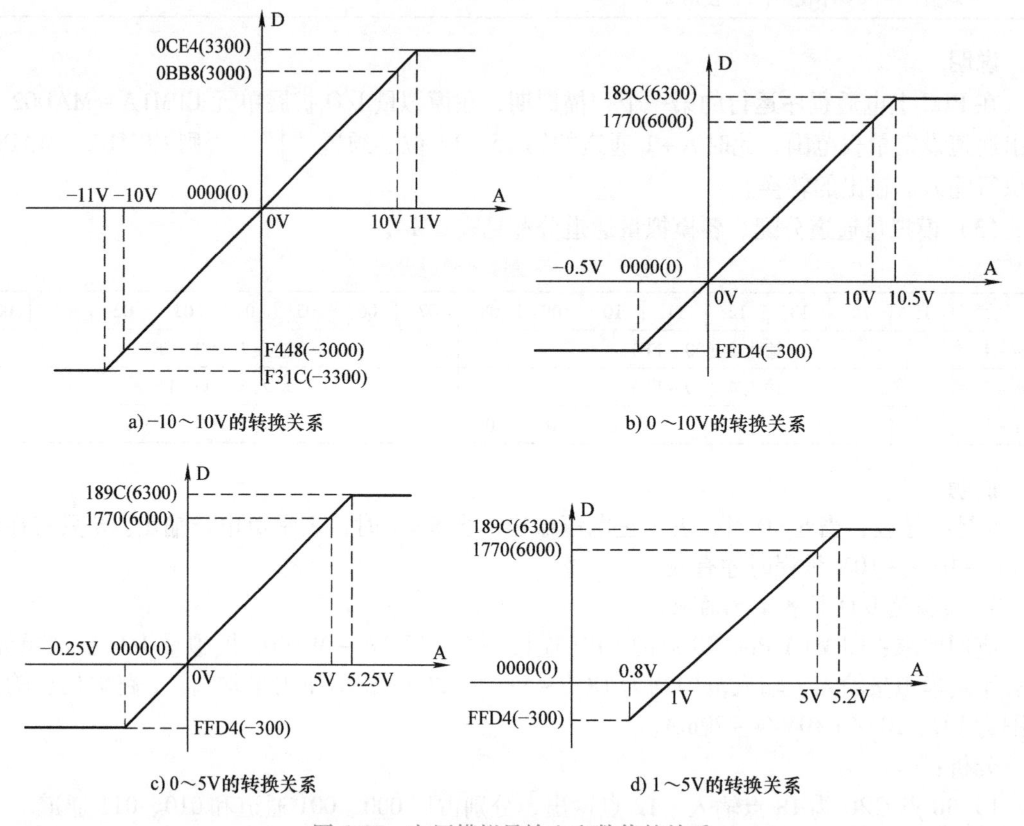

图6-37 电压模拟量输入和数值的关系

2. 内置模拟量 I/O 单元的地址、接线和参数设定

（1）内置模拟量 I/O 单元的地址　CP1H 内置模拟量 I/O 单元的地址分配是固定的，4 个模拟量输入分别对应 200、201、202 和 203 通道；2 个模拟量输出分别对应 210 和 211 通道。

（2）内置模拟量 I/O 的接线　模拟量 I/O 接线端子如图 6-38a 所示，输入电压或电流的选取通过选择开关选择，如图 6-38b 所示。接线端子分配表见表 6-15。假如仅有电压信号接入 1、2 端子，电流信号接入 3、4 端子，那么 5 和 6、7 和 8 应当短接，选择开关 2 置 ON。

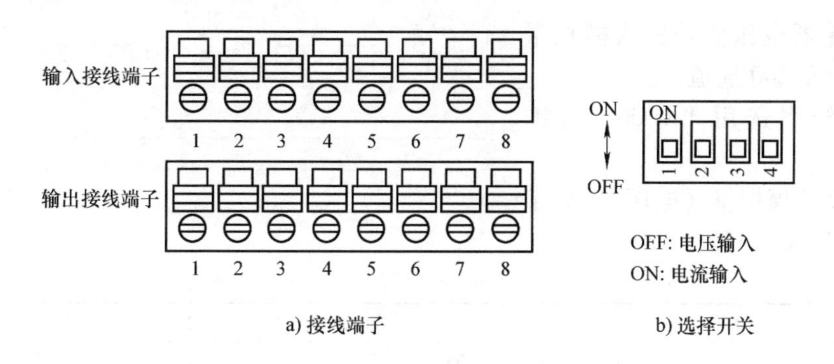

图 6-38　接线端子和选择开关

表 6-15　输入/输出接线端子分配表

输入			输出		
1	VIN0/IIN0	模拟输入 1　电压/电流输入	1	VOUT1	模拟输出 1 电压输出
2	COM0	模拟输入 1　COM	2	IOUT1	模拟输出 1 电流输出
3	VIN1/IIN1	模拟输入 2　电压/电流输入	3	COM1	模拟输出 1　COM
4	COM1	模拟输入 2　COM	4	VOUT2	模拟输出 2 电压输出
5	VIN2/IIN2	模拟输入 3　电压/电流输入	5	IOUT2	模拟输出 2 电流输出
6	COM2	模拟输入 3　COM	6	COM2	模拟输出 2　COM
7	VIN3/IIN3	模拟输入 4　电压/电流输入	7	AG	模拟 0V
8	COM3	模拟输入 4　COM	8	AG	模拟 0V

（3）内置模拟量 I/O 单元的参数设定　内置模拟量 I/O 单元的设置可使用编程软件 CX-P 在“设置”/“内建 AD/DA”中设置，设置的项目有：内建模拟量方式（分辨率）、使用、使用平均化、范围，将要设置的项目打“√”即可，比外置模拟量单元的设置简单。

注意　设置后，应将该设置传送到 PLC，并关闭 PLC 的电源后再重启，使设置生效。

按控制要求的设置如图 6-39 所示。图中，内建模拟量方式为 6000，即分辨率为 1/6000，选用 AD 0CH 为 1～5V，选用 AD 1CH 为 4～20mA。

3. 内置模拟量 I/O 单元的应用

某水箱底部安装压力传感器，经变送器输出 1～5V 的直流电压，水箱深 3m，水位 3m

时变送器输出电压恰为5V，要求在水位0.5m时开启水泵（100.00），水位2.5m时关闭水泵（100.00），试利用CP1H的内置A－D单元完成控制要求。

设计如下：

1）设置启动按钮0.00，停止按钮0.01。

2）传感器电压信号进入模拟量0，转换值存于200通道。

3）分辨率选用1/6000，范围1～5V。

4）深度、模拟量（电压）、数字量的对照表见表6-16。

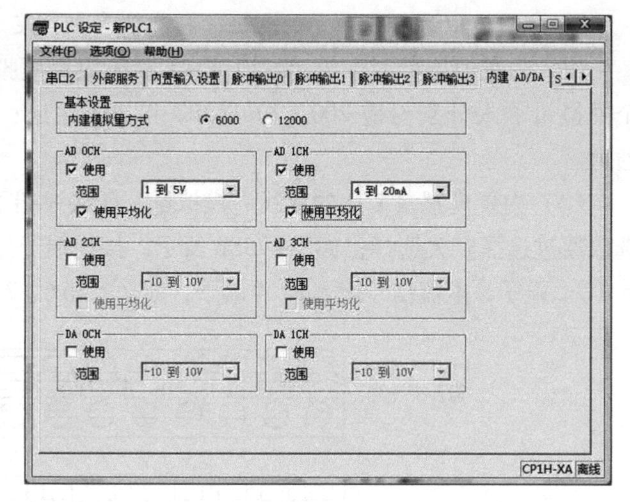

图6-39 内置模拟量I/O单元的设置

表6-16 深度、模拟量（电压）、数字量的对照表

深度/m	0	0.5	1	1.5	2	2.5	3
电压/V	1	1.67	2.33	3	3.67	4.33	5
十进制	0000	1000	2000	3000	4000	5000	6000
十六进制	0000	3E8	7D0	BB8	FA0	1388	1770

5）设计控制程序如图6-40所示。对照表，启动时或200通道的值小于等于3E8时，启动100.00；停止时或200通道的值大于或等于1388时，停止100.00。

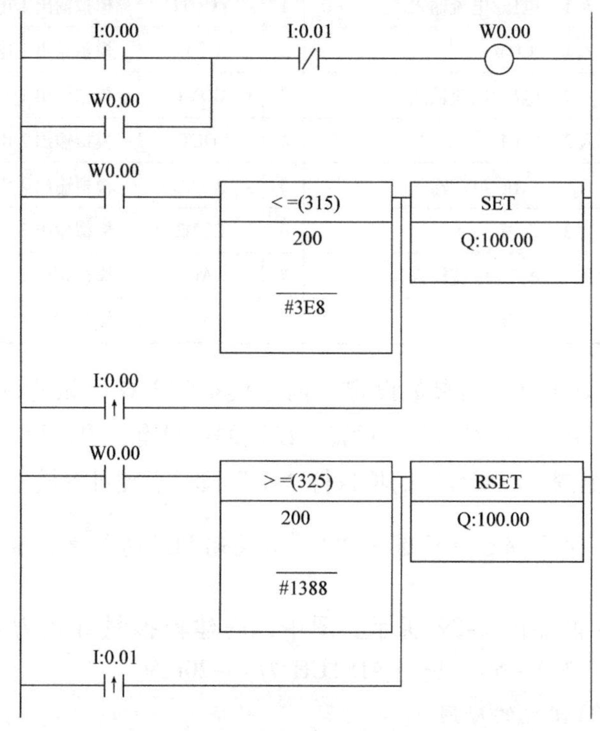

图6-40 液位控制梯形图

习题

1. 为什么要设计时间常数可调的输入滤波器？其默认值是多少？

2. CPM1A 的中断优先级是怎样安排的？有哪些中断功能？

3. CP1H 的中断优先级是怎样安排的？有哪些中断功能？

4. 怎样使用输入中断？

5. 间隔定时器有哪两种工作方式？

6. 怎样使用间隔定时器中断？

7. 编写一个使用间隔定时器的中断功能任务，产生频率是 1000Hz 的序列脉冲。

8. 高速计数器的最高计数频率是多少？

9. 有几种高速计数器的中断方式？怎样使用高速计数器？

10. 有几种脉冲输出方式？其输出脉冲的最高频率是多少？

11. CP1H 有哪些通信功能？

12. 使用模拟量输出单元产生一个三角波波形的电压输出，如图 6-41 所示，试完成 PLC 的设置和程序编写。

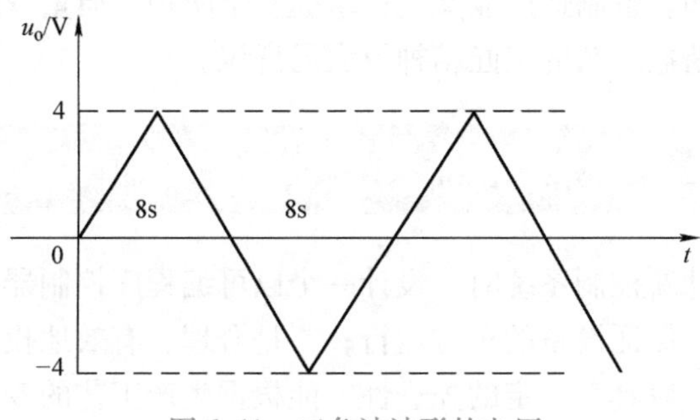

图 6-41　三角波波形的电压

第七章　PLC 控制系统的设计、调试和维护

本章主要介绍 PLC 控制系统的设计、调试和维护，包括 PLC 控制系统的设计步骤、PLC 选型、系统硬件设计方案、PLC 输入/输出电路设计、系统供电、接地设计和软件设计等，还介绍了系统的调试和日常维护。由于实际被控对象千变万化，PLC 在各系统中承担的职责也不尽相同，所以本章叙述的方法和步骤只是起到入门引导的作用，具体问题还有待读者在实践中深化。

学习中应有意识地了解与从事本专业职业活动相关的国家法律、行业规定；了解绿色生产、环境保护相关知识和装备制造产业文化；掌握安全防护、质量管理相关知识技能；培养善于观察、勇于思考和精益求精的工匠精神及大局意识。

第一节　控制系统的设计步骤和 PLC 选型

在改造老设备或设计新控制系统时，设计一个以可编程序控制器为核心的控制系统，必须要考虑三个问题：一是保证设备的正常运行；二是合理、有效地投入资金；三是在满足可靠性和经济性的前提下，应具有一定的先进性，能根据生产工艺的变化扩展部分功能。

一、控制系统的设计步骤

控制系统的设计，一般按下述几个步骤进行。

1. 分析被控对象，明确控制要求

首先向有关工艺、机械设计人员和操作维修人员详细了解被控设备的工作原理、工艺流程、机械结构和操作方法；了解工艺过程和机械运动与电气执行元件之间的关系和对控制系统的要求；了解设备的运动要求、运动方式和步骤，在此基础上画出被控对象的工作流程图，归纳出电气执行元件的动作节拍表。该步骤所得到的图、表，概括地反映了被控对象的全部功能和对控制系统的基本要求，是设计控制系统的依据，也是设计的目标和任务，必须仔细地分析和掌握。

2. 制定电气控制方案

根据生产工艺和机械运动的控制要求，确定控制系统的工作方式，例如全自动、半自动、手动、单机运行、多机联合运行等。还要确定系统应有的其他功能，例如故障检测、诊断与显示报警、紧急情况的处理、管理功能、联网通信功能等。

3. 确定输入/输出设备及信号特点

根据系统的控制要求，确定系统的输入设备的数量及种类，如开关、按钮、传感器等；

明确各输入信号的特点，如是开关量还是模拟量、直流还是交流、电压等级、信号幅度等；确定系统的输出设备的数量及种类，明确这些设备对控制信号的要求，如电压电流的大小、直流还是交流、电压等级、开关量还是模拟量等。据此确定 PLC 的 I/O 设备的类型及数量，分类统计出各输入输出量的性质及数量。

4. 选择可编程序控制器

选择合适的 PLC 型号并确定各种硬件配置，具体见后面说明。

5. 分配输入/输出点地址

根据已确定的输入/输出设备和选定的可编程序控制器，列出输入/输出设备与 PLC 的 I/O 点的地址对照表，以便于编制控制程序、设计接线图及硬件安装。所有的输入点和输出点分配时要有规律，并考虑信号特点及 PLC 公共端（COM 端）的电流容量。

6. 设计电气电路

电气电路包括：被控设备的主电路及 PLC 外部的其他控制电路图，PLC 输入/输出接线图，PLC 主机、扩展单元及输入/输出设备供电系统图，电气控制柜结构及电器设备安装图等。

7. 设计控制程序

控制程序的设计包括状态表、顺序功能图、梯形图、指令表等，控制程序设计是 PLC 系统应用中最关键的问题，也是整个控制系统设计的核心。

8. 调试

调试包括模拟调试和联机调试。模拟调试是根据输入/输出模块的指示灯的显示，不带输出设备进行调试。联机调试分两步进行，首先连接电气柜，不带负载（如电动机、电磁阀等），检查各输出设备的工作情况。待各部分调试正常后，再带上负载运行调试，直到完全满足设计要求为止。全部调试完成后，还要经过一段时间的试运行，以检验系统的可靠性。

9. 技术文件整理

技术文件包括设计说明书、电器元件明细表、电气原理图和安装图、状态表、梯形图及软件资料、使用说明书等。

PLC 控制系统的设计流程如图 7-1 所示。

二、可编程序控制器的选择

PLC 的选择一般从基本性能、特殊功能和通信联网三个方面考虑。选择的基本原则是在满足控制要求的前提下力争最好的性能价格比，并有一定的先进性和良好的售后服务。

PLC 的选用首先要进行功能选择，根据控制设备所需要的控制功能，主要解决的问题是单机控制，还是要通信联网；是一般开关量控制、模拟量控制，还是要增加特殊单元；PLC 的 CPU 单元是否应具有特殊功能；是否需要远程控制；采用小型机、中型机，还是大型机等。然后，根据控制设备的多少选择 I/O 的点数和通道数；根据 I/O 信号选择 I/O 模块，根据控制程序的大小选择程序存储器容量。

具体选择时，以下几点可供参考。

1. 基本单元的选择

基本单元又称为 CPU 单元，是机型选择时首先应考虑的问题，其主要有：

（1）响应速度　响应速度主要是从两个方面来考虑：一是可编程序控制器程序的语句处理时间；二是可编程序控制器的扫描周期。对于以开关量控制为主的系统，可编程序控制器的响应速度一般都可满足实际需要，不必给予特殊的考虑；对于模拟量控制的系统，特别是具有较多闭环控制的系统，则必须考虑可编程序控制器的响应速度。

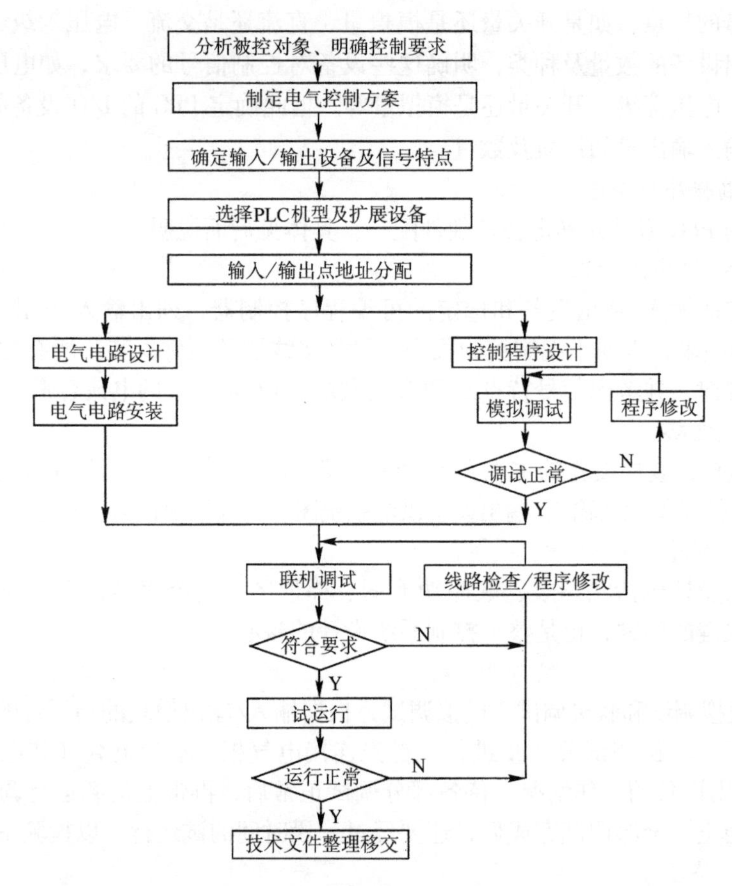

图7-1 PLC控制系统的设计流程

（2）存储器容量 存储器是存放程序和数据的地方，它应包括存储器的最大容量、可扩展性、存储器的种类（RAM、EPROM、EEPROM）。PLC的用户程序存储器容量以步为单位，每步可储存一条指令。对于仅有开关量控制功能的小型PLC，可把PLC的总点数乘以10，作为估算用户存储器容量的依据。当然存储器容量的大小要根据具体产品型号而定，同时，用户程序的长短与编程方法和技巧有很大的关系。

（3）扩展能力 即带扩展单元的能力，包括所能带扩展单元的数量、种类、扩展单元所占的通道数、扩展口的形式等。

（4）结构形式 小型PLC中，整体式比模块式价格便宜，体积也较小，只是硬件配置不如模块式灵活。如整体式输入/输出点数之比一般为3∶2，实际应用中可能与此比值相差甚远，模块式就能很方便地变换此比值。

（5）特殊功能 新型的PLC有不少非常有用的特殊功能，了解这些功能，可以解决一些较特殊的控制要求。若用没有这些功能的基本单元来处理，则要添加特殊功能模块，处理起来既复杂，又增加成本。

（6）通信功能 如果要求将该台PLC挂入工业控制网络，或连接其他智能化设备，则应考虑选择有相应的通信接口的PLC，同时要注意通信协议。

2. 指令系统的选择

由于可编程序控制器应用的广泛性，各种机型所具备的指令系统也不完全相同。从应用角度看，有些场合仅需要逻辑运算，有些场合需要复杂的算术运算，而有一些特殊场合还需要专用指令功能。从可编程序控制器本身来看，各个厂家的指令差异较大，其差异主要表现在指令的表达方式和指令的完整性上。在选择机型时，应从指令系统方面注意下述内容：

（1）总指令数　指令系统的总语句数反映了指令系统所包括的全部功能。

（2）指令种类　指令种类主要应包括基本指令、运算指令和应用指令，具体的需求应与实际要完成的控制功能相适应。

（3）表达方式　指令系统表达方式有多种，包括梯形图、语句表、控制系统流程图、高级语言等多种表达方式。表达方式的多样性给程序的编写带来了方便，并且也表示了该 PLC 的成熟性。

（4）编程工具　PLC 的简易编程器价格最低，但功能有限；手持式液晶显示图形编程器价格较高，可直接显示梯形图。与简易编程器相比，采用计算机配以编程软件，能适用于不同的 PLC，可明显提高程序的调试速度。

3. I/O 模块的选择

I/O 模块的选择主要是根据输入信号的类型（开关量、数字量、模拟量、电压类型、等级和变化频率），选择与之相匹配的输入模块。根据负载的要求（例如负载电压、电流的类型，是 NPN 型还是 PNP 型晶体管输出等）、数量等级以及对响应速度的要求等选用合适的输出模块。根据系统要求安排合理的 I/O 点数，并有一定的余量，考虑到增加点数的成本，在选型前应将输入/输出点作合理的安排，从而实现用较少的点数来保证设备的正常操作。

4. 其他选择

（1）性价比　根据不同的控制要求，选择不同的 PLC，不要片面追求高性能、多功能。对控制要求低的系统，提出过高的技术指标，只会增加开发成本。

（2）系列产品　考察该 PLC 厂家的其他系列产品，从长远和整体观点出发，一个企业最好优选一个 PLC 厂家的系列化产品，这样可以减少 PLC 的备件，以后建立自动化网络也较方便，而且只需购置一台编程器或一套编程软件，并可实现资源共享。

（3）售后服务　选择机型时还要考虑有可靠的技术支持。这些支持包括必要的技术培训，帮助安装、调试，提供备件、备品，保证维修等，以减少后顾之忧。

第二节　控制系统的硬件设计

控制系统的硬件设计、机型的性能指标和各种功能模块的选择对于控制系统的设计是非常重要的问题。硬件设计不但构建了整个控制系统的硬件部分，还为软件设计奠定了基础。另外，在完成了系统硬件选型设计之后，还要进行系统供电和接地设计，这也是工程应用中的重要一环。

一、系统硬件设计总体方案

在利用 PLC 构成应用控制系统时，首先要明确对控制对象的要求，然后根据实际需要确定控制系统的类型和系统工作时的运行方式。

1. 控制系统类型

由 PLC 构成的控制系统可分为集中控制系统和分布式控制系统。

（1）集中控制系统　集中控制系统如图 7-2 所示。其中图 7-2a 为典型的单台控制，由

1台PLC控制单台被控对象。这种系统对PLC的I/O点数要求较少，对存储器的容量要求较小，控制系统的构成简单明了。虽然该系统一般不需要与其他控制器或计算机进行通信，但设计者还应考虑将来是否有通信联网的需要，如果有的话，则应选择具有通信功能的PLC，以备今后系统功能的增加。

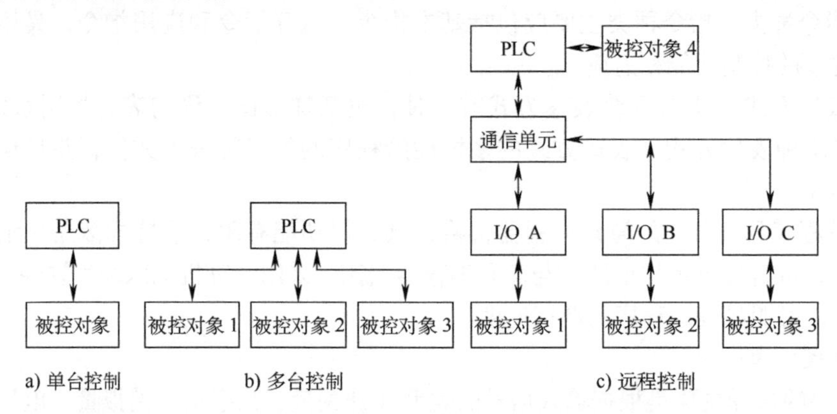

图7-2 集中控制系统

图7-2b为用1台PLC控制多台被控设备，每个被控对象与PLC的指定I/O相连接。该控制系统多用于控制对象所处的地理位置比较接近，且相互之间的动作有一定联系的场合。由于采用一台PLC控制，因此各被控对象之间的数据状态的变换不需要另设专门的通信线路。如果各控制对象的地理位置比较远，而且大多数的输入、输出线都要引入控制器，这时需要的电缆线、施工量和系统成本增加，在这种情况下，建议使用远程I/O控制系统。集中控制系统的最大缺点是当某一控制对象的控制程序需要改变或PLC出现故障时，必须停止整个系统工作。因此，对于大型的集中控制，可以采用冗余系统克服上述缺点。

图7-2c为用1台PLC构成远程I/O控制系统。PLC通过通信模块控制远程I/O模块。图中系统中使用了三个远程I/O单元（A、B、C），分别控制被控对象1、2、3，被控对象4由PLC所带的I/O单元直接控制。远程I/O控制系统适用于被控制对象远离集中控制室的场合。一个控制系统需要设置多少个远程I/O通道，视被控对象的分散程度和距离而定，同时还受所选PLC能驱动I/O通道数的限制。

（2）分布式控制系统 分布式控制系统如图7-3所示。这类系统的被控对象比较多，它们分布在一个较大区域内，相互之间的距离较远，而且各被控对象之间要求经常地交换数

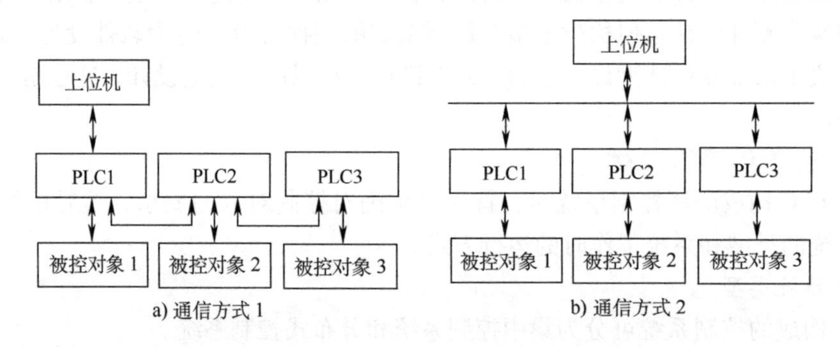

图7-3 分布式控制系统

据和信息。这种系统的控制由若干个相互之间具有通信联网功能的PLC构成，系统的上位机可以采用PLC，也可以采用计算机。在分布式控制系统中，每一台PLC控制一个被控对象，各控制器之间可以通过信号传递进行内部连锁、响应或命令等，或由上位机通过数据总线进行通信。分布式控制系统多用于多台机械生产线的控制，各生产线间有数据连接。由于各控制对象都有自己的PLC，当某一台PLC停止时，不需要停止其他的PLC。当此系统与集中控制系统具有相同的I/O点时，虽然多用了一台或几台PLC，导致系统总构成价格偏高，但从维护、试运转或增设控制对象等方面看，其灵活性要大得多。

2. *系统运行方式*

用PLC构成的控制系统有自动、半自动、单步和手动四种运行方式。

(1) 自动运行方式　自动运行方式是控制系统的主要运行方式。这种运行方式的主要特点是在系统工作过程中，系统按给定的程序自动完成被控对象的动作，不需要人工干预。系统的起动可由PLC本身的起动系统进行，也可由PLC发出起动预告，由操作人员确认并按下起动响应按钮后，PLC自动起动系统。

(2) 半自动运行方式　半自动运行方式的特点是系统在起动和运行过程中的某些步骤需要人工干预才能进行下去。半自动方式多用于检测手段不完善，需要人工判断，或某些设备不具备自控条件，需要人工干涉的场合。

(3) 单步运行方式　单步运行方式的特点是系统运行中的每一步都需要人工的干预才能进行下去。单步运行方式常用于调试，调试完成后，可将其撤除。

(4) 手动运行方式　手动运行方式不是控制系统的主要运行方式，而是用于设备调试、系统调整和故障情况下的运行方式，因此它是自动运行方式的辅助方式。

3. *系统停止方式*

与系统运行方式的设计相对应，还必须考虑停止方式的设计。PLC的停止方式有正常停止、暂时停止和紧急停止三种。

(1) 正常停止　正常停止由PLC的程序执行，当系统的运行步骤执行完毕，且不需要重新起动执行程序时，或PLC接收到操作人员的停止指令后，PLC按规定的停止步骤停止系统运行。

(2) 暂时停止　暂时停止用于程序控制方式时暂停执行当前程序，使所有输出都设置成OFF状态，待暂停解除时继续执行被暂停的程序。另外也可用暂停开关直接切断负载电源，同时将此信息传给PLC，以停止执行程序，或者把CPU的RUN切换成STOP，以实现对系统的暂停。

(3) 紧急停止　紧急停止方式是在系统运行过程中设备出现异常情况或故障，若不中断系统运行，将导致重大事故或有可能损坏设备时，必须使用紧急停止按钮使整个系统立即停止。紧急停止时，所有设备都必须停止，且程序控制被解除，控制内容复位到原始状态。

在硬件设计时，不但要考虑到可行性，鉴于控制思想的不断更新，在设计可编程序控制器所组成的控制系统时，也要考虑到所组成的控制方案的先进性。

二、系统硬件设计文件

在对系统硬件设计形成一个初步的设计方案，并对所配置的PLC也基本确定后，应完成以下的系统硬件设计文件。一般硬件系统的设计文件应包括系统硬件配置图、模块统计表、I/O 地址分配表和 I/O 接线图。

1. 系统硬件配置图

系统硬件配置图应完整地给出整个系统硬件组成，它应包括系统构成级别、系统联网情况、网上可编程序控制器的站数、每个可编程序控制器站上的 CPU 单元和扩展单元构成情况、每个可编程序控制器中的各种模块构成情况。图 7-4 给出了一般的两级控制系统的基本系统硬件配置图。对于一个简单的控制对象，也可能只有一个设备控制站，不包括图中的其他部分。但无论怎样，都要根据实际系统设计出系统硬件配置图。

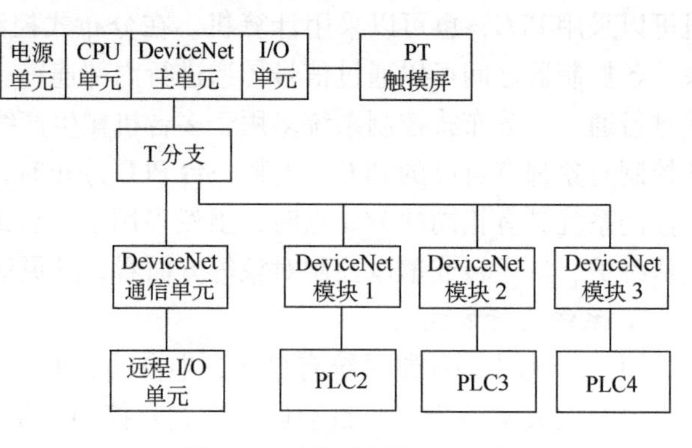

图 7-4 系统的硬件配置图

2. 模块统计表

由系统硬件配置图就可得知系统所需各种模块数量。为了便于了解整个系统硬件设备状况和硬件设备投资计算，应做出模块统计表。模块统计表应包括模块名称、模块类型、模块订货号、所需模块个数等内容。上述系统的硬件配置模块统计见表 7-1。

表 7-1 模块统计表

名 称	型 号	数 量
电源单元	C200HW—PA209R	1
CPU 单元	CS1G—CPU42—EV1	1
DeviceNet 主单元	CS1W—DRM21	1
模拟量输入单元 8 点	C200H—AD003	1
模拟量输出单元 8 点	C200H—DA003	1
DC 输入单元	C200H—ID212	1
继电器输出单元	C200H—OC225	2
11.4in 触摸屏	NT631C—ST141—EV2	1
T 分支 1 路接头	DCN1—1C	2
DeviceNet 通信单元	DRT1—COM	1
DeviceNet 远程输入单元	GT1—ID16	1
DeviceNet 远程晶体管输出单元	GT1—ROS16	1
DeviceNet 从单元	CPM1A—DRT21	3
40 点 PLC	CPM2A—40CDR—A	3

3. I/O 地址分配表

在系统设计中还要把输入/输出列成表，给出相应的地址和名称，以备软件编程和系统调试时使用，这在前面已经讲述了。

4. I/O 硬件接线图

I/O 硬件接线图是系统设计的一部分，它反映的是可编程序控制器输入/输出模块与现场设备的连接。I/O 硬件接线的详细介绍见下文。

三、PLC 输入/输出电路设计

（一）PLC 输入电路的设计

1. 根据输入信号类型合理选择输入模块

在生产过程控制系统中，常用的输入信号有开关量、数字量和模拟量等。若为开关量输入信号，应注意开关信号的频率。当频率较高时，应选用高速计数模块。若为数字量输入信号，应合理选择电压等级。电压等级一般可分为交、直流 24V，交、直流 120V 和交、直流 230V 或使用 TTL 电平或与 TTL 兼容的电平。若为模拟量输入信号，应首先将非标准模拟量信号转换为标准范围的模拟量信号，如 1～5V，4～20mA，然后选择合适的 A－D 转换模块。当信号长距离传送时，使用 4～20mA 的电流信号为佳。

2. 输入元件的接线方式

（1）开关元件接线　开关元件的接线图如图 7-5 所示。无特殊要求外，一般开关、按钮均为常开状态。它的常闭触点可在程序中反映，从而使阅读程序清晰明了。图 7-5a 为 PLC 输入模块中含有内部电源的情况；图 7-5b 为输入模块中无内部电源，由用户外接电源的情况。

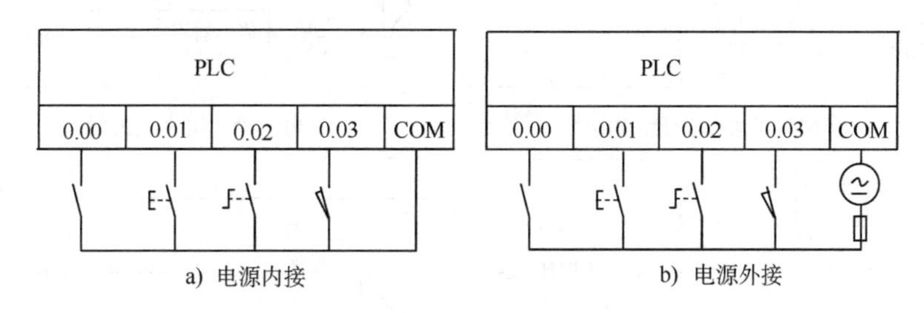

图 7-5　开关元件的接线图

（2）模拟量输入/输出接线　以 CP1H 系列中的内置模拟量输入/输出为例，模拟量输入/输出的接线图如图 7-6 所示。

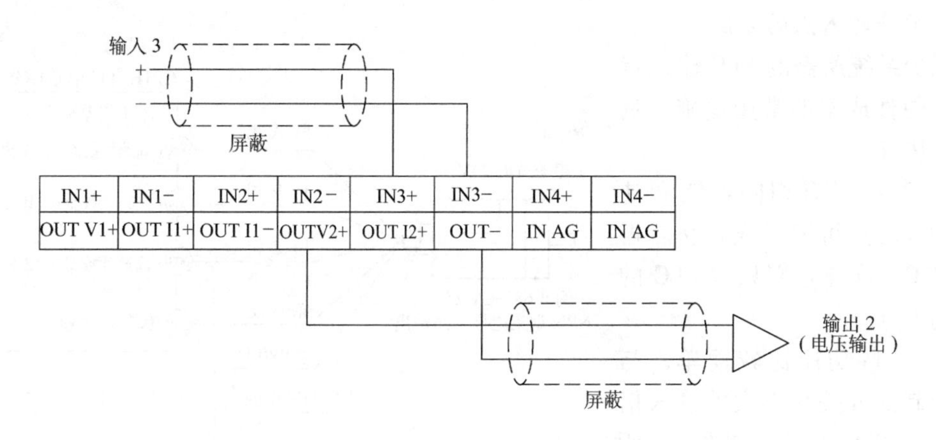

图 7-6　模拟量输入/输出的接线图

（3）传感器接线　传感器输出类型较多，具体接线如图 7-7 所示。

在使用 2 线式传感器时，应处理好 PLC 的 ON 电压与传感器剩余电压的关系，PLC 的 ON 电流与传感器的控制输出（负载电流）的关系，PLC 的 OFF 电流与传感器的漏电流的关系，具体要求可见《操作手册》。

（4）脉冲输入接线　典型脉冲输入是编码器为集电极开路（DC 24V）情况下的脉冲信号，带有 A、B、Z 相的编码器的连接如图 7-8 所示。

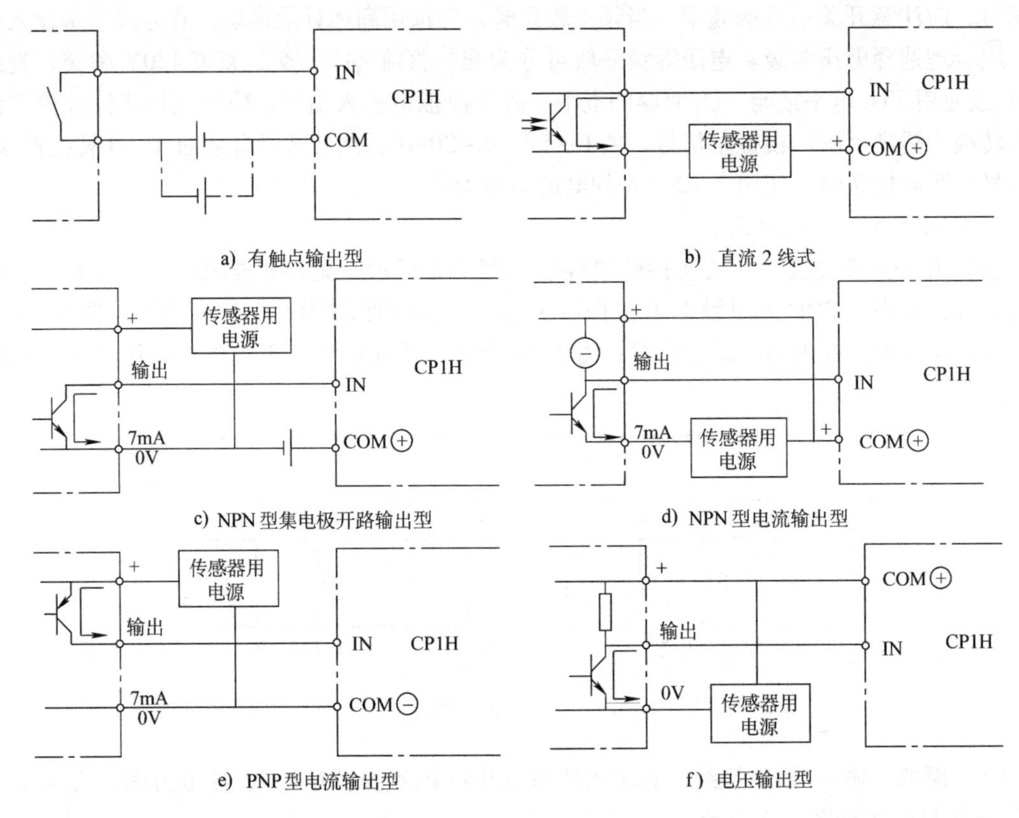

图7-7 各种传感器接法

3. 减少输入点的方法

减少系统所需的PLC输入点是降低硬件成本的常用措施，具体的方法有：

1）某些具有相同性能和功能的输入触点可串联或并联后再输入PLC，这样它们只占PLC的一个输入点。

2）某些功能比较简单，与系统控制部分关系不大的输入信号可放在PLC之外，如图7-9所示。在图中，某些负载的手动按钮就可设置在PLC之外，直接驱动负载，这样，不但减少了输入点的使用，而且在PLC发生故障时，用PLC外的手动按钮直接控制负载，不至于使生产停止。又如电动机过载保护用的热继电器动断触点提供的信号，既可以从PLC的输入端输入，用程序对电动机实行过载保护；也可以在PLC之外，将热继电器的动断触点与PLC的负载串联，但后一种方法节省了一个输入点，而且简单实用。

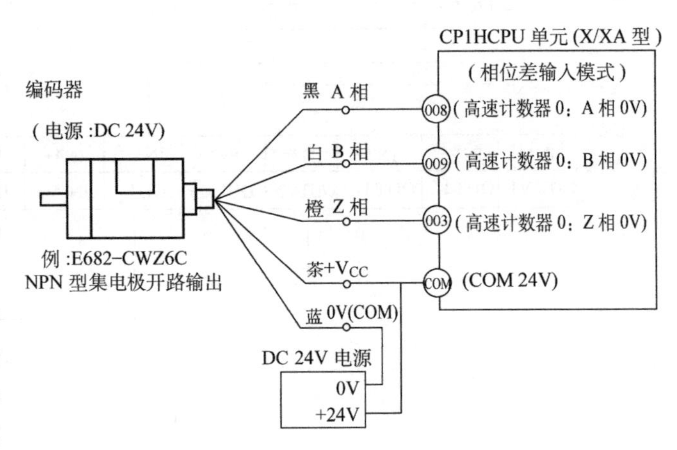

图7-8 带有A、B、Z相的编码器的连接

3）若系统具有两种不同的工作方式，这两种工作方式不会同时出现，一种方式工作时使用的输入点，在另一种方式时不会被使用。那么，这个输入点也可以使用于另一种方式

工作。

4）利用软件，使一个按钮具有开关的功能。如前面已讲过的用一个按钮兼有起动、停止两种功能的梯形图。

5）用矩阵输入的方法扩展输入点。将 PLC 现有的输入点数分为两组，如图 7-10 所示，这样的 8 个端子可扩展为 16 个输入端，若是 24 个端子则可扩展为 144 个输入端。为了防止输入信号在 PLC 端子上互相干扰，每个输入信号在送入 PLC 时都用二极管隔离，以避免产生寄生回路。

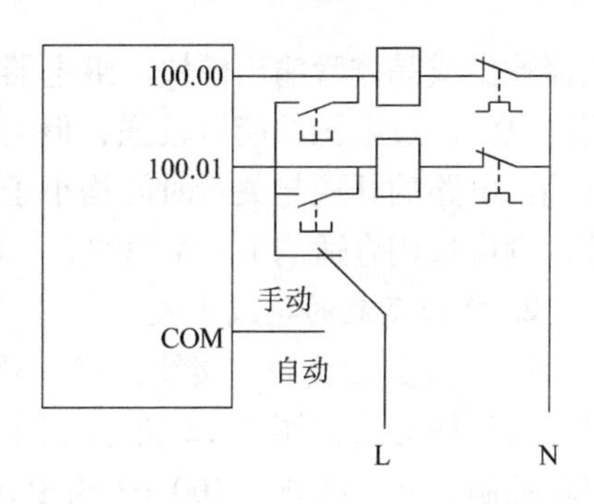

图 7-9　输入信号设置在 PLC 之外

PLC 的输入端采用矩阵的输入方式后，其输入继电器就不得再与输入信号一一对应，必须通过梯形图附加解码电路，用 PLC 内部辅助继电器代替原输入继电器，使输入信号和内部辅助继电器逐个对应，如图 7-11 所示。

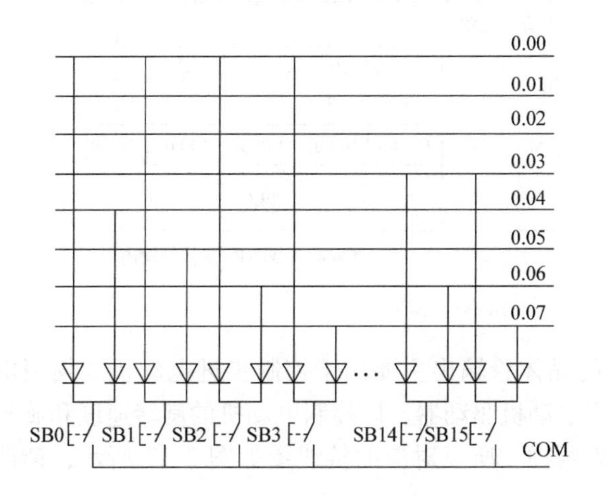

图 7-10　用矩阵输入的方法扩展输入点

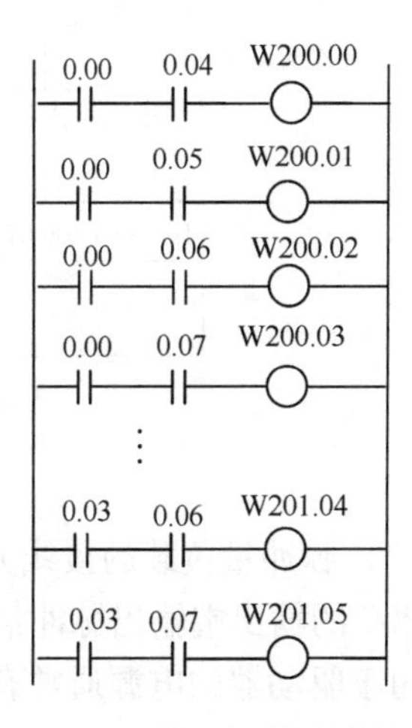

图 7-11　解码用梯形图

但应注意：这种组合方式，某些输入端并不能同时输入。如 SB2 和 SB15 同时闭合时，其本意是希望辅助继电器 W200. 02 和 W201. 05 得电。但 PLC 的输入端 0. 00、0. 06，0. 03、0. 07 同时出现输入信号，不仅使内部辅助继电器 W200. 02、W201. 05 得电，0. 00 和0. 07 的组合还导致线圈 W200. 03 得电，0. 03 和 0. 06 的组合使 W201. 04 也被驱动，其结果将造成电路失控。从图中可看出，当按钮 SB0、SB1、SB2、SB3 同时闭合时，内部辅助继电器不会发生混乱，这是因为这四个输入端都有一条线接到 PLC 的 0. 00 端子上。当 SB3、SB7、SB11、SB15 或 SB4、SB5、SB6、SB7 同时闭合时，也没有问题，因为它们分别有一个公共端子 0. 07 和 0. 01。因此在安排输入端时，要考虑输入元件工作的时序，把同时输入的元件安排在这些允许同时输入的端子上。

此外，对于不同的机型，采用这种组合方式时，二极管的方向也会有所不同，这需要通过分析输入电路的实际电路结构来确定。

（二）PLC 输出电路的设计

1. 根据负载类型确定输出方法

对于只接受开关量信号的负载，根据其电源类型，对输出开关信号的频率要求，选择继电器输出或晶体管输出模块。继电器输出电路可驱动交流负载，也可驱动直流负载，承受瞬间过电流、过电压的能力较强，但响应速度较慢，其开通与关断延迟时间约为10ms；晶体管输出电路的开通与关断时间均小于1ms，但它只能带直流负载。对于需要模拟量驱动的负载，则应选用合适的D－A模块。

2. 输出负载的接线方式

（1）开关量负载的接线方式　开关量负载有直流和交流之分，和PLC的输出端相连接时，其接线方式如图7-12所示。图7-12a为交流负载的接法，相线L接公共端COM，受PLC控制，从100.00～100.03输出，和负载相连，负载另一端接零线N。图7-12b为直流负载的接法，对于晶体管输出模块，电源的正负极必须根据输出模块的极性，千万不能接错。不同电压等级的负载，应分组连接，共用一个公共点的输出端只能驱动同一电压等级的负载。

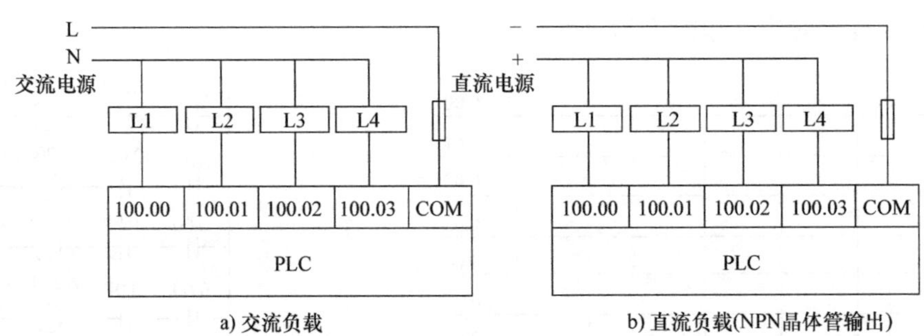

图7-12　开关量负载的接线图

（2）脉冲量负载的接线方式　PLC的晶体管输出主要用于控制步进电动机或伺服电动机。PLC的输出端输出脉冲信号，输入到电动机驱动器，以控制电动机的旋转速度和旋转方向。由于驱动器的电源通常有24V和5V两种，所以对应的接线图如图7-13所示，请读者仔细区别其不同之处。

3. 选择输出电流电压

输出模块的额定输出电流、电压必须大于负载所需求的电流和电压。如果负载实际电流较大，输出模块无法直接驱动，可以加中间驱动环节。在安排负载的接线时，还应考虑在同一公共端所属输出点的数量，必须确保同时接通输出负载的电流之和小于公共端所允许通过的电流值。

4. 输出电路的保护

（1）输出短路保护　在输出电路中，当负载短路时，为避免PLC内部输出元件的损坏，应在输出负载回路中加装熔断器，进行短路保护，熔丝的容量应为输出额定值的两倍。

（2）对于浪涌电流的考虑　使用晶体管输出的情况下，连接白炽灯等浪涌电流大的负载时，需要考虑到不要损坏输出晶体管，最简单的方法是加中间继电器过渡。

（3）感性负载的措施　在输出上连接了感性负载时，请在负载上并联连接浪涌抑制器或续流二极管。浪涌抑制器为阻容串联（50Ω，0.47μF/200V）；续流二极管反向峰值耐压为负载电压的3倍，平均整流电流为1A。

实际使用中也常将所有的开关量输出都通过中间继电器驱动负载，以保证PLC输出模块的安全。

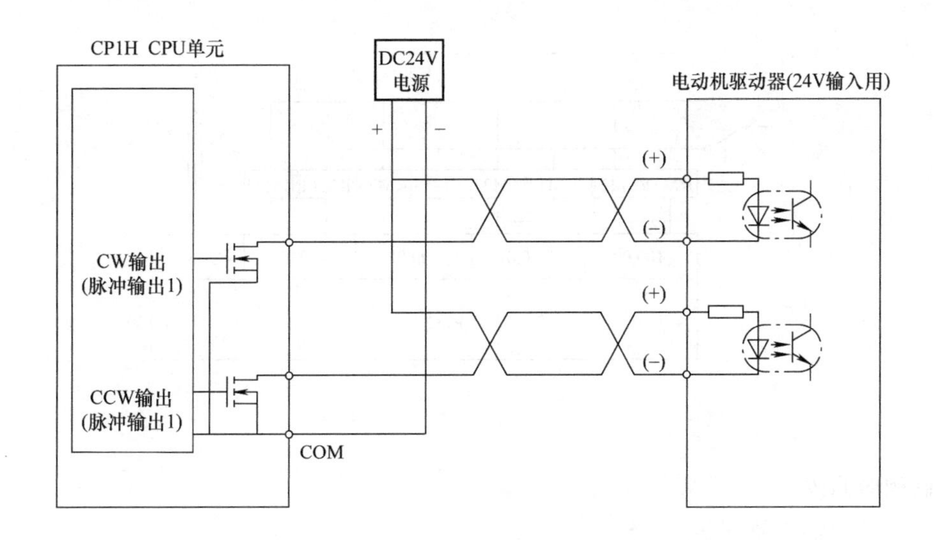

a) 24V电源驱动器接线

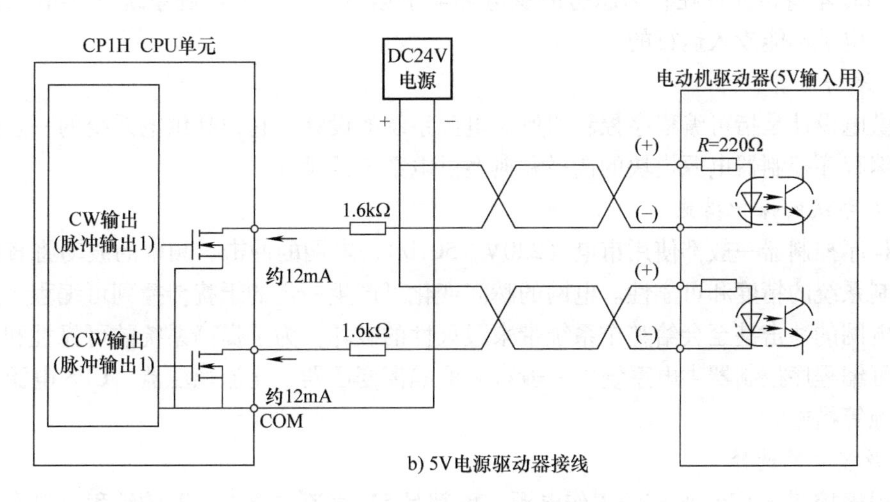

b) 5V电源驱动器接线

图7-13 脉冲量负载的接线图

5. 减少输出点的方法

1）分组输出。若两组负载不同时工作，可通过外部转换开关或通过受PLC控制的继电器触点进行切换，如图7-14所示。图中当转换开关在“1”的位置时，接触器线圈KM11、KM12、KM13、KM14受控；当转换开关在“2”的位置时，接触器线圈KM21、KM22、KM23、KM24受控。

2）并联输出。当两负载处于相同的受控状态时，可将两负载并联，接在同一个输出端上。如某一接触器线圈和指示该接触器得电的指示灯，就可采用并联输出的方法。

3）某些相对独立的受控设备也可用普通继电器直接控制。

6. 留有余量

在设计中对输入/输出点的安排，应有一定的余量。当现场生产过程需要修改控制方案时，可使用备用的输入/输出点。当输入/输出模块中某一点损坏时，也可使用备用点，并在

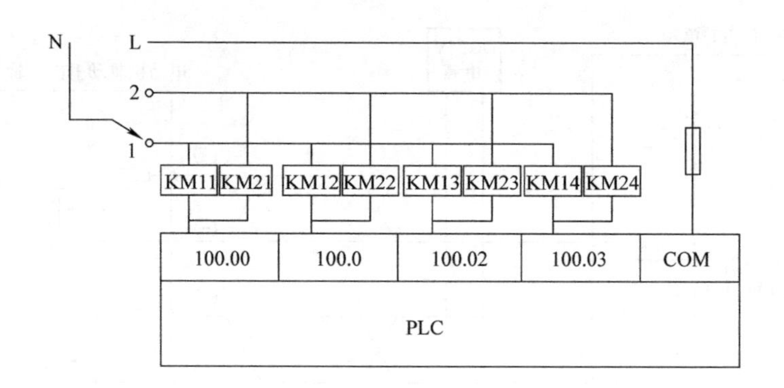

图 7-14 分组输出接线图

程序中做相应修改。

四、系统供电及接地设计

在实际的控制中，设计一个合理的供电与接地系统，是保证控制系统正常运行的重要环节。虽然 PLC 本身被允许在较为恶劣的供电环境下运行。但整个控制系统的供电和接地设计不合理，也是不能投入运行的。

（一）系统供电设计

系统供电设计是指可编程序控制器所需电源系统的设计。它包括供电系统的一般性保护措施、可编程序控制器电源模块的选择和典型供电系统的设计。

1. 供电系统的保护措施

可编程序控制器一般都使用市电（220V，50Hz），电网的冲击、频率的波动将直接影响到实时控制系统的精度和可靠性。电网的瞬间变化可产生一定的干扰传播到可编程序控制器系统中，电网的冲击甚至会给整个系统带来毁灭性的破坏。为了提高系统的可靠性和抗干扰性能，在可编程序控制器供电系统中一般可采取隔离变压器、交流稳压器、UPS 电源、晶体管开关电源等措施。

2. 电源模块的选择

可编程序控制器 CPU 所需的工作电源一般都是 5V 直流电源，一般的编程接口和通信模块还需要 5V 和 24V 直流电源。这些电源由可编程序控制器本身的电源模块或外接直流电源供给，所以在实际应用中要注意电源模块的选择。

3. 供电系统的设计

动力部分、PLC 供电及 I/O 电源应分别配电，典型的供电系统图如图 7-15 所示。

为了不发生因其他设备的起动电流及浪涌电流导致的电压降低，电源电路应与动力电路分别布线。使用多台 PLC 时，为了防止浪涌电流导致电压降低及断路器的误动作，推荐用其他电路进行布线。为防止电源线发出的干扰，请将电源线绞扭后使用。

（二）接地设计

如果接地方式不好就会形成环路，造成噪声耦合。接地设计的基本目的是消除各电路电流流经公共地线阻抗所产生的噪声电压和避免磁场与电位差的影响，使其不形成地环路。在实际控制系统中，接地是抑制干扰，使系统可靠工作的主要方法。在设计中如能把接地和屏蔽正确地结合起来使用，可以解决大部分干扰问题。

1. 接地要求

为保证接地质量，接地应达到如下要求：

1）接地电阻在要求的范围内，对于可编程序控制器组成的控制系统，接地电阻一般应小于 4Ω（OMRON 产品允许小于 100Ω）。

2）要保证足够的机械强度，采取防腐蚀措施，进行防腐处理。

3）在整个工厂中，可编程序控制器组成的控制系统要单独设计接地。

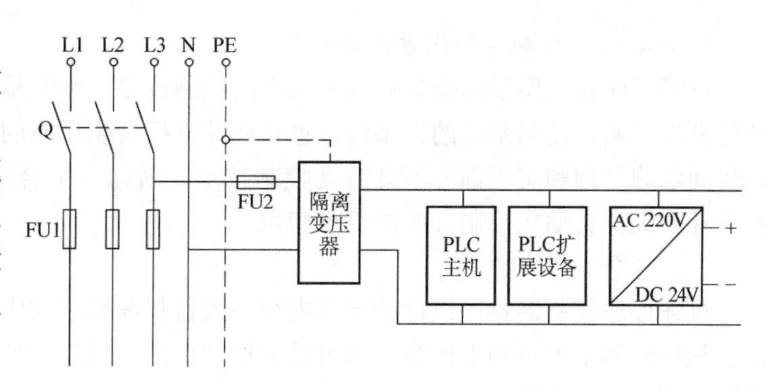

图 7-15　供电系统图

2. 接地处理方法

接地方法如图 7-16 所示。图中 GR 为接地端子。LG 为功能接地端子（噪声滤波器中性端子）。干扰大、有误动作和防止电击时，请将 LG 与 GR 短路，在 LG 与 GR 短路的情况下，为了防止触电，必须采用 D 种接地（300V 以下电器外壳接地，接地电阻 <100Ω）。

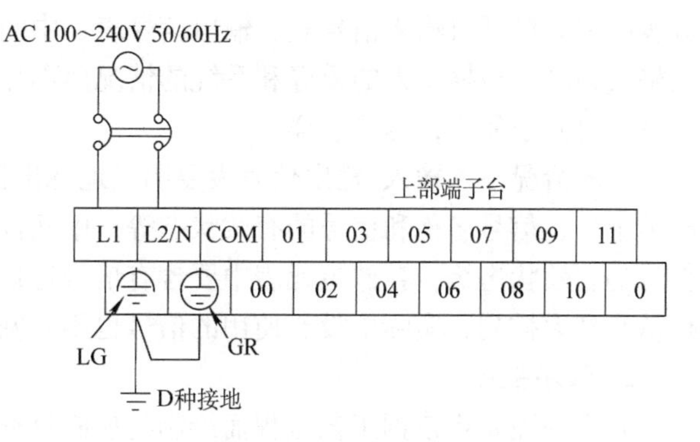

图 7-16　接地方法

第三节　控制系统的软件设计

一、软件设计概述

软件设计的基本要求是由可编程序控制器本身的特点及其在工业控制中要求完成的控制功能决定的，其基本要求如下：

1. 紧密结合生产工艺

每个控制系统都是为完成一定的生产过程控制而设计的。不同的生产工艺要求，都具有不同的控制功能，即使是相同的生产过程，由于各设备的工艺参数都不一样，控制实现的方式也就不尽相同。各种控制逻辑、运算都是由生产工艺决定的，程序设计人员必须严格遵守生产工艺的具体要求来设计应用软件，不能随心所欲。

2. 熟悉控制系统硬件结构

软件系统是由硬件系统决定的，不同系列的硬件系统，不可能采用同一种语言形式进行程序设计。即使语言形式相同，其具体的指令也不尽相同。有时虽然选择的是同一系列的可编程序控制器，但由于型号不同或系统配置的差异，也要有不同的应用程序与之相对应。软件设计人员不可能抛开硬件形式只孤立地考虑软件，程序设计时必须根据硬件系统的形式、接口情况，编制相应的应用程序。

3. 具备计算机和自动化方面的知识

可编程序控制器是以微处理器为核心的控制设备，无论是硬件系统还是软件系统都离不开计算机技术，控制系统的许多内容也是从计算机衍生而来的，同时控制功能的实现、某些具体问题的处理和实现都离不开自动控制技术，因此一个合格的 PLC 程序设计人员，必须具备计算机和自动化控制方面的双重知识。

二、软件设计的内容

可编程序控制器程序设计的基本内容一般包括参数表的定义、程序框图绘制、程序的编制和程序说明书编写四项内容。当设计工作结束时，程序设计人员应向使用者提供以下含有设计内容的文本文件。

1. 参数表

参数表是为编制程序做准备，按一定格式对系统各接口参数进行规定和整理的表格。参数表的定义包括对输入信号表、输出信号表、中间标志表和存储单元表的定义。参数表的定义格式和内容根据个人的爱好和系统的情况而不尽相同，但所包含的内容基本相同。总的原则就是要便于使用，尽可能详细。

一般情况下，输入/输出信号表要明显地标出模块的位置、信号端子号或线号、输入/输出地址号、信号名称和信号的有效状态等；中间标志表的定义要包括信号地址、信号处理和信号的有效状态等；存储单元表中要含有信号地址和信号名称。信号的顺序一般是按信号地址从小到大排列，实际中没有使用的信号也不要漏掉，便于在编程和调试时查找。

2. 程序框图

程序框图是指依据工艺流程而绘制的控制过程框图。程序框图包括两种：程序结构框图和控制功能框图。程序结构框图是全部应用程序中各功能单元的结构形式，可以根据此结构框图去了解所有控制功能在整个程序中的位置。功能框图是描述某一种控制功能在程序中的具体实现方法及控制信号流程。设计者根据功能框图编制实际控制程序，使用者根据功能框图可以详细阅读程序清单。程序设计时一般要先绘制程序结构框图，而后再详细绘制各控制功能框图，实现各控制功能。程序结构框图和控制功能框图二者缺一不可。

3. 程序

程序的编制是程序设计最主要阶段，是控制功能的具体实现过程。首先应根据操作系统所支持的编程语言，选择最合适的语言形式，了解其指令系统；再按程序框图所规定的顺序和功能，编写程序；然后测试所编制的程序是否符合工艺要求。编程是一项繁重而复杂的脑力劳动，需要清醒的头脑和足够的耐心。

4. 程序说明书

程序说明书是对整个程序内容的注释性的综合说明，主要是让使用者了解程序的基本结构和某些问题的处理方法，以及程序阅读方法和使用中应注意的事项，此外还应包括程序中所使用的注释符号、文字编写的含义说明和程序的测试情况。详细的程序说明书也为日后的设备维修和改造带来方便。

三、程序设计的一般步骤

可编程序控制器的程序设计是硬件知识和软件知识的综合体现，需要计算机知识、控制技术和现场经验等诸多方面的知识。程序设计的主要依据是控制系统的软件设计规格书、电气设备操作说明书和实际生产工艺要求。程序设计可分以下八个步骤，其中前三步只是为程序设计做准备，但不可缺少。

1. 了解系统概况

通过系统设计方案了解控制系统的全部功能、控制规模、控制方式、输入/输出信号种类和数量、是否有特殊功能接口、与其他设备的关系、通信内容与方式等，并做详细记录。没有对整个控制系统的全面了解，就不能联系各种控制设备之间的功能，综观全局。

2. 熟悉被控对象

将控制对象和控制功能分类，确定检测设备和控制设备的物理位置，了解每一个检测信号和控制信号的形式、功能、规模，及其之间的关系和预见可能出现的问题，使程序设计有的放矢。在程序设计之前，掌握的东西越多，对问题思考得越深入，程序设计时就会越得心应手。

3. 制定系统运行方案

根据系统的生产工艺、控制规模、功能要求、控制方式和被控对象的特殊控制要求，分析输入与输出之间的逻辑关系，设计系统及各设备的操作内容和操作顺序。

4. 定义输入/输出信号表

定义输入/输出信号表的主要依据就是硬件接线原理图，根据具体情况，内容要尽可能详细，信号名称要尽可能地简明，中间标志和存储单元表也可以一并列出，待编程时再填写内容。要在表中列出框架号、模块序号、信号端子号，便于查找和校核。输入/输出地址要按输入/输出信号由小到大的顺序排列。有效状态中要明确标明上升沿有效还是下降沿有效，高电平有效还是低电平有效，是脉冲信号还是电平信号，或其他方式。

5. 框图设计

框图设计的主要工作是根据软件设计规格书的总体要求和控制系统具体情况，确定应用程序的基本结构、按程序设计标准绘制出程序结构框图，然后再根据工艺要求，绘制出各功能单元的详细功能框图。框图是编程的主要依据，应尽可能详细。框图设计可以对全部控制程序功能的实现有一个整体概念。

6. 程序编写

程序编写就是根据设计出的框图和对工艺要求的领会，逐字逐条地编写控制程序，这是整个程序设计工作的核心部分。如果有操作系统支持，尽量使用编程语言的高级形式，如梯形图语言。在编写过程中，根据实际需要对中间标志信号表和存储单元表进行逐个定义。为了提高效率，相同或相似的程序段尽可能地使用复制功能。

程序编写有两种方法：第一种是直接用地址进行编写，这样对信号较多的系统不易记忆，但比较直观；第二种方法是用容易记忆的符号编程，编完后再用信号地址对程序进行编码。另外，编写程序过程中要及时对编出的程序进行注释，以免忘记其相互间关系，要随编随注。注释应包括程序的功能、逻辑关系说明、设计思想、信号的来源和去向，以便阅读和调试。

7. 程序测试

程序测试是整个程序设计工作中一项很重要的内容，它可以初步检查程序的实际效果。程序测试和程序编写是分不开的，程序的许多功能是在测试中修改和完善的，测试时先从各功能单元入手，设定输入信号，观察输出信号的变化情况。各功能单元测试完成后，再连通全部程序，测试各部分的接口情况，直到满意为止。程序测试可以在实验室进行，也可以在现场进行。如果是在现场进行程序测试，那就要将可编程序控制器系统与现场信号隔离，切断输入输出模块的外部电源，以免引起不必要的损失。

8. 编写程序说明书

程序说明书是对程序的综合性说明，是整个程序设计工作的总结。编写程序说明书的目的是便于程序的使用者和现场调试人员使用，它是程序文件的组成部分。如果是编程人员本人去现场调试，程序说明书也是不可缺少的。程序说明书一般应包括程序设计的依据、程序的基本结构、各功能单元的分析、其中使用的公式和原理、各参数的来源和运算过程、程序的测试情况等。

四、控制程序的局部设计方法

（一）图形转换法

图形转换法设计的基础是继电器控制电路图，在第一章图1-2中曾讲到继电器控制电路图和PLC控制梯形图都表示了输入和输出之间的逻辑关系，从逻辑关系表达式上看也是非常一致的，因此在小型设备改造时，可将原继电器控制电路直接“转换”成梯形图。例如，串电阻减压起动和反接制动的PLC控制，具体设计步骤如下。

1. 分清主电路和控制电路

串电阻减压起动和反接制动控制电路原理图如图7-17所示。图中点画线框内的是控制电路，点画线框外是主电路。

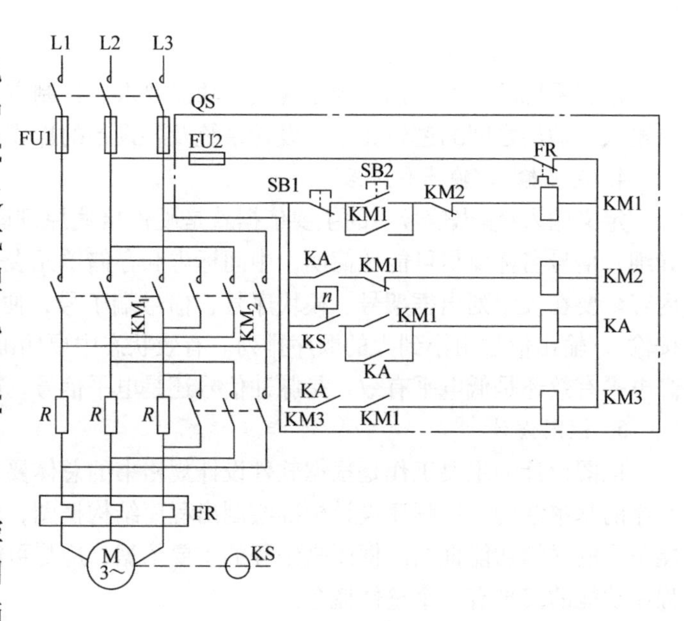

图7-17 串电阻减压起动和反接制动控制电路原理图

2. 确定输入/输出元件，分配地址

考虑到热继电器的触点不接入PLC的输入点，中间继电器KA用PLC的辅助继电器代替，所以PLC的输入元件为SB1、SB2和KS，输出元件为KM1、KM2和KM3。地址分配见表7-2。

表7-2 地址分配表

输　入		输　出		其　他	
SB2	0.00	KM1	100.00	KA	W200.00
SB1	0.01	KM2	100.01		
KS	0.02	KM3	100.02		

3. 主电路、PLC的供电和I/O接线设计

去掉图7-17中点画线框中的控制电路，保留主电路；PLC的供电和I/O接线如图7-18a所示，图中PLC的工作供电为AC 220V，所以通过熔断器FU2接到电源的L和N端；热继电器的常闭触点连接在相线L和PLC的公共端COM，起到过载保护的作用；由于KM1、

KM2 不能同时得电，所以 KM1、KM2 的常闭辅助触点互锁。

4. 设计梯形图

将点画线框内的控制电路除热继电器的常闭触点外，按照表 7-2 的分配，“转换”成梯形图的格式如图 7-18b 所示，读者可分析用 PLC 改造后的控制功能是否和改造前一致。

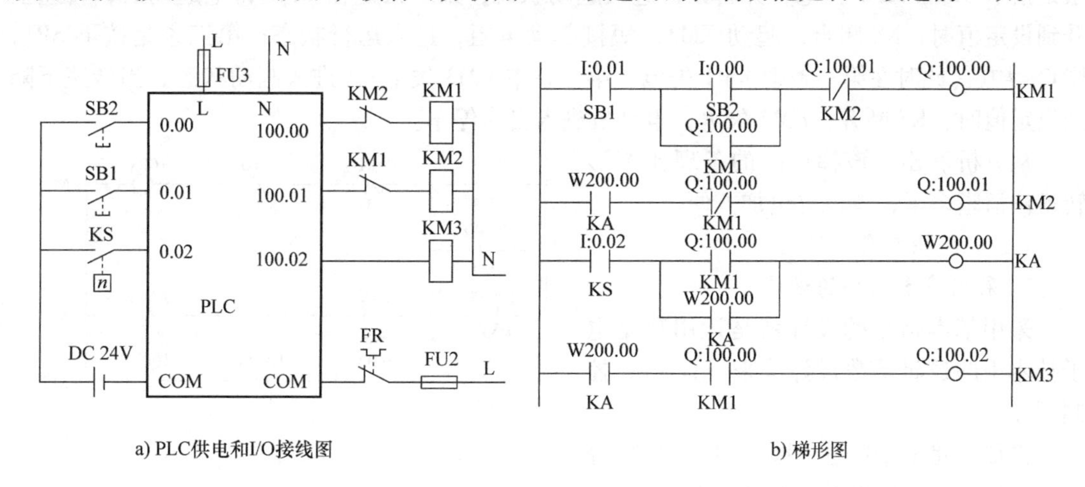

a) PLC供电和I/O接线图　　b) 梯形图

图 7-18 改造后的控制部分

使用该方法，能基本解决简单的控制电路改造。但要注意，并不是百分之百成功，如按钮的常开、常闭触点组，按上述“转换”会出现问题，因为硬件结构的按钮，从常闭触点的断开到常开触点的闭合有两个触点同时断开的状态，而按照循环扫描的方式工作的梯形图中的常开触点和常闭触点是没有这个现象的。

（二）经验设计法

经验设计法是目前使用较为广泛的设计方法。所谓经验，即需要两个方面较为丰富的知识：一是熟悉继电器控制电路，能抓住控制电路的核心所在，能将一个较复杂的控制电路分解成若干个分电路，能熟练分析各分电路的功能和各分电路之间的联系；二是熟悉梯形图中一些典型的单元程序，如定时、计数、单稳态、双稳态、互锁、启停保、脉冲输出等。根据控制要求，运用已有的知识储备，设计控制梯形图。

用经验设计法设计图 7-17 所示的串电阻减压起动和反接制动控制，过程如下：

1. 主电路和 I/O 接线图

输入/输出元件地址分配，主电路、PLC 供电和 I/O 接线设计均同图形转换法所述。

2. 分析电路原理，明确控制要求

1）在起动时，按下起动按钮 SB2，KM1 线圈得电，主触点闭合，电动机串入限流电阻 *R* 开始起动；当电动机转速上升到某一定值（如 130r/min）时，KS 的常开触点闭合，中间继电器 KA 得电并自锁，其常开触点闭合，使得接触器 KM3 得电，其主触头闭合，短接起动电阻，电动机转速继续上升，至稳定运行。

2）制动时，按下停止按钮 SB1，导致接触器 KM1 失电，其常闭触点闭合，因中间继电器 KA 得电并保持，所以 KM2 得电，KM3 失电，电动机处于反接制动状态，并串入电阻限制制动电流；当电动机转速快速下降到某一定值（如 100r/min）时，KS 常开触点断开，

KM2 释放，电动机进入自由停车。

3. 根据控制要求编写梯形图

根据控制要求用经验法编写的梯形图如图 7-19 所示，从图中看出梯形图分三条。第一条是按下 SB2，KM1 得电，并自锁，进入起动状态；第二条是在 KM1 得电起动后，转速上升到设定值时，KS 闭合，起动 KM3，短接起动电阻，进入运行状态；第三条是按下 SB1，KM2 得电（此时在第一条中 KM1 失电，第二条中 KM3 失电），进入制动状态，当转速下降到设定值时，KS 断开，KM2 失电，电动机进入自由停车。

从分析看出，该梯形图的条理比图形转换法清晰多了，调试也更加方便。

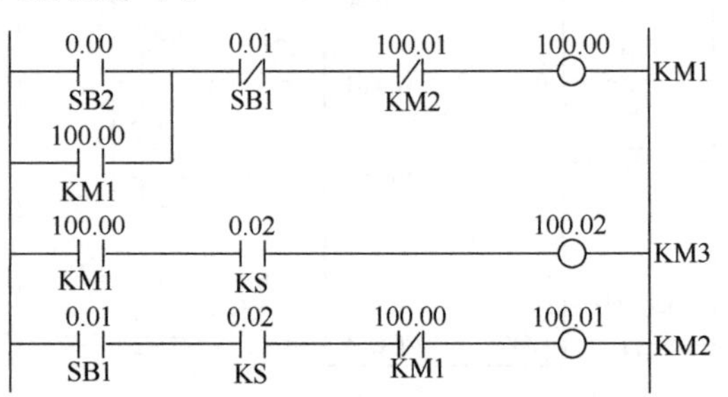

图 7-19 用经验法编写的梯形图

（三）逻辑函数设计法

1. 采用基本指令的设计

采用基本指令的设计就是运用数字电子技术中的逻辑函数设计法来设计 PLC 控制程序。

例如，将三个按钮 SB0、SB1、SB2 分别接在输入 0.00、0.01、0.02 端子上，三个指示灯 HL0、HL1、HL2 接在 PLC 的输出 100.00、100.01、100.02 端子上。要求：三个按钮中任意一个按下时，灯 HL0 亮；任意两个按钮按下时，灯 HL1 亮；三个按钮同时按下时，灯 HL2 亮；没有按钮按下时，所有灯都不亮。符合该要求的指示程序可按照下面的步骤编写。

（1）根据控制要求建立真值表　将 PLC 的输入继电器作为真值表的逻辑变量，得电时为“1”，失电时为“0”；将输出继电器作为真值表的逻辑函数，得电时为“1”，失电时为“0”；逻辑变量（输入继电器）的组合和相应逻辑函数（输出继电器）的值见表 7-3。

表 7-3 真值表

输入			输出		
0.00	0.01	0.02	100.00	100.01	100.02
0	0	0	0	0	0
0	0	1	1	0	0
0	1	0	1	0	0
0	1	1	0	1	0
1	0	0	1	0	0
1	0	1	0	1	0
1	1	0	0	1	0
1	1	1	0	0	1

（2）按真值表写出逻辑表达式

$$100.00=\overline{000}\cdot\overline{0.01}\cdot 0.02+\overline{0.00}\cdot 0.01\cdot\overline{0.02}+0.00\cdot\overline{0.01}\cdot\overline{0.02}$$

$$100.01=\overline{0.00}\cdot 0.01\cdot 0.02+0.00\cdot\overline{0.01}\cdot 0.02+0.00\cdot 0.01\cdot\overline{0.02}$$

$$100.02=0.00\cdot 0.01\cdot 0.02$$

通常需要化简逻辑表达式，但以上逻辑表达式已是最简，所以不需要化简。

（3）按逻辑表达式画出梯形图　上述逻辑表达式中等号右边的是输入触点的组合，“·”为触点的串联，“+”为触点的并联，“非”号表示为常闭触点。等号左边的逻辑函数就是输出线圈。符合上述逻辑表达式的梯形图如图7-20所示。

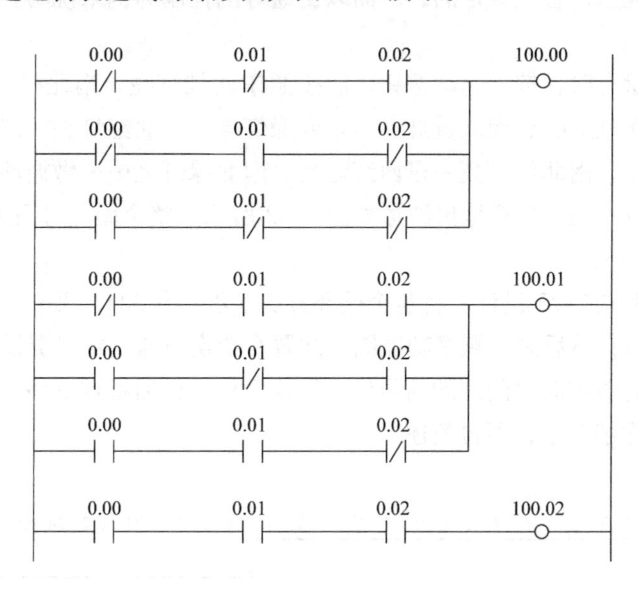

图7-20　采用基本指令设计的梯形图

2. 采用应用指令的设计

对于以上的例子，若采用应用指令来设计要简便得多。本例控制要求的核心是检查输入通道有几个输入信号，如果有1个信号输入，那么100.00有输出；如果有2个信号输入，则100.01有输出；余类推。根据要求，可以选用“通道计数”指令BCNT来完成，对应的梯形图如图7-21所示。图中第一条梯形图中的BCNT指令是统计0通道中信号为ON的个数，并将统计结果存放于D1，随后的三条梯形图是比较输出。

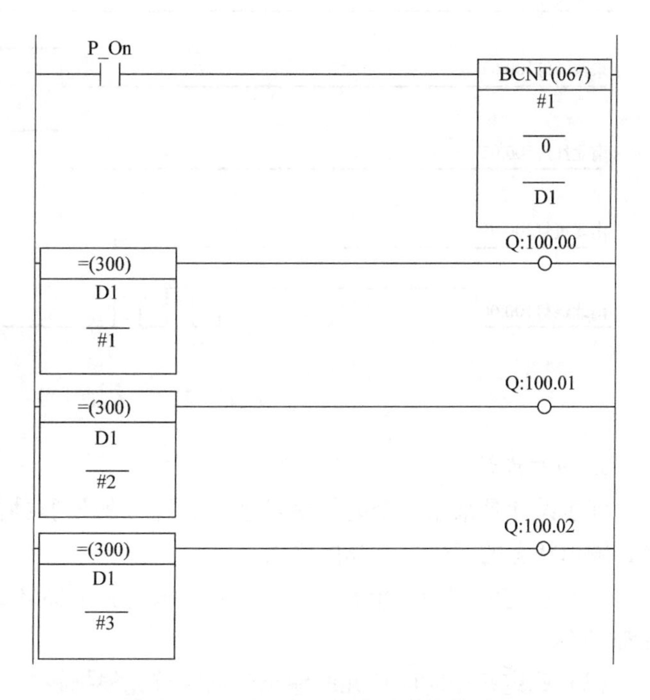

图7-21　采用应用指令设计的梯形图

从本例看出，用应用指令来设计既方便，又直观。

再来看一个例子，有两组开关S11、S12、S13和S21、S22、S23分别接在0通道的0.00、0.01、0.02和1通道的1.00、1.01、1.02上。控制要求是若S11和S21、S12和S22、S13和S23的状态（闭合或断开）

一致时，输出为ON。请读者用两种不同的方法设计并体会之。

（四）顺序控制的同步设计法

顺序控制的控制程序已在第四章中做了详细的介绍，主要采用了顺序功能图设计法，还有没有其他的方法呢？回答是肯定的，下面以交通灯的控制为例来说明。

1. 控制要求

交通灯在自动状态时，按下起动按钮，能按照东西红灯亮、南北绿灯亮→东西红灯亮、南北绿灯闪亮→东西红灯亮、南北黄灯亮→东西绿灯亮、南北红灯亮→东西绿灯闪亮、南北红灯亮→东西黄灯亮、南北红灯亮→东西红灯亮、南北绿灯亮……做循环输出。按下停止按钮，无输出，全部灯不亮。PLC输出波形如图7-22所示，整个循环时间为32s。

2. 顺序功能图设计

顺序功能图按照图7-22设计，将整个循环分成6步，共32s，每一步的时间分别为10s、4s、2s、10s、4s、2s；然后画出顺序功能图，配置6个定时器，定时器设置时间对应每一步的时间，将每个定时器定时时间到的信号作为转换条件；最后根据顺序功能图设计程序。该方法已在第四章中详细介绍，不再赘述。

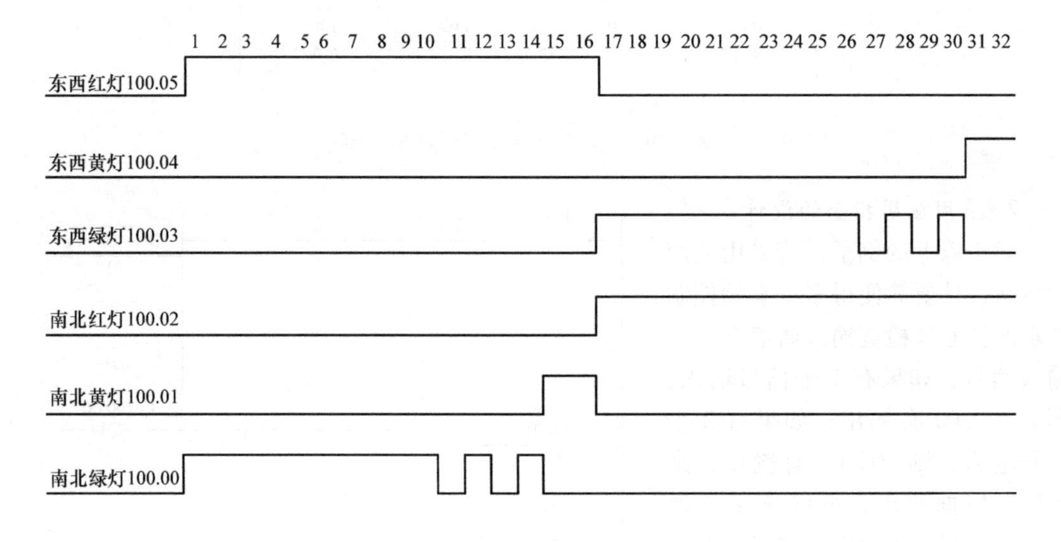

图7-22 PLC输出波形

3. 同步设计

同步设计是采用一个时钟脉冲触发，在该触发脉冲的作用下改变输出的状态，除此之外，输出状态的变化没有其他原因。

（1）确定时间最小单元 根据控制要求将整个循环细分成32个时间单元，每个时间单元都是1s。

（2）确定每个时间单元的输出数据 首先根据控制要求（参考图7-22），确定100通道中，32个时间单元的输出状态。100通道在各时间单元对应的十六进制码分别为21、21、21、21、21、21、21、21、21、21、20、21、20、21、22、22、0C、0C、0C、0C、0C、C0、0C、0C、0C、0C、04、0C、04、0C、14、14。

（3）存放数据　将以上数据分别写入 D1 ~ D32。

（4）编写程序　程序的主要功能是在时钟脉冲的触发下，将每个时间单元对应的数据输出，控制程序如图 7-23所示。

图中，第一条梯形图是起动和停止控制；第二条梯形图用于在停止时将 D0 的数据清零；第三条梯形图在起动后，用秒脉冲的上升沿将 D0 的数据加 1；第四条梯形图是当 D0 的数据大于或等于 33 时，将 D0 的数据恢复为 1，完成一个循环；第五条梯形图采用间接寻址的方式（将 D0 中的数据作为数据存储器的地址，如 D0 中存放的数据是 20 时，＊D0 = D20），将＊D0 对应的数据传送到 100 通道输出。

这样的设计相比用顺序功能图的设计要简洁得多，缺点是时间调整较困难，需要修改数据存储器中的数据，直观性较差。

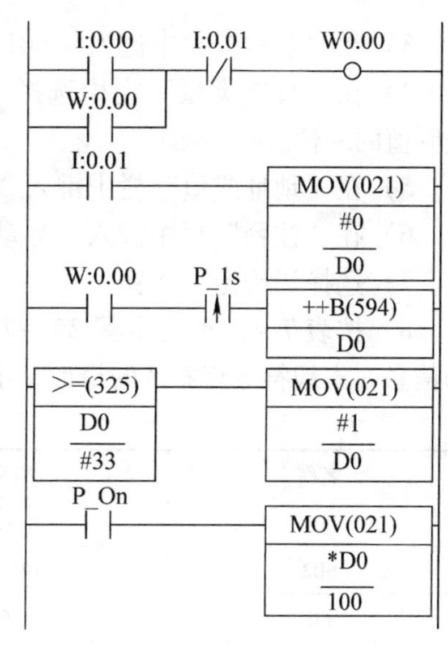

图 7-23　交通灯的同步设计

五、编程软件的应用

合理灵活地使用编程软件的功能，不但能提高编程水平，也能提高编程效率。下面介绍符号编程、分段编程和功能块编程。

（一）符号编程

符号编程的应用如下。

（1）生成符号

1）在工具栏中选择“查看本地符号”图标，显示图 7-24 所示界面。

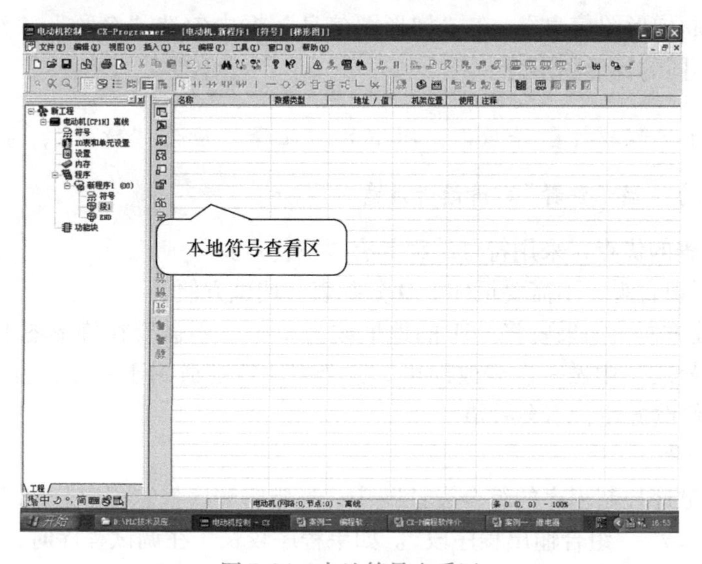

图 7-24　本地符号查看区

2）在本地符号查看区任意位置，单击右键，选择“插入符号”；或单击“新符号”图标，显示图 7-25 所示对话框。

3）在“名称”栏中键入“SB1”。

4）在“日期类型”栏中选择“BOOL”，它表示二进制值的一位。

5）在“地址或值”栏中键入“0.00”或“0”。

6）在“注释”栏中键入“启动按钮”。

7）选择“确定”按钮。

8）按表7-4，重复步骤2）~7），依次输入各变量的信息，本地符号查看区的最后显示如图7-26所示。

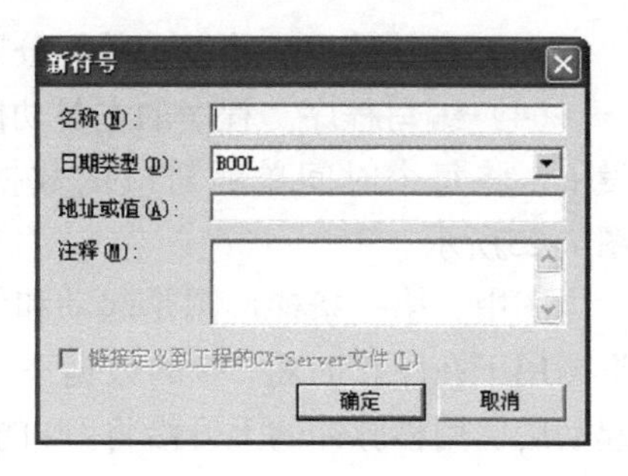

图7-25 “新符号”对话框

表7-4 新建符号信息一览表

名称	类型	地址	注释
SB1	BOOL	0.00	启动按钮
SB2	BOOL	0.01	停止按钮
FR	BOOL	0.02	热继电器
KM1	BOOL	100.00	接触器1

（2）建立梯形图程序 按照以下步骤来生成一个梯形图程序。

名称	数据类型	地址/值	机架位置	使用	注释
FR	BOOL	0.02		工作	热继电器
SB1	BOOL	0.00		工作	启动按钮
SB2	BOOL	0.01		工作	停止按钮
KM1	BOOL	100.00		工作	接触器1

图7-26 本地符号输入结果

1）单击工具栏中的“新触点”图标，放在梯形图光标所在位置，再单击左键，出现“新触点”对话框。选择列表栏中的“SB1”，或者直接输入“SB1”，然后选择“确定”按钮，出现编辑注释是“启动按钮”，再次选择“确认”按钮。

2）依次输入“启动停止保持”程序的梯形图，如图7-27所示。在CX－P软件菜单中，寻找“工具/选项/梯形图信息”，在“梯形图信息”框中勾选“名称”“注释”“显示数据”，就能显示不同的梯形图形态。

注意 由于编程软件翻译原因，图中的“注释”应为“数据”，即地址；图中的“显示数据”应为“显示注释”。请读者注意。

（3）符号编程的优点 采用符号编程具有以下优点：

1）梯形图标识直观，不需要记住I/O分配表，调试方便。

2）地址修改方便，如果要将SB1的地址改为0.05，不需要在梯形图上一个一个修改，只要在“本地符号表”中做一次修改即可。这个方法特别适用于一个元件在梯形图中有多次出现的状况，修改方便，不会有错。

（二）分段编程

在第四章“顺序控制程序的综合设计”中，通常将顺序控制程序分成“设置”“自动程序段”“手动程序段”“组合输出程序段”。如果程序较长，在调试程序时，上下寻找非常不便。可以利用CX－P编程软件的功能，将程序分成数段，如图7-28所示。

（三）功能块编程

1. 什么是功能块

国际标准IEC61131－3规范的5种PLC编程语言包含梯形图（Ld）、指令表（IL）、

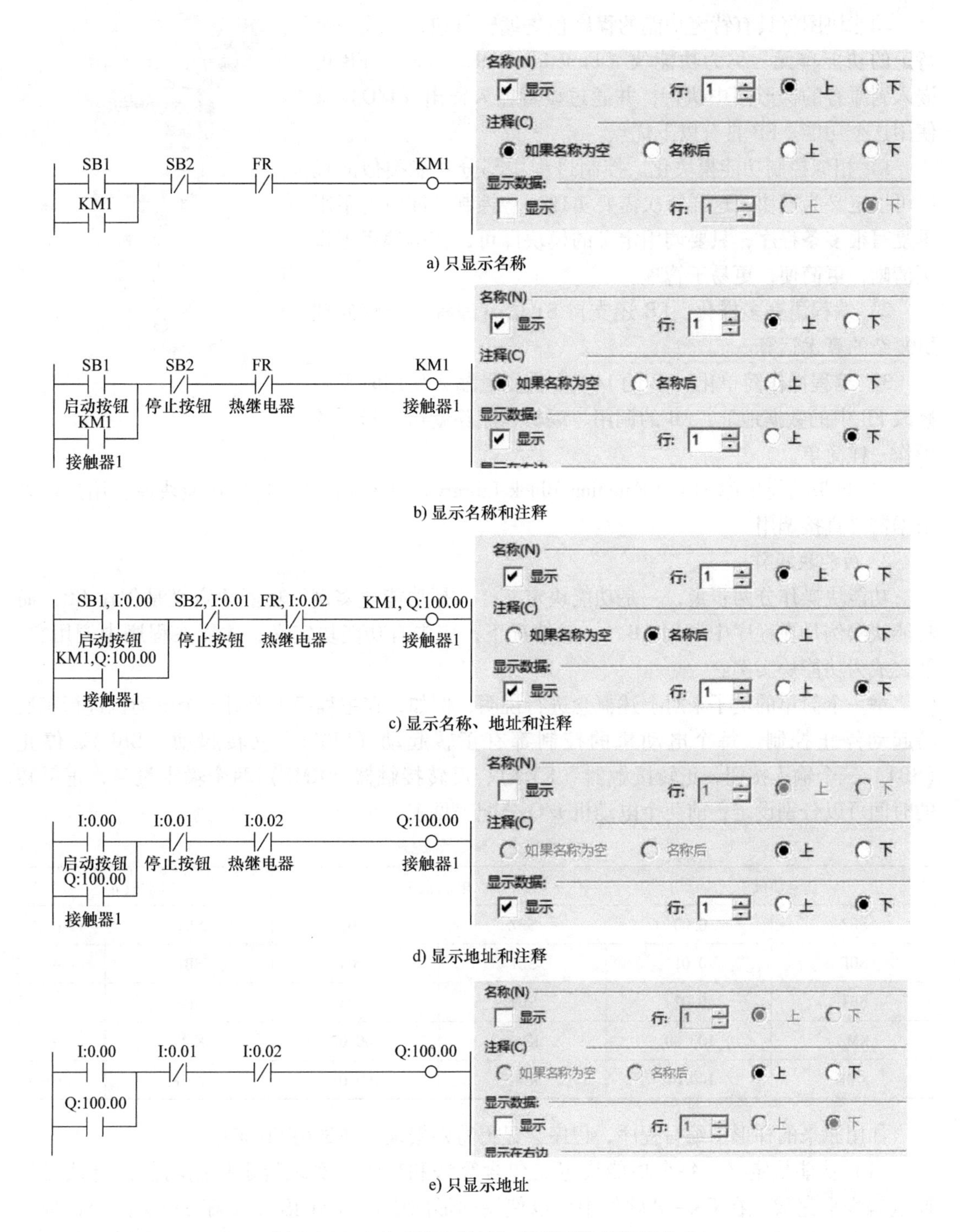

a) 只显示名称

b) 显示名称和注释

c) 显示名称、地址和注释

d) 显示地址和注释

e) 只显示地址

图 7-27 “启动停止保持”梯形图的各种形态

结构化文本（ST）、功能块图（FBD）和顺序功能图（SFC）。梯形图、指令表等传统的 PLC 编程方法，仍然普遍使用，但功能块等高级语言能提升编程效率，是将来编程的方向。

功能块图将具有特定功能的程序预先编辑打包，形成一个特定的功能单元，称为功能块（Function Block，FB）。FB可嵌入到原有的梯形图中执行，并通过设置输入输出（I/O）来使用这个功能。FB具有以下优点。

1）相似控制功能模块化。控制过程中部分功能类似的程序可以定义为模块，这样每次需要实现这些控制功能时就不用重复写很多条程序，只要调用定义的模块即可，使得编程工作更清晰，更简便，更易于管理。

2）编程语言多样化。FB还支持ST语言编程。能够处理更复杂的算术运算。

3）编程操作简单化。FB的I/O作为变量输入使用时无须修改FB中的数据地址，FB的调用、编辑、删除就像对指令的操作一样简单。

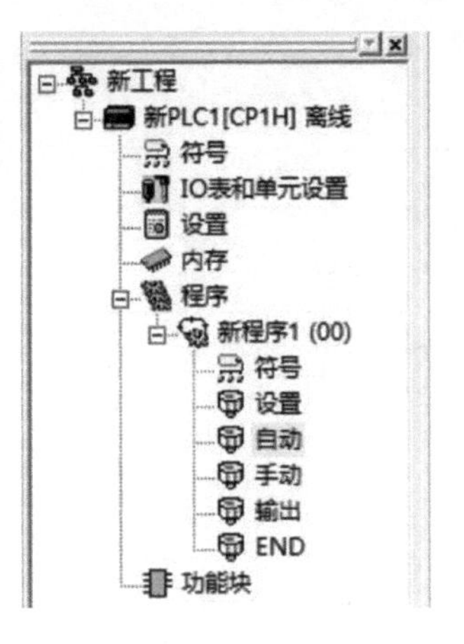

图7-28 程序分段

4）自带功能块库FBL（Function Block Library）。CX－P软件自带功能块库，用户可以根据需要直接调用。

2. 功能块操作

功能块操作分两步走，一是功能块定义，二是功能块实例。功能块定义是创建FB，而功能块实例是在程序中调用FB。一般情况下，应先有功能块定义，才能在程序中调用它，使之成为功能块实例。

举一个简单的例子来对上述概念进行说明，例如，在主程序中要对n个电动机进行正反转起动停止控制，每个电动机的控制都有正转起动（SBZ）、反转起动（SBF）、停止（SBT）三个输入按钮，正转接触器（KMZ）、反转接触器（KMF）两个输出设备，正反转的时间可以分别设定，前两个电动机I/O分配表见表7-5。

表7-5 I/O分配表

电动机1		电动机2		电动机n	
SBZ	0.00	SBZ	0.03	SBZ	…
SBF	0.01	SBF	0.04	SBF	…
SBT	0.02	SBT	0.05	SBT	…
KMZ	100.00	KMZ	100.02	KMZ	…
KMF	100.01	KMF	100.03	KMF	…

如用原来的梯形图编写程序，程序会显得特别繁琐，现试用FB来编写。

（1）功能块定义　每个功能块定义包含算法和变量。实现特定控制功能的算法可以通过编程来完成，在CX－P软件中可以使用梯形图语言和ST语言来编写算法。变量分为五种类型，分别是内部变量、输入变量、输出变量、输入输出变量和外部变量。具体操作如下。

1）右击“功能块”，选择“插入功能块”，用“梯形图”编写，如图7-29所示。

2）设置“功能块属性”，输入名称“正反转起停控制”，勾选“显示功能块的内部”，如图7-30所示。

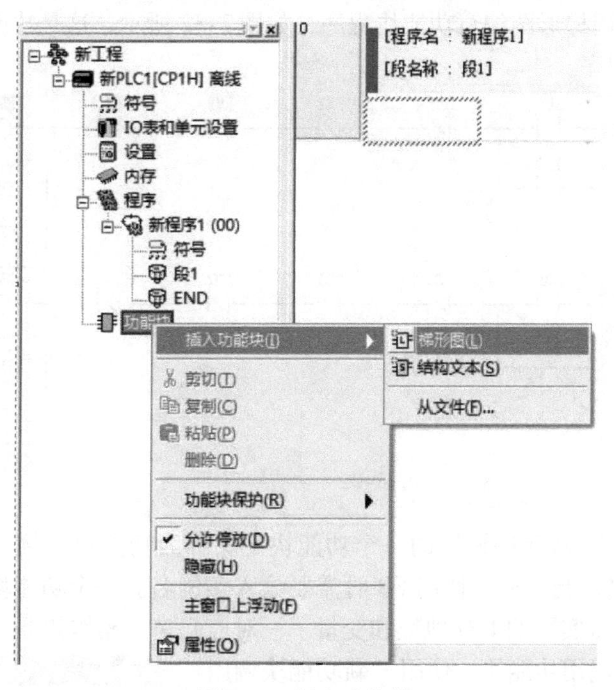

图 7-29 插入功能块

3）设置输入变量、输出变量和内部变量，如图 7-31 所示，在输入变量中，EN 是功能块的控制执行输入端，要使该功能块有效，必须使 EN 置 1；SBZ、SBF 和 SBT 分别连接正反转的起动、停止按钮；SV_1、SV_2 是输入的定时器设定值。在输出变量中，ENO 是功能块执行指示，当功能块被执行时自动置 1，可以在该端连接一个输出点，用于指示，也可不接；KMZ、KMF 连接正反转接触器。在内部变量中，TIM_1、TIM_2 是定时器号。

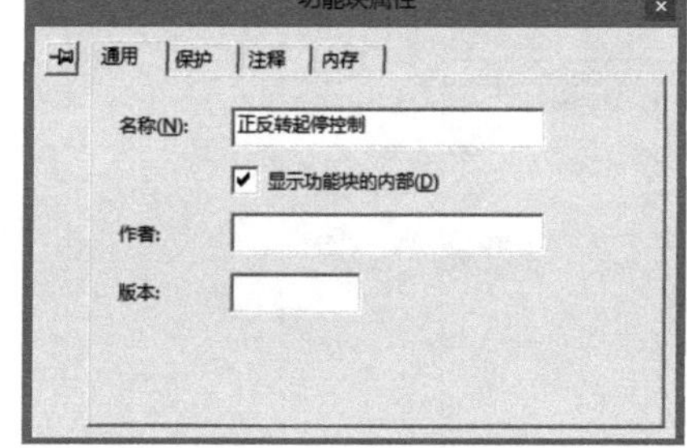

图 7-30 设置“功能块属性”

名称	数据类型	AT	初始值
EN	BOOL		FALSE
SBZ	BOOL		FALSE
SBF	BOOL		FALSE
SBT	BOOL		FALSE
SV_1	WORD		0
SV_2	WORD		0

a) 输入变量

名称	数据类型	AT	初始值
ENO	BOOL		FALSE
KMZ	BOOL		FALSE
KMF	BOOL		FALSE

b) 输出变量

名称	数据类型	AT	初始值
TIM_1	TIMER		
TIM_2	TIMER		

c) 内部变量

图 7-31 设置输入变量、输出变量和内部变量

4）编写程序，用梯形图编写功能块程序，如图7-32所示，这是功能块的核心，是一个典型的正反转控制程序。

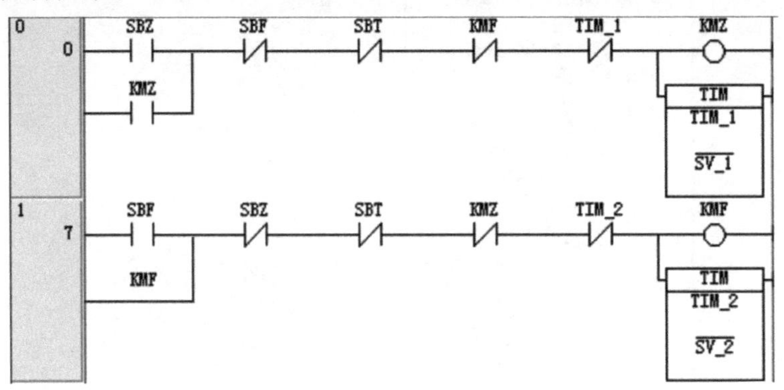

图7-32 功能块程序

（2）功能块实例 程序中调用的每个功能块定义称为功能块实例。每个实例都有一个标识符，称为实例名。当主程序调用FB时需要输入实例名。一个功能块定义可以创建多个实例。在调用FB后将实际的I/O地址和变量一一对应起来。操作如下。

1）在主程序中调用功能块。使用“新功能块调用”图标调用功能块，功能块实例分别命名为M1、M2，如图7-33所示。

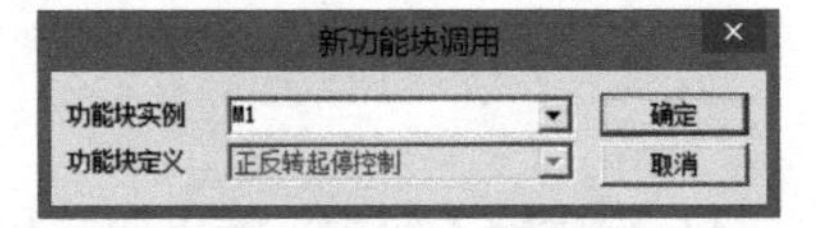

图7-33 功能块调用

2）I/O地址和变量对应。使用“新功能块参数”图标，将实际地址和功能块中的输入变量、输出变量一一对应，EN端用常开触点P－On置1，ENO端不接输出，最后结果如图7-34所示。FB中使用的变量需要占用PLC地址，当程序中调用FB时，PLC会自动分配地址给变量。从图中看出，M1由0.00、0.01和0.02控制，正转时间100s，反转时间50s；M2由0.03、0.04和0.05控制，正转时间80s，反转时间60s，控制程序非常简单，具体的控制程序都在功能块内。如需控制其他电动机的正反转，可以继续调用FB。

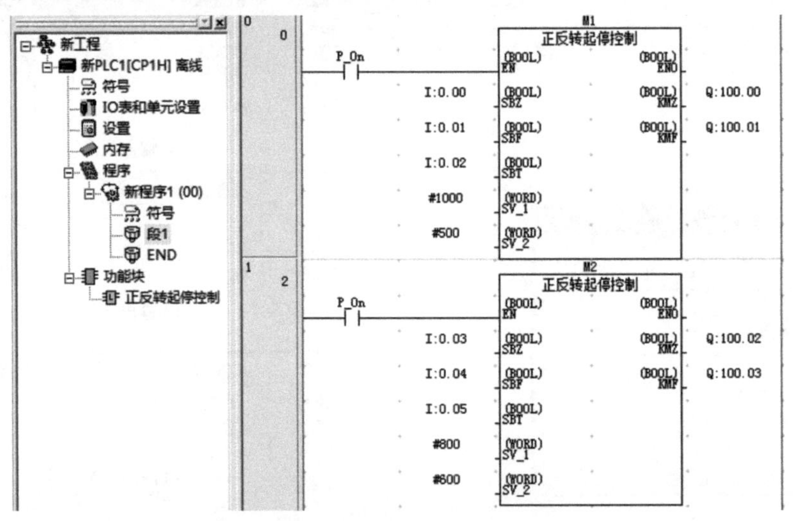

图7-34 在新程序/段1中的功能块实例

其实，以上只是做了一个实例演示，真正功能块的功能要强得多，实用得多。在CX-P编程软件中有一个非常实用的功能块库，用户可以根据需要直接调用。

3. 功能块库

创建FB有两种方法，一种是自定义FB，根据实际需要的控制功能在FB中进行编程；另一种使用功能块库，是编程软件自带的。功能块库（FBL）是一组预定义的FB文件。当需要实现PLC和FA元器件以不同的联网方式通信时，可以直接调用这些已经被定义的FB，提高了PLC和元器件之间的互通性。CX-P软件提供标准的功能块库。

FBL有许多优点：一是简化编程，无须再去编写程序来实现FBL可以达到的功能，只要直接调用FBL中的文件即可，节省编程的时间；二是使用简单，即使用户不知道FB的程序是如何编写的，只要了解I/O地址的定义，正确分配给FB就可以了；三是无须测试，FBL中的FB程序都通过检测可直接放心使用，节省了测试时间；四是易于理解，FBL提供了使用帮助文件，明确详细地列出了每个变量的定义以及整个FB实现的控制功能；五是有可扩展性，将来PLC单元和FA元器件升级，对于同系列产品，FBL可马上更新使用，无须重新编程。

FBL文件的路径为：program file/OMRON/CX-one/Lib/FBL/omronlib，在这个目录下是针对不同设备的FBL分类。例如通过FB想要实现PLC与温控器之间串行通信，进入omronlib后选择TemperatureController，找到所使用的温控器系列（如E5CN），再选择Serial。根据不同的控制要求选择FB文件。FBL中的FB文件类型后缀均为.cxf。

CP1H PLC omronlib目录下包含如下功能块：

1）二维读码器操作。

2）变频器的起停读取或设置参数等。

3）对PLC的操作（存储卡操作、controller Link模块通信情况监控、CPU单元信号的时序控制及发送接收控制信号、对PLC以太网模块的通信进行监控、对PLC的串行通信单元板的通信监控和设置、重新启动PLC上的单元等）。

4）多点电源控制器的起停和参数读写。

5）读取或设置RFID读码器的参数。

6）智能传感器读写参数的操作。

7）视觉传感器的控制操作。

8）E列数字传感器起停和读写操作。

9）温控器或温度控制单元的操作。

10）伺服驱动器的操作。

11）读取系列无线传输设备的状态数据等。

第四节 信号处理及程序设计

在控制系统的工作过程中，由于受外界环境和其他因素干扰，使得PLC所采集到的信号出现不真实性，从而造成系统工作紊乱和错误。为了消除干扰，准确获得真实信号，需要对采样输入的有关信号进行处理。本节介绍的程序是用CPM1A指令来编写的。

一、输入信号的处理

输入信号一般分为开关信号和模拟信号。不同类型的信号有不同处理方法。

1. 开关信号的采集与程序设计

（1）利用输入时间常数对输入信号滤波 为了消除干扰，准确地获得真实信号，需要对采样输入的信号进行滤波处理。在可编程序控制器中，开关信号的采样主要由系统完成，为此，PLC 的输入电路设有滤波器，调整其输入时间常数，可减少振动和外部杂波干扰造成的不可靠性。通过外围设备（如编程器）或编程软件在 PLC 系统设置区域中可以设定 PLC 的输入时间常数，这在前面已详细叙述。

（2）利用软件对输入信号滤波 采用图 7-35 所示的梯形图，利用周期扫描时间进行滤波处理。

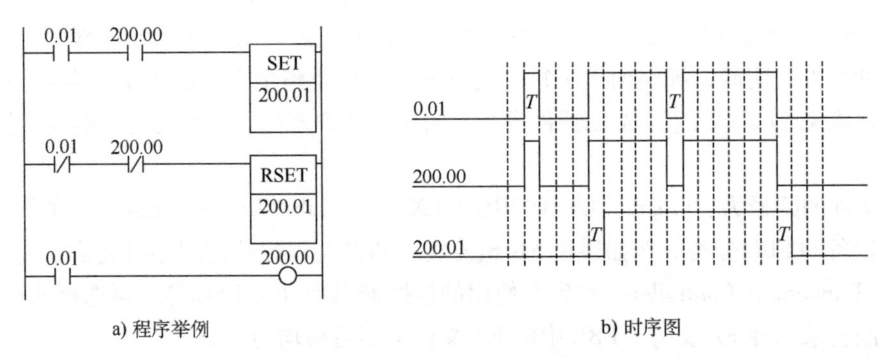

a) 程序举例 b) 时序图

图 7-35 开关量滤波梯形图

在图 7-35a 中，若有一个接近于开关信号的尖峰脉冲进入输入端 0.01，其有效动作状态为“1”，即程序中在某一扫描周期 0.01 由“0”变为“1”，由于触点 200.00 为“0”，所以在第一条梯形图中未驱动 SET，200.01 仍为“0”，接着在第三条梯形图中 0.01 把 200.00 置为 1；在下一扫描周期如果 0.01 的“1”状态仍然存在，200.01 就被置“1”，如果 0.01 的“1”消失，尽管 200.00 为“1”，200.01 也不会被置“1”。这样就对窜入 0.01 的正向干扰起到了滤波作用，对窜入 0.01 的负向干扰也同样可以滤除。其滤波时序图如图 7-35b 所示，其中，*T* 为扫描周期，200.01 为滤波结果信号，200.00 为中间暂存信号。

这种方法可以消除小于可编程序控制器一个扫描周期的脉冲干扰信号，只要系统响应要求允许，同样可以采用两个周期或更多周期的延迟时间，消除更宽的脉冲干扰。

（3）防止输入信号抖动的方法 输入开关信号的抖动有可能造成内部控制程序的误动作，防止输入开关信号抖动可采用外部 *RC* 电路进行滤波，也可在控制程序中编制一个防止抖动的单元程序，以滤除抖动造成的影响。防抖动单元程序如图 7-36 所示，其延时时间可视开关抖动的情况而定。

2. 模拟信号的采集与程序设计

（1）模拟量输入信号的数值整定 工程控制中的过程量，通过传感器转变为控制系统可接收的电压或电流信号，再通过模拟量输入模块的 A-D 转换，以数字量形式传送给可编程序控制器。该数字量与过程量具有某种函数对应关系，但在数值上并不相等，也不能直接使用，必须经过一定的转换。在程序设计中，通常称模拟量输入时的这种按照确定的函数关

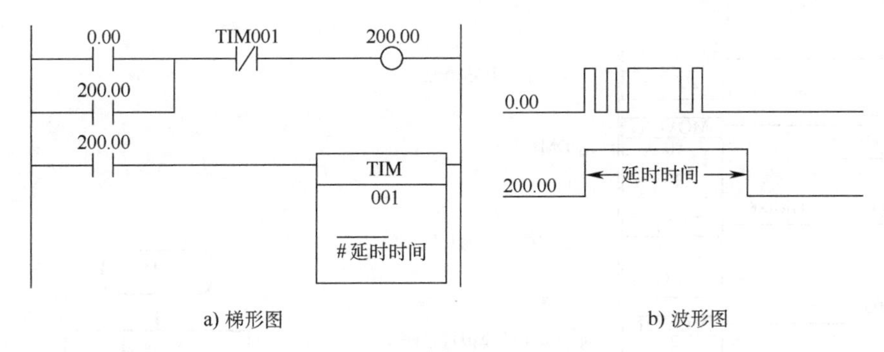

a) 梯形图

b) 波形图

图 7-36 防抖动单元程序

系的转化过程为模拟量的输入数值整定。在数值整定时要注意以下几个问题。

1）过程量的最大测量范围。由于控制的需要及条件所限，有些系统中某些过程量的测量并不是从零开始到最大值，而是取中间一段有效区域，如温度 80～200℃等，那么这个量的测量范围为 200℃ -80℃ =120℃。

2）量化误差。8 位输入模块的最大值为 255，12 位输入模块的最大值为 4095，相应的量化误差为 1/256，1/4096。

3）模拟量输入模块数据通道的数据应从数据字的第 0 位开始。在有的系列可编程序控制器中，数据不是从数据字的第 0 位开始排列，其中包含了一些数据状态位，不作为数据使用，在整定时要进行移位操作，使数据的最低位排列在数据字的第 0 位上，以保证数据的准确性。

4）系统偏移量。这里说的系统偏移量是指数字量“0”所对应的过程量的值，一般有两种形式：一种是测量范围所引起的偏移；另一种是模拟量输入模块的转换死区所引起的偏移量，二者之和就是系统偏移量。

5）线性化。输入的数字量与实际过程量之间是否为线性对应关系，检测仪表是否已经进行线性化处理。如果输入的量与待检测的实际过程量是曲线关系，那么在整定时就要考虑线性化问题。

（2）模拟量信号滤波的方法 PLC 构成的应用系统中，模拟量信号是经过前面讲述的采样之后，转化为数字量进行处理的，为了消除某些干扰信号而需要滤波处理，滤波过程也是在数字形式下进行的。工程上，数字滤波方法有许多种，如平均值滤波法、惯性滤波法、中间值滤波法，但有时可同时使用几种方法对某一采样值进行滤波，则可达到更好的效果。如 A-D 模块上没有上述功能，而实际又需要时，可以用程序来实现，但是要占用 PLC CPU 和内存的资源，还要增加循环扫描时间。下面介绍几种在可编程序控制器应用系统中常用的滤波方法。

1）平均值滤波法。平均值滤波法是对输入的模拟量进行多次采样，用求其算术平均的方法进行滤波。平均值滤波可在 A-D 单元中设置，也可用梯形图实现，如图 7-37 所示。

2）实用的平均值滤波法。上一种方法是每采样 N 次求取一次算术平均值，这种方法反应速度较慢，但可以有效地消除常态干扰的影响。另一种方法是每采样一次，就与前 $N-1$ 次的采样值一起求取一次算术平均值，这种方法反应速度快，可有效地消除瞬态干扰的影响。图 7-38 为利用第二种方法进行平均值滤波的程序框图。

在编制滤波程序前，滤波程序数据存储器分配见表 7-6。

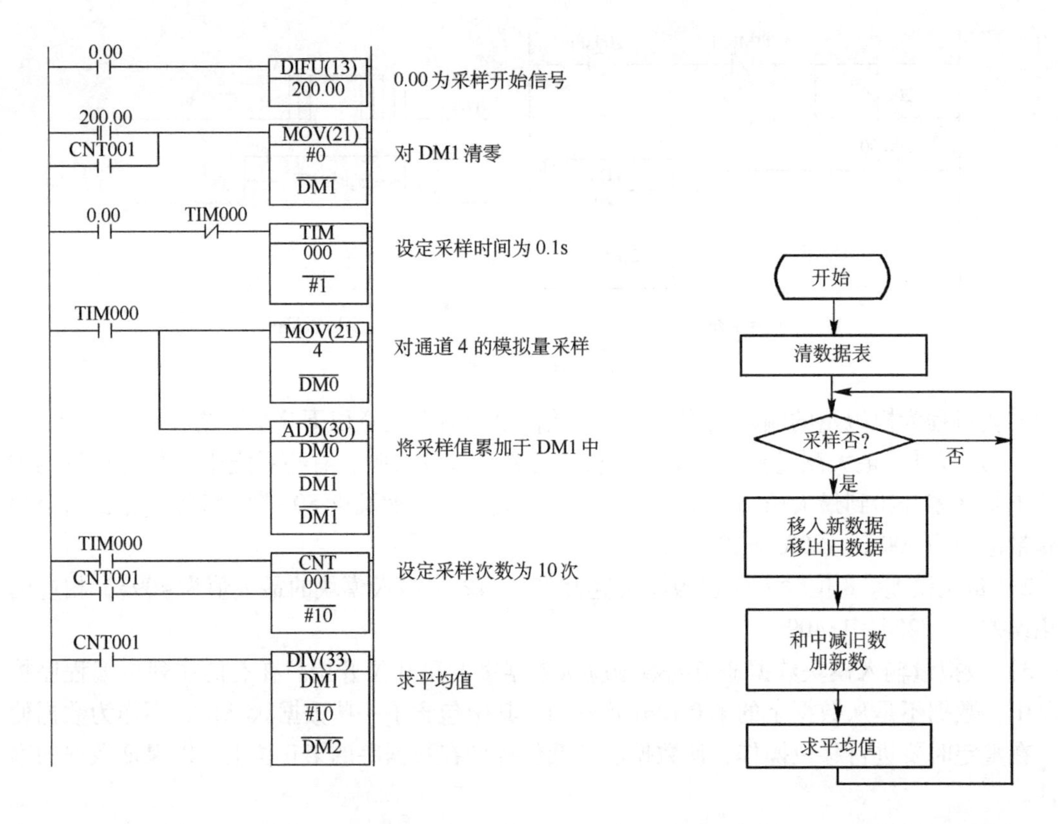

图7-37 平均值滤波的梯形图 图7-38 平均值滤波程序框图

表7-6 滤波程序数据存储器分配

数据存储器	内 容	数据存储器	内 容
DM0010	取样次数 N	DM0018/19	平均值存放单元
DM0012	旧数据存放单元	DM0020/21	余数存放单元
DM0014/15	数据和存放单元	DM0022	采样数据存储区尾地址
DM0016	新采样的数据存放单元	DM0100	采样数据存储区开始单元

初始上电开始运行时，在第一个扫描周期，首次扫描标志253.15为ON。利用253.15形成采样数据存储区尾地址，清除采样数据存储区和数据暂存区。该程序采样周期为1s，取内部时钟255.02的上升沿形成每秒钟一次的采样脉冲210.00。利用210.00，先将DM0100单元中的旧数据移入旧数据暂存单元，再将数据存储区中的数据上移一个单元，将新数据移入数据存储区的尾单元中，然后从和中减去旧数据，加上新数据，求出算术平均值。其梯形图如图7-39所示。

3）去极值平均值滤波法。在平均值滤波中，不能排除干扰脉冲的成分，只能将其的影响削弱，使采样后的平均值产生误差。但因为干扰脉冲的采样值明显偏离真实值，所以可以比较容易地将其剔除，不参加平均值的计算。其方法如下：连续采样 N 次，从中找出最大值和最小值，将其剔除，再将余下的值按 $N-2$ 个采样个数求平均值。

3. 边沿信号的采集

边沿信号的采集可应用DIFU、DIFD、UP、DOWN等指令。其具体应用已在前文介绍，这里不再赘述。

二、故障信号的检测及程序设计

1. 故障检测

可编程序控制器本身具有很高的可靠性，在 CPU 操作系统的监控程序中有完整的自诊断程序，万一出现故障，借助自诊断功能可以很快找到故障部位、确定故障所在。但 PLC 外接的输入、输出元件就不那么可靠，如行程开关、电磁阀、接触器等元件的故障率就很突出，而当这些元件出现故障时，PLC 不会自动停机，直到故障造成的后果如机械顶死、控制系统常规保护动作之后才会被发觉。为了提高维修工作效率，特别是为了及时发现元件故障，在还没有酿成设备事故之前使 PLC 先停机、报警，因此有必要将故障检测措施作为控制系统设计的一个必要的组成部分，以提高整个设备的可维修性。常用的方法有：

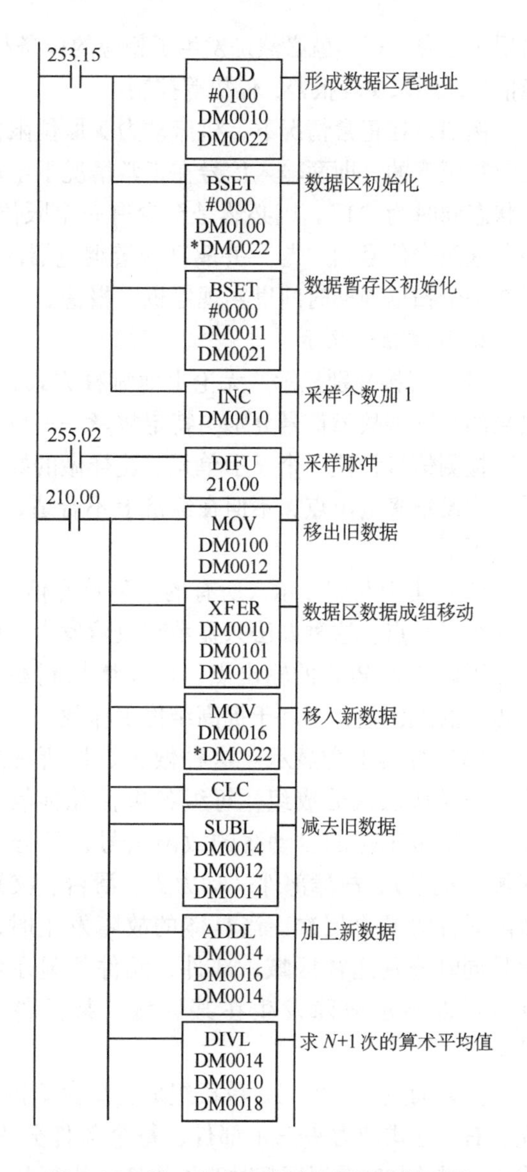

图 7-39　第二种方法的平均值滤波梯形图

（1）时限故障检测　由于设备在工作循环中，各工步运动在执行时都需要一定的时间。且这些时间都有一定的限度，因此可以用这些时间作为参考，在要检测的工步动作开始的同时，起动一个计时器，计时器的时间设定值比正常情况下该动作要持续的时间长 20%~30%，而计时器的输出信号可以作用于报警、显示或自动停机装置。当设备某工步动作的时间超过规定时间，达到对应的计时器预置时间，还未转入下一个工步动作时，计时器发出故障信号。该信号使正常工作循环程序停止，起动执行报警和显示程序。如在立体车库中，载车平板提升轿车时，为防止上限位开关失效，可以设置一个计时器，定时时间根据提升速度确定，用于监控提升过程中是否超时，如图 7-40 所示。

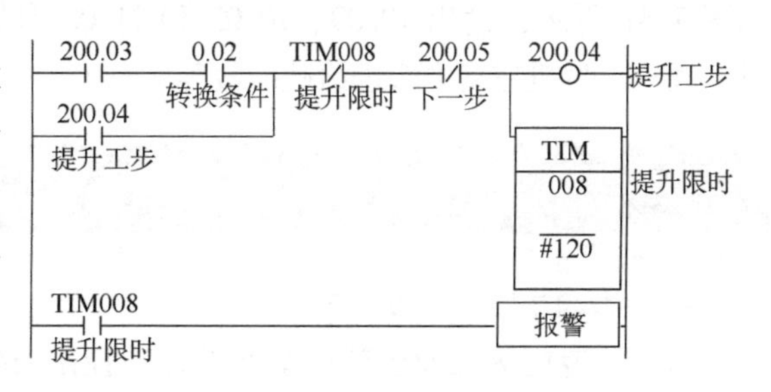

图 7-40　时限故障检测程序

（2）逻辑错误检测　在设备正常情况下，控制系统的各输入、输出信号、中间状态等之间存在着确定的逻辑关系。一旦设备出现故障，这种正常的逻辑关系便被破坏，而出现异常逻辑关系。反过来说，一旦出现异常逻辑关系，必然是设备出现了故障。因此可以事先编制好一些常见故障的异常逻辑程序，加进用户程序中。一旦这种逻辑关系出现状态为“1”，就必然是发生了相应的设备故障，即可将异常逻辑关系的状态输出作为故障信号，用来实现报警、停机等控制。

例如，在正常情况下，机床动力头原位限位开关与向前进给运动的终点限位开关是不会同时被压下的，即两输入信号在正常情况下不可能同时为“1”状态，如果这两个输入信号的状态同时为“1”，则必然是至少有一个限位开关出现了故障。因此，可以在程序中增加一条这两个信号相“与”并驱动报警继电器的程序。当报警继电器的状态为“1”时，PLC可在一个扫描周期时间里实现停机、报警。

2. 故障信号显示

（1）直接分别显示　无论上面哪种方式，具体的故障信号都是由专门的程序分别检测出来的。这些故障信号分别与特定故障一一对应，最简单的显示办法就是分别显示。即每个故障检测信号设置一个显示单元。这样做的好处是清楚、易于分辨故障点及故障元件，缺点是要增设很多输出点，不但在经济上不合适，也可能因为PLC输出点不够又不能再增设而实现不了。

（2）集中共用显示　所有的故障检测信号共用一个显示单元，或者是几个故障信号共用一个显示点。这种办法只显示有故障发生，而不能清楚地指示出故障的具体部位或元件，虽然可以节省PLC的输出点，但要增加判断、寻找故障点的工作量，不利于提高维修工作效率。

（3）分类组合显示　这种做法是将所有的故障检测信号按层次分成组，每组各包括几种故障。例如，对于多工位的自动线的故障信号，可分为故障区域（机号）、故障部件（动力头、滑台、夹具等）、故障元件等几个层次。当具体的故障发生时，检测信号同时分别送往区域、部件、元件等显示组。这样就可以指示故障发生在某区域、某部件、某元件上。

如自动生产线由三台单机组成，每台单机可分为左、右、立式动力头三个部件，每个部件分为原位、终点、进给超时及退回超时四种故障，共有36种故障的组合。采用分类组合显示方法，可显示到具体的故障元件，使判断、查找方便，不仅可提高设备的维修效率，而且又可节省输出显示点。分类组合显示程序如图7-41所示，输出10.00、10.03和11.00有输出时，表示1号机左动力头进给超时故障。

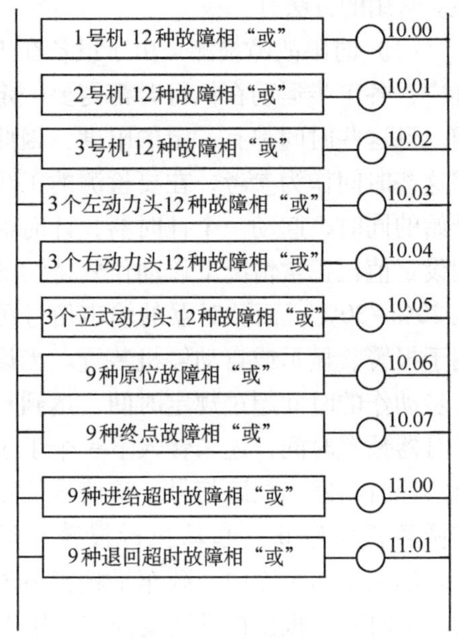

图7-41　分类组合显示程序

第五节　控制系统的安装、调试及维护

一、控制系统的安装

PLC是专门为工业生产环境而设计的控制设备，具有很强的抗干扰能力，可直接用于工业环境，但也必须按照《操作手册》的说明，在规定的技术指标下进行安装、使用，一般

来说应注意以下几个问题。

1. PLC 控制系统对布线的要求

电源是干扰进入 PLC 的主要途径，除在电源和接地设计中讲到的注意事项外，在具体安装施工时还要做到以下几条。

1）对 PLC 主机电源的配线，为防止受其他电器起动冲击电流的影响使电压下降，应与动力线分开配线，并保持一定距离。为防止来自电源线的干扰，电源线应使用双绞线。

2）为防止由于干扰产生误动作，接地端子必须接地。接地线必须使用 $2mm^2$ 以上的导线。

3）输出/输入线应与动力线及其他控制线分开走线，尽量不要在同一线槽内布线。

4）对于传递模拟量的信号线应使用屏蔽线，屏蔽线的屏蔽层应一端接地。

5）因 PLC 基本单元和扩展单元间传输的信号小，频率高，易受干扰，它们之间的连接要采用厂家提供的专用连接线。

6）所有电源线、输出/输入配线必须使用压接端子或单线，若多股线直接接在端子上容易引起打火。

7）系统的动力线应足够粗，以防止大容量设备起动时引起的线路压降。

2. PLC 控制系统对工作环境的要求

良好的工作环境是保证 PLC 控制系统正常工作、提高 PLC 使用寿命的重要因素。PLC 对工作环境的要求，一般有以下几点。

1）避免阳光直射，周围温度为 0～55℃。因此安装时，不要把 PLC 安装在高温场所，应努力避开高温发热元件；保证 PLC 周围有一定的散热空间；并按《操作手册》的要求固定安装。

2）避免相对湿度急剧变化而凝结露水，相对湿度控制在 10%～90% RH，以保证 PLC 的绝缘性能。

3）避免腐蚀性气体、可燃性气体、盐分含量高的气体的侵蚀，以保证 PLC 内部电路和触点的可靠性。

4）避免灰尘、铁粉、水、油、药品粉末的污染。

5）避免强烈振动和冲击。

6）远离强干扰源，在有静电干扰、电场强度很强、有放射性的地方等，应充分考虑屏蔽措施。

二、控制系统的调试

1. 调试前的操作

1）在通电前，认真检查电源线、接地线、输出/输入线是否正确连接，各接线端子螺钉是否拧紧。接线不正确或接触不良是造成设备重大损失的原因。

2）在断电情况下，将编程器或带有编程软件的计算机等编程外围设备通过通信电缆和 PLC 的通信接口连接。

3）接通 PLC 电源，确认“PWR”电源指示 LED 点亮。并用外围设备将 PLC 的模式设定为“编程”状态。

4）用外围设备写入程序，利用外围设备的程序检查功能检查控制梯形图的错误和文法错误。

2. 软件调试常用技术

在完成上述工作后，可进入调试及试运行阶段，按前面所述，调试分为模拟调试和联机调试。模拟调试是指仿真型或不带负载的调试；联机调试是指连接实际负载时的调试，联机调试还分为空载调试和带载调试。软件调试中常用到以下方法。

（1）强制置位/复位　CX－P可对CIO区、辅助区和HR区中的指定位，定时器/计数器完成标志进行强制置位（ON）或复位（OFF）。

1）强制置位/复位操作用于在试运行操作期间进行强制输入/输出或在调试期间施加某些强制条件。

2）强制状态具备比程序或I/O刷新的状态输出更高的优先权。

3）强制置位/复位操作可在“监视”模式或“编程”模式下执行，但不可在“运行”模式下执行。

（2）微分监控　微分监控可用于PLC的某一位信号从OFF变为ON或从ON变为OFF时，肉眼无法辨认的变化，操作如下。

1）在梯形图界面下，右击需要进行微分监控的位。

2）单击PLC菜单中的“微分监视”，将显示微分监视器对话框，如图7-42所示。

3）勾选“上升”或“下降”。

4）单击“开始”按钮，当检测到指定的变化时，蜂鸣器将响起，且计数值将递增。

5）单击“停止”按钮，使微分监控停止。

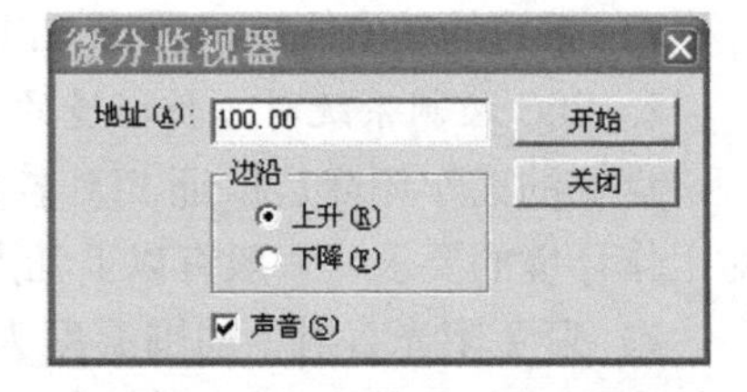

图7-42　“微分监视器”对话框

（3）联机编辑　当CPU单元在“监视”模式或“编程”模式下运行时，可直接使用CX－P的联机编辑功能在CPU单元中添加或修改部分程序。该功能适于在CPU单元运行的情况下对程序进行小幅度修改，操作如下：

1）显示需要编辑的程序段。

2）选择需要编辑梯形图条。

3）选择“编程/在线编辑/开始”。

4）编辑已选择的这一条梯形图。

5）选择“编程/在线编辑/发送变更”，此时将对指令进行检查，如果没有发现错误，则将它们传送到CPU单元。CPU单元中的指令将被覆盖。

（4）数据跟踪　数据跟踪功能通过对指定I/O存储器数据进行采样，采样的数据存储在跟踪存储器中，随后可通过CX－P读取和查看这些数据，数据跟踪步骤请按照下列步骤执行。

1）使用CX－P设定跟踪参数，选择“PLC/数据跟踪”，然后选择“操作/配置”，如图7-43所示，设置采样字/位的地址、采样周期、延迟时间和触发条件。

2）使用CX－P开始采样，或将采样起始位（A508.15）置ON。

3）使跟踪触发条件生效。

4）结束跟踪。

5）使用CX－P读取跟踪数据。

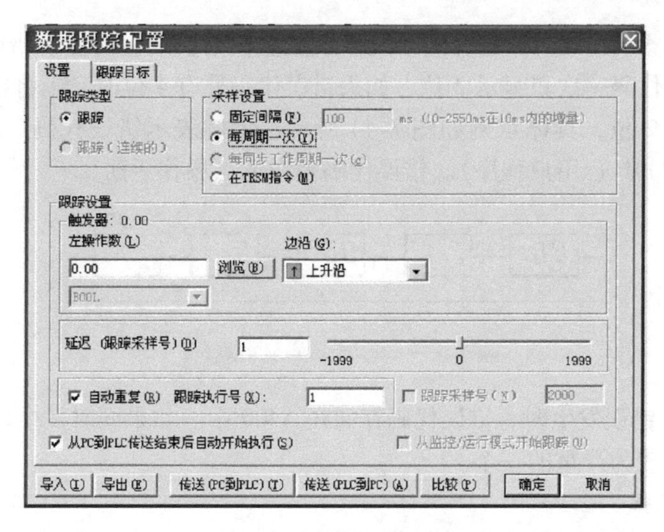

图 7-43　数据跟踪配置

三、控制单元的故障处理

1. 故障分类和确认

CP1H CPU 单元中出现的故障大致可分为以下四类，见表 7-7。

表 7-7　CPU 单元故障分类

类别	现象
CPU 错误	CPU 单元内部产生 WDT（看门狗定时器）错误，且将停止运行
CPU 待机	由于尚未满足规定的运行条件，CPU 单元将进入待机状态
致命错误	无法继续运行。由于发生了严重问题，运行将停止
非致命错误	发生了较轻的问题，运行将继续

对于发生的错误，PLC 提供 CPU 单元指示灯、7 段显示器和辅助区三个信息来源。

（1）指示灯　CPU 单元指示灯显示以下 CPU 单元的运行状态，见表 7-8。

表 7-8　CPU 单元指示灯显示运行状态

POWER（绿色）	点亮	电源接通
	熄灭	电源关闭
RUN（绿色）	点亮	CPU 单元在 RUN 或 MONITOR 模式下执行程序
	熄灭	在 PROGRAM 模式下或由于致命错误停止运行
ERR/ALM（红色）	点亮	发生致命错误或 CPU 错误（WDT 错误）。将停止运行，且所有输出将置 OFF
	闪烁	发生非致命错误，将继续运行
	熄灭	正常运行
INH（黄色）	点亮	输出 OFF 位（A500.15）置 ON。所有输出将置 OFF
	熄灭	正常运行
BKUP（黄色）	点亮	正在写入内置闪存或访问存储器盒，当电源接通时，BKUP 指示灯在恢复用户程序的过程中也会点亮
	熄灭	除以上情况外
PRPHL（黄色）	闪烁	正在通过外设端口进行通信（发送或接收）
	熄灭	除以上情况外

（2）7段显示器　在第二章已介绍7段显示器会在错误发生时显示错误代码。7段显示器只有2位，错误代码一次只显示2位，如果错误代码外有4位时，则将在显示2位错误代码之后再一次显示2位，具体示例如图7-44所示，示例表示错误代码：80F1（存储器错误），错误详情：0001（用户程序）。错误代码表详见《操作手册》。

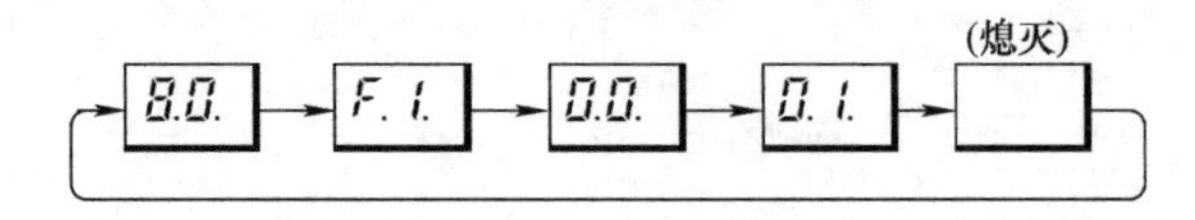

图7-44　错误代码显示过程

（3）辅助区　错误发生时，错误代码存储在A400中。如果同时发生两个或两个以上的错误，将存储错误较为严重的一个。

2. 故障处理流程

如果CPU单元出现电源无指示、电源接通时不运行、突然停止运行且错误指示灯（ERR/ALM指示灯）点亮或错误指示灯（ERR/ALM指示灯）在运行期间闪烁的情况，请按照《操作手册》提供的步骤检查错误详情并消除错误原因，如图7-45所示。

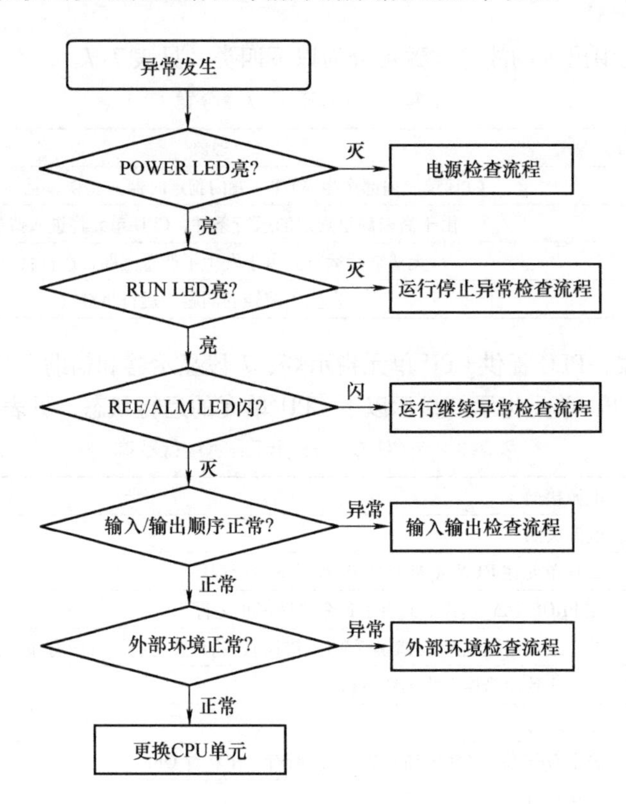

图7-45　故障处理流程

（1）供电时不运行

1）首先确认POWER指示灯（绿）是否点亮。

2）确认单元额定值（是DC24V还是AC 100～240V），并检查电源是否与该额定值匹配。

3）检查配线，确认是否连接正确以及是否有未连接的情况。

4）检测电源端子处的电压，若电压正常且 POWER 指示灯点亮，则说明单元可能有故障。在这种情况下，请更换单元。

5）POWER 指示灯熄灭后又点亮电源，电压可能有波动，存在未连接的配线或接触不良。请检查电源系统和接线。

6）若 POWER 指示灯亮，但 CPU 单元不运行，则请检查 RUN 指示灯。若 RUN 指示灯不亮，则说明 CPU 单元可能处于待机状态。

（2）致命错误

1）CPU 单元 RUN 指示灯灭，且 ERR/ALM 指示灯亮，则说明可能发生了 CPU 错误或致命错误。

2）致命错误的错误代码将在 7 段显示器上更新。如果发生 CPU 错误，则 7 段显示器将始终熄灭或显示内容将冻结。

3）根据 7 段显示器或 CX－P 显示的信息以及辅助区中的出错标志和错误信息，在了解错误详情后采取纠正措施。

（3）CPU 错误

1）若 ERR/ALM 指示灯在运行期间（RUN 模式或 MONITOR 模式）变亮，7 段显示器上不显示内容或始终显示同一信息，则可能发生了 CPU 错误。

2）如果发生 CPU 错误时无法连接 CX－P。

3）如是直流电源供电，请检查电压值。

（4）非致命错误

1）如果 RUN 指示灯点亮，ERR/ALM 指示灯闪烁，则说明发生了非致命错误。

2）请根据 7 段显示器或 CX－P 显示的信息，在了解错误详情后采取纠正措施。

3. I/O 故障诊断

I/O 故障通常是由于输入/输出设备缺陷和安装问题、输入/输出接线短接或接线不正确、用户程序错误或不合理造成的，故障诊断过程可按图 7-46 所示步骤进行。

四、PLC 控制系统的维护

PLC 内部没有导致其寿命缩短的易耗元件，因此其可靠性很高。但也应做好定期的常规维护、检修工作。一般情况以每六个月到一年一次为宜，若外部环境较差时，可视具体情况缩短检修时间。

PLC 日常维护检修的项目为：

（1）供给电源　在电源端子上判断电压是否在规定范围之内。

（2）周围环境　周围温度、湿度、粉尘等是否符合要求。

（3）输入/输出电源　在输入/输出端子上测量电压是否在基准范围内。

（4）安装状态　各单元是否安装牢固，外部配线螺钉是否松动，连接电缆有否断裂老化。

（5）输出继电器　输出触点接触是否良好。

（6）锂电池　PLC 内部锂电池寿命一般为三年，应经常注意。

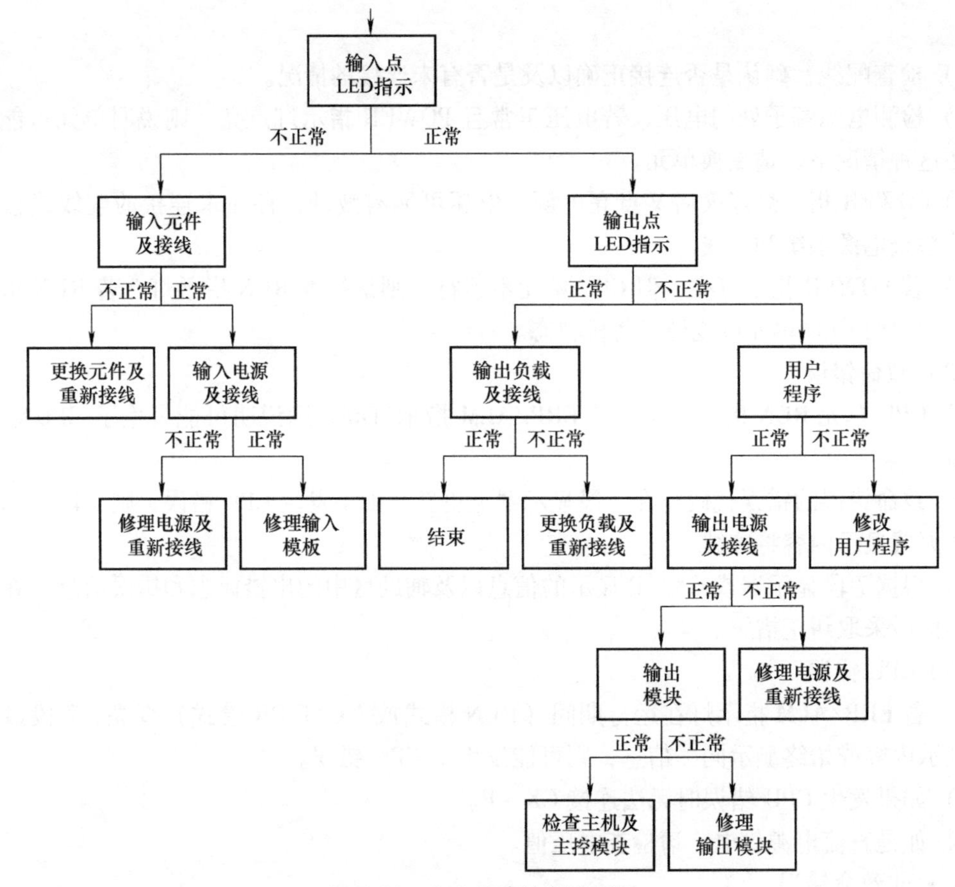

图7-46 I/O故障诊断流程图

习题

1. 简述控制系统的设计步骤，你认为哪一步最重要？
2. 简述可编程序控制器系统硬件设计的原则和内容。
3. 系统硬件设计的依据是什么？
4. PLC选型的主要依据是什么？
5. 控制系统中可编程序控制器所需用的I/O点数应如何估算？怎样节省所需PLC的点数？
6. 如果PLC的输出端接有电感性元件，应采取什么措施来保证PLC的可靠运行？
7. 布置PLC系统电源和地线时，应注意哪些问题？
8. 简述供电系统的保护措施。
9. 完整的系统硬件设计文件一般应有哪些内容？
10. 简述软件设计的基本要求。
11. 简述可编程序控制器系统软件设计的原则和内容。
12. 软件设计的内容有哪些？
13. 简述控制程序设计的一般步骤。
14. 可编程序控制器的主要维护项目有哪些？如何更换PLC的备份电池？
15. 如何测试PLC输入端子和输出端子？

第八章　可编程序控制器网络

近年来，PLC 网络技术的应用愈来愈普及，与其他工业控制局域网相比，具有高性价比、高可靠性等主要特点，深受用户欢迎。本章主要介绍网络通信相关的基础知识，简单介绍典型的 PLC 网络。

第一节　PLC 网络通信的基础知识

各类工业控制计算机、可编程序控制器、变频器、机器人、柔性制造系统的推广与普及，智能设备互联与通信，数据共享，实现分散控制和集中管理，是计算机控制系统发展的大趋势。本节首先介绍网络通信的基础知识。

一、通信系统的基本结构

数据通信通常是指数字设备之间相互交换数据信息。数据通信系统的基本结构如图 8-1 所示。

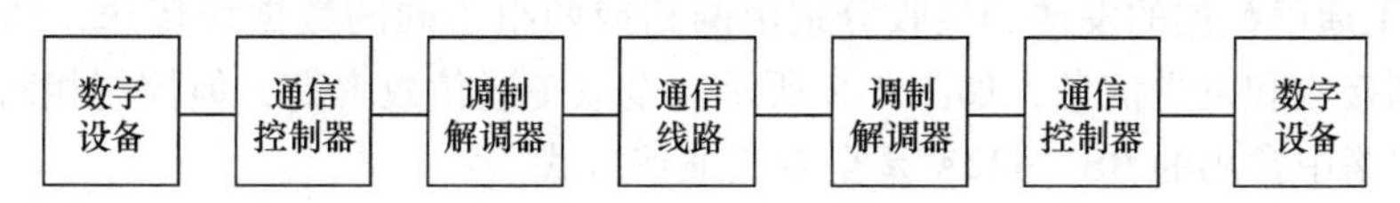

图 8-1　数据通信系统的基本结构

该系统包括四类部件：数字设备、通信控制器、调制解调器、通信线路。数字设备为信源或信宿。通信控制器负责数据传输控制，主要功能有链路控制、同步、差错控制等。调制解调器是一种信号变换设备，完成数据与电信号之间的变换，以匹配通信线路的信道特性。通信线路又称信道，包括通信介质和有关中间的通信设备，是数据传输的通道。

二、通信方式

1. 并行通信与串行通信

1）并行通信是以字节或字为单位的数据传输方式，除了 8 根或 16 根数据线、一根公共线外，还需要通信双方联络用的控制线。并行通信的传送速度快，但是传输线的根数多，成本高，一般用于近距离的数据传送，如计算机各种内部总线、PLC 各种内部总线、PLC 与插在其母板上的模块之间的数据传送都是并行通信方式。

2）串行通信是以二进制的位（bit）为单位的数据传输方式，每次只传送一位，除了公共线外，在一个数据传输方向上只需要一根信号线，这根线既作为数据线，又作为通信联络控制线，数据信号和联络信号在这根线上按位进行传送。串行通信需要的信号线少，最少的只需要两根线，适用于通信距离较远的场合，一般工业控制网络使用串行数据通信。

2. 异步通信与同步通信

可将串行通信分为异步通信和同步通信。

1）异步通信发送的字符由一个起始位、7~8个数据位、1个奇偶校验位（可以没有）和停止位（1位、1位半或两位）组成。在通信开始之前，通信的双方需要对所采用的信息格式和数据的传输速率做相同的约定。接收方检测到停止位和起始位之间的下降沿后，将它作为接收的起始点。由于一个字符中包含的位数不多，即使发送方和接收方的收发频率略有不同，也不会因两台机器之间的时钟周期的积累误差而导致收发错位。异步通信传送附加的非有效信息较多，它的传输效率较低，可编程序控制器网络一般使用异步通信。

2）同步通信以字节为单位，每次传送1~2个同步字符、若干个数据字节和校验字符。同步字符起联络作用，用它来通知接收方开始接收数据。为了保证发送方和接收方的同步，发送方和接收方应使用同一时钟脉冲，在近距离通信时，可以在传输线中设置一根时钟信号线；在远距离通信时，可以通过调制解调方式在数据流中提取出同步信号，使接收方得到与发送方完全相同的接收时钟信号。同步通信方式只需要在数据块（往往很长）之前加一两个同步字符，所以传输效率高，但对硬件的要求较高，一般用于高速通信。

3. 单工与双工通信方式

1）单工通信方式只能沿单一方向发送或接收数据。如计算机与打印机、键盘之间的数据传输均属单工通信。单工通信只需要一个信道，系统简单，成本低，由于这种结构不能实现双方交流信息，故在PLC网络中极少使用。

2）双工方式的信息可沿两个方向传送，每一个站既可以发送数据，也可以接收数据。双工方式又分为全双工和半双工两种方式。

① 全双工通信数据的发送和接收分别由两路或两组不同的数据线传送，通信的双方都能在同一时刻接收和发送信息，如图8-2所示。全双工通信效率高，但控制相对复杂，成本较高。PLC网络中常用的RS-422A是全双工通信方式。

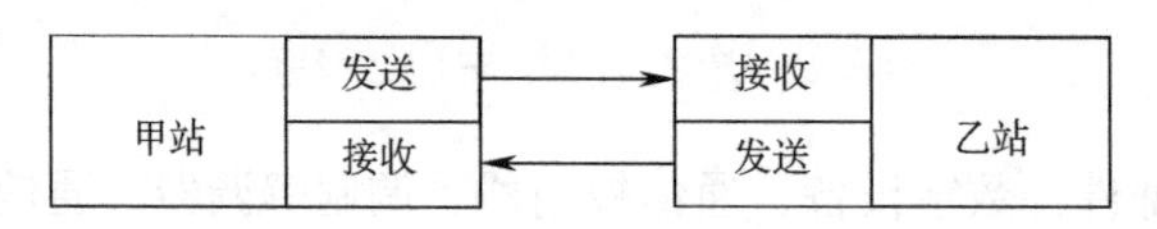

图8-2 全双工通信

② 半双工通信用同一组线接收和发送数据。通信的双方在同一时刻只能发送数据或接收数据，如图8-3所示。它具有控制简单、可靠、通信成本低等优越性，在PLC网络中应用得较多。PLC网络中常用的RS-485为半双工通信方式。

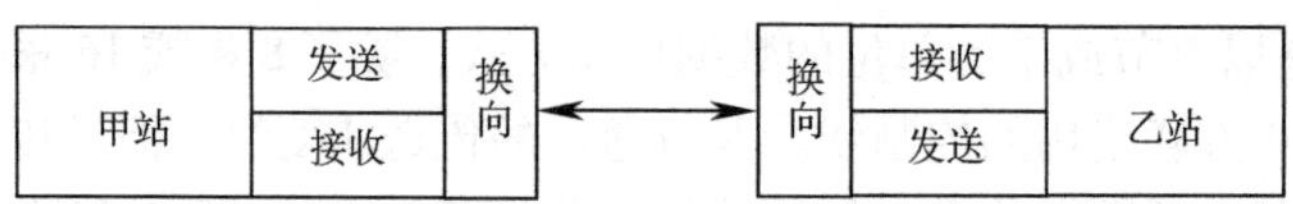

图8-3 半双工通信

三、工业无线局域网

工业无线局域网（Industrial Wireless Local Area Network，IWLAN），IWLAN通信系统作为有线LAN的一种扩展，使得LAN能够实现脱离网线的束缚。IWLAN以空间电磁波的形式传输信息，是有线网络解决方案的有力补充，越来越多地应用到工业领域，例如车间 AGV 小车等。无线局域网具有以下优点：

1）简化了维修工作，减少了维修费用和停机时间。

2）节省通信电缆，易于更改通信路径，特别适应技术改造。

3）可以解决移动设备的移动造成的导线破损等问题。

在 IWLAN 中，接入点（Access point）的作用类似于交换机。每个接入点都与其单元中的所有常规节点（即所谓的“客户机”）进行通信，不管它们是固定的还是移动的。另一方面，接入点通过电缆或通过另一个独立的无线网络保持相互之间的连接，因此可以超越无线单元的限制进行通信。

四、通信介质

目前普遍使用的通信介质有双绞线、多股屏蔽电缆、同轴电缆和光纤电缆。

双绞线是将两根导线扭绞在一起，可以减少外部电磁干扰，如果用金属织网加以屏蔽，则抗干扰能力更强。双绞线成本低、安装简单，RS－485 通信大多用此电缆。

多股屏蔽电缆是将多股导线捆在一起，再加上屏蔽层，RS－232C、RS－422A 通信要用此电缆。

同轴电缆共有四层，最内层为中心导体，导体的外层为绝缘层，包着中心导体，再外层为屏蔽层，继续向外一层为表面的保护皮。同轴电缆可用于基带（50Ω 电缆）传输，也可用于宽带（75Ω 电缆）传输。与双绞线相比，同轴电缆传输的速率高、距离远，但成本相对要高。

光纤电缆有全塑光纤电缆（APF）、塑料护套光纤电缆（PCF）和硬塑料护套光纤电缆（H－PCF）。传送距离以 H－PCF 为最远，PCF 次之，APF 最短。光缆与电缆相比，抗干扰能力强，传输速率高，传送距离远，具有更高的性价比。

五、介质访问控制

介质访问控制是指对网络通道占有权的管理和控制。局域网的介质访问控制有三种方式，即载波侦听多路访问/冲突检测（CSMA/CD）、令牌环（Token Ring）和令牌总线（Token Bus）。

CSMA/CD 又称随机访问技术或争用技术，主要用于总线型网络。当一个站点要发送信息时，首先要侦听总线是否空闲，若空闲则立即发送，并在发送过程中继续侦听是否有冲突，若出现冲突，则发送人为干扰信号，放弃发送，延迟一定时间后，再重复发送过程。该方式在轻负载时优点比较突出，效率较高。但重负载时冲突增加，发送效率显著降低。故在 PLC 网络中用得较少，目前仅在 Ethernet 网中使用。

令牌环适用于环形网络，所谓令牌，则是一个控制标志。网中只设一张令牌，令牌依次沿每个节点循环传送，每个节点都有平等获得令牌发送数据的机会。只有得到令牌的节点才有权发送数据。令牌有“空”和“忙”两个状态。当“空”的令牌传送至正待发送数据的节点时，该节点抓住令牌，再加上传送的数据，并置令牌“忙”，形成一个数据包，传往下游节点。下游节点遇到令牌置“忙”的数据包，只能检查是否是传给自己的数据，如是，则接收，并使这个令牌置“忙”的数据包继续下传。当返回到发送源节点时，由源节点再把数据包撤销，并置令牌“空”，继续循环传送。令牌传递维护的算法较简单，可实现对多站点、大数据吞吐量的管理。

令牌总线方式适用于总线型网络中。人为地给总线上的各节点规定一个顺序，各节点号从小到大排列，形成一个逻辑环，逻辑环中的控制方式类同于令牌环。

六、数据传输形式

通信网络中的数据传输形式基本上可分为两种：基带传输和频带传输。

1）基带传输是利用通信介质的整个带宽进行信号传送，即按照数字波形的原样在信道上传输，它要求信道具有较宽的通频带。基带传输不需要调制、解调，设备花费少，可靠性高，但通道利用率低，长距离传输衰减大，适用于较小范围的数据传输。

2）频带传输是一种采用调制、解调技术的传输形式。在发送端，采用调制手段，对数字信号进行某种变换，将代表数据的二进制“1”和“0”，变换成具有一定频带范围的模拟信号，以适应在模拟信道上传输。在接收端通过解调手段进行相反变换，把模拟的调制信号复原为“1”或“0”。频带传输把通信信道以不同的载频划分成若干通道，在同一通信介质上同时传送多路信号。具有调制、解调功能的装置称为调制解调器，即Modem。

由于PLC网络使用范围有限，故现在PLC网络大多采用基带传输。

七、校验

在数据传输过程中，由于干扰而引起误码是难免的，所以通信中的误码控制能力就成为衡量一个通信系统质量的重要内容。在数据传输过程中，发现错误的过程叫检错。发现错误之后，消除错误的过程叫纠错。在基本通信控制规程中一般采用奇偶校验或方阵码检错，以反馈重发方式纠错。在高级通信控制规程中一般采用循环冗余码（CRC）检错，以自动纠错方式纠错。CRC校验具有很强的检错能力，并可以用集成芯片电路实现，是目前计算机通信中使用最普遍的校验码之一，PLC网络中广泛使用CRC校验码。

八、数据通信的主要技术指标

1. 波特率

通信波特率是指单位时间内传输的信息量。信息量的单位可以是比特（bit），也可以是字节（Byte）；时间单位可以是秒（s）、分（min）甚至小时（h）等。

2. 误码率

误码率 $P_c = N_c/N$。N 为传输的码元（一位二进制符号）数，N_c 为错误码元数。在数字网络通信系统中，一般要求 P_c 为 $10^{-5} \sim 10^{-9}$，甚至更小。

第二节 OMRON PLC网络

把生产现场的PLC（一个或多个）、计算机和智能装置通过网络连接起来，以实现功能更强、性能更好的控制系统，这样的系统就是PLC网络。

PLC与PLC、PLC与计算机或PLC与其他控制装置联网，可提高PLC的控制能力及控制范围，同时便于人们使用计算机对车间生产设备进行远程监控，对车间生产过程实现精细管理。本节对OMRON PLC网络做一个简单的介绍。

一、PLC网络的结构

针对PLC网络，OMRON（欧姆龙）公司2000年起推出典型的信息层、控制层和器件层三层结构，如图8-4所示。

EtherNet属于信息层，是工业控制信息管理的高层网络，它的信息处理功能非常强。

EtherNet 网支持 FINS（Factory Interface Network Service）、TCP/IP 和 UDP/IP 协议的 Socket 服务、FFP 服务等。EtherNet 可实现 OMRON 的 PLC 网络与互联网连接，实现节点间信息的直接交换。

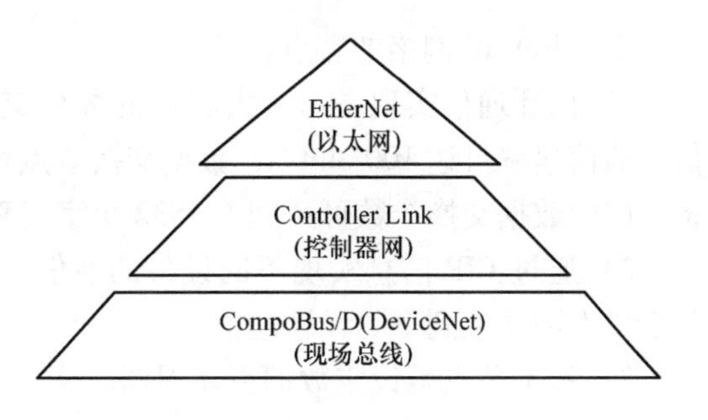

图 8-4　欧姆龙三层网络结构

Controller Link 属于控制层，通过它 PLC 和 PLC 之间、PLC 和计算机之间可以进行大容量的数据共享。该网络通信速率快，通信距离长，既有线缆系统，又有光缆系统。

CompoBus/D（也称为 DeviceNet）属于器件层，是一种开放的、多主控的现场总线。开放性是它的特点，采用 DeviceNet 通信协议，其他厂家的设备控制系统只要符合 DeviceNet 标准，就可以接入其中。它是一种较为理想、控制功能齐全、配置灵活、实现方便的分散控制系统。

随着工业网络的扁平化发展，欧姆龙的 PLC 网络也从三层网络简化到两层网络的控制结构。欧姆龙 EtherNet 已被 EtherNet/IP 替代。EtherNet/IP 在应用层支持 CIP（Common Industrial Protocol），是工业网络的一种通用工业协议，也是一种开放式协议。欧姆龙 EtherNet/IP 控制已渗透到现场控制器网，它完全取代 Controller Link，故欧姆龙 PLC 网络结构已简化为两层网络控制结构，如图 8-5 所示。可以预见，在不久的将来，“一网到底”是工业网络发展的必然趋势。

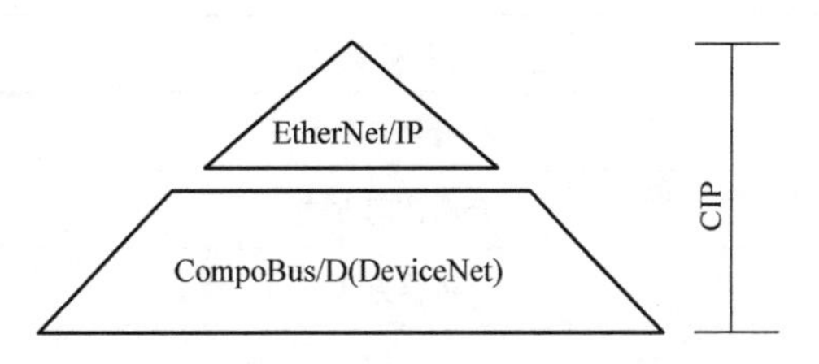

图 8-5　欧姆龙两层网络结构

二、EtherNet/IP 工业以太网

1. EtherNet/IP 通信原理及网络特点

EtherNet/IP 工业以太网属应用层，使用 TCP 方式发送显式报文，使用 UDP 方式发送隐式报文。当 UDP 报文传输发生报文丢失或差错时，CIP 将通知发送节点重新发送报文，解决传输的可靠性问题。EtherNet/IP 是一种更具备互通性和确定性通信能力的网络。

EtherNet/IP 的以太网拓扑结构以星形为主，如图 8-6 所示，这点与早期欧姆龙以太网拓扑结构以总线型为主不同。

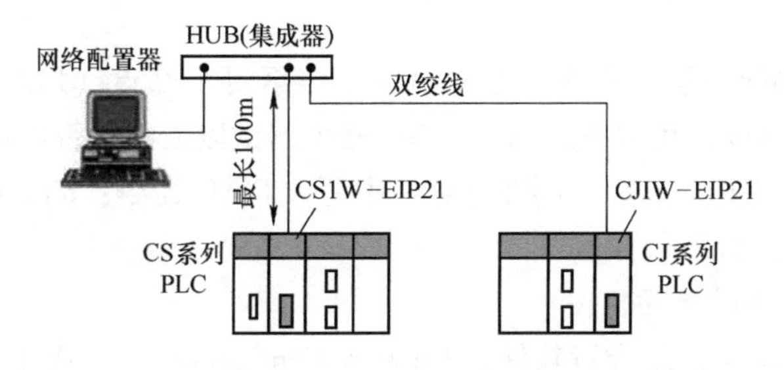

图 8-6　EtherNet/IP 的星形拓扑结构

EtherNet/IP 网络的特点：

1）循环通信实现高速、大容量的数据交换。支持 EtherNet/IP 标准规范的隐式报文通信，通信速率可达100Mbit/s，数据交换节点可以达到256个，PLC与PLC之间、PLC与设备之间的数据交换个数可达到184832个字（Word）。

2）通过CIP信息实现不同设备的通信。EtherNet/IP 通过与 DeviceNet 的共通协议提高基于以太网从上到下的无缝通信。

3）每个节点可设定数据更新周期。

2. EtherNet/IP 以太网单元及其性能参数

1）EtherNet/IP 以太网单元。使用PLC实现以太网功能一般要选用CPU内置以太网功能或以太网单元，如欧姆龙CS系列PLC以太网单元CS1W－EIP21、CJ系列PLC以太网单元CJ1W－EIP21。

2）性能参数。EtherNet/IP 以太网单元的性能参数见表8-1。

表8-1 EtherNet/IP 以太网单元的性能参数

以太网单元	CS1W－EIP21	CJ1W－EIP21
通用PLC型号	CS系列PLC	CJ系列PLC
介质访问方式	CSMA/CD	
传输方式	基带传输	
结构	星形结构	
传输距离/m	100（节点到HUB之间距离）	
一个PLC/CPU最大安装个数	8	

3. EtherNet/IP 以太网的安装设置方法

1）根据现场要求，确定以太网的节点数目。如果计算机也参与以太网通信，则计算机也算作一个节点。

2）安装以太网单元，连接网线。

3）设置各个站点（PLC）以太网单元的单元号、节点号（不要重复设置）。硬件全部设置完毕后，每个站点（PLC）通电。

4）使用CX－P编程软件和PLC串口连接，创建I/O表，设置以太网单元的IP地址。例如，以太网单元的IP地址：10.110.50.15（默认：192.168.250.1）及子网掩码：255.255.225.0。

5）IP地址、子网掩码设置完毕后通过串口下传至每个站点（PLC）。这时，连接到以太网中的计算机（同网段）可以直接通过PING命令测试以太网是否连通。例如，以太网单元设置的IP地址是10.110.50.15，则在计算机中写入PING命令：ping 10.110.50.15，其他站点（PLC）用同样方法测试。

4. EtherNet/IP 网络的配置软件

欧姆龙的 EtherNet/IP 网络配置软件为 Network Configurator，该软件主要特点如下：

1）以项目的形式管理网络。

2）以图形方式显示网络及网络的拓扑图。在 Network Configurator 软件中可以创建虚拟网络、设置设备参数，下载到真实网络后即可使用。

3）安装了可以显示设备硬件的电子数据表（EDS）。EDS 一旦安装成功，其设备硬件在列表中可以显示并正常使用。

5. EtherNet/IP 以太网各功能的实现方法

1）网络维护功能。网络维护功能指建立以太网和 PLC 的通信。利用 CX－P 编程软件，操作网络类型选择、在线工作即可建立以太网和 PLC 的连接通信。

2）标签数据功能。标签数据功能主要实现 PLC 与 PLC 等之间的数据交换。在网络中 PLC 的 CPU 内部分配数据内存区当作标签数据，用标签数据进行多台 PLC 间或者在 PLC 和其他设备间数据链接实现数据交换，PLC 不需要编写梯形图程序就可完成数据交换。在 PLC 每次刷新时，不需编程，通过数据链接功能，即方便实现数据实时交换。如果某时刻不需要数据实时交换，只要 EtherNet/IP 单元执行断开链接就行。

3）FTP 文件传输功能。EtherNet/IP 以太网单元有内置的 FTP 服务器，以太网上的计算机可以读写 PLC（CPU）单元内存卡中的文件。需要安装 CF 卡，FTP 功能才有使用价值，应用时将 PLC 作为 FTP 的服务器，其他站点（如计算机）作为 FTP 的客户端，实现 PLC 和计算机之间的数据交换。

4）网络通信功能。具有 FINS 通信、Explicit 信息服务功能。FINS 通信是欧姆龙公司为自己的工业网络开发的通信协议，使用一组专门的地址，可实现跨网通信。Explicit 信息服务功能是一种显式通信，可与使用 CIP 协议的标准 ODVA 产品通信。

三、DeviceNet 现场总线

1. DeviceNet 通信原理及网络特点

DeviceNet 是一种基于 CAN 总线技术、符合 ODVA 工业标准的开放型通信网络，在欧姆龙公司中也被称为 CompoBus/D 网络。DeviceNet 上所有节点都在任一时刻处于侦听状态，当总线空闲时，每个节点都可尝试发送；当总线上有节点正在发送时，任何节点必须等待这一帧发送结束。采用带非破坏性逐位仲裁的载波侦听多址访问总线技术（CSMA/NBA），保证通信的正常工作。各厂家的各类控制设备，只要符合 DeviceNet 标准，就可以接入系统，DeviceNet 网络的拓扑结构为总线型结构，主站一般是 PLC，PLC 上需要配置 DeviceNet 主站单元，PLC 可以通过 DeviceNet 主站单元读写网络上其他节点的数据，从站则一般可以是一些终端（用于直接采集现场的数据），是一种较为理想的控制功能齐全、配置灵活、实现方便的分散控制网络。

DeviceNe 网络具有如下特点：

1）开放性。其他厂家的控制设备只要符合 DeviceNet 标准，就可以接入其中。

2）实时性高。DeviceNet 属于总线型通信网络，采用了许多先进的新技术，具有突出的高可靠性、高效率、高实时性和灵活性。

3）成本低。DeviceNet 网络的通信电缆是 4 芯带屏蔽的专用电缆，将各种工业设备连接到网络上，大大降低了昂贵的硬件接线成本。

2. DeviceNet 现场总线主站单元及其性能参数

1）DeviceNet 现场总线主站单元。DeviceNet 应用时，PLC 需选用现场总线单元，如欧姆龙 CS 系列 PLC 现场总线主站单元 CS1W－DRM21 和 CJ 系列 PLC 现场总线主站单元 CJ1W－DRM21。

2）性能参数。现场总线单元的性能参数见表8-2。

表8-2 现场总线单元的性能参数

现场总线主站单元	CS1W－DRM21	CJ1W－DRM21
适用的PLC型号	CS1系列PLC	CJ1系列PLC
单元类别	CPU总线单元	
作为主站，最多可带的从站数	63	
作为主站，最多可带的I/O点数	使用配置器软件：32000点 无配置器软件：16000点	
作为从站，最多数据共享字数	输入200字，输出100字	
一个CPU最多安装主站的个数	16	

3. DeviceNet现场总线从站单元及其性能特点

从站单元规格很多，主要有开关量I/O终端、模拟量I/O等终端类。

（1）开关量I/O终端　用于工业现场的开关量信号，有如下特点：

1）可监控本身开关量ON/OFF所需的操作时间。

2）可监控DRT2 I/O通信电源的状态。

3）DRT2系列I/O终端可监控所有的继电器ON/OFF次数，用户可以很方便地知道继电器端子的使用寿命。

4）可在一个DRT2 I/O终端后再扩展I/O终端。

（2）模拟量I/O终端　用于工业现场的模拟量信号，有如下特点：

1）标定功能。DRT2模拟量终端内置标定（SCALING）功能，可减少程序的编写。

2）动态均值（输入终端）功能。当输入信号不稳定时，可以通过动态均值功能取得一个稳定的输入。

3）断线检测（输入终端）功能。它可以检测输入信号的断线。

4）积分计数功能。到达指定的时间后，积分器可以进行一个类似积分的运算；同时还可以在终端中设定一个监控值，当超过监控值时，积分计数器的标志会置“ON”。

5）比较（输入终端）功能。可以和预设定的报警值（HH、H、L、LL）比较，如果温度在报警温度范围之外，标志位显示为“ON”。

4. DeviceNet现场总线的安装设置方法

1）根据现场工艺及硬件设备画出DeviceNet网络配置图。

2）根据DeviceNet网络配置图连接主站和从站，布线过程应注意整个网络距离小于500m，网络两端要连接110Ω的终端电阻。

3）如果有网络配置软件CX－Integrator，可直接通过软件分配网络中主站与从站之间的数据、I/O通信关系。

5. DeviceNet现场总线通信功能的实现方法

（1）远程I/O通信　远程I/O通信功能使主站单元PLC的CPU可以直接读写从站单元的I/O点，无需编写通信程序，实现远程控制。应用时应在CPU单元的I/O存储区中为每个从站单元分配地址，从站单元的地址分配方式有固定分配方式和用户分配方式两种。

固定分配方式是在PLC内部有三块固定的区域给DeviceNet的从站使用。通过启动PLC

内部的软件开关可以在 DeviceNet 的三个区域中任选一个区域地址用作从站的 I/O 地址，每一个从站则由自己的节点号决定该从站在主站上所占有的数据区。

用户分配方式是通过网络配置软件 CX－Integrator 来实现的。使用该配置软件可以将节点地址按任意顺序在输入和输出区域中分配，每个节点至少分配一个字节。

构建 DeviceNet 网络时，从站点数超过了 2048 点就必须使用用户分配方式，故用户分配方式可控制的 I/O 点数更多，分配地址更灵活。

（2）信息通信　FINS 通信主要在 DeviceNet 网络的两个节点之间进行传送，通过安装主站单元的 CPU 执行特殊指令（SEND、RECV 和 CMND），信息能在欧姆龙产品的主站单元之间、主站单元和其他公司产品的主站单元之间、从站单元和主站单元之间进行传送。FINS 可实现跨网通信。

6. DeviceNet 网络的配置软件

欧姆龙的 DeviceNet 网络配置软件是 CX－Integrator，该软件主要特点如下：

1）CX－Integrator 是 CX－ONE 软件包中的一个软件，安装 CX－ONE 软件包时，CX－Integrator 会自动加载至电脑操作系统中。

2）CX－Integrator 以项目的形式管理网络，一目了然。

3）以图形方式显示网络，网络拓扑图清晰。

4）通过 CX－Integrator 启动如 CX－P、CX－Designer HMI 等其他软件。

四、工业网络的互连

1. 工业网络的互连形式

EtherNet/IP、DeviceNet 等工业网络通过 CS、CJ 系列 PLC 互连后，使用 SEND、RECV、CMND 指令可以实现跨网通信，使不同网络节点之间的通信和同一网络内节点之间的通信一样方便。

（1）同类型网络的互连　两个 DeviceNet 网互连属于同类型网络互连，通信单元之间使用网桥连接。CS、CJ 系列 PLC 的总线单元可作为网桥。同类型网络的互连形式如图 8-7 所示。

（2）不同类型网络的互连　一个 DeviceNet 网与另一个 EtherNet/IP 网互连属于不同类型网络互连，通信单元之间使用网关连接。CS、CJ 系列 PLC 的总线单元可作为网关。不同类型网络的互连形式如图 8-8 所示。

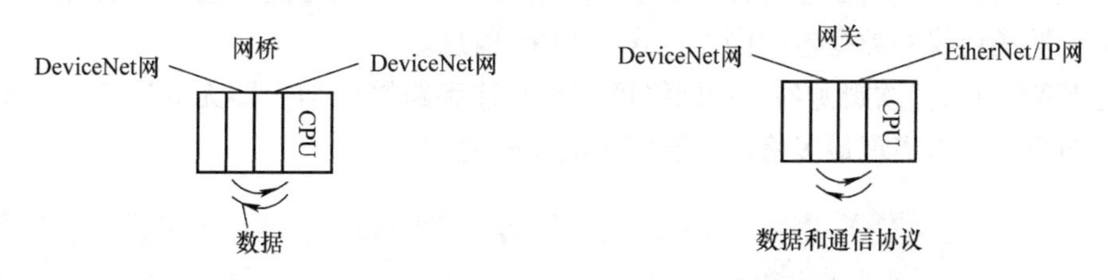

图 8-7　同类型网络的互连形式　　图 8-8　不同类型网络的互连形式

2. 路由表的结构及设置

路由表又称路径表，是一层网络中任意一个节点访问另外一层网络任意一个节点所走过路径的集合。如果把网络与网络节点之间的数据访问看作是实际生活中的邮递员送信这么一个过程，那么，路由表就可以看成是地图，邮递员必须走过一定的路线才能将信件送到指定的用户。

若PLC网络只有一层网络，则不需要建立路由表。若PLC网络有不同的网络，则需设定路由表。路由表由本地网络表和中继网络表组成，路由表下载到PLC中，PLC网络就可以通信。

当超过一个网络单元被安装在PLC上时，需要设定本地网络表。本地网络表包含：①本地网络地址，该单元的网络地址（1~127）；②CPU网络/总线单元号，该网络单元的单元号（0~15）。不同层网络的节点间进行数据交换时，需设置中继网络表，确定数据传送的路径。

网络配置软件CX-Integrator可以方便地完成路由表设置，设置完后直接下载到所连接的PLC中，网络间就可以实现跨网通信。

3. 跨网通信

FINS通信是欧姆龙公司开发的用于工厂自动化控制网络的指令响应协议，FINS通信服务有它自己的寻址系统，不依赖于实际网络地址系统，因而本地PLC不论是在Ethernet网、DeviceNet网，还是其他的FA网络（如SYSMACNET网或SYSMAC Link网）上，使用相同的方法进行通信。不管是在同一个工业网络内还是在不同的工业网络间，都可以进行FINS通信。

FINS属于应用层上的一个通信服务，对于用户而言，只需要确定网络中每个节点的FINS地址，节点与节点之间的通信在各自网络原有通信协议（如EtherNet/IP的FINS/UDP或FINS/TCP）的基础上进行。使用FINS通信，网络中的所有节点以FINS地址来区分识别。

FINS地址由三部分构成：FINS网络号、FINS节点号和FINS单元号。FINS节点号和单元号就是网络单元的节点号和单元号，由网络模块正面旋钮开关（硬件）设置。FINS网络号就是路由表中的网络号，用来区分不同的网络。

PLC向计算机或其他PLC进行FINS通信时，只要简单地使用PLC指令（SEND、RECV、CMND）编写梯形图程序向以太网单元FINS TCP或UDP端口发送FINS信息数据。

FINS在EtherNet/IP网传送TCP/UDP数据包时，该数据包中包含FINS传送的FINS地址及内容。当数据包到达目的节点时，该节点自动去掉UDP/IP报头，节点读取到的就是剩下的FINS信息。当FINS报文在以太网上传送时，UDP/IP的报头会自动添加到报文上。DeviceNet在发送协议的数据包中同样包含了FINS信息。

通过FINS通信，欧姆龙各工业网络可实现互连和跨网通信，即无缝通信。目前，在欧姆龙工业网络中可以实现最多跨越8层网络的无缝通信。

第三节 PLC网络在自动化立体仓库中的应用

自动化立体仓库是当代物流技术、仓储技术、自动化技术发展与结合的产物。它是一种大型多功能物质配送中心，可以实现单元出库、检送出库、单元入库、盘库、倒库等多种作用自动化。在自动化立体仓库中，高层固定货架巷道中运行的堆垛机控制系统（相当于简易机器人）是关键部分。

一、堆垛机的工作过程及其对控制的要求

堆垛机在高层架巷道中可作往返运动。巷道长度100m，巷道两边为高层货架，货架每排72列、10层，共720个货位。每个巷道配一台堆垛机，总共有7条巷道。

工艺要求堆垛机从“出入库台”开始，可以在巷道中作前后运动，堆垛机的升降台沿立柱可以做上下运动。运动到目的货位后，货叉开始左右运动执行存取货物的操作。完成存取后，货叉回位，堆垛机又从目的货物返回出入库台。堆垛机本身像简易机器人。

每台堆垛机的运行都要受操作室内上位机的监控，显示当前的位置、正在存取的品种、故障报警及提供人机对话。

二、自动化立体仓库堆垛机控制系统方案

根据堆垛机的工作过程及其对控制的要求，确定堆垛机控制方案如图8-9所示，它由两层PLC网络构成，其一是由7台OMRON C200H可编程序控制器与一台上位监控机组成的PLC网络（HOST Link网），又称上位连接系统；其二是由7台OMRON C200H可编程序控制器与相应的I/O单元构成的7套远程I/O网，又称下位连接系统。每台PLC处理30个输入（光电行程开关、超声探测器、限位开关等）和31个输出，要求提供16位数字显示及26键的小键盘输入，其配置见表8-3。由于AL001三端口适配器的RS-422分支通信的距离不得超越50m，而堆垛机要在100m长的巷道内往返运行，显然这一通信距离是不够的，因而配置了远程I/O系统（即下位连接系统），其中C200H-RM201为远程I/O主单元，C200H-RT201为远程I/O从单元。它们之间的远程I/O链路采用RS-485总线标准，通信距离超过200m。把带有CPU模块、LK202模块及RM201模块的C200H主站放在控制室内。而把带有RT201模块、输入模块及输出模块的C200H从站放在堆垛机上，以满足对通信距离的要求。

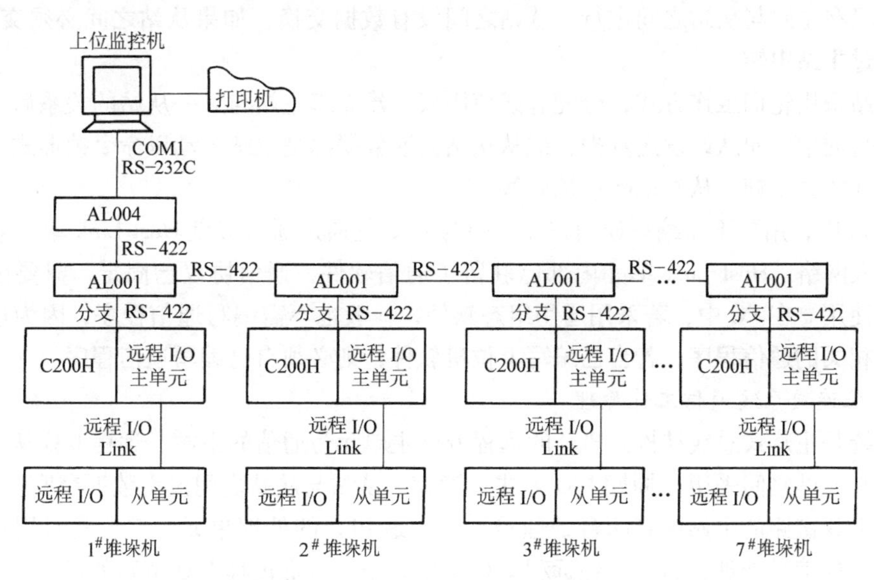

图8-9 自动化立体仓库堆垛机控制方案结构图

表8-3 PLC网络的配置表

名 称	型 号	点数/块	数 量	用 途
CPU	C200H-CPU01E		1	处理器模块
存储器	C200H-ME831		1	

（续）

名　称	型　号	点数/块	数　量	用　途
底板	C200H－BC051	5槽	1	主站底板
底板	C200H－BC081	8槽	1	从站底板
输入模块	C200H－ID212	12点	3	输入信号
输出模块	C200H－OC222	16点	2	输出信号
动态输出板	C200H－OD215	动态128点	1	16位数字显示
多点输入板	C200H－MD215	64点	1	键盘输入
通信模块	C200H－LK202		1	上位链接
远程I/O主单元	C200H－RM201		1	远程I/O
远程I/O从单元	C200H－RT201		1	远程I/O
通信适配器	AL001		1	三端口RS－422
通信适配器	AL004		1	二端口RS－232C/RS－422

每台堆垛机的PLC控制器上还配置了人机接口，由16位数字显示器及28位小键盘组成。除了可以从上位机对整个系统的7台堆垛机PLC控制器进行操作与监控外，操作人员还可以在现场通过人机接口对每台堆垛机进行单独操作。

三、PLC网络通信工作原理

1. 上位连接系统通信工作原理

该系统是一种主从式总线型工业局域网（HOST Link网）。上位计算机为该PLC网的主站，7台PLC皆为从站。主站采用轮询工作方式，按一定顺序，逐个与各从站通信，所有数据交换都只在主站与从站之间进行，从站之间没有数据交换，如果从站之间必须交换数据，也只能经过主站中转。

当主站采用轮询工作方式，分配总线使用权，建立起主站与某一从站的关系后，采用应答方式进行通信。向从站发送数据，或从从站读取数据都是主站主动以命令帧形式发出。对于主站发来的命令帧，从站以响应帧应答。

在PLC中，用户不需编写通信程序，因为PLC是通过通信节点Host Link单元C200H－LK202连入网络，Host Link单元内部已驻留了通信软件，通信协议已固定，只要设定几个参数就可使用。在PC中，若采用通用组态软件，一般也不需编写通信程序，因为这类软件通常带有相关的通信程序；若自己编写上位机软件，则必须自己编写通信程序。

2. 下位连接系统通信工作原理

该系统是主从式总线结构。PLC的远程I/O主单元为通信的主站，远程I/O从单元为从站，主站与从站之间采用“周期I/O方式”通信，从站与从站之间没有数据交换。

远程I/O链路的主站中有两台处理器，一个是PLC的处理单元，它负责对用户程序循环扫描及I/O信号处理；另一个在远程I/O主单元中，负责远程I/O链路的通信。

在远程I/O主单元内开辟一块数据库式的远程I/O缓冲区，缓冲区采用信箱结构，为每个从站分配一个收/发信箱。远程I/O主单元中的处理器按周期扫描方式工作，每个周期与每个从站交换一次数据以达到刷新远程I/O主单元中远程I/O缓冲区的目的。PLC的处理器在进行用户程序循环扫描的I/O处理时，一方面与本地I/O单元直接交换数据，另一方面从远程I/O缓冲区读/写数据，即与远程I/O交换数据。在应用时，用户不需要编写通信程序，只需要根据产品说明书作好相关硬件的设置。

习题

1. 并行和串行通信方式各有何特点？PLC 网络通信一般采用哪种通信方式？为什么？
2. 试比较 RS-422/RS-485 串行通信的特点。
3. 数据传送中常用的校验方法有哪几种？各有什么特点？
4. 工业局域网介质访问控制常见有哪几种？它们各具有何特点？
5. 基带传输为什么要对数据进行编码？
6. OMRON 的 PLC 网络有哪几种？各有什么特点？各适应什么场合？
7. 为什么 OMRON PLC 网络能方便实现无缝通信？
8. 为什么用 OMRON PLC 两层网络控制结构取代三层网络控制结构？

附 录

附录 A OMRON 小型 PLC 性能规格

表 A-1 CPM1A 型性能规格

项 目		10 点输入输出	20 点输入输出	30 点输入输出	40 点输入输出
控制方式		存储程序方式			
I/O 控制方式		循环扫描方式和即时刷新方式并用			
编程语言		梯形图方式			
指令长度		1 步/1 指令、1～5 字/1 指令			
指令种类	基本指令	14 种			
	应用指令	77 种，135 条			
处理速度	基本指令	0.72～16.2μs			
	应用指令	MOV 指令＝16.3μs			
程序容量		2048 字			
最大 I/O 点数	仅本体	10 点	20 点	30 点	40 点
	扩展时			50、70、90 点	60、80、100 点
输入继电器		0.00～9.15	不作为输入输出继电器使用的通道，可作为内部辅助继电器		
输出继电器		10.00～19.15			
内部辅助继电器		512 点：200.00～231.15(200～231CH)			
特殊辅助继电器		384 点：232.00～255.15(232～255CH)			
暂存继电器		8 点(TR0～7)			
保持继电器		320 点：HR0.00～HR19.15(HR00～HR19CH)			
辅助记忆继电器		256 点：AR0.00～AR15.15(AR00～AR15CH)			
链接继电器		256 点：LR0.00～LR15.15(LR00～LR15CH)			
定时/计数器		128 点：TIM/CNT000～TIM/CNT127 100ms 型：TIM000～TIM127，10ms 型与 100ms 定时器共用 减法计数器、可逆计数器			
数据内存	可读/写	1024 字(DM0000～DM1023)			
	只读	512 字(DM6144～DM6655)			
输入中断		2 点	4 点		
间隔定时器中断		1 点(0.5～319968ms、单触发模式或定时中断模式)			
停电保持功能		保持继电器(HR)、辅助记忆继电器(AR)、计数器(CNT)、数据内存(DM)的内容保持			
内存后备		快闪内存：用户程序、数据内存(只读)(无电池保持) 超级电容：数据内存(读/写)、保持继电器、辅助记忆继电器、计数器(保持 20 天/环境温度 25℃)			

（续）

项　目	10 点输入输出	20 点输入输出	30 点输入输出	40 点输入输出
自诊断功能	CPU 异常(WDT)、内存检查、I/O 总线检查			
程序检查	无 END 指令、程序异常(运行时一直检查)			
高速计数器	1 点　单相 5kHz 或两相 2.5kHz(线性计数器方式) 递增模式：0 ~ 65535(16 位)；增减方式：-32768 ~ 32767(16 位)			
脉冲输出	1 点　20Hz ~ 2kHz(单相输出:占空比 50%)			
快速响应输入	与外部中断输入共用(最小输入脉冲宽度 0.2ms)			
输入时间常数	可设定 1ms/2ms/4ms/8ms/16ms/64ms/128ms 中的一种			
模拟电位器	2 点　(0 ~ 200BCD)			

表 A-2　CP1H 型性能规格

<table>
<tr><th colspan="3">类　型</th><th>X　型</th><th>XA　型</th><th>Y　型</th></tr>
<tr><td colspan="3">程序容量</td><td colspan="3">20k 步</td></tr>
<tr><td colspan="3">控制方式</td><td colspan="3">存储程序方式</td></tr>
<tr><td colspan="3">输入输出控制方式</td><td colspan="3">循环扫描和立即刷新</td></tr>
<tr><td colspan="3">程序语言</td><td colspan="3">梯形图方式</td></tr>
<tr><td colspan="3">功能块</td><td colspan="3">功能块定义的最大数为 128、实例最大数为 256
功能块定义中可使用语言：梯形图、结构文本（ST）</td></tr>
<tr><td colspan="3">指令语句长度</td><td colspan="3">1 ~ 7 步/1 指令</td></tr>
<tr><td colspan="3">指令种类</td><td colspan="3">约 400 种（FUN No. 为 3 位）</td></tr>
<tr><td colspan="3">指令执行时间</td><td colspan="3">基本指令为 0.10μs
应用指令为 0.15μs</td></tr>
<tr><td colspan="3">共同处理时间</td><td colspan="3">0.7ms</td></tr>
<tr><td colspan="3">可连接扩展 I/O 数</td><td colspan="3">7 台（CPM1A 系列扩展（I/O）单元）
（但是输入输出通道的合计以及消耗电流的合计对可使用的单元的组合有限制）</td></tr>
<tr><td colspan="3">最大输入输出点数</td><td colspan="2">320 点（内置 40 点 + 扩展 40 点 ×7 台）</td><td>300 点（内置 20 点 + 扩展 40 点 ×7 台）</td></tr>
<tr><td rowspan="6">内置输入端子（可选择分配功能）</td><td colspan="2">通用输入输出</td><td colspan="2">40 点（输入为 24 点、输出为 16 点）</td><td>20 点（输入：12 点、输出：8 点）
※安装有 1MHz 高速计数器输入 2 点、1MHz 脉冲输出 2 点的脉冲输入输出专用端子</td></tr>
<tr><td rowspan="2">输入中断</td><td>直接模式</td><td colspan="2">8 点（输入中断计数模式、与脉冲接收共用）
接点的上升沿或下降沿
响应时间：0.3ms</td><td>6 点（输入中断计数器模式，与脉冲接收共用）
接点的上升沿或下降沿
响应时间：0.3ms</td></tr>
<tr><td>计数器模式</td><td colspan="2">8 点（响应频率合计在 5kHz 以下）
16 位加法计数器或减法计数器</td><td>6 点（响应频率合计在 5kHz 以下）
16 位加法计数或减法计数</td></tr>
<tr><td colspan="2">脉冲接收输入</td><td colspan="2">8 点（最小脉冲输入：50μs 以上）</td><td>6 点（最小脉冲输入：50μs 以上）</td></tr>
<tr><td colspan="2">高速计数</td><td colspan="2">4 点（DC 24V 输入）
● 单相（脉冲 + 方向、加减法、加法）100kHz
● 相位差（4 倍增）50kHz
数值范围：32 位线性模式/环形模式
中断：目标值一致比较/区域比较</td><td>2 点（DC 24V 输入）
● 单相（脉冲 + 方向、加减法、加法）100kHz
● 相位差（4 倍增）50kHz
数值范围：32 位线形模式/环形模式
中断：目标值一致比较/区域比较</td></tr>
</table>

（续）

<table>
<tr><th colspan="2">类　型</th><th>X　型</th><th>XA　型</th><th>Y　型</th></tr>
<tr><td rowspan="2">脉冲输出
（仅限晶体管输出型）</td><td>脉冲输出</td><td colspan="2">单元版本 Ver1.0 以下
2点　1Hz～100kHz
2点　1Hz～30kHz
4点　1Hz～100kHz
（CCW/CW 或脉冲＋方向）
台型/S 形加减速（占空比 50% 固定）</td><td>2点　1Hz～100kHz
（CCW/CW 或脉冲＋方向）
台型/S 形加减速（占空比 50% 固定）</td></tr>
<tr><td>PWM 输出</td><td colspan="3">2点　0.1～6553.5Hz
占空比 0.0%～100.0% 可变（以 0.1% 为单位来指定）（精度为±5%、1kHz 时）</td></tr>
<tr><td colspan="2">内置模拟输入输出端子</td><td>无</td><td>模拟输入4点/模拟输出2点</td><td>无</td></tr>
<tr><td rowspan="2">模拟设定</td><td>模拟电位器</td><td colspan="3">1点　（设定范围：0～255）</td></tr>
<tr><td>外部模拟输入</td><td colspan="3">1点　（分辨率为 1/256，输入范围为 0～10V）不隔离</td></tr>
<tr><td colspan="2">定时中断</td><td colspan="3">1点</td></tr>
<tr><td colspan="2">时钟功能</td><td colspan="3">有
精度：每月误差为 −4.5min～−0.5min（环境温度 55℃）
−2.0min～+2.0min（环境温度 25℃）
−2.5min～+1.5min（环境温度 0℃）</td></tr>
</table>

表 A-3　CP1L EM/EL 型性能规格

<table>
<tr><th colspan="2" rowspan="2">类型型号</th><th>CP1L－EM40 点型</th><th>CP1L－EM30 点型</th><th>CP1L－EL20 点型</th></tr>
<tr><th>CP1L－EM40D□－□</th><th>CP1L－EM30D□－□</th><th>CP1L－EL20D□－□</th></tr>
<tr><td colspan="2">控制方式</td><td colspan="3">存储程序方式</td></tr>
<tr><td colspan="2">输入输出控制方式</td><td colspan="3">周期扫描方式和立即处理方式同时使用</td></tr>
<tr><td colspan="2">编程语言</td><td colspan="3">梯形图方式</td></tr>
<tr><td colspan="2">功能块</td><td colspan="3">功能块定义最大数 128、实例最大数 256
定义内可使用的语言：梯形图、结构化文本（ST）</td></tr>
<tr><td colspan="2">指令语长度</td><td colspan="3">每个指令 1～7 步</td></tr>
<tr><td colspan="2">指令种类</td><td colspan="3">约 500 种（FUN No. 为 3 位）</td></tr>
<tr><td colspan="2">指令执行时间</td><td colspan="3">基本指令：0.55μs～应用指令：4.1μs～</td></tr>
<tr><td colspan="2">通用处理时间</td><td colspan="3">0.4ms</td></tr>
<tr><td colspan="2">程序容量</td><td colspan="2">10K 步</td><td>5K 步</td></tr>
<tr><td></td><td>FB 程序区</td><td colspan="3">10K 步</td></tr>
<tr><td colspan="2">任务数</td><td colspan="3">288 个（周期执行任务 32 个、中断任务 256 个）</td></tr>
<tr><td rowspan="3"></td><td>定时中断任务</td><td colspan="3">1 个（中断任务 No.2 固定）</td></tr>
<tr><td rowspan="2">输入中断任务</td><td colspan="3">6 个（中断任务 No.140～145 固定）</td></tr>
<tr><td colspan="3">（其他通过高速计数器中断可以指定并执行中断任务）</td></tr>
<tr><td colspan="2">子程序编号</td><td colspan="3">最大值 256 个</td></tr>
<tr><td colspan="2">跳跃编号</td><td colspan="3">最大值 256 个</td></tr>
</table>

（续）

类型型号		CP1L－EM40 点型 CP1L－EM40D□－□	CP1L－EM30 点型 CP1L－EM30D□－□	CP1L－EL20 点型 CP1L－EL20D□－□
通道 I/O 区域	输入继电器	1600 点（0～99CH）		
	内置输入继电器	24 点 0.00～0.11、1.00～1.11	18 点 0.00～0.11、1.00～1.05	12 点 0.00～0.11
	输出继电器	1600 点（100～199CH）		
	内置输出继电器	16 点 100.00～100.07、101.00～101.07	12 点 100.00～100.07、101.00～101.03	8 点 100.00～100.07
	1∶1 链接继电器区域	256 点（16CH）3000.00～3015.15（3000～3015CH）		
	串行 PLC 链接继电器	1440 点（90CH）3100.00～3189.15（3100～3189CH）		
内部辅助继电器		4800 点（300CH）：1200.00～1499.15　1200～1499 6400 点（400CH）：1500.00～1899.15　1500～1899 15360 点（960CH）：2000.00～2959.15　2000～2959 9600 点（600CH）：3200.00～3799.15　3200～3799 37504 点（2344CH）：3800.00～6143.15　3800～6143		
暂存继电器		16 点 TR0～TR15		
保持继电器		8192 点（512CH）H0.00～H511.15（H0～H511）		
特殊辅助继电器		读取专用（不可写入）7168 点（448CH）A0.00～A447.15（A0～A447CH） 读取/写入均可 8192 点（512CH）A448.00～A959.15（A448～A959CH）		
定时器		4096 点 T0～T4095		
计数器		4096 点 C0～C4095		
数据内存		32K 字 D0～D32767		10K 字 D0～D9999、D32000～D32767
数据寄存器		16 点（16 位）DR0～DR15		
变址寄存器		16 点（32 位）IR0～IR15		
任务标志		32 点 TK0000～TK0031		
跟踪内存		4000 字（跟踪对象数据最大（31 触点、6CH）时采样样本数为 500）		
存储盒		可以安装专用存储盒（CP1W－ME05M）*		
时钟功能		有精度：月差 -4.5 分～ -0.5 分（环境温度 55℃）、-2.0 分～ +2.0 分（环境温度 25℃）、-2.5 分～ +1.5 分（环境温度 0℃）		
通信功能		内置 Ethernet（工具连接、信息通信、Socket 服务）		
		最大可以安装 2 块串行通信选项板		串行通信选项板 最多可以安装 1 块
内存备份		闪存：可以将用户程序、参数（PC 系统设定等）、注释信息、数据内存整区保存至闪存（数据内存初始值） 电池备份：保持继电器、数据内存、计数器（标志、当前值）		

（续）

类型型号	CP1L－EM40 点型	CP1L－EM30 点型	CP1L－EL20 点型
	CP1L－EM40D□－□	CP1L－EM30D□－□	CP1L－EL20D□－□
电池寿命	实际值为25℃条件下5年（请使用制造后2年以内的电池进行更换）		
内置输入输出点数	40点（输入24点、输出16点）	30点（输入18点、输出12点）	20点（输入12点、输出8点）
扩展I/O可连接数量	CP系列扩展（I/O）单元：3台		CP系列扩展（I/O）单元：1台
最大输入输出点数	160点（＝内置40点＋扩展40点×3台）	150点（＝内置30点＋扩展40点×3台）	60点（＝内置20点＋扩展40点×1台）
输入中断	6点（响应时间：0.3ms）		
输入中断计数器模式	6点（响应频率总计5kHz以下）数值范围：16位加法计数器或减法计数器		
脉冲捕捉输入	6点（最小脉冲输入：50μs以上）		
定时中断	1点		
高速计数器	4点/2轴（DC24V输入）相位差（4倍频）50kHz 单相（脉冲＋方向、加减法、加法）100kHz 数值范围：32位 线性模式/循环模式 中断：目标值一致比较/范围比较		
脉冲输出（仅晶体管输出型） 脉冲输出	梯形/S形加减速（占空比50%固定） 2点1Hz～100kHz（CCW/CW或脉冲＋方向）		
脉冲输出（仅晶体管输出型） PWM输出	占空比0.0%～100.0%可变（以0.1%或1%单位指定） 2点0.1～6553.5Hz或1～32800Hz（精度＋1%/－0%：0.1～10000Hz ＋5%/－0%：10000～32800Hz）		
模拟输入	2点（分辨率：1/1000输入范围0～10V）非绝缘		

附录B CX－Programmer编程软件的使用

一、CX－Programmer的安装

CX－Programmer（CX－P）是一个用于对OMRON各系列PLC建立程序、进行测试和维护的工具，对CP1H PLC编程应安装6.0以上版本。CX－Programmer安装运行时需在微软Windows环境（Microsoft Windows 98或者更新版本、Microsoft Windows NT 4.0或者更新版本）的标准IBM及其兼容机上面运行。安装CX－Programmer视计算机配置不同，对内存和硬盘剩余空间的要求也不同，一般256MB内存，150MB硬盘空间能满足安装要求。安装时较方便，只要根据提示信息，一步一步操作即可顺利完成。

二、CX－Programmer的使用

（一）CX－Programmer的启动

双击“CX－Programmer”图标，编程软件被启动，显示CX－Programmer程序窗口，如图B-1所示。

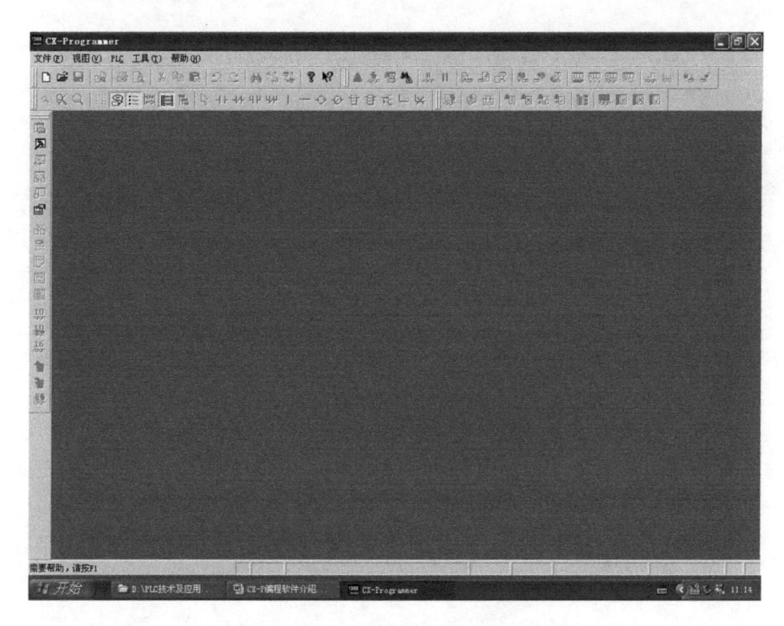

图 B-1　CX – Programmer 程序窗口

CX – Programmer 提供了一个生成工程文件的功能，此工程文件包含按照需要生成的多个 PLC，对于每一个 PLC，可以定义梯形图、地址、网络细节、内存、I/O、扩展指令（如果需要的话）和符号。

（二）CX – Programmer 的界面

（以下叙述以 CP1H 为例）

在图 B-1 界面左上角单击“文件”菜单中的“新建”，出现如图 B-2 所示对话框。“设备名称”可自行输入，也可默认为“新 PLC1”；“设备类型”根据使用的 PLC 进行选择，本附录中如不作说明，均选“CP1H”；在相应的“设定”中根据实际使用机型选择“CPU 类型”为“X”“XA”或“Y”。如果计算机和 PLC 通过 USB 通信，则“网络类型”选“USB”，在相应的“设定”中选择“FINS 目标地址”为“网络 0”“节点 0”；如果计算机和 PLC 通过 RS – 232 串口通信，则“网络类型”选“SYSMAC WAY”，在相应的“设定”中选择“FINS 目标地址”为“网络 0”“节点 0”，“端口名称”根据计算机上的串口位置选“COM1”或“COM2 ”，波特率为 9600bit/s，7 位数据位，2 位停止位，偶校验。

图 B-2　新建工程时的对话框

单击“确定”后，进入到 CX – Programmer 编程环境，如图 B-3 所示。

CX – Programmer 的布局可根据要求来自定义视图，在“视图”菜单中由提供的“窗

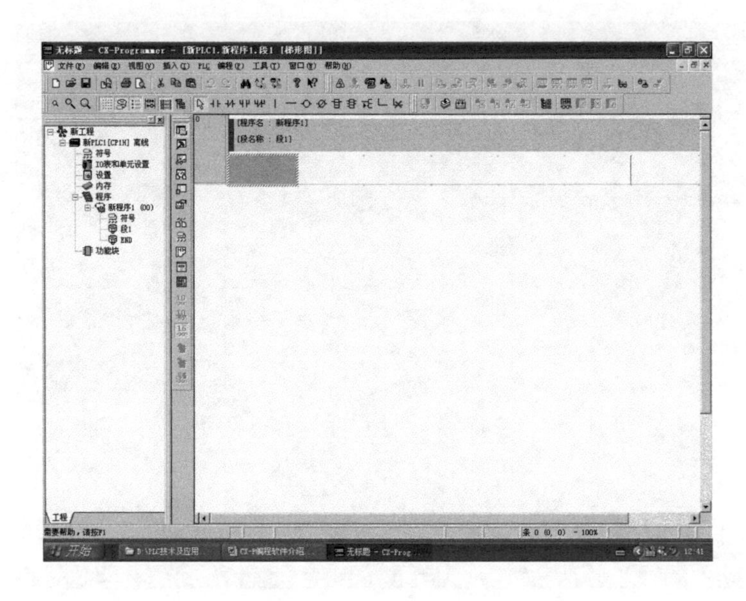

图 B-3 CX－Programmer 编程环境

口”选项来控制视图窗口，当全部打开时，如图 B-4 所示。编程时，一般除“工程工作区”外，其余“窗口”都在隐藏状态。

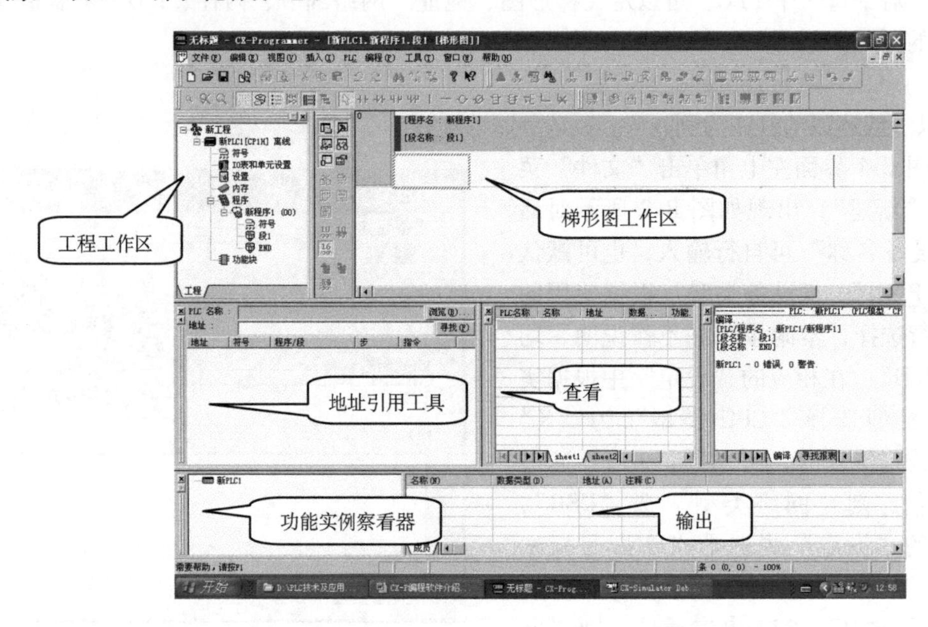

图 B-4 视图窗口

“视图”菜单的“工具栏”选项提供了“标准”“PLC”“梯形图”“程序”“查看”“模拟调试”“插入”“符号表”等工具，在各工具前的框内打上“√”，单击“确定”后，相应的工具能被显示。当鼠标箭头移动到各工具图标时，会以中文形式显示图标的功能。各图标的功能如图 B-5 所示。说明：因软件汉化的原因，正文中的“触点”在图标功能中被称为“接点”。

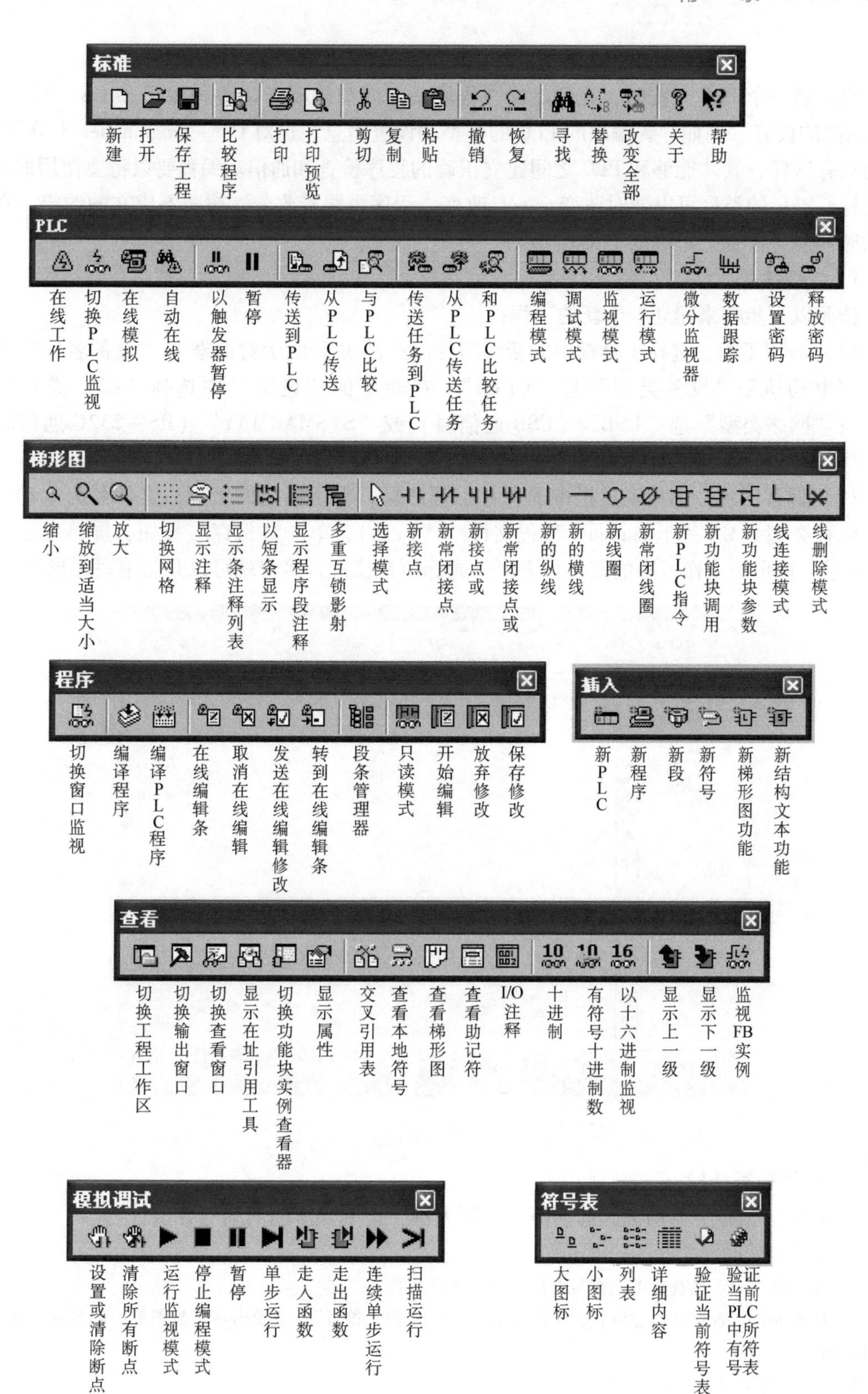
标准
新建
打开
保存工程
比较程序
打印
打印预览
剪切
复制
粘贴
撤销
恢复
寻找
替换
改变全部
关于
帮助
PLC
在线工作
切换PLC监视
在线模拟
自动在线
以触发器暂停
暂停
传送到PLC
从PLC传送
与PLC比较
传送任务到PLC
从PLC传送任务
和PLC比较任务
编程模式
调试模式
监视模式
运行模式
微分监视器
数据跟踪
设置密码
释放密码
梯形图
缩小
缩放到适当大小
放大
切换网格
显示注释
显示条注释列表
以短条显示
显示程序段注释
多重互锁影射
选择模式
新接点
新常闭接点
新接点或
新常闭接点或
新的纵线
新的横线
新线圈
新常闭线圈
新PLC指令
新功能块调用
新功能块参数
线连接模式
线删除模式
程序
切换窗口监视
编译程序
编译PLC程序
在线编辑条
取消在线编辑
发送在线编辑修改
转到在线编辑条
段条管理器
只读模式
开始编辑
放弃修改
保存修改
插入
新PLC
新程序
新段
新符号
新梯形图功能
新结构文本功能
查看
切换工程工作区
切换输出窗口
切换查看窗口
显示在址引用工具
切换功能块实例查看器
显示属性
交叉引用表
查看本地符号
查看梯形图
查看助记符
I/O注释
十进制
有符号十进制数
以十六进制监视
显示上一级
显示下一级
监视FB实例
模拟调试
设置或清除断点
清除所有断点
运行监视模式
停止编程模式
暂停
单步运行
走入函数
走出函数
连续单步运行
扫描运行
符号表
大图标
小图标
列表
详细内容
验证当前符号表
验证当前PLC中所有符号表

图 B-5 各图标的功能

（三）CX－Programmer 的编程

当规划一个 PLC 工程时，在开始编写程序指令以前需要考虑各种项目和 CX－Programmer 内部的设置。例如，要编程的 PLC 的类型和设置信息，这对 CX－Programmer 十分重要，因为只有这样，其才能够和 PLC 之间建立正确的程序检查和通信。编程要以将要使用的 PLC 为目标。PLC 的类型可以随时改变，一旦改变，程序也跟着改变。按照不成文的约定，在开始的时候最好设置好正确的 PLC 类型。

1. 工程建立

按照以下步骤来建立一个新的工程：

（1）新建工程　选择工具栏中的新建图标。在图 B-2 所示对话框的“设备名称”栏中输入“电动机”;“设备类型”选“CP1H”；在相应的“设定”中选择“CPU 类型”为“XA”；“网络类型”选“USB”（USB 通信时）或“SYSMACMAY”（RS－232C 通信时）；在相应的“设定”中选择“FINS 目标地址”为“网络 0”“节点 0”。

（2）保存工程　选择工具栏中的保存工程图标，保存新建的工程，文件名为电动机控制，保存类型为 CX－Progeammer 工程文件（*.cxp），单击“保存”按钮，屏幕显示如图 B-6所示。梯形图工作区中的蓝色长方形为光标所在位置，接着就可以开始编写梯形图了。

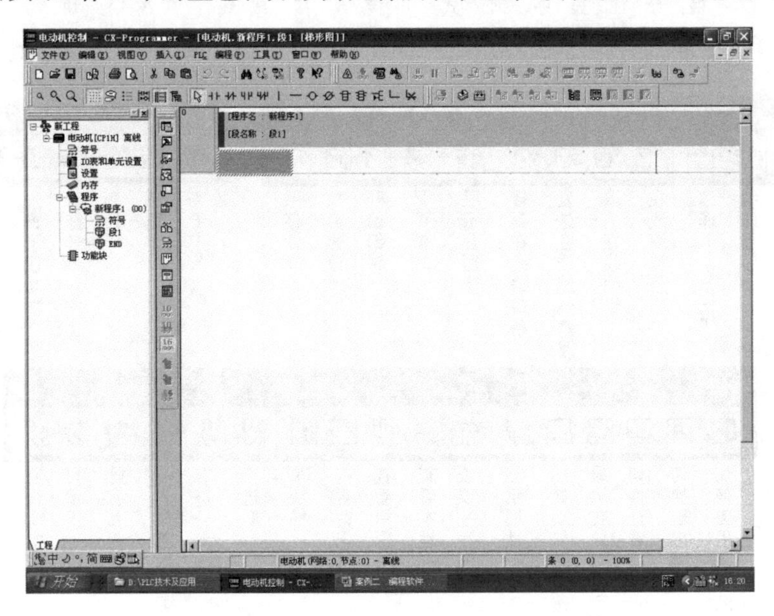

图 B-6　新工程保存后的屏幕显示

2. 程序编写（1）

下面以三相异步电动机起动、停止控制为例，说明梯形图的编写方法。

（1）生成符号

1）在工具栏中选择查看本地符号图标，如图 B-7 界面。

2）在本地符号查看区任意位置，单击右键，选择“插入符号”；或单击新符号图标，将显示图 B-8 所示对话框。

3）在“名称”栏中键入“I1”。

4）在“日期类型”栏中选择“BOOL”，它表示二进制值的一位。

5）在“地址或值”栏中键入“0.00”或“0”。

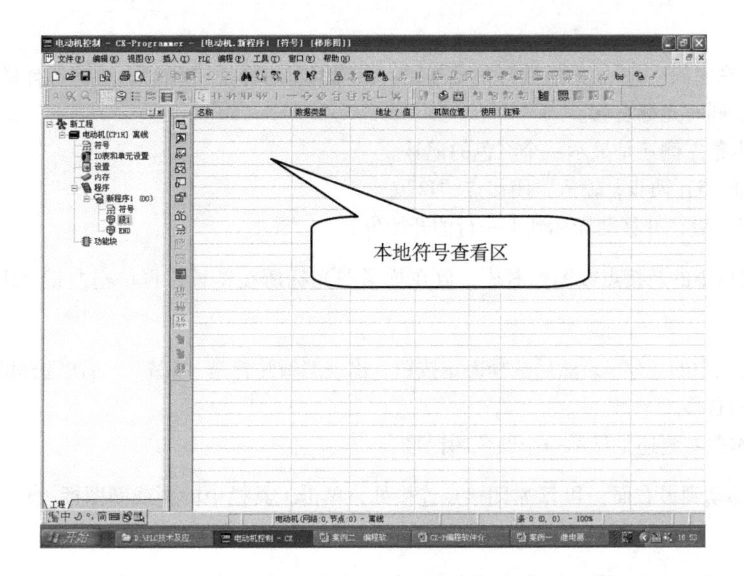

图 B-7　本地符号查看区

6）在“注释”栏中键入“SB1”。

7）单击“确定”按钮。

8）按表 B-1，重复步骤 2）~7），依次输入各变量的信息，本地符号查看区的最后显示如图 B-9 所示。

表 B-1　新建符号信息一览表

名　称	类　型	地　址	注　释
I0	BOOL	0.00	SB1
I1	BOOL	0.01	SB2
I2	BOOL	0.02	FR
Q0	BOOL	100.00	KM

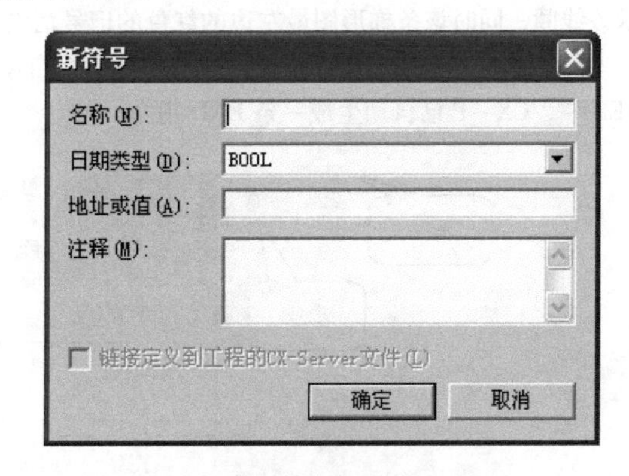

图 B-8　插入新符号对话框

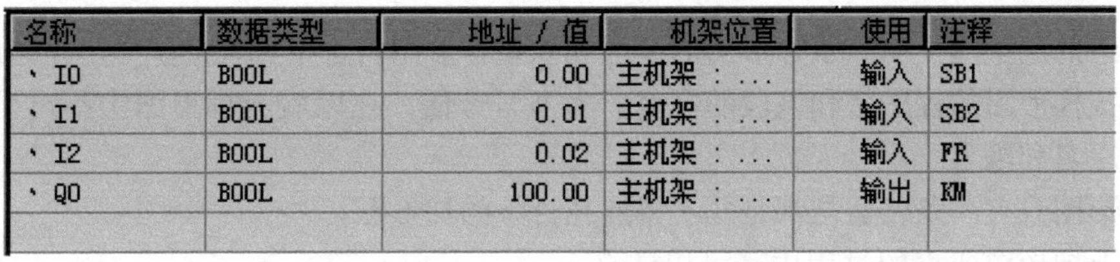

名称	数据类型	地址 / 值	机架位置	使用	注释
· I0	BOOL	0.00	主机架 : ...	输入	SB1
· I1	BOOL	0.01	主机架 : ...	输入	SB2
· I2	BOOL	0.02	主机架 : ...	输入	FR
· Q0	BOOL	100.00	主机架 : ...	输出	KM

图 B-9　本地符号输入结果

（2）建立梯形图程序　按照以下步骤来生成一个梯形图程序。

1）确认光标在图 B-6 所示位置。

2）单击工具栏中的新接点图标，放在梯形图光标所在位置，再单击左键，出现“新接点”对话框。**注意**：本软件中称触点为接点，为便于读者使用软件，不做修改。

3）选择列表栏中的“I0”，然后选择确定按钮，出现编辑注释是“SB1”，再次选择确认按钮，将显示第一个常开接点，同时光标右移。

注：现在在本条左侧将显示一个红色的记号，这表明该条梯形图还未完成，出现了一个错误。

4）单击工具栏中的新常闭接点图标，放在梯形图光标所在位置，再单击左键，出现“新常闭接

点”对话框。

5）选择列表栏中的“I1”，然后选择确定按钮，出现编辑注释是“SB2”，再次选择确认按钮，将显示第二个常闭接点，同时光标右移。

注：现在在本条左侧还是显示一个红色的记号。

6）重复第4）、5）两步，输入常闭接点“I2”。

7）按“回车”键，并移动光标到下一行的开始位置。

8）单击工具栏中的新接点或图标，放在梯形图光标所在位置，再单击左键，出现“新接点或”对话框。

9）选择列表栏中的“Q0”，然后选择确定按钮，出现编辑注释是“KM”，再次选择确认按钮，将显示该接点，同时光标右移。

注：现在在本条左侧还是显示一个红色的记号。

10）将光标移动到最右面，和I2常闭接点连接处，单击工具栏中的新线圈图标，出现“新线圈”对话框。

11）选择列表栏中的“Q0”，然后选择确定按钮，出现编辑注释是“KM”，再次选择确认按钮，将显示该线圈，同时该条梯形图最左边的红色的记号消失，表明在这条梯形图里面已经没有错误了。

12）单击下一条的任意位置，该条梯形图将自动整理如图B-10所示。该梯形图在段1的位置，在段“END”，CX－P已自动生成一条END指令。

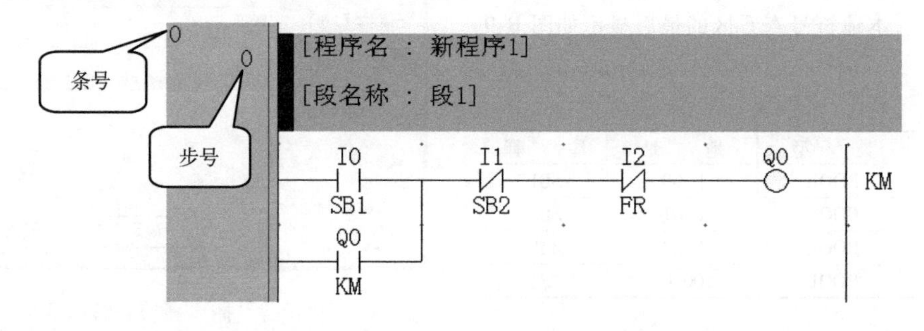

图B-10 以符号地址编写的梯形图

在左边的灰条内显示该条梯形图的条号和该条梯形图内首个元件的步号。上边的黄条内显示的是该梯形图的程序名和该段的段名。为书写方便，在以后的梯形图中不再显示条号、步号、程序名和段名。

该梯形图只有一条，通常都是几十条或几百条的梯形图。

从以上梯形图建立的过程中，可以体会到，用CX－P建立梯形图非常方便，基本上就是一个画图的过程，读者还可以利用工具条上的其他工具建立这个梯形图。

条	步	指令	操作数	注释
0	0	LD	I0	SB1
	1	OR	Q0	KM
	2	ANDNOT	I1	SB2
	3	ANDNOT	I2	FR
	4	OUT	Q0	KM

图B-11 程序的助记符表示形式

（3）查看助记符程序　单击工具栏上的查看助记符图标，可以查看该程序的助记符表示形式，如图B-11所示。

（4）编译程序　无论是在线程序还是离线程序，在其生成和编辑过程中不断被检验。如果一条梯形图中出现错误，在该条梯形图的左边将会出现一道红线。例如，在梯形图窗口已经放置了一个元素，但是并没有分配符号和地址的情况下，这种情形就会出现。

单击工具栏上的编译程序图标，能将程序中所有的错误显示在输出窗口的编译标签下面。例如，上述梯形图中若缺少“线圈 Q0”时，在“输出窗口”就会出现如图 B-12 所示的错误细目。

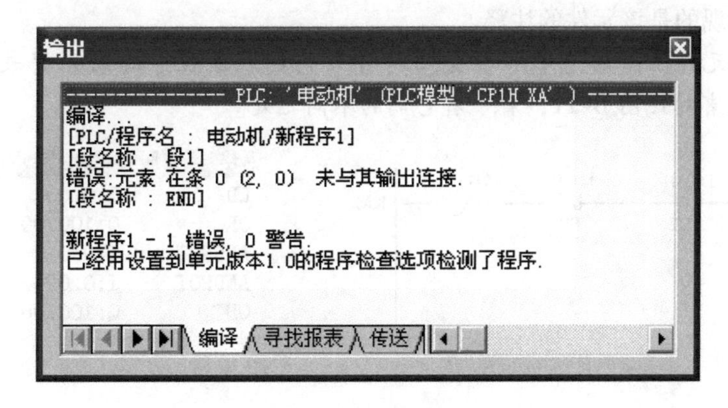

图 B-12　输出窗口显示的错误细目

请读者试一试，当程序正确时，输出窗口的显示。

（5）保存工程　在程序编译正确后，再一次保存工程。若程序较长，应在编写的过程中要随时保存。

3. *程序编写*（2）

在编写梯形图程序时，也可不生成符号，直接用实际地址编写。下面仍以三相异步电动机起动、停止控制为例，说明梯形图的编写方法。

1）确认光标在图 B-6 所示位置。

2）单击工具栏中的新接点图标，放在梯形图光标所在位置，再单击左键，出现“新接点”对话框。

3）在“新接点”对话框中键入“0”或“0.00”，然后选择确定按钮，在“编辑注释”栏键入“SB1”（也可使“编辑注释”为空），再次选择确认按钮，将显示第一个常开接点，同时光标右移。

4）单击工具栏中的新常闭接点图标，放在梯形图光标所在位置，再单击左键，出现“新常闭接点”对话框。

5）在“新常闭接点”对话框中键入“1”或“0.01”，然后选择确定按钮，在“编辑注释”栏键入“SB2”（也可使“编辑注释”为空），再次选择确认按钮，将显示第二个常闭接点，同时光标右移。

6）重复第4）、5）两步，输入常闭接点“2”或“0.02”。

7）按“回车”键，光标移到下一行的开始位置。

8）单击工具栏中的新接点或图标，放在梯形图光标所在位置，再单击左键，出现“新接点或”对话框。

9）在“新接点或”对话框键入“100.00”，然后选择确定按钮，在“编辑注释”栏键入“KM”（也可使“编辑注释”为空），再次选择确认按钮，将显示该接点，同时光标右移。

10）将光标移动到最右面，和“0.02”常闭接点连接处，单击工具栏中的新线圈图标，出现“新线圈”对话框。

11）在“新线圈”对话框中键入“100.00”，然后选择确定按钮，在“编辑注释”栏键入“KM”（也可使“编辑注释”为空），再次选择确认按钮，将显示该线圈。

12）单击下一条的任意位置，该条梯形图将自动整理如图 B-13 所示。该梯形图在段 1 的位置，在段“END”，CX－P 已自动生成一条 END 指令。

在图 B-13 中，元件上方出现的是该元件的实际地址，“I”表示输入地址，“Q”表示输出地址，下方出现的是该元件的注释。

注意：此时元件注释都是增加在全局符号表内的。该程序的助记符表示形式，如图 B-14所示，请读者对比图 B-11，看一看它们的不同之处。

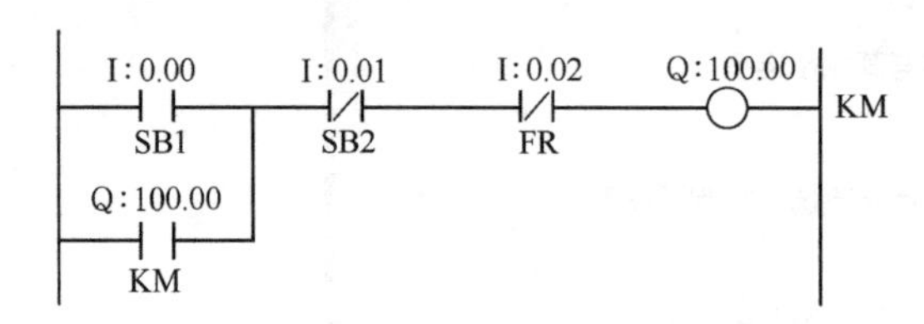

图 B-13 以实际地址编写的梯形图

指令	操作数	注释
LD	I:0.00	SB1
OR	Q:100.00	KM
ANDNOT	I:0.01	SB2
ANDNOT	I:0.02	FR
OUT	Q:100.00	KM

图 B-14 以实际地址编写的助记符程序

4. 调试程序

程序编译只能检查程序的语法错误。当程序编写完成后，必须把计算机和 PLC 通过通信线连接，将程序下载到 PLC，进行调试，检查用户编写的程序是否符合实际要求，具体步骤如下：

（1）下载程序　按照以下步骤来将程序下载到 PLC。

1）选择工具栏中的在线工作图标，与 PLC 进行连接。将出现一个确认对话框，选择确认按钮，若设置、连接、通信等一切正常，由于在线时一般不允许编辑，梯形图界面将变成灰色。

2）选择工具栏里面的编程模式图标，把 PLC 的操作模式设为编程模式。如果未作这一步，那么 CX－P 在下载程序前，将自动把 PLC 设置成此模式。

3）选择工具栏上面的传送到 PLC 图标，将显示下载选项对话框，选择相应的传送内容，单击确认按钮。

（2）监视程序　一旦程序被下载，就可以在梯形图工作区中对其运行进行监视（以模拟显示的方式），按照以下步骤来监视程序。

1）选择工程工作区中的 PLC 对象。

2）选择工程工具栏中的切换 PLC 监视图标。程序执行时，可以监视梯形图中的数据和控制流，例如，连接的选择和数值的增加。

（3）程序运行　程序调试正常后，可选择运行模式，使 PLC 工作在运行状态。当 PLC 在线运行时，在梯形图工作区以绿色线条形象地显示程序运行的状态，如图B-15所示。

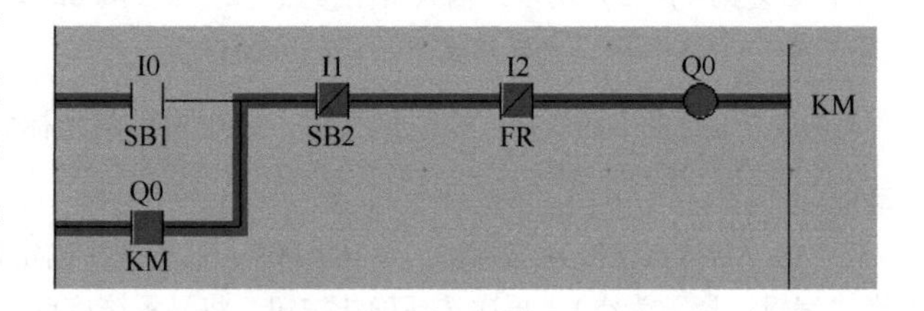

图 B-15 程序的运行状态

（4）程序编辑　若程序需要修改，可在离线状态，对原来编写的程序进行修改、编辑。

如图 B-10 中的梯形图，原来只用起动、停止功能，现希望加入时间控制功能，要求在电动机起动运行 1min 后，自动停止。可对原梯形图做图 B-16 所示的修改。

具体修改步骤是：

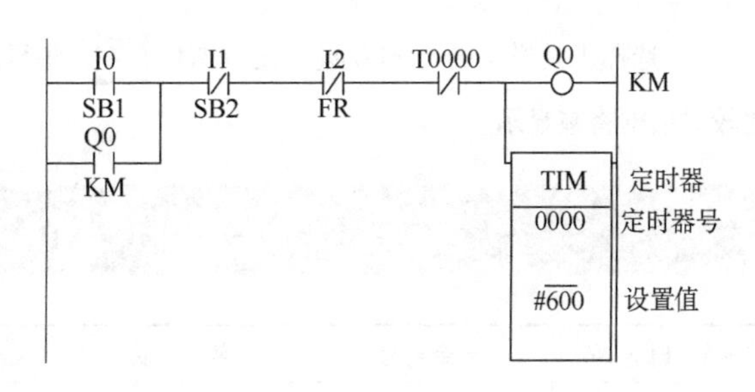

图 B-16　修改后的梯形图

1）单击工具栏中的新常闭接点图标，插入在常闭接点 I2 和线圈 Q0 之间，在“新常闭接点”对话框中键入“TIM0000”或“T0”，单击两次确定按钮。

2）单击新指令图标，移动鼠标到线圈 Q0 的下面，再单击左键，在“新指令”对话框中输入“TIM　0 #600”，单击两个确定按钮。

3）使用线连接模式图标划线，连接定时器到常闭接点 T0000 和线圈 Q0 之间。

修改完成后，请读者按在线连接→传送到 PLC→运行模式的先后次序，将修改后的程序传送到 PLC，然后运行，观察运行的情况。

（5）在线编辑　虽然在线工作后，梯形图界面已经变成灰色，以防止被直接编辑，但是还是可以选择在线编辑特性来修改梯形图程序。当使用在线编辑功能时，通常使 PLC 运行在“监视”模式下面。在“运行”模式下面进行在线编辑是不可能的。使用以下步骤进行在线编辑。

1）拖动鼠标，选择要编辑的梯级。

2）在工具栏中选择与 PLC 进行比较图标，以确认编辑区域的内容和 PLC 内的相同。

3）在工具栏中选择在线编辑条图标。条的背景将改变，表明其现在已经是一个可编辑区。此区域以外的条不能被改变，但是可以把这些条里面的元素复制到可编辑条中去。

4）编辑条。

5）当对结果满意时，在工具栏中选择传送在线编辑修改图标，所编辑的内容将被检查并且被传送到 PLC。

6）一旦这些改变被传送到 PLC，编辑区域再次变成只读。选择工具栏中的取消在线编辑图标，可以取消在确认改变之前所做的任何在线编辑。

（6）在线模拟　CX－P 还提供了一个在线模拟的环境，计算机不需连接到 PLC，就能对 CP1H 及中型机中的用户程序进行监控和调试，具体方法如下：

1）在梯形图窗口编写一个程序或选择一个目标梯形图。

2）单击工具条中的在线模拟图标，CX－P 开始模拟在线工作，能将程序、PLC 设置、I/O 表、符号表和注释传送到一个以软件模拟的 PLC，并可进行监视调试。

注意：当一个程序在线模拟时，该程序不能被连接到 PLC，而其他的程序也不能进入在线模拟状态。

以上是程序调试中常用的方法和步骤，CX－P 还提供了上传程序和程序比较的功能，具体操作如下：

（7）上传程序　如需将原 PLC 中的程序上传到计算机，按照下列步骤进行。

1）选择工具栏中的在线工作图标，与 PLC 进行连接。选择工程工作区中的 PLC 对象。

2）选择工具栏中的从 PLC 传送图标，显示上传对话框，选择上传内容，然后选择确认按钮。

（8）程序比较　按照以下步骤来比较工程程序和 PLC 程序。

1）选择工程工作区中的 PLC 对象。

2）选择工具栏中的与PLC进行比较图标，将显示比较选项对话框。设置程序栏，选择确认按钮。比较对话框将被显示。

附录C OMRON CPM1A指令汇编

分类	FUN No.	指令符号	名　称	功　能
顺序输入		LD	取	输入母线和常开触点连接
		LDNOT	取反	输入母线和常闭触点连接
		AND	与	常开触点串联连接
		ANDNOT	与非	常闭触点串联连接
		OR	或	常开触点并联连接
		ORNOT	或非	常闭触点并联连接
		ANDLD	块与	并联电路块的串联
		ORLD	块或	串联电路块的并联
顺序输出		OUT	输出	将逻辑运算结果输出，驱动线圈
		OUTNOT	反相输出	将逻辑运算结果反相后输出，驱动线圈
		SET	置位	使指定的继电器ON
		RSET	复位	使指定的继电器OFF
		KEEP	保持	保持继电器动作
	13	DIFU	上升沿微分	在逻辑运算结果上升沿时，继电器在一个扫描周期内ON
	14	DIFD	下降沿微分	在逻辑运算结果下降沿时，继电器在一个扫描周期内ON
顺序控制	00	NOP	空操作	无动作
	01	END	结束	程序结束
	02	IL	联锁	公共串联触点的连接
	03	ILC	解锁	公共串联触点的复位
	04	JMP	跳转开始	当驱动触点断开时，跳转到JME
	05	JME	跳转结束	解除跳转指令
定时计数		TIM	定时	精度为0.1s的减法定时器（0~999.9s）
		CNT	计数	减法计数器，计数设定值0~9999
	12	CNTR	可逆计数	加、减法计数器，计数设定值0~9999
	13	TIMH	高速定时	精度为0.01s的高速减法定时器（0~99.99s）
数据比较	20	CMP	比较	S1通道的数据、常数与S2通道的数据、常数进行比较
	60	CMPL	倍长比较	S1、S1+1通道的数据与S2、S2+1通道的数据进行比较
	68	BCMP	表比较	S通道的数据与从T通道开始的16对数据进行比较
	85	TCMP	表一致	S通道的数据与从T通道开始的16个数据进行比较
数据变换	23	BIN	BCD→BIN变换	将S通道的BCD数据转换成二进制数据送入D通道
	24	BCD	BIN→BCD变换	将S通道的二进制数据转换成BCD数据送入D通道
	76	MLPX	4-16译码器	把S通道内的1位数字译码成D通道中的16位ON或OFF
	77	DMPX	16-4编码器	把S通道内的16位ON或OFF编码成D通道中的1位数字
	86	ASC	ASCⅡ码变换	把S通道内的1位数字变换成D通道中的8位ASCⅡ数据

（续）

分类	FUN No.	指令符号	名　称	功　能
数据传送	21	MOV	传送	将S通道的数据、常数传送到D通道中去
	22	MVN	取反传送	将S通道的数据、常数位反相后传送到D通道中去
	70	XFER	程序段传送	将S通道开始连续个通道数据传送到D通道以下的通道中去
	71	BSET	程序段设定	在S通道中指定的同一数据设定到D1～D2通道中去
	73	XCHG	数据交换	将指定的D1、D2通道间进行数据交换
	80	DIST	数据分配	根据控制数据C的内容，将指定的数据进行传送
	82	MOVB	位传送	按控制数据C的内容，将S通道指定的位传送到D通道
	83	MOVD	数字传送	按控制数据C的内容，将S通道指定的数传送到D通道
数据移位	10	SFT	移位	移位信号ON时，将D1到D2通道的数据依次向高位移1位
	16	WSFT	字移位	以通道数据为单位执行移位操作
	17	ASFT	非同期移位	按控制数据C的内容，在D1～D2通道间，0000与前后数据替换
	25	ASL	1位左移	把通道数据向左移1位
	26	ASR	1位右移	把通道数据向右移1位
	27	ROL	1位循环左移	把通道数据包括进位位循环左移
	28	ROR	1位循环右移	把通道数据包括进位位循环右移
	74	SLD	1数字左移	把D1～D2通道的数据以数字（4位）为单位左移
	74	SRD	1数字右移	把D1～D2通道的数据以数字（4位）为单位右移
	84	SFTR	左右移位	根据控制数据，把D1～D2通道的数据进行左右移位
增减及进位	38	INC	递增	通道数据加1操作
	39	DEC	递减	通道数据减1操作
	40	STC	置进位位	将进位标志255.04设置为1
	41	CLC	清进位位	将进位标志255.04设置为0
四则运算	30	ADD	BCD加法	S1通道数据、常数与S2通道数据、常数进行4位数字加法运算
	31	SUB	BCD减法	S1通道数据、常数与S2通道数据、常数进行4位数字减法运算
	32	MUL	BCD乘法	S1通道数据、常数与S2通道数据、常数进行4位数字乘法运算
	33	DIV	BCD除法	S1通道数据、常数与S2通道数据、常数进行4位数字除法运算
	50	ADB	二进制加法	S1通道数据、常数与S2通道数据、常数进行二进制加法运算
	51	SBB	二进制减法	S1通道数据、常数与S2通道数据、常数进行二进制减法运算

（续）

分类	FUN No.	指令符号	名　称	功　能
四则运算	52	MLB	二进制乘法	S1 通道数据、常数与 S2 通道数据、常数进行二进制乘法运算
	53	DVB	二进制除法	S1 通道数据、常数与 S2 通道数据、常数进行二进制除法运算
	54	ADDL	BCD 倍长加法	S1 通道数据、常数与 S2 通道数据、常数进行 8 位数字加法运算
	55	SUBL	BCD 倍长减法	S1 通道数据、常数与 S2 通道数据、常数进行 8 位数字减法运算
	56	MULL	BCD 倍长乘法	S1 通道数据、常数与 S2 通道数据、常数进行 8 位数字乘法运算
	57	DIVL	BCD 倍长除法	S1 通道数据、常数与 S2 通道数据、常数进行 8 位数字除法运算
逻辑运算	29	COM	位反相	将 D 通道进行位反相
	34	ANDW	字与	S1 通道数据、常数与 S2 通道数据、常数逻辑与，存入 D 通道
	35	ORW	字或	S1 通道数据、常数与 S2 通道数据、常数逻辑或，存入 D 通道
	36	XORW	字异或	S1 通道数据、常数与 S2 通道数据、常数逻辑异或，存入 D 通道
	37	XNRW	字同或	S1 通道数据、常数与 S2 通道数据、常数逻辑同或，存入 D 通道
	67	BCNT	位计数	计数从 S 通道开始到指定通道中数据为 ON 位的个数，存入 D 通道
子程序与中断控制	91	SBS	子程序调用	调用指定的子程序
	92	SBN	子程序进入	子程序开始
	93	RET	子程序返回	子程序结束
	99	MCRO	宏指令	用单个子程序来替代数个子程序
	69	STIM	间隔定时控制	间隔定时控制
	89	INT	中断控制	中断控制
步进	08	STEP	步进域定义	步进控制的开始或结束
	09	SNXT	步进控制	前一步复位、后一步开始
高速计数	61	INI	动作控制	执行高速计数器时的动作控制和脉冲输出控制
	62	PRV	读当前值	读出高速计数器的动作的当前值
	63	CTBL	比较表登录	执行高速计数器的比较表登录，并比较开始
其他	78	SDEC	7 段译码	将 S 通道的 1 位数字变换成 7 段数据，送入 D 通道
	97	IORF	I/O 刷新	把 D1 ~ D2 通道的输入输出数据刷新
	46	MSG	信息显示	用字母把 S 通道中 8 通道数据内容在编程器上显示
	06	FAL	故障诊断	运行继续故障诊断
	07	FALS	故障诊断	运行停止故障诊断

附录 D OMRON CP1H 指令功能分类

分类	小分类	助记符	指令名称	助记符	指令名称	助记符	指令名称	助记符	指令名称
时序输入指令	位测试相关	LD	读	LDNOT	读・非	AND	与	ANDNOT	与・非
		OR	或	ORNOT	或・非	ANDLD	块・与	ORLD	块・或
		NOT	非	UP	P. F. 上升沿微分	DOWN	P. F. 下降沿微分		
		LD TST	LD 型・位测试	LDTSTN	LD 型・位测试非	ANDTST	AND 型・位测试	ANDTSTN	AND 型・位测试非
		OR TST	OR 型・位测试	ORTSTN	OR 型・位测试非				
时序输出指令		OUT	输出	OUTNOT	输出非	KEEP	保持	DIFU	上升沿微分
		DIFD	下降沿微分	OUTB	1 位输出				
	设置/重置相关	SET	置位	RSET	复位	SETA	多位置位	RSTA	多位复位
		SETB	1 位置位	RSTB	1 位复位				
时序控制指令		END	结束	NOP	无功能				
	互锁相关	IL	互锁	ILC	互锁清除	MILH	多重互锁(微分标志保持型)	MILR	多重互锁(微分标志非保持型)
		MILC	多重互锁清除						
	转移相关	JMP	转移	JME	转移结束	CJP	条件转移	CJPN	条件非转移
		JMP0	多重转移	JME0	多重转移结束				
	循环相关	FOR	重复开始	BREAK	循环中断	NEXT	重复结束		
定时器/计数器指令 BCD 方式①	定时器(有定时器编号)	TIM	定时器	TIMH	高速定时器	TMHH	超高速定时器	TTIM	累计定时器
	定时器(无定时器编号)	TIML	长时间定时器	MTIM	多输出定时器				
	计数器(有计数器编号)	CNT	计数器	CNTR	可逆计数器	CNR	定时器/计数器复位		

（续）

分类		小分类	助记符	指令名称	助记符	指令名称	助记符	指令名称	助记符	指令名称
定时器/计数器指令	BIN方式[①]	定时器（有定时器编号）	TIMX	定时器	TIMHX	高速定时器	TMHHX	超高速定时器	TTIMX	累计定时器
		定时器（无定时器编号）	TIMLX	长时间定时器	MTIMX	多输出定时器				
		计数器（有计数器编号）	CNTX	计数器	CNTRX	可逆计数器	CNRX	定时器/计数器复位		
数据比较指令		符号比较	LD，AND，OR +=、<>、<、<=、>、>=	符号比较（无符号）	LD，AND，OR +=、<>、<、<=、>、>= +L	符号比较（倍长·无符号）	LD，AND，OR +=、<>、<、<=、>、>= +S	符号比较（带符号）	LD，AND，OR +=、<>、<、<=、>、>= +SL	符号比较（倍长·带符号）
		时刻比较	LD，AND，OR += DT、<> DT、< DT、<= DT、> DT、>= DT	时刻比较						
		数据比较（反映到状态标志）	CMP	无符号比较	CMPL	无符号倍长比较	CPS	带符号BIN比较	CPSL	带符号BIN倍长比较
			ZCP	区域比较	ZCPL	倍长区域比较				
		表比较	MCMP	多通道比较	TCMP	表一致	BCMP	无符号表间比较	BCMP2	扩展表间比较

数据传送指令	1CH、2CH 传送	MOV	传送	MOVL	倍长传送	MVN	否定传送	MVNL	非倍长传送
	位·位传送	MOVB	位传送	MOVD	数字传送				
	转换	XCHG	数据交换	XCGL	数据倍长交换				
	块·多位传送	XFRB	多位传送	XFER	块传送	BSET	块设定		
	抽出·分配	DIST	数据分配	COLL	数据抽出				
	变址寄存器设定	MOVR	变址寄存器设定	MOVRW	变址寄存器设定（只限定时器/计数器当前值）				
数据移位指令	1 位移位	SFT	移位寄存器	SFTR	左右移位寄存器	ASL	左移 1 位	ASLL	倍长左移 1 位
		ASR	右移 1 位	ASRL	倍长右移 1 位				
	0000H 移位	ASFT	非同步移位寄存器						
	字移位	WSFT	字移位						
	1 位循环	ROL	带 CY 左移 1 位	ROLL	带 CY1 位倍长左循环	RLNC	无 CY 左移 1 位	RLNL	无 CY1 位倍长左循环
		ROR	带 CY 右移 1 位	RORL	带 CY1 位倍长右循环	RRNC	无 CY 右移 1 位	RRNL	无 CY1 位倍长右循环
	1 位移位	SLD	左移 1 位	SRD	右移 1 位				
	N 位数据的 1 位移位	NSFL	N 位数据左移位	NSFR	N 位数据右移位				
	N 位移位	NASL	N 位左移位	NSLL	N 位倍长左移位	NASR	N 位右移位	NSRL	N 位倍长右移位
增量/减量指令	BIN	++	BIN 增量	++L	BIN 倍长增量	--	BIN 减量	--L	BIN 倍长减量
	BCD	++B	BCD 增量	++BL	BCD 倍长增量	--B	BCD 减量	--BL	BCD 倍长减量
四则运算指令	BIN 加法	+	带符号·无 CY BIN 加法	+L	带符号·无 CY BIN 倍长加法	+C	符号·带 CY BIN 加法	+CL	符号·带 CY BIN 倍长加法
	BCD 加法	+B	无 CY BCD 加法	+BL	无 CY BCD 倍长加法	+BC	带 CY BCD 加法	+BCL	带 CY BCD 倍长加法

（续）

分类	小分类	助记符	指令名称	助记符	指令名称	助记符	指令名称	助记符	指令名称
四则运算指令	BIN 减法	-	带符号·无 CY BIN 减法	-L	带符号·无 CY BIN 倍长减法	-C	符号·带 CY BIN 减法	-CL	符号·带 CY BIN 倍长减法
	BCD 减法	-B	无 CY BCD 减法	-BL	无 CY BCD 倍长减法	-BC	带 CY BCD 减法	-BCL	带 CY BCD 倍长减法
	BIN 乘法	*	带符号 BIN 乘法	*L	带符号 BIN 倍长乘法	*U	无符号 BIN 乘法	*UL	无符号 BIN 倍长乘法
	BCD 乘法	*B	BCD 乘法	*BL	BCD 倍长乘法				
	BIN 除法	/	带符号 BIN 除法	/L	带符号 BIN 倍长除法	/U	无符号 BIN 除法	/UL	无符号 BIN 倍长除法
	BCD 除法	/B	BCD 除法	/BL	BCD 倍长除法				
数据转换指令	无符号 BIN↔BCD 转换	BIN	BCD→BIN 转换	BINL	BCD→BIN 倍长转换	BCD	BIN→BCD 转换	BCDL	BIN→BCD 倍长转换
		NEG	2 的补码转换	NEGL	2 的补码倍长转换	SIGN	符号扩展		
	解码器/编码器	MLPX	4→16/8→256 解码器	DMPX	16→4/256→8 编码器				
	ASCⅡ/HEX 转换	ASC	ASCⅡ代码转换	HEX	ASCⅡ→HEX 转换				
	位列↔位行转换	LINE	位列→位行转换	COLM	位行→位列转换				
	带符号 BIN↔BCD 转换	BINS	带符号 BCD→BIN 转换	BISL	带符号 BCD→BIN 倍长转换	BCDS	带符号 BIN→BCD 转换	BDSL	带符号 BIN→BCD 倍长转换
	格雷码转换	GRY	格雷码转换						

逻辑运算指令	逻辑和·积	ANDW	字逻辑积	ANDL	字倍长逻辑积	ORW	字逻辑和	ORWL	字倍长逻辑和
		XORW	字逻辑和非	XORL	字倍长逻辑和非	XNRW	字非逻辑和非	XNRL	字倍长非逻辑和非
	位取反	COM	位取反	COML	位倍长取反				
特殊运算指令		ROTB	BIN 平方根运算	ROOT	BCD 平方根运算	APR	数值转换		
浮点转换·运算指令		FDIV	浮点除法(BCD)	BCNT	位计数器				
	浮点↔BIN 转换	FIX	浮点→16 位 BIN 转换	FIXL	浮点→32 位 BIN 转换	FLT	16 位 BIN→浮点转换	FLTL	32 位 BIN→浮点转换
	浮点四则运算	+F	浮点加法	-F	浮点减法	/F	浮点除法	*F	浮点乘法
	三角函数运算	RAD	角度→弧度转换	DEG	弧度→角度转换	SIN	SIN 运算	COS	COS 运算
		TAN	TAN 运算	ASIN	反正弦运算	ACOS	反余弦运算	ATAN	反正切运算
	浮点运算	SQRT	平方根运算	EXP	指数运算	LOG	对数运算	PWR	乘方运算
	单精度浮点数据比较	=F、<>F、<F、<=F、>F、>=F	单精度浮点数据比较	FSTR	浮点<单>→字符串转换	FVAL	字符串→浮点<单>转换		
倍精度浮点转换·运算指令	倍精度浮点↔BIN 转换	FIXD	浮点→16 位 BIN 转换<双>	FIXLD	浮点→32 位 BIN 转换<双>	DBL	16 位 BIN→浮点转换<双>	DBLL	32 位 BIN→浮点转换<双>
	浮点四则运算	+D	浮点加法<双>	-D	浮点减法<双>	/D	浮点除法<双>	*D	浮点乘法<双>
	三角函数运算	RADD	角度→弧度转换<双>	DEGD	弧度→角度转换<双>	SIND	SIN 运算<双>	COSD	COS 运算<双>
		TAND	TAN 运算<双>	ASIND	SIN^{-1}运算<双>	ACOSD	COS^{-1}运算<双>	ATAND	TAN^{-1}运算<双>
	浮点运算	SQRTD	平方根运算<双>	EXPD	指数运算<双>	LOGD	对数运算<双>	PWRD	乘方运算<双>
	单精度浮点数据比较	=F、<>F、<F、<=F、>F、>=F	单精度浮点数据比较	FSTR	浮点<单>→字符串转换	FVAL	字符串→浮点<单>转换		

（续）

分类	小分类	助记符	指令名称	助记符	指令名称	助记符	指令名称	助记符	指令名称
表格数据处理指令	栈处理	SSET	栈区域设定	PUSH	栈数据保存	LIFO	后入先出	FIFO	先入先出
		SNUM	栈数据数输出	SREAD	栈数据参照	SWRIT	栈数据刷新	SINS	栈数据插入
		SDEL	栈数据删除						
	1记录复数字处理	DIM	表区域说明	SETR	记录位置设定	GETR	记录位置读出		
	1记录1字处理	SRCH	数据检索	MAX	最大值检索	MIN	最小值检索	SUM	计算出总数值
		FCS	FCS值计算						
	字节处理	SWAP	字节交换						
数据控制指令		PID	PID运算	PIDAT	带自整定PID运算	LMT	上下限限位控制	BAND	无控制作用区控制
		ZONE	静区控制	TPO	时分割比例输出	SCL	比例缩放	SCL2	比例缩放2
		SCL3	比例缩放3	AVG	数据平均化				
子程序指令		SBS	子程序调用	MCRO	宏	SBN	子程序入口	RET	子程序返回
		GSBS	全局子程序调用	GSBN	全局子程序入口	GRET	全局子程序回送		
中断控制指令		MSKS	中断屏蔽设置	MSKR	中断屏蔽写入	CLI	中断解除	DI	中断任务执行禁止
		EI	中断任务执行禁止解除						
高速计数器/脉冲输出指令		INI	动作模式控制	PRV	高速计数器当前值读出	PRV2	脉冲频率转换	CTBL	比较表登录
		SPED	频率设定	PULS	脉冲量设置	PLS2	定位	ACC	频率加减速控制
		ORG	原点检索	PWM	PWM输出				
工程步进控制指令		STEP	梯形图区域定义	SNXT	梯形图区域步进				
I/O装置用指令		IORF	I/O刷新	SDEC	7段解码器	DSW	数字开关	TKY	10键输入
		HKY	16键输入	MTR	矩阵输入	7SEG	7段表示	IORD	智能I/O读出
		IOWR	智能I/O写入	DLNK * 1	CPU高功能装置每次I/O刷新				

串行通信指令		PMCR	协议宏	TXD	串行端口输出	RXD	串行端口输入	TXDU	串行通信单元串行端口输出
		RXDU	串行通信单元串行端口输入	STUP	串行端口通信设定变更				
网络通信用指令		SEND	网络发送	RECV	网络接收	CMND	指令发送	EXPLT	通用 Explicit 消息发送指令
		EGATR	Explicit 读出指令	ESATR	Explicit 写入指令	ECHRD	Explicit CPU 装置数据读出指令	ECHWR	Explicit CPU 装置数据写入指令
表示功能用指令		MSG	消息表示	SCH	7 段 LED 通道数据表示	SCTRL	7 段表示控制		
时钟功能指令		CADD	日历加法	CSUB	日历减法	SEC	时分秒→秒转换	HMS	秒→时分秒转换
		DATE	时钟修正						
调试处理指令		TRSM	跟踪内存采样						
故障诊断指令		FAL	运行继续故障诊断	FALS	运行停止故障诊断	FPD	故障点检测		
特殊指令		STC	置进位	CLC	清除进位			WDT	周期定时监视时间设定
		CCS	状态标志保存	CCL	状态标志读	FRMCV	CV→CS 地址转换	TOCV	CS→CV 地址转换
块程序指令	块程序区域定义块起动/停止指示	BPRG	块程序	BEND	块程序结束				
		BPPS	块程序暂时停止	BPRS	块程序再启动				
	EXIT 处理	EXIT 继电器编号	带条件结束	EXIT NOT 继电器编号	带条件结束(非)	输入条件 EXIT	带条件结束		
	IF 分支处理	IF 继电器编号	条件分支块	IF NOT 继电器编号	条件分支块(非)	ELSE	条件分支伪块	IEND	条件分支块结束
	WAIT 处理	WAIT 继电器编号	1 扫描条件等待	WAIT NOT 继电器编号	1 扫描条件等待(非)	输入条件 WAIT	1 扫描条件等待		

（续）

分　类	小分类		助记符	指令名称	助记符	指令名称	助记符	指令名称	助记符	指令名称
块程序指令	定时器/计数器等待处理	BCD方式①	TIMW	定时器等待	CNTW	计数器等待	TMHW	高速定时器等待		
		BIN方式①	TIMWX	定时器等待	CNTWX	计数器等待	TMHWX	高速定时器等待		
	循环处理		LOOP	循环块	LEND 继电器编号	循环块结束	LEND NOT 继电器编号	循环块结束(非)	输入条件 LEND	循环块
字符串处理指令			MOV $	字符串・传送	-$	字符串・连接	LEFT$	字符串・从左取出	RGHT $	字符串・从右取出
			MID $	字符串・从任意位置读出	FIND $	字符串・检索	LEN $	字符串・长度检测		
			RPLC $	字符串・置换	DEL $	字符串・删除	XCHG $	字符串・交换	CLR $	字符串・清除
			INS $	字符串・插入	LD，AND，OR+，=$，<>$，<$，<=$，>$，>=$	字符串比较				
任务控制指令			TKON	任务执行起动	TKOF	任务执行待机				
机种转换用指令			XFERC	块传送	DISTC	数据分配	COLLC	数据抽出	MOVBC	位传送
功能块用特殊指令			BCNTC	位计数器						
			GETID	变量类别获得						

① 定时器/计数器的 BCD 方式/BIN 方式切换由 CX - Programmer 进行。

附录 E　CP1H 操作技术资料

一、指示灯状态表（见表 E-1）

表 E-1　指示灯状态表

POWER（绿）	灯亮	通电时
	灯灭	未通电时
RUN（绿）	灯亮	CP1H 正在“运行”或“监视”模式下执行程序
	灯灭	“程序”模式下运行停止中，或因运行停止异常而处于运行停止中
ERR/ALM（赤）	灯亮	发生运行停止异常（包含 FALS 指令的执行），或发生硬件异常（WDT 异常），此时，CP1H 停止运行，所有的输出都切断
	闪烁	发生运行继续异常（包含 FAL 指令执行），此时，CP1H 继续运行
	灯灭	正常时
INH（黄）	灯亮	负载切断用特殊辅助继电器（A500.15）为 ON 时灯亮，所有的输出都切断
	灯灭	正常时
BKUP（黄）	灯亮	当向内置闪存写入用户程序、参数、内存数据或访问内置闪存时；当 PLC 本体的电源开启，用户程序、参数、数据内存复位时 注：在该 LED 灯亮时，不要将 PLC 本体的电源 OFF
	灯灭	上述情况以外
PRPHL（黄）	闪烁	外围设备 USB 端口处于通信中（执行发送、接收中的一种的过程中）时，闪烁
	灯灭	上述情况以外

二、拨动开关功能一览表（见表 E-2）

表 E-2　拨动开关功能一览表

No.	设定	设定内容	用途	初始值
SW1	ON	不可写入用户存储器	在需要防止由在现场的外围工具（CX—Programmer）导致的不慎改写程序的情况下使用	OFF
	OFF	可写入用户存储器		
SW2	ON	电源为 ON 时，执行从存储盒的自动传送	在电源为 ON 时，可将保存在存储盒内的程序、数据内存、参数向 CPU 单元展开	OFF
	OFF	不执行		
SW3	—	未使用	—	OFF
SW4	ON	在有工具总线的情况下使用	需要通过工具总线来使用选件板槽位 1 上安装的串行通信选件板时置于 ON	OFF
	OFF	根据 PLC 系统设定		
SW5	ON	在有工具总线的情况下使用	需要通过工具总线来使用选件板槽位 2 上安装的串行通信选件板时置于 ON	OFF
	OFF	根据 PLC 系统设定		
SW6	ON	A395.12 为 ON	在不使用输入单元而用户需要使某种条件成立时，将该 SW6 置于 ON 或 OFF，在程序上应用 A395.12	OFF
	OFF	A395.12 为 OFF		

三、串行通信选件板的连接

1. PLC与计算机的连接（如图E-1所示）

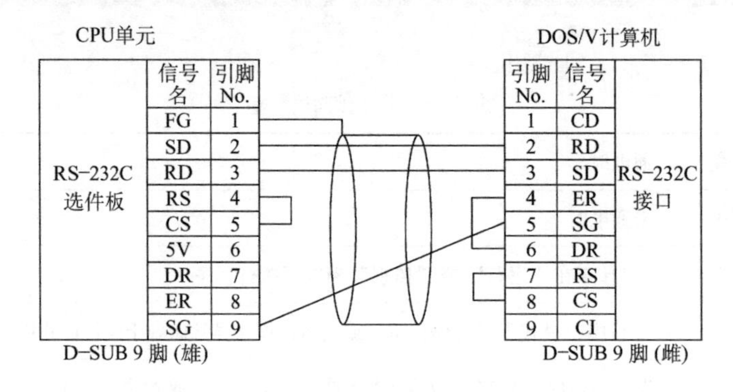

图E-1 PLC与计算机的连接

2. PLC与PT的连接（如图E-2所示）

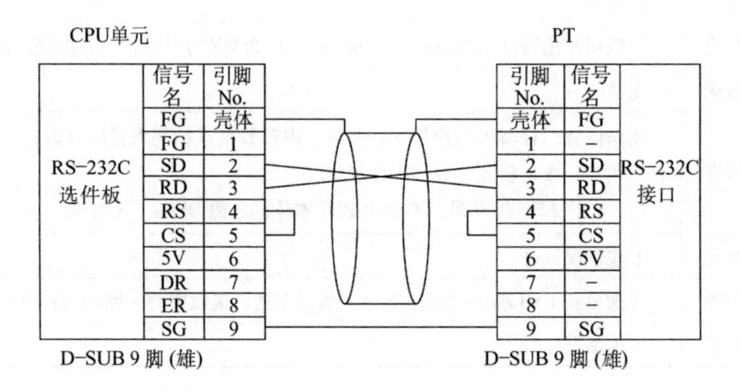

图E-2 PLC与PT的连接

3. PLC与PLC的连接（如图E-3所示）

CP1H CPU单元
RS-232C选件板

信号名	引脚No.
FG	1
SD	2
RD	3
RS	4
CS	5
5V	6
DR	7
ER	8
SG	9

RS-232C

CP1H CPU单元
RS-232C选件板

引脚No.	信号名
1	FG
2	SD
3	RD
4	RS
5	CS
6	5V
7	DR
8	ER
9	SG

RS-232C

图E-3 PLC与PLC的连接

参 考 文 献

[1] 戴一平. 可编程控制器技术及应用 [M]. 2 版. 北京：机械工业出版社，2009.

[2] 宋伯生. PLC 编程实用指南 [M]. 北京：机械工业出版社，2012.

[3] 徐世许. 机器自动化控制器原理与应用 [M]. 北京：机械工业出版社，2013.

[4] 戴一平. PLC 控制技术 [M]. 北京：清华大学出版社，2013.

[5] 霍罡，李志娟. 零起点学会欧姆龙 PLC 编程 [M]. 北京：中国电力出版社，2013.

[6] 苏强，霍罡. 欧姆龙 CP1 系列 PLC 原理与典型案例精解 [M]. 北京：机械工业出版社，2016.

[7] 欧姆龙自动化（中国）有限公司. CPM1/CPM1A/CPM2A/CPM2AH/CPM2C/SRM1 编程手册 [Z]. 2003.

[8] 欧姆龙自动化（中国）有限公司. SYSMAC CP 系列 CP1H CPU 单元编程手册 [Z]. 2014.

[9] 欧姆龙自动化（中国）有限公司. SYSMAC CP 系列 CP1H CPU 单元操作手册 [Z]. 2014.